中 国 国 家 标 准 汇 编

2017 年修订-49

中国标准出版社　编

中国标准出版社

北　京

图书在版编目(CIP)数据

中国国家标准汇编:2017年修订.49/中国标准出版社编.—北京:中国标准出版社,2019.5
ISBN 978-7-5066-9324-0

Ⅰ.①中… Ⅱ.①中… Ⅲ.①国家标准-汇编-中国-2017 Ⅳ.①T-652.1

中国版本图书馆CIP数据核字(2019)第118399号

中国标准出版社出版发行
北京市朝阳区和平里西街甲2号(100029)
北京市西城区三里河北街16号(100045)

网址 www.spc.net.cn
总编室:(010)68533533 发行中心:(010)51780238
读者服务部:(010)68523946

中国标准出版社秦皇岛印刷厂印刷
各地新华书店经销

*

开本 880×1230 1/16 印张 37 字数 1 120 千字
2019年5月第一版 2019年5月第一次印刷

*

定价 220.00 元

出 版 说 明

《中国国家标准汇编》是一部大型综合性国家标准全集。自1983年起，每年按国家标准顺序号分册汇编出版，分为“制定”卷和“修订”卷两种形式。

“制定”卷收入上一年度我国发布的、新制定的国家标准，视篇幅分成若干分册，封面和书脊上注明“20××年制定”字样及分册号，分册号一直连续。各分册中的标准是按照标准编号顺序连续排列的，如有标准顺序号缺号的，除特殊情况注明外，暂为空号。

“修订”卷收入上一年度我国发布的、被修订的国家标准，视篇幅分成若干分册，但与“制定”卷分册号无关联，仅在封面和书脊上注明“20××年修订-1，-2，-3，……”字样。“修订”卷各分册中的标准，仍按标准编号顺序排列（但不连续）；如有遗漏的，均在当年最后一分册中补齐。需提请读者注意的是，个别非顺延前年度标准编号的新制定国家标准没有收入在“制定”卷中，而是收入在“修订”卷中。

读者购买每年出版的《中国国家标准汇编》“制定”卷和“修订”卷则可收齐由我社出版的上一年度制定和修订的全部国家标准。

2017年我国制修订国家标准共3 811项。本分册为《中国国家标准汇编》“2017年修订-49”，收入新制修订的国家标准29项。

中国标准出版社

2019年3月

目　　录

ICS 71.060.99
G 14

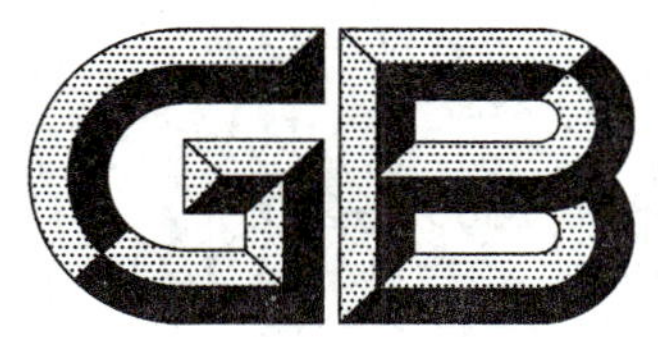

中华人民共和国国家标准

GB/T 23851—2017
代替 GB/T 23851—2009

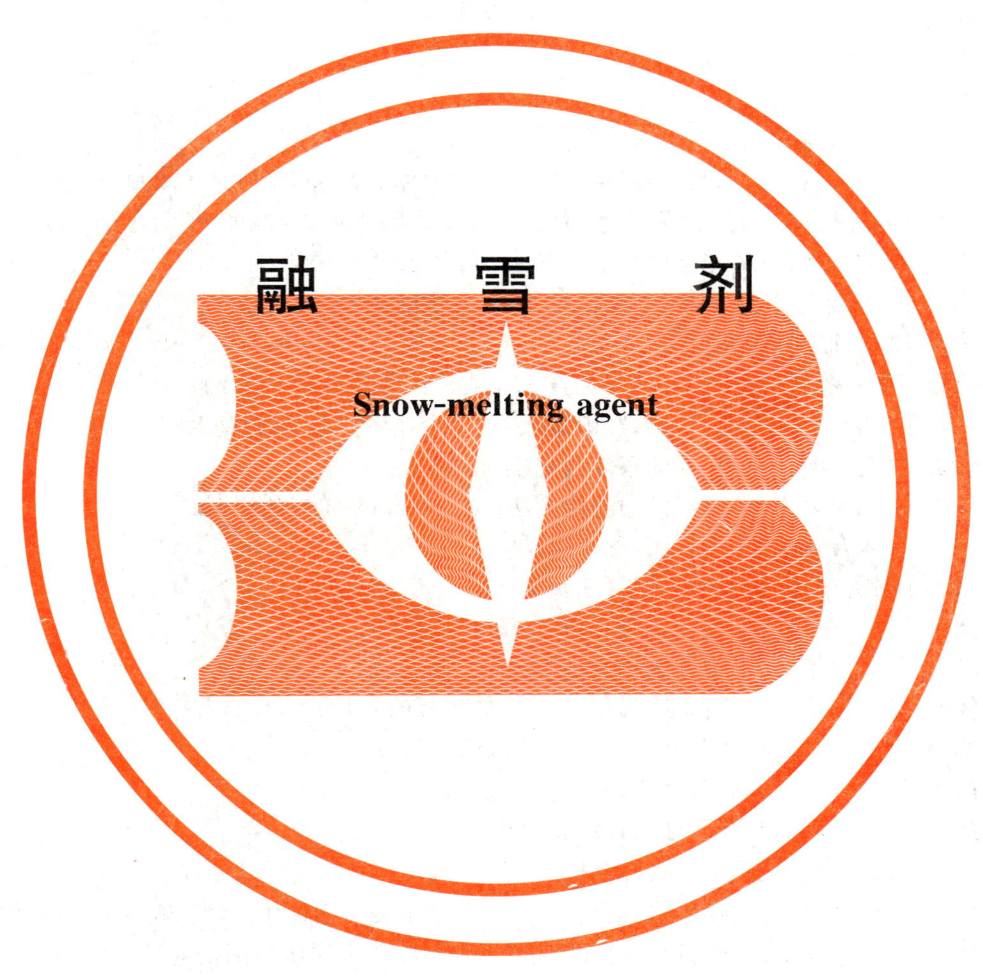

融雪剂

Snow-melting agent

2017-09-07 发布　　　　2018-04-01 实施

中华人民共和国国家质量监督检验检疫总局
中国国家标准化管理委员会　发布

前　言

本标准按照 GB/T 1.1—2009 给出的规则起草。

本标准代替 GB/T 23851—2009《道路除冰融雪剂》，与 GB/T 23851—2009 相比，除编辑性修改外主要技术变化如下：

——修改了标准名称；
——修改了范围(见第 1 章，2009 年版的第 1 章)；
——增加了术语和定义(见第 3 章)；
——增加了分类(见第 4 章)；
——修改了外观(见 5.1，2009 年版的 3.1)；
——修改了技术指标名称，由“溶解速度”修改为“固体溶解速度”(见 5.2，2009 年版的 3.2)；
——修改了技术指标名称，由“融雪化冰能力”修改为“相对融雪化冰能力”(见 5.2，2009 年版的 3.2)；
——修改了“碳钢腐蚀率”指标(见 5.2，2009 年版的 3.2)；
——删除了“混凝土腐蚀率”指标项目(见 2009 年版的 3.2)；
——修改了“路面摩擦衰减率”指标(见 5.2，2009 年版的 3.2)；
——修改了汞、镉、铬、铅、砷 5 个指标的单位(见 5.2，2009 年版的 3.2)；
——增加了“植物种子相对受害率”“固体水分”“水不溶物”和“氯化物”指标项目(见 5.2)；
——增加了“融雪剂试验溶液”的浓度的规定(见 6.3)；
——修改了“相对融雪化冰能力”的测定方法(见 6.5，2009 年版的 4.5)；
——增加了“汞含量”的测定方法(见 6.11.2)；
——增加了“镉含量”的测定方法(见 6.12.2)；
——增加了“铬含量”的测定方法(见 6.13.2)；
——增加了“铅含量”的测定方法(见 6.14.2)；
——修改了“砷含量”的测定方法(见 6.15，2009 年版的 4.15)；
——修改了“出厂检验项目”(见 7.1，2009 年版的 5.1.2)；
——修改了“每批产品产量”(见 7.2，2009 年版的 5.2)；
——修改了“固体产品包装”(见 9.1，2009 年版的 7.1.1)。

本标准由中国石油和化学工业联合会提出。

本标准由全国化学标准化技术委员会无机化工分技术委员会(SAC/TC 63/SC 1)归口。

本标准起草单位：唐山三友志达钙业有限公司、大连市产品质量检测研究院、合肥清清水处理有限责任公司、北京市环境卫生设计科学研究所、中海油天津化工研究设计院有限公司、重庆蓝洁广顺净水材料有限公司、安徽今朝环保科技有限公司、天津理工大学。

本标准主要起草人：王志德、牛金辉、刘咸林、张旭、程伟、丁灵、赵晔、孙稚菁、张永慧、王明冬、李书龙、李梅彤。

本标准所代替标准的历次版本发布情况为：

——GB/T 23851—2009。

融　雪　剂

1　范围

本标准规定了融雪剂的分类、要求、试验方法、检验规则、标志、标签、包装、运输、贮存。

本标准适用于普通道路、桥梁、高速公路、机场、码头、停车场等公共设施的化雪和除冰。

2　规范性引用文件

下列文件对于本文件的应用是必不可少的。凡是注日期的引用文件，仅注日期的版本适用于本文件。凡是不注日期的引用文件，其最新版本（包括所有的修改单）适用于本文件。

GB/T 191—2008　包装储运图示标志

GB/T 699　优质碳素结构钢

GB/T 2430—2008　航空燃料冰点测定法

GB/T 5750.6—2006　生活饮用水标准检验方法　金属指标

GB/T 6678　化工产品采样总则

GB/T 6680　液体化工产品采样通则

GB/T 6682—2008　分析实验室用水规格和试验方法

GB/T 8170　数值修约规则与极限数值的表示和判定

GB/T 11896　水质　氯化物的测定　硝酸银滴定法

GB/T 13025.3　制盐工业通用试验方法　水分的测定

GB/T 13025.4　制盐工业通用试验方法　水不溶物的测定

GB/T 18175　水处理剂缓蚀性能的测定　旋转挂片法

GB/T 23768—2009　无机化工产品　火焰原子吸收光谱法通则

GB/T 23769—2009　无机化工产品　水溶液中 pH 测定通用方法

HG/T 3696.2　无机化工产品　化学分析用标准溶液、制剂及制品的制备　第 2 部分：杂质标准溶液的制备

HG/T 3696.3　无机化工产品　化学分析用标准溶液、制剂及制品的制备　第 3 部分：制剂及制品的制备

HJ 694　水质　汞、砷、硒、铋和锑的测定　原子荧光法

JTG E60—2008　公路路基路面现场测试规程

3　术语和定义

下列术语和定义适用于本文件。

3.1

融雪剂　snow-melting agent

通过降低冰、雪融化温度促使冰、雪融化的化工产品。

3.2

使用浓度　applied concentration

融雪剂实际使用时溶液的质量百分比浓度。

3.3

非氯有机融雪剂　non-chloride organic snow-melting agent

以有机化工产品为主，氯化物含量不超过1.0%的融雪剂。

4　分类

4.1　施洒方式分类

按施洒方式不同分为固体播撒类和液体喷洒类。固体播撒类宜造粒，液体喷洒类包括液体融雪剂和配成溶液使用的固体颗粒融雪剂。

4.2　氯化物(Cl^-)含量分类

按融雪剂氯化物含量不同分为氯化物类和非氯化物类。

4.3　使用浓度溶液的冰点分型

按融雪剂使用浓度时溶液的冰点不同分为Ⅰ型和Ⅱ型。冰点在－10 ℃～－15 ℃的融雪剂为Ⅰ型，冰点小于－15 ℃的为Ⅱ型。

5　要求

5.1　外观：颗粒或片状固体、浅色均态液体。

5.2　融雪剂按本标准的试验方法检测应符合表1的规定。

表 1

项　目		固体	液体
固体溶解速度/(g/min)　≥		6.0	—
相对融雪化冰能力/%　≥	Ⅰ型对照氯化钠	90	
	Ⅱ型对照二水氯化钙		
冰点/℃		供需双方协商	
pH		6.0～10.0	
碳钢腐蚀率/(mm/a)　≤		0.11	
路面摩擦衰减率/%　≤		10	
植物种子相对受害率/%　≤		50	
汞(Hg)/(mg/kg)　≤		1	
镉(Cd)/(mg/kg)　≤		5	
铬(Cr)/(mg/kg)　≤		15	
铅(Pb)/(mg/kg)　≤		25	
砷(As)/(mg/kg)　≤		5	
固体水分 w/%　≤		5	
水不溶物 w/%　≤		5	
氯化物(Cl^-)w/%	非氯化物类　≤	1.0	
	氯化物类　＞		
注：汞、镉、铬、铅、砷指标计算时以固体融雪剂干基质量或液体融雪剂原液(未经稀释)质量计算含量。			

6 试验方法

警示——本试验方法中使用的部分试剂具有毒性或腐蚀性，操作时须小心谨慎！必要时，需在通风橱中进行。如溅到皮肤或眼睛上应立即用水冲洗，严重者应立即就医。

6.1 一般规定

本标准所用的试剂和水，在没有注明其他要求时，均指分析纯试剂和 GB/T 6682—2008 中规定的三级水。试验中所用的杂质标准溶液、制剂和制品，在没有注明其他规定时，均按 HG/T 3696.2 和 HG/T 3696.3 的规定制备。

6.2 外观判别

在自然光下，于白色衬底的表面皿或白瓷板上用目视法判定外观。

6.3 融雪剂试验溶液

应以使用浓度来配制试验溶液。使用浓度不确定时，Ⅰ型融雪剂以 18.0%、Ⅱ型融雪剂以 29.0%来配制试验溶液。

6.4 固体溶解速度的测定

6.4.1 仪器设备

6.4.1.1 精密电动搅拌器：搅拌半径为 2.5 cm。

6.4.1.2 计时器。

6.4.2 试验步骤

称取 40.0 g±0.1 g 试样放入烧杯中，将搅拌叶置于烧杯中间，将搅拌器转速调至 100 r/min，加入 200 mL 水，立即启动精密电动搅拌器，并开始计时。待其完全溶解后，记录所用时间为完全溶解时间。

6.4.3 试验数据处理

固体溶解速度以 γ 计，数值以 g/min 表示，按式(1)计算：

$$\gamma=\frac{m\times 60}{t} \qquad (1)$$

式中：

m ——试料质量的数值，单位为克(g)；

t ——试料完全溶解所需要的时间，单位为秒(s)；

60——秒(s)换算为分(min)的常数。

取平行测定结果的算术平均值为测定结果，两次平行测定结果的绝对差值不大于 0.2 g/min。

6.5 相对融雪化冰能力

6.5.1 试剂或材料

6.5.1.1 氯化钠溶液：18.0%。

6.5.1.2 二水氯化钙溶液：29.0%。

6.5.2 仪器设备

低温恒温箱：温度能控制在−10 ℃±1 ℃和−15 ℃±1 ℃。

6.5.3 试验步骤

6.5.3.1 冰块的制备

取两个50 mL相同直径和高度的烧杯，加入15.00 mL水，置于−10 ℃±1 ℃的低温恒温箱中冷冻3 h，制备成冰块备用。

6.5.3.2 试验

6.5.3.2.1 Ⅰ型融雪剂融雪化冰能力的测定

分别移取25.00 mL融雪剂试验溶液（见6.3）和氯化钠溶液，于两个50 mL烧杯中，置于−10 ℃±1 ℃的低温恒温箱中，3 h后备用。从低温恒温箱中取出带有冰块的烧杯，擦干外壁上的水和冰，室温下迅速称量，精确至0.1 g。将低温恒温箱中的融雪剂试验溶液取出，迅速倒入盛有冰块的烧杯中，然后放回−10 ℃±1 ℃的低温恒温箱中。0.5 h后取出该烧杯，立即倾倒其中液体，室温下迅速称量烧杯和剩余冰块质量。氯化钠溶液的操作步骤同融雪剂试验溶液的操作步骤。

6.5.3.2.2 Ⅱ型融雪剂融雪化冰能力的测定

分别移取25.00 mL融雪剂试验溶液（见6.3）和二水氯化钙溶液，于两个50 mL烧杯中，置于−15 ℃±1 ℃的低温恒温箱中，3 h后备用。从低温恒温箱中取出带有冰块的烧杯，擦干外壁上的水和冰，室温下迅速称量，精确至0.1 g。将低温恒温箱中的融雪剂试验溶液取出，迅速倒入盛有冰块的烧杯中，然后放回−15 ℃±1 ℃的低温恒温箱中。0.5 h后取出该烧杯，立即倾倒其中液体，室温下迅速称量烧杯和剩余冰块质量。二水氯化钙溶液的操作步骤同融雪剂试验溶液的操作步骤。

6.5.3.3 试验数据处理

相对融雪化冰能力以 w_1 计，按式(2)计算：

$$w_1 = \frac{m_0 - m_1}{m'_0 - m'_1} \times 100\% \qquad \cdots\cdots(2)$$

式中：

m_0 ——未加入融雪剂试验溶液的烧杯和冰块质量的数值，单位为克(g)；

m_1 ——倒出融雪剂试验溶液和融化的冰后，烧杯和剩余冰块质量的数值，单位为克(g)；

m'_0——未加入氯化钠溶液（Ⅰ型）或二水氯化钙溶液（Ⅱ型）的烧杯和冰块质量的数值，单位为克(g)；

m'_1——倒出氯化钠溶液（Ⅰ型）或二水氯化钙溶液（Ⅱ型）和融化的冰后，烧杯和剩余冰块质量的数值，单位为克(g)。

取平行测定结果的算术平均值为测定结果，两次平行测定结果的绝对差值不大于5%。

6.6 冰点的测定

6.6.1 试剂或材料

同GB/T 2430—2008中第6章。

6.6.2 仪器设备

同 GB/T 2430—2008 中第 5 章。

6.6.3 试验步骤

同 GB/T 2430—2008 中第 7 章和第 8 章。

6.7 pH 的测定

6.7.1 仪器设备

同 GB/T 23769—2009 中第 7 章。

6.7.2 试验步骤

取融雪剂试验溶液(见 6.3)按 GB/T 23769—2009 的规定进行测定。

取平行测定结果的算术平均值为测定结果,两次平行测定结果的绝对差值不大于 0.2。

6.8 碳钢腐蚀率

6.8.1 仪器设备

旋转挂片腐蚀试验仪。

6.8.2 测定条件

6.8.2.1 试片:20 号碳钢,符合 GB/T 699 规定,表面积 28.0 cm^2。

6.8.2.2 试杯:2 000 mL 烧杯。

6.8.2.3 试液体积与试片面积比:24 mL/cm^2～26 mL/cm^2。

6.8.2.4 测定温度:40 ℃±1 ℃。

6.8.2.5 试片线速度:0.35 m/s±0.01 m/s。

6.8.2.6 测定周期:48 h。

6.8.2.7 测定试液中不通空气。

6.8.3 试验步骤

按 GB/T 18175 规定的方法进行测定。

6.9 路面摩擦衰减率

6.9.1 仪器设备

6.9.1.1 摆式仪。

6.9.1.2 鼓风干燥箱:量程 40 ℃～150 ℃,精度 1 ℃。

6.9.1.3 恒温恒湿箱:温度量程 15 ℃～50 ℃,温度精度 2 ℃;相对湿度量程 30%～95%,湿度精度 2%。

6.9.2 沥青混凝土试块处理

采用玄武岩集料制作的 300 mm×300 mm ×70 mmSAM—13b 标准沥青混凝土试块,表面清洗后,置于 45 ℃±1 ℃的鼓风干燥箱中,烘 4 h 后备用。每次试验后,试块应清洗、烘干再用。

6.9.3 试验步骤

6.9.3.1 融雪剂湿基路面摩擦衰减率的测定

6.9.3.1.1 湿基本底抗滑值(BPN)的测定

室温下,将 25 mL 水分数次缓慢均匀地洒在试块表面上,使其保持无径(溢)流的湿润状态,10 min 后按 JTG E60—2008 第 10 章中 T 0964—2008 的规定测定抗滑值,共测定 5 次,每次均需再洒少量水以保持试块被测点的湿润(可见一层薄水膜)。取 5 次重复测定的平均值作为湿基本底抗滑值,保留整数。重复测定的最大值与最小值之差应小于或等于 3 BPN。

6.9.3.1.2 融雪剂湿基抗滑值测定

以上同一试块在 45 ℃±1 ℃的鼓风干燥箱中烘 4 h 后取出,冷却 2 h 后,将 25 mL 融雪剂试验溶液分数次缓慢均匀地洒在试块表面上,以下操作按 6.9.3.1.1 中从"使其保持无径(溢)流的湿润状态,……"开始进行操作。

6.9.3.1.3 试验数据处理

融雪剂湿基路面摩擦衰减率以 $M_{湿基}$ 计,按式(3)计算:

$$M_{湿基}=\left(1-\frac{H_{湿基,融雪剂}}{H_{湿基,本底}}\right)\times 100\% \qquad \cdots\cdots(3)$$

式中:

$H_{湿基,融雪剂}$——融雪剂湿基抗滑值的数值,BPN;

$H_{湿基,本底}$ ——融雪剂本底抗滑值的数值,BPN。

取平行测定结果的算术平均值为测定结果,保留整数,两次平行测定结果的绝对差值不大于 1%。

6.9.3.2 融雪剂半湿基路面摩擦衰减率

6.9.3.2.1 半湿基本底抗滑值的测定

测定烘干试块的抗滑值(不用在试块表面洒水),共测定 5 次,得到半湿基本底抗滑值,保留整数。重复测定的最大值与最小值之差应小于或等于 3 BPN。

6.9.3.2.2 融雪剂半湿基抗滑值测定

在以上同一试块上,将 25 mL 融雪剂试验溶液分数次缓慢均匀地洒在其表面上,使其保持无径(溢)流的湿润状态,然后将试块置于恒温恒湿箱中,控制 40%±2%的湿度,在 45 ℃±1 ℃的恒温恒湿箱中烘 4 h 后取出,室温下冷却 2 h 后,按 JTG E60—2008 第 10 章中 T 0964—2008 的规定测定抗滑值(不用在试块表面洒溶液),共测定 5 次。取 5 次重复测定的平均值作为融雪剂半湿基抗滑值,保留整数,重复测定的最大值与最小值之差应小于或等于 3 BPN。

6.9.3.2.3 试验数据处理

融雪剂半湿基路面摩擦衰减率以 $M_{半湿基}$ 计,按式(4)计算:

$$M_{半湿基}=\left(1-\frac{H_{半湿基,融雪剂}}{H_{半湿基,本底}}\right)\times 100\% \qquad \cdots\cdots(4)$$

式中:

$H_{半湿基,融雪剂}$——融雪剂湿基抗滑值的数值,BPN;

$H_{半湿基,本底}$ ——融雪剂本底抗滑值的数值,BPN。

取平行测定结果的算术平均值为测定结果,保留整数,两次平行测定结果的绝对差值不大于1%。

6.10 植物种子相对受害率

6.10.1 试剂或材料

6.10.1.1 过氧化氢溶液:1+1。

6.10.1.2 草地早熟禾种子。

6.10.2 仪器设备

6.10.2.1 恒温水浴:量程5 ℃~99 ℃,精度0.5 ℃。

6.10.2.2 恒温培养箱:量程5 ℃~60 ℃,精度0.1 ℃。

6.10.2.3 经紫外线灯灭菌处理的发芽盒、定性滤纸和脱脂棉。

6.10.3 试验步骤

选取100粒颗粒均匀、饱满的草地早熟禾种子,将种子在过氧化氢溶液中浸泡2 min后用水冲洗干净,然后放入40 ℃±1 ℃的水中浸泡约20 min。

将浸泡好的种子取出,沥干,均匀平铺在垫有定性滤纸和脱脂棉的发芽盒内。Ⅰ型融雪剂试验溶液(见6.3)按1+39稀释,Ⅱ型融雪剂试验溶液(见6.3)按1+69稀释。将稀释后的融雪剂试验溶液湿润种子、定性滤纸和脱脂棉,但不应使种子被溶液浸泡。盖上发芽盒上盖,置于24 ℃±1 ℃的恒温培养箱中培养,并保持种子及定性滤纸的湿润,干燥时及时适量加水。12 d后观察、记录种子发芽数量,以幼芽达到种子一半长度为发芽。用同样的方法以水代替融雪剂试验溶液进行对照试验。

该试验每个处理作4次平行测定。

6.10.4 试验数据处理

融雪剂试验溶液处理和对照试验的发芽率以f计,按式(5)计算:

$$f=\frac{N_{芽}}{100}\times 100\% \qquad (5)$$

式中:

$N_{芽}$——各次试验的发芽数;

100——每个平行试验培养种子数。

取平行测定结果的算术平均值为测定结果,计算结果保留至整数。重复试验测定结果的最大允许差值满足表2要求时,继续进行以下计算。否则应重新进行试验。

表 2

发芽率/%	最大允许差值/%	发芽率/%	最大允许差值/%
99	5	89~90	12
98	6	87~88	13
97	7	84~86	14
96	8	81~83	15
95	9	78~80	16
93~94	10	73~77	17
91~92	11	67~72	18

表 2（续）

发芽率/%	最大允许差值/%	发芽率/%	最大允许差值/%
56～66	19	13～14	13
51～55	20	11～12	12
46～50	20	9～10	11
35～45	19	7～8	10
29～34	18	6	9
24～28	17	5	8
21～23	16	4	7
18～20	15	3	6
15～17	14	2	5

平均发芽率以 F 计，按式(6)计算：

$$F=\frac{\sum_{i}^{4} f}{4} \qquad \cdots\cdots(6)$$

式中：

4 ——平行试验个数；

f——发芽率；

i ——平行试验序数。

结果保留至整数。

相对种子受害率以 S 计，按式(7)计算：

$$S=\frac{F_{\text{对照}}-F_{\text{融雪剂}}}{F_{\text{对照}}}\times 100\% \qquad \cdots\cdots(7)$$

式中：

$F_{\text{对照}}$ ——对照试验种子平均发芽率；

$F_{\text{融雪剂}}$——融雪剂溶液处理种子平均发芽率。

结果保留至整数。

6.11 汞含量的测定

6.11.1 冷原子吸收法

6.11.1.1 原理

在酸性介质中，试样中汞被还原剂还原成原子态。通过气流带出汞，进入石英管内，在波长为253.7 nm 处测定汞，在一定范围内其吸收值与汞含量成正比，在工作曲线上查得汞含量。

6.11.1.2 试剂或材料

6.11.1.2.1 盐酸。

6.11.1.2.2 硝酸-重铬酸钾溶液：称取 5.0 g 重铬酸钾(优级纯)溶于水中，加入 5 mL 硝酸(优级纯)，用水稀释至 100 mL。

6.11.1.2.3 氯化亚锡溶液：100 g/L。

6.11.1.2.4 汞标准储备溶液 A：1 mL 溶液含汞(Hg)1.0 mg。

6.11.1.2.5 汞标准储备溶液 B：1 mL 溶液含汞(Hg)0.1 mg，用移液管移取 10 mL 汞标准储备溶液 A，置于 100 mL 容量瓶中，用硝酸-重铬酸钾溶液稀释至刻度，摇匀。此溶液现用现配。

6.11.1.2.6 汞标准溶液：1 mL 溶液含汞(Hg)0.001 mg，用移液管移取 1 mL 汞标准储备溶液 B，置于 100 mL 容量瓶中，用硝酸-重铬酸钾溶液稀释至刻度，摇匀。此溶液即用即配。

6.11.1.2.7 水：符合 GB/T 6682—2008 二级水规格。

6.11.1.3 仪器设备

原子吸收分光光度计：配有汞空心阴极灯、冷原子蒸气发生装置。

6.11.1.4 试验步骤

6.11.1.4.1 试验溶液的制备

称取约 3 g 试样，精确至 0.000 2 g，置于 100 mL 烧杯中，加 50 mL 水溶解，定量转移到 100 mL 容量瓶中，用水稀释至刻度，摇匀。

6.11.1.4.2 工作曲线的绘制

分别移取 0.00 mL、1.00 mL、2.00 mL、3.00 mL、4.00 mL 汞标准溶液(见 6.11.1.2.6)至 5 个 100 mL 容量瓶中，用水稀释至刻度，摇匀。此为系列汞标准工作溶液。在每一次测定之前，用汞标准溶液配制系列汞标准工作溶液，其浓度范围应覆盖试验溶液中汞的浓度(必要时将汞标准溶液稀释)。

打开仪器，并将仪器性能调至最佳状态，用移液管分别移取系列汞标准工作溶液各 5 mL，置于仪器的汞蒸气发生器的还原瓶中。分别加入 1 mL 氯化亚锡溶液，并立即盖紧还原瓶，通入载气，从仪器读数显示的最高点测得其吸光度。

从每个汞标准工作溶液的吸光度中减去试剂空白溶液的吸光度，以汞质量(μg)为横坐标，吸光度为纵坐标，绘制工作曲线。

6.11.1.4.3 试验

移取 5 mL 试验溶液，置于仪器的汞蒸气发生器的还原瓶中，以下按 6.11.1.4.2，从“加入 1 mL 氯化亚锡溶液，……从仪器读数显示的最高点测得其吸光度”进行操作，测得其吸光度。

同时做空白试验。使用后的汞溶液参见附录 A 的方法回收，集中处理。

注：每次测定以后用水彻底清洗粘在石英管上的氯化亚锡，必要时可用重铬酸钾溶液(5 g/L)清洗一次石英管，再用水洗净。

6.11.1.5 试验数据处理

汞含量以汞(Hg)的质量分数 w_2 计，数值以 mg/kg 表示，按式(8)计算：

$$w_2 = \frac{m_1 - m_0}{m} \quad \cdots\cdots(8)$$

式中：

m_1——从工作曲线上查得的试验溶液中汞质量的数值，单位为微克(μg)；

m_0——从工作曲线上查得的空白试验溶液中汞质量的数值，单位为微克(μg)；

m ——试料质量的数值，单位为克(g)。

取平行测定结果的算术平均值为测定结果，两次平行测定结果的绝对差值不大于 0.2 mg/kg。

6.11.2 原子荧光法

按 HJ 694 的要求进行测定。

6.12 镉含量的测定

6.12.1 原子吸收法

6.12.1.1 原理

同 GB/T 23768—2009 中第 4 章。

6.12.1.2 试剂或材料

6.12.1.2.1 镉标准溶液：1 mL 溶液含镉(Cd)0.01 mg，移取 1 mL 按 HG/T 3696.2 配制的镉标准溶液，置于 100 mL 容量瓶中，用水稀释至刻度，摇匀。此溶液现用现配。

6.12.1.2.2 水：符合 GB/T 6682—2008 二级水规格。

6.12.1.3 仪器设备

原子吸收分光光度计：配有镉空心阴极灯。

6.12.1.4 试验步骤

6.12.1.4.1 试验溶液的制备

称取约 5 g 试样，精确至 0.000 2 g，置于 100 mL 烧杯中，加 50 mL 水溶解，定量转移到 100 mL 容量瓶中，用水稀释至刻度，摇匀。

6.12.1.4.2 试验

移取 4 份 10.00 mL 试验溶液，分别置于 4 个 100 mL 容量瓶中，使用乙炔—空气火焰，在波长 228.8 nm 处将原子吸收分光光度计调至最佳工作状态，以下操作按 GB/T 23768—2009 中 7.5.2 从“其中一份不加入被测元素，……”开始进行操作。

6.12.1.5 试验数据处理

镉含量以镉(Cd)的质量分数 w_3 计，数值以 mg/kg 表示，按式(9)计算：

$$w_3 = \frac{m_1 \times 10^3}{m} \qquad \cdots\cdots(9)$$

式中：

m_1——从工作曲线上查得的试验溶液中镉质量的数值，单位为毫克(mg)；

m ——试料质量的数值，单位为克(g)。

取平行测定结果的算术平均值为测定结果，两次平行测定结果的绝对差值不大于 2 mg/kg。

6.12.2 电感耦合等离子体发射光谱法

按 GB/T 5750.6—2006 中 1.4 的要求进行测定。

6.13 铬含量的测定

6.13.1 原子吸收法

6.13.1.1 原理

同 GB/T 23768—2009 中第 4 章。

6.13.1.2 试剂或材料

6.13.1.2.1 铬标准溶液：1 mL 溶液含铬(Cr)0.01 mg，移取 1 mL 按 HG/T 3696.2 配制的铬标准溶液，置于 100 mL 容量瓶中，用水稀释至刻度，摇匀。此溶液现用现配。

6.13.1.2.2 水：符合 GB/T 6682—2008 二级水规格。

6.13.1.3 仪器设备

原子吸收分光光度计：配有铬空心阴极灯。

6.13.1.4 试验步骤

移取 4 份 10.00 mL 试验溶液(见 6.12.1.4.1)分别置于 4 个 100 mL 容量瓶中，使用乙炔—空气火焰，在波长 357.9 nm 处将原子吸收分光光度计调至最佳工作状态，以下操作按 GB/T 23768—2009 中 7.5.2 从“其中一份不加入被测元素，……”开始进行操作。

6.13.1.5 试验数据处理

铬含量以铬(Cr)的质量分数 w_4 计，数值以 mg/kg 表示，按式(10)计算：

$$w_4=\frac{m_1\times 10^3}{m} \qquad \cdots\cdots(10)$$

式中：

m_1——从工作曲线上查得的试验溶液中铬质量的数值，单位为毫克(mg)；

m ——试料质量的数值，单位为克(g)；

取平行测定结果的算术平均值为测定结果，两次平行测定结果的绝对差值不大于 3 mg/kg。

6.13.2 电感耦合等离子体发射光谱法

按 GB/T 5750.6—2006 中 1.4 的要求进行测定。

6.14 铅含量的测定

6.14.1 原子吸收法

6.14.1.1 原理

同 GB/T 23768—2009 中第 4 章。

6.14.1.2 试剂或材料

6.14.1.2.1 铅标准溶液：1 mL 溶液含铅(Pb)0.01 mg，移取 1 mL 按 HG/T 3696.2 配制的铅标准溶液置于 100 mL 容量瓶中，用水稀释至刻度，摇匀。此溶液现用现配。

6.14.1.2.2 水：符合 GB/T 6682—2008 二级水规格。

6.14.1.3 仪器设备

原子吸收分光光度计：配有铅空心阴极灯。

6.14.1.4 试验步骤

6.14.1.4.1 试验溶液的制备

称取约 5 g 试样，精确至 0.000 2 g，置于 250 mL 烧杯中，加 50 mL 水溶解，定量转移到 100 mL 容量瓶中，用水稀释至刻度，摇匀。

6.14.1.4.2 试验

移取4份20.00 mL试验溶液分别置于4个100 mL容量瓶中，使用乙炔—空气火焰，在波长283.3 nm处将原子吸收分光光度计调至最佳工作状态，以下操作按GB/T 23768—2009中7.5.2从“其中一份不加入被测元素，……”开始进行操作。

6.14.1.5 试验数据处理

铅含量以铅(Pb)的质量分数 w_5 计，数值以mg/kg表示，按式(11)计算：

$$w_5 = \frac{m_1 \times 10^3}{m} \qquad \cdots\cdots (11)$$

式中：

m_1——从工作曲线上查得的试验溶液中铅的质量的数值，单位为毫克(mg)；

m ——试料质量的数值，单位为克(g)。

取平行测定结果的算术平均值为测定结果，两次平行测定结果的绝对差值不大于5 mg/kg。

6.14.2 电感耦合等离子体发射光谱法

按GB/T 5750.6—2006中1.4的要求进行测定。

6.15 砷含量的测定

按HJ 694的要求进行测定。

6.16 固体水分的测定

按GB/T 13025.3的规定进行测定。

6.17 水不溶物的测定

按GB/T 13025.4的规定进行测定。

6.18 氯化物含量的测定

按GB/T 11896的规定进行测定。

7 检验规则

7.1 本标准采用型式检验和出厂检验。型式检验和出厂检验应符合下列规定：

a) 要求中规定的所有指标项目为型式检验项目，在正常生产情况下，每3个月至少进行一次型式检验。在下列情况之一时，应进行型式检验：
   ——更新关键生产工艺；
   ——主要原料有变化；
   ——停产又恢复生产；
   ——与上次型式检验有较大差异；
   ——合同规定。
b) 要求中规定的固体溶解速度、相对融雪化冰能力、冰点、pH共四项指标项目为出厂检验项目，应逐批检验。

7.2 生产企业用相同材料，基本相同的生产条件，连续生产或同一班组生产的同一型号、同一级别的融雪剂为一批。每批产品不超过 200 t。

7.3 固体产品按 GB/T 6678 的规定确定采样单元数。采样时，将采样器自袋的中心垂直插入至料层深度的 3/4 处采样。将采出的样品混匀，用四分法缩分至不少于 500 g。液体产品采样按 GB/T 6680 的要求进行。将样品分装于两个清洁干燥的具塞广口瓶或塑料袋中，密封。并粘贴标签，注明生产厂名、产品名称、类别、批号、采样日期和采样者姓名。一份供检验用，另一份保存备查，保存时间由生产企业根据需要确定。

7.4 检验结果如有指标不符合本标准要求，应重新自两倍量的包装中采样进行复验，复验结果即使只有一项指标不符合本标准的要求时，则整批产品为不合格。

7.5 采用 GB/T 8170 规定的修约值比较法判断检验结果是否符合本标准。

8 标志、标签

8.1 融雪剂包装袋上应有牢固清晰的标志，内容包括：生产厂名、厂址、产品名称、类别、型号、净含量、批号或生产日期、保质期、本标准编号及 GB/T 191—2008 第 2 章中规定的“怕晒”“怕雨”标志。

8.2 每批出厂的融雪剂都应附有质量证明书，内容包括：生产厂名、厂址、产品名称、类别、型号、净含量、批号或生产日期、保质期、本标准编号。

9 包装、运输、贮存

9.1 固体产品采用塑料编织袋包装：内包装采用单层聚乙烯塑料薄膜袋，封口时先排出空气，内袋分别用维尼龙绳或其他质量相当的绳人工扎口，或用与其相当的其他方式封口；外包装采用塑料编织袋，外袋用维尼龙绳或其他质量相当的线缝口，缝线整齐，针距均匀，无漏缝和跳线现象。每袋净含量为 25 kg，或根据用户要求协商确定包装净含量。液体产品由生产厂家根据用户要求协商确定包装容量和方式。

9.2 融雪剂在运输过程中，防止日晒、雨淋、受潮。

9.3 融雪剂应贮存在通风、阴凉、干燥的库房内，防止日晒、雨淋、受潮。

9.4 融雪剂在符合本标准包装、运输、贮存条件下，自生产之日起保质期为 12 个月。逾期检验合格，仍可继续使用。

附　录　A
（资料性附录）
处理汞废液的方法

A.1　原理

在碱性介质中，用过量的硫化钠沉淀汞，用过氧化氢氧化过量的硫化钠，防止汞以多硫化物的形式溶解。

A.2　试剂或材料

A.2.1　氢氧化钠溶液：400 g/L。

A.2.2　硫化钠（$Na_2S \cdot 9H_2O$）。

A.2.3　过氧化氢溶液：30%。

A.3　处理步骤

将汞废液收集于约 50 L 的容器中，当汞废液约 40 L 时，依次加入 400 mL 氢氧化钠溶液、100 g 硫化钠，摇匀。10 min 后缓慢加入过氧化氢溶液 400 mL，充分混合，放置 24 h 后将上部清液排入废水中，沉淀物转入另一容器中，由专人进行汞的回收。

上述操作中所用试剂均为工业级。

ICS 71.080.50
G 17

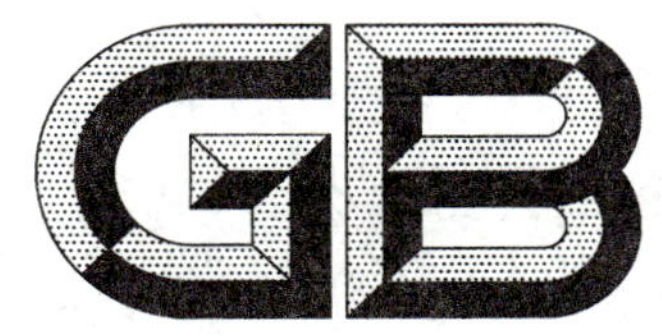

中华人民共和国国家标准

GB/T 23967—2017
代替 GB/T 23967—2009

工业用偏苯三酸酐

Trimellitic anhydride for industrial use

2017-09-07 发布　　2018-04-01 实施

中华人民共和国国家质量监督检验检疫总局
中国国家标准化管理委员会　发布

前　言

本标准按照 GB/T 1.1—2009 给出的规则起草。

本标准代替 GB/T 23967—2009《工业用偏苯三酸酐》，与 GB/T 23967—2009 相比，主要技术差异如下：

——增加了优等品的指标，其中外观为白色或微带色片状固体，偏苯三酸酐的质量分数为≥96.5％，邻苯二甲酸酐的质量分数为≤0.05％，酸值(以 KOH 计)为≥873 mg/g，熔融色度为≤130 Hazen 单位(铂-钴色号)(见第 3 章，2009 年版的第 3 章)；

——合格品的指标增加了邻苯二甲酸酐的限量指标为≤0.10％，删除了结晶点的指标(见第 3 章，2009 年版的第 3 章)；

——删除了结晶点的试验方法(见 2009 年版的 4.7)；

——增加了邻苯二甲酸酐的试验方法(见 4.4)。

本标准由中国石油和化学工业联合会提出。

本标准由全国化学标准化技术委员会有机化工分会(SAC/TC 63/SC 2)归口。

本标准起草单位：百川化工(如皋)有限公司。

本标准参加起草单位：江苏正丹化学工业股份有限公司。

本标准主要起草人：郑铁江、蒋国强、薛建军、吕坚、郑立新、陈明雷。

本标准所代替标准的历次版本发布情况为：

——GB/T 23967—2009。

工业用偏苯三酸酐

1 范围

本标准规定了工业用偏苯三酸酐要求、试验方法、检验规则及标识、包装、运输、贮存。

本标准适用于工业用偏苯三酸酐。

化学名称：1，3-二氢-1，3-二氧代-5-异苯并呋喃羧酸

化学文摘服务(CAS)号：552-30-7

分子式：$C_9H_4O_5$

结构式：

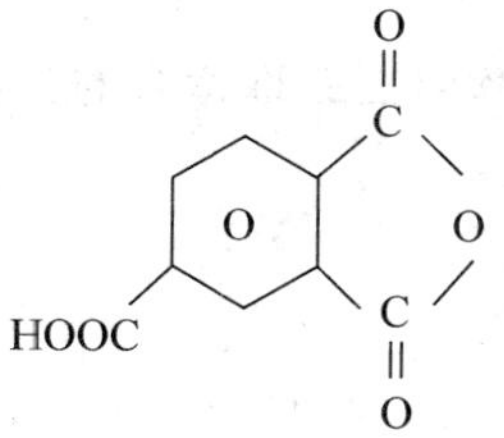

相对分子质量：192.13(按 2011 年国际相对原子质量)

2 规范性引用文件

下列文件对于本文件的应用是必不可少的。凡是注日期的引用文件，仅注日期的版本适用于本文件。凡是不注日期的引用文件，其最新版本(包括所有的修改单)适用于本文件。

GB/T 191 包装储运图示标志

GB/T 601 化学试剂 标准滴定溶液的制备

GB/T 603 化学试剂 试验方法中所用制剂及制品的制备

GB/T 3723 工业用化学产品采样安全通则

GB/T 6324.7—2014 有机化工产品试验方法 第 7 部分：熔融色度的测定

GB/T 6678 化工产品采样总则

GB/T 6679 固体化工产品采样通则

GB/T 6682 分析实验室用水规格和试验方法

GB/T 8170 数值修约规则与极限数值的表示和判定

GB/T 16631 高效液相色谱法通则

3 要求

工业用偏苯三酸酐的指标应符合表 1 的规定。

表 1 技术指标

项 目	指 标	
	优等品	合格品
外观	白色或微带色片状固体	
偏苯三酸酐,w/% ≥	96.5	95.0
邻苯二甲酸酐,w/% ≤	0.05	0.10
酸值(以 KOH 计)/(mg/g) ≥	873	865
熔融色度/Hazen 单位(铂-钴色号)≤	130	150

4 试验方法

警示——试验方法规定的一些试验过程可能导致危险情况,操作者应采取适当的安全和防护措施。

4.1 一般规定

除非另有说明,在分析中仅使用确认为分析纯的试剂和蒸馏水。

分析中所用标准滴定溶液、制剂及制品,在没有注明其他要求时,均按 GB/T 601、GB/T 603 之规定制备。

4.2 外观的测定

在日光灯或自然光下目测。

4.3 偏苯三酸酐含量的测定

4.3.1 原理

实验室样品中的偏苯三酸酐及邻苯二甲酸酐、均苯四甲酸二酐、偏苯三甲酸、对苯二甲酸和间苯二甲酸等杂质组分溶于水后,转化为相应的酸。用高效液相色谱法,在选定的工作条件下,通过色谱柱使试料中的各组分分离,用紫外/可见光检测器检测,用校正面积归一化法定量,得到试料中偏苯三酸酐的质量分数。

4.3.2 试剂

4.3.2.1 甲醇:市售液相色谱级,CAS 号为 67-56-1。

4.3.2.2 水:按照 GB/T 6682 执行,一级,CAS 号为 7732-18-5。

4.3.2.3 磷酸:市售液相色谱级,CAS 号为 7664-38-2。

4.3.3 仪器设备

4.3.3.1 液相色谱仪:配有紫外/可见光检测器的高效液相色谱仪,其最小检测灵敏度应符合 GB/T 16631 的要求。

4.3.3.2 记录仪:色谱数据工作站或色谱数据处理机。

4.3.3.3 进样器:自动或手动进样器。

4.3.4 色谱柱及典型的色谱操作条件

推荐的色谱柱及典型操作条件见表 2,典型高效液相色谱图参见附录 A 图 A.1。各组分的保留时间参见附录 A 表 A.1。其他能达到同等分离程度的色谱柱和色谱操作条件均可使用。

表 2 色谱柱和典型色谱操作条件

色谱柱	不锈钢材质,长 250 mm,内径 4.6 mm
固定相	十八烷基化学键合相型硅胶,粒度 5 μm
流动相	甲醇:水:磷酸=1:1:0.001(体积比)
流动相流量	0.6 mL/min
柱温	35 ℃
检测波长	240 nm
进样量	5 μL

4.3.5 试验步骤

称取实验室样品 0.1 g,置于 250 mL 锥形瓶或烧杯中,加 20 mL 水,移入(70±5)℃的水浴中加热约 20 min,摇晃,使试样溶解,加入 50 mL~200 mL 流动相,将溶液稀释到合适的浓度,使测得的组分色谱峰有合适的高度。用进样器抽取试料,注入液相色谱仪进行测定。

4.3.6 定量方法

校正面积归一化法。以高纯度的偏苯三酸酐、均苯四甲酸二酐等用称量法来测定一些重要组分的相对质量校正因子的方法见附录 B。

4.3.7 实验数据处理

偏苯三酸酐的质量分数 w_1,按式(1)计算:

$$w_1 = \frac{A_1}{A_1 + \sum f_i A_i} \times 100\% \qquad (1)$$

式中:

A_1 ——偏苯三酸酐对应峰的峰面积;

f_i ——偏苯三酸酐以外的其他组分 i 的相对质量校正因子;

A_i ——偏苯三酸酐以外的其他组分 i 对应峰的峰面积;

$\sum f_i A_i$ ——偏苯三酸酐以外的其他组分的校正峰面积之和。

试验结果表示到小数点后两位。

在同一实验室,由同一操作者使用相同设备,按相同的测试方法,并在短时间内对同一批试样相互独立进行测试获得的两次独立测试结果的绝对差值不大于 0.13%,以大于 0.13%的情况不超过 5%为前提。

4.4 邻苯二甲酸酐含量的测定

4.4.1 原理

用外标法来定量,通过工作曲线查得或从相应的线性方程来计算出试样中邻苯二甲酸酐的质量,再通过计算求得实验室样品中邻苯二甲酸酐的质量分数，必要时增加进样量。

4.4.2 试剂

4.4.2.1 甲醇：同 4.3.2.1。

4.4.2.2 水：同 4.3.2.2。

4.4.2.3 磷酸：同 4.3.2.3。

4.4.2.4 邻苯二甲酸酐：市售，分析纯，CAS 号为 85-44-9。

4.4.2.5 偏苯三酸酐工作物质：按 50 μL 的进样量，用液相色谱检测，不应出现邻苯二甲酸的峰。

4.4.3 仪器设备

同 4.3.3。

4.4.4 工作曲线的绘制

4.4.4.1 1 g/L 的偏苯三酸酐工作溶液

称取约 3 g 偏苯三酸酐工作物质，加入适量水，加热使其完全溶解，然后用水稀释至 3 000 mL，得到标称浓度约为 1 g/L 的偏苯三酸酐工作溶液 A。

4.4.4.2 标称浓度为 0.001 0 g/L 的邻苯二甲酸酐溶液

称取 0.10 g 邻苯二甲酸酐，精确至 0.000 1 g，用偏苯三酸酐工作溶液 A 溶解后，转移到 1 000 mL 容量瓶中，用偏苯三酸酐工作溶液 A 稀释至刻度，得到标称浓度为 0.10 g/L 的邻苯二甲酸酐浓溶液 B。

移取 10 mL 邻苯二甲酸酐浓溶液 B 于 1 000 mL 容量瓶中，再用偏苯三酸酐工作溶液 A 稀释至刻度，混匀，得到标称浓度为 0.001 0 g/L 的邻苯二甲酸酐溶液 C。

4.4.4.3 工作溶液的配制

在 5 个 100 mL 的容量瓶中分别移入 5 mL、10 mL、25 mL、50 mL 和 75 mL 邻苯二甲酸酐溶液 C，然后用偏苯三酸酐工作溶液 A 稀释至刻度。这样，5 个工作溶液中的邻苯二甲酸酐的标称质量分别为 5 μg、10 μg、25 μg、50 μg 和 75 μg，而其中的偏苯三酸酐的浓度均为约 1 g/L。

用进样器分别抽取 5 μL 各个工作溶液，进样。读取上述各个工作溶液中邻苯二甲酸的色谱峰面积。根据各个工作溶液中所含的邻苯二甲酸酐的标称质量数和对应工作溶液中邻苯二甲酸的色谱峰的面积绘制偏苯三酸酐中的邻苯二甲酸酐的工作曲线，或根据最小二乘法拟合得到工作曲线的线性方程。

4.4.5 试验步骤

在 50 mL 烧杯中称取实验室样品 0.1 g，精确至 0.000 1 g，加 20 mL 水，移入(70±5)℃的水浴中加热约 20 min，摇晃，使试样完全溶解。冷却后，转移至 100 mL 的容量瓶中，用表 2 中的流动相定容至刻度。

用进样器抽取 5 μL 试料，注入液相色谱仪进行测定。根据测得的试料中邻苯二甲酸的色谱峰面积，查工作曲线得出或从相应的线性方程计算出试样中邻苯二甲酸酐的质量 m_1。

4.4.6 实验数据处理

试样中邻苯二甲酸酐的质量分数 w，按式(2)计算：

$$w = \frac{m_1}{m} \times 100\% \qquad \cdots\cdots(2)$$

式中：

m_1——查工作曲线得出或从相应的线性方程计算出的试样中的邻苯二甲酸酐的质量的数值，单位为微克（μg）；

m ——偏苯三酸酐试样的质量的数值，单位为微克（μg）。

试验结果表示到小数点后三位。

在同一实验室，由同一操作者使用相同设备，按相同的测试方法，并在短时间内对同一批试样相互独立进行测试获得的两次独立测试结果的绝对差值不大于0.015%，以大于0.015%的情况不超过5%为前提。

4.5 酸值的测定

4.5.1 原理

试样溶于水后，酸、酐组分转化为相应的酸，用碱标准滴定溶液滴定试料的总酸量。以每克试样消耗氢氧化钾的质量(mg)表示酸值。

4.5.2 试剂

4.5.2.1 氢氧化钠标准滴定溶液：$c(NaOH)=0.5$ mol/L。氢氧化钠的CAS号为1310-73-2。

4.5.2.2 酚酞指示液：浓度为10 g/L。酚酞的CAS号为77-09-8。

4.5.3 试验步骤

称取实验室样品0.8 g，精确至0.000 1 g，置于250 mL锥形瓶中，加入80 mL无二氧化碳的水，移入(70±5)℃的水浴中加热约20 min，摇晃，使试样完全溶解。冷却，加2滴酚酞指示液，用氢氧化钠标准滴定溶液滴定至刚出现浅红色并在15 s内不褪色为终点。记录下滴定消耗的氢氧化钠标准滴定溶液的体积V_1。

在测定的同时，按相同的步骤，不加试样而使用相同数量的试剂溶液做空白试验。

4.5.4 试验数据处理

酸值(以KOH计)A，单位为毫克每克(mg/g)，按式(3)计算：

$$A=\frac{cM(V_1-V_1')}{m} \qquad \cdots\cdots(3)$$

式中：

c ——氢氧化钠标准滴定溶液的浓度的准确数值，单位为摩尔每升(mol/L)；

M ——氢氧化钾的摩尔质量的数值，单位为克每摩尔(g/mol)($M=56.11$)；

V_1 ——滴定试料消耗的氢氧化钠标准滴定溶液的体积的数值，单位为毫升(mL)；

V_1'——空白试验消耗的氢氧化钠标准滴定溶液的体积的数值，单位为毫升(mL)；

m ——试料的质量的数值，单位为克(g)。

试验结果表示到小数点后一位。

在同一实验室，由同一操作者使用相同设备，按相同的测试方法，并在短时间内对同一批试样相互独立进行测试获得的两次独立测试结果的绝对差值不大于1.9 mg/g，以大于1.9 mg/g的情况不超过5%为前提。

4.6 熔融色度的测定

称取(67±0.5) g实验室样品(其熔融后的体积相当于50 mL)，置于50 mL纳氏比色管中，按

GB/T 6324.7—2014 的 3.2 规定的目视比色法，将纳氏比色管放在预先加热到 205 ℃的电加热块中，保持 16 min～20 min，使试料完全熔融。取出装有熔融后的试料的纳氏比色管，尽快将熔融的试料和标准铂-钴比色溶液进行比色。

5 检验规则

5.1 出厂检验项目

表 1 所列的项目均为出厂检验项目，应逐批进行检验。工业用偏苯三酸酐由生产厂的质量检验部门进行检验。

5.2 检验批的构成

在原材料、工艺不变的条件下，产品连续生产的实际批为一个组批，但若干个生产批构成一个检验批的时间通常不超过 1 d。

5.3 样品要求

按 GB/T 3723、GB/T 6678 和 GB/T 6679 的规定采集样品。所采样品总量应不少于 500 g。将样品充分混合后，分装于两个清洁、干燥、带封口的塑料瓶或磨口玻璃瓶中，贴上标签，注明生产厂名称、产品名称、批号、采样日期和采样者。一瓶供分析检验用，另一瓶保存三个月备查。

5.4 判定和复验

检验结果的判定按 GB/T 8170 中规定的修约值比较法进行。检验结果中如有一项指标不符合本标准的要求时，应重新自双倍数量的包装单元中采样进行检验。重新检验的结果即使只有一项指标不符合本标准要求，整批产品应作降等或不合格处理。

6 标识、包装、运输、贮存

6.1 标识

6.1.1 产品标识

工业用偏苯三酸酐的包装袋上应有明显的标识，其内容至少包括：

a） 生产厂名称和联系方式；

b） 产品名称；

c） 批号或生产日期；

d） 净含量；

e） 本标准编号；

f） GB/T 191 中规定的“禁用手钩”“怕晒”和“怕雨”标志等。

6.1.2 产品质量证明书的内容

生产厂应保证每批出厂产品都符合本标准的要求，并附有一定格式的质量证明书，内容包括：

a） 生产厂名称和联系方式；

b） 产品名称；

c） 生产日期或批号；

d） 质量等级；

e） 本标准编号。

6.2 包装

工业用偏苯三酸酐可采用下列方式包装：

a） 用内衬塑料袋的复合纸袋包装，每袋 25 kg；

b） 用内衬塑料袋的复合编织袋包装，每袋 500 kg 或 1 000 kg；

c） 经供需双方协商，可根据顾客的合理要求，采用其他符合安全规定的形式包装。

6.3 运输

运输、装卸工作中应防止雨淋、日光曝晒，避免包装破损。

6.4 贮存

工业用偏苯三酸酐应贮存在阴凉、通风、干燥的仓库内，与碱性物质、强氧化剂分开存放。防止日光直射、受潮，并远离热源。

警告——偏苯三酸酐可燃，其微细分散的颗粒物在空气中可形成爆炸性混合物，在干燥状态，由于搅拌、空气输送、注入等能够产生静电。发生火灾时应采用雾状水、干粉、砂土灭火。

吸入该物质粉尘后，可能会引起咳嗽、头痛、恶心、呼吸短促、喘息。某些症状可能会推迟出现。皮肤接触该物质，会引起发红。眼睛接触该物质，会引起发红、疼痛。食入该物质会出现恶心、腹部疼痛、有灼烧感，甚至会出现呕吐、腹泻。

应采用适用于有毒颗粒物的过滤呼吸器进行防护。

附 录 A
（资料性附录）
偏苯三酸酐含量测定的典型高效液相色谱图和保留时间

A.1 偏苯三酸酐含量测定的典型高效液相色谱图

偏苯三酸酐含量测定的典型高效液相色谱图如图 A.1。

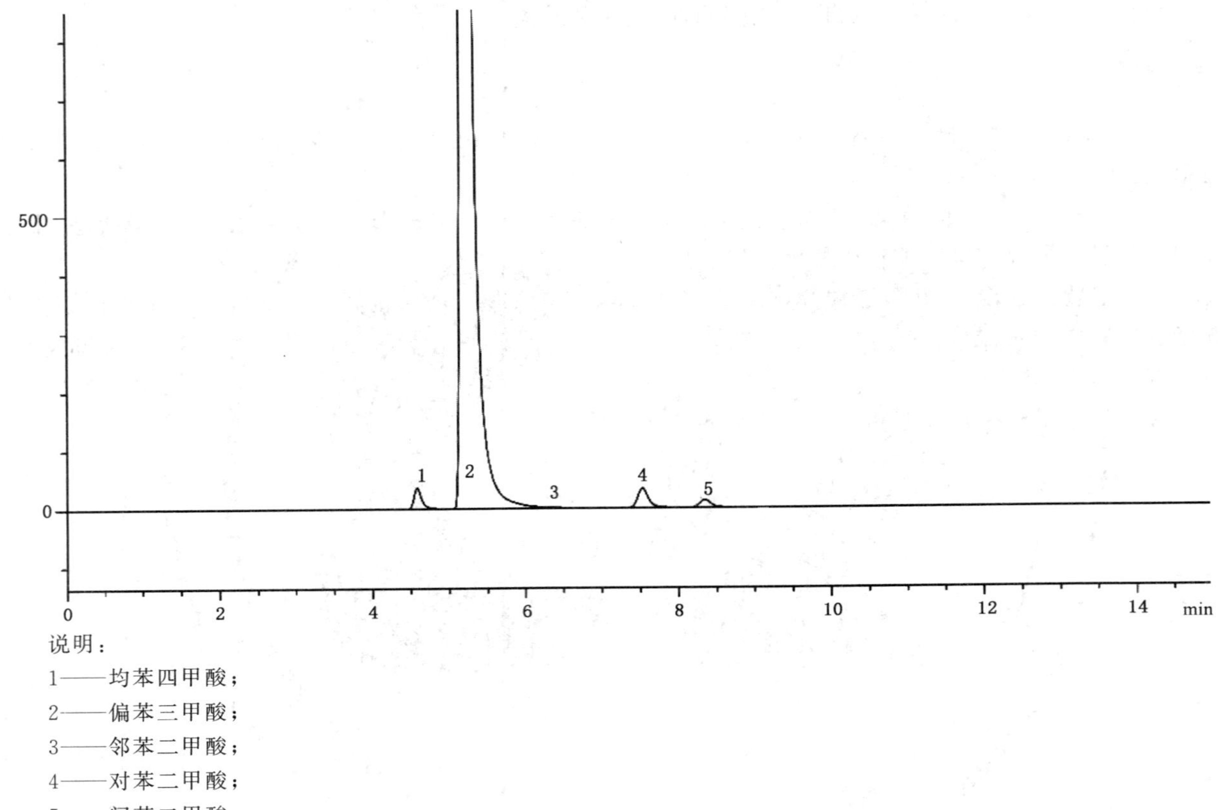

说明：

1——均苯四甲酸；

2——偏苯三甲酸；

3——邻苯二甲酸；

4——对苯二甲酸；

5——间苯二甲酸。

图 A.1 典型的高效液相色谱图

A.2 各组分的保留时间

各组分的保留时间如表 A.1。

表 A.1 各组分的保留时间

峰序号	组分名称	保留时间/min
1	均苯四甲酸	4.59
2	偏苯三甲酸	5.22
3	邻苯二甲酸	6.32
4	对苯二甲酸	7.53
5	间苯二甲酸	8.34

附 录 B
（规范性附录）
相对质量校正因子的测定

B.1 测定步骤

以试样中偏苯三酸酐溶解于水后在液相色谱图中显示的偏苯三甲酸的相对质量校正因子为1.00，选取可以获得的某杂质的高纯度标准样品和适量试样混合，在试样中该杂质的水解产物的质量分数附近，用称量法配成一系列已知质量比的标样-偏苯三酸酐混合物，按规定的条件制成试样，将加入杂质和偏苯三酸酐的称量比换算成杂质或其水解产物占不含溶剂的混合物中的质量分数，在相同的色谱条件下测定该系列混合物水解后该杂质或其水解产物的质量分数。

以液相色谱法测得的某杂质或其水解产物的质量分数为横坐标，以称量法配制、换算出来的该杂质或其水解产物的质量分数为纵坐标作图，形成某杂质或其水解产物相对质量校正因子的工作曲线，用最小二乘法求得各试验点的相关系数和曲线斜率。在相关系数大于或等于0.99的前提下，该工作曲线的斜率就是该杂质或其水解产物的相对质量校正因子。如果相关系数小于0.99，则要排除引起试验误差的主要原因，重新测定。

对苯二甲酸的标样应先溶于甲醇，再按一定的质量比和试样的水溶液配成对苯二甲酸标样-偏苯三甲酸的系列混合物，换算出对苯二甲酸在不含溶剂的混合物中的质量分数。

B.2 相对质量校正因子的定期测定

相对质量校正因子应实际测定，并应定期进行校验。

ICS 13.020
Z 00

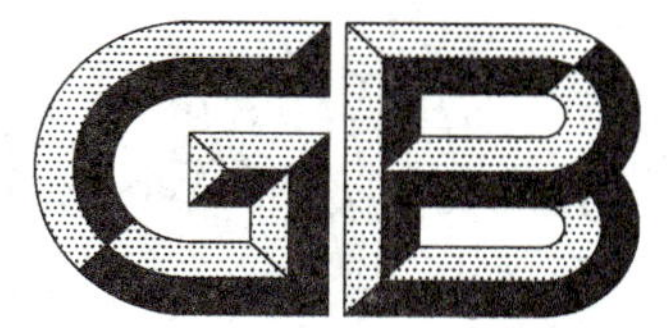

中华人民共和国国家标准

GB/T 24004—2017/ISO 14004:2016
代替 GB/T 24004—2004

环境管理体系　通用实施指南

Environmental management systems—General guidelines on implementation

(ISO 14004:2016,IDT)

2017-12-29 发布　　2018-07-01 实施

中华人民共和国国家质量监督检验检疫总局
中国国家标准化管理委员会　发布

前　言

本标准按照 GB/T 1.1—2009 给出的规则起草。

本标准代替 GB/T 24004—2004《环境管理体系　原则、体系和支撑技术通用指南》，与 GB/T 24004—2004 相比，除编辑性修改外主要技术变化如下：

——采用了 ISO/IEC 导则第 1 部分附件 SL 中的高阶结构；

——修改了术语和定义；

——提出了战略环境管理的思维；

——采用了基于风险的思维；

——强化了领导的作用；

——承诺从污染预防扩展到保护环境；

——强调将环境管理体系融入组织的业务过程；

——更加强调提升环境绩效；

——明确要求运用生命周期观点；

——细化了内、外部信息交流的要求；

——更加强调履行合规义务；

——对文件化信息的要求更加灵活；

——增加了基于 ISO 14005 的实施环境管理体系的阶段性方法。

本标准使用翻译法等同采用 ISO 14004:2016《环境管理体系　通用实施指南》(英文版)。

本标准由全国环境管理标准化技术委员会(SAC/TC 207)提出并归口。

本标准起草单位：中国标准化研究院、华夏认证中心有限公司、中国质量认证中心、方圆标志认证集团有限公司、中国合格评定国家认可中心、国家认监委认证技术研究所、北京新世纪检验认证股份有限公司、北京东方易初标准技术有限公司、天津泰达环保有限公司、宝山钢铁股份有限公司、海尔集团、广汽本田汽车有限公司、苏州高新区管委会、上汽大众汽车有限公司。

本标准主要起草人：黄进、王顺祺、王瑜、杨振强、杨晓涛、刘克、林翎、刘建峰、张晓昕、朱立本、吕元、李金梅、孙亮、糜建青、任贤全、曾奕聪、顾军、童清泉。

本标准所代替标准的历次版本发布情况为：

——GB/T 24004—1996、GB/T 24004—2004。

引　言

为了既满足当代人的需求，又不损害后代人满足其需求的能力，需要实现环境、社会和经济三者之间的平衡。通过平衡这“三大支柱”(环境、社会和经济)的可持续性，以实现可持续发展目标。

任何组织，无论公有还是私有，大型或小型，处于发达或新兴经济体中，都会对环境产生影响，反过来也会受到环境的影响。人们越来越多地认识到人类发展和健康取决于我们对自然资源进行保护和节约的情况，这些是人类活动和生产直接依赖的对象。实现良好的环境绩效要求组织承诺使用并持续改进环境管理体系的系统方法。

社会期望正在驱动对改善支撑人类发展所需资源进行管理的需求，并期望所有组织采用更加有效、透明和负责的手段来满足这一需求。因气候变化、能源过度消耗、生态系统退化、以及生物多样性减少等给环境造成的压力不断增大。

本标准旨在为各组织提供通用的框架指南，为了建立、实施、保持和持续改进体系以支持更好的环境管理。环境管理框架应当致力于组织的长期成功和可持续发展的整体目标。坚实的、可信的和可靠的环境管理体系框架如图1所示，包括：

——理解组织运行所处的环境；

——确定和理解相关方的有关的需求和期望，因其与组织的环境管理体系相关；

——建立并实施环境方针和环境目标；

——最高管理者在改进环境绩效方面发挥领导作用；

——识别可导致重大环境影响的组织的活动、产品和服务中的环境因素；

——识别环境状况，包括影响组织的事件；

——考虑与下列问题相关的组织需应对的风险和机遇：

　　——环境因素；

　　——合规义务；

　　——其他问题(见4.1)和要求(见4.2)；

——增强组织和环境的相互作用意识；

——适当时，建立运行控制，以管理组织的重要环境因素、合规义务，以及需要应对的风险和机遇；

——评价环境绩效，并在必要时采取措施以改进环境绩效。

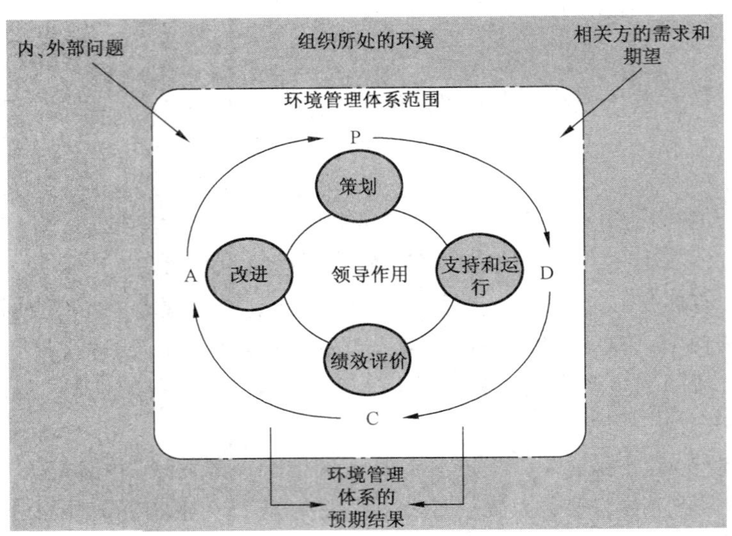

图 1　本标准环境管理体系模型

采用系统方法实施环境管理的结果，可为最高管理者提供定量和定性的数据，使其能够做出合理的业务决策，以保持长期成功，并为促进可持续发展创建可选方案。环境管理体系的成功实施取决于最高管理者领导下的组织各层次和职能的承诺。机遇包括：

——保护环境，包括预防或减少不利环境影响；

——控制或影响产品和服务的设计、制造、交付、使用和处置的方式；

——运用生命周期观点，防止环境影响被无意地转移到生命周期的其他阶段；

——实施环境友好的、且可巩固组织市场地位的可选方案，以获得财务和运营收益；

——与有关的相关方沟通环境信息。

除了提升的环境绩效，与有效的环境管理体系相关的潜在收益包括：

——通过可证实的环境管理使顾客确信组织的承诺；

——保持良好的公共关系和社区关系；

——满足投资方准则和改善资金获取渠道；

——提升形象和市场份额；

——改进成本控制；

——预防责任事件的发生；

——节约原料和能源；

——设计更加环境友好的产品；

——促进获得许可和授权并满足其要求；

——提升外部供方和所有在组织控制下工作的人员的环境意识；

——改善行业和政府部门的关系。

组织有可能运行一个同时满足质量、职业健康安全和环境管理体系要求的整合管理体系。这种方式提供了减少重复和提高效率的机会。

本标准提供的示例和方法是出于说明的目的，它们并不意味着唯一的可能性，也不一定适用于所有组织。在设计和实施，或改进某一环境管理体系时，组织应当选择适合其自身情况的方法。下文中“实用指导”的目的是提供补充信息，以支持本标准中的指南。

环境管理体系　通用实施指南

1　范围

本标准为组织建立、实施、保持和改进一个坚实的、可信的、可靠的环境管理体系提供了指南。本标准可供寻求以系统的方法管理其环境责任的组织使用，从而为"环境支柱"的可持续性做出贡献。

本标准可帮助组织实现其环境管理体系的预期结果，这些结果将为环境、组织自身和相关方带来价值。与组织的环境方针保持一致的环境管理体系预期结果包括：

——提升环境绩效；

——履行合规义务；

——实现环境目标。

本标准中的指南可以帮助组织提升其环境绩效，并将环境管理系统的要素融入其核心业务过程中。

注：虽然环境管理体系无意管理职业健康安全问题，但是当组织寻求实施整合的环境和职业健康安全管理体系时可包括这些问题。

本标准适用于任何规模、类型和性质的组织，并适用于组织基于生命周期观点所确定的其活动、产品和服务中能够控制或能够施加影响的环境因素。

本标准能够全部或部分地用于系统地改进环境管理，其作用是提供概念和要求的附加说明。

尽管本标准中的指南与标准 GB/T 24001 环境管理体系模式一致，但它不拟对 GB/T 24001 的要求作出解释。

2　规范性引用文件

无规范性引用文件。

3　术语和定义

下列术语和定义适用于本文件。

3.1　与组织和领导作用有关的术语

3.1.1

管理体系　**management system**

组织(3.1.4)用于建立方针、**目标**(3.2.5)以及实现这些目标的**过程**(3.3.5)的相互关联或相互作用的一组要素。

注 1：一个管理体系可关注一个或多个领域(例如：质量、环境、职业健康和安全、能源、财务管理)。

注 2：体系要素包括组织的结构、角色和职责、策划和运行、绩效评价和改进。

注 3：管理体系的范围可能包括整个组织、其特定的职能、其特定的部门、或跨组织的一个或多个职能。

3.1.2

环境管理体系　**environmental management system**

管理体系(3.1.1)的一部分，用于管理**环境因素**(3.2.2)、履行**合规义务**(3.2.9)，并应对**风险和机遇**(3.2.11)。

3.1.3

环境方针 **environmental policy**

由**最高管理者**(3.1.5)就**环境绩效**(3.4.11)正式表述的**组织**(3.1.4)的意图和方向。

3.1.4

组织 **organization**

为实现**目标**(3.2.5),由职责、权限和相互关系构成自身职能的一个人或一组人。

注 1:组织包括但不限于个体经营者、公司、集团公司、商行、企事业单位、政府机构、合股经营的公司、公益机构、社团、或上述单位中的一部分或结合体,无论其是否具有法人资格、公营或私营。

3.1.5

最高管理者 **top management**

在最高层指挥并控制**组织**(3.1.4)的一个人或一组人。

注 1:最高管理者有权在组织内部授权并提供资源。

注 2:若**管理体系**(3.1.1)的范围仅覆盖组织的一部分,则最高管理者是指那些指挥并控制组织该部分的人员。

3.1.6

相关方 **interested party**

能够影响决策或活动、受决策或活动影响,或感觉自身受到决策或活动影响的个人或**组织**(3.1.4)。

示例:相关方可包括顾客、社区、供方、监管部门、非政府组织、投资方和员工。

注 1:"感觉自身受到影响"意指已使组织知晓这种感觉。

3.2 与策划有关的术语

3.2.1

环境 **environment**

组织(3.1.4)运行活动的外部存在,包括空气、水、土地、自然资源、植物、动物、人,以及它们之间的相互关系。

注 1:外部存在可能从组织内延伸到当地、区域和全球系统。

注 2:外部存在可用生物多样性、生态系统、气候或其他特征来描述。

3.2.2

环境因素 **environmental aspect**

一个**组织**(3.1.4)的活动、产品和服务中与环境或能与**环境**(3.2.1)发生相互作用的要素。

注 1:一项环境因素可能产生一种或多种**环境影响**(3.2.4)。重要环境因素是指具有或能够产生一种或多种重大环境影响的环境因素。

注 2:重要环境因素是由组织运用一个或多个准则确定的。

3.2.3

环境状况 **environmental condition**

在某个特定时间点确定的**环境**(3.2.1)的状态或特征。

3.2.4

环境影响 **environmental impact**

全部或部分地由**组织**(3.1.4)的**环境因素**(3.2.2)给**环境**(3.2.1)造成的不利或有益的变化。

3.2.5

目标 **objective**

要实现的结果。

注 1:目标可能是战略性的、战术性的或运行层面的。

注 2:目标可能涉及不同的领域(例如:财务、健康与安全以及环境的目标),并能够应用于不同层面(例如:战略性的、组织层面的、项目、产品、服务和**过程**(3.3.5)]。

注 3：目标可能以其他方式表达，例如：预期结果、目的、运行准则、**环境目标**(3.2.6)，或使用其他意思相近的词语，例如：指标等表达。

3.2.6

环境目标　environmental objective

组织(3.1.4)依据其**环境方针**(3.1.3)建立的**目标**(3.2.5)。

3.2.7

污染预防　prevention of pollution

为了降低有害的**环境影响**(3.2.4)而采用(或综合采用)**过程**(3.3.5)、惯例、技术、材料、产品、服务或能源以避免、减少或控制任何类型的污染物或废物的产生、排放或废弃。

注 1：污染预防可包括源消减或消除，过程、产品或服务的更改，资源的有效利用，材料或能源替代，再利用、回收、再循环、再生或处理。

3.2.8

要求　requirement

明示的、通常隐含的或必须满足的需求或期望。

注 1："通常隐含的"是指对**组织**(3.1.4)和**相关方**(3.1.6)而言是惯例或一般做法，所考虑的需求或期望是不言而喻的。

注 2：规定要求指明示的要求，例如：**文件化信息**(3.3.2)中规定的要求。

注 3：法律法规要求以外的要求一经组织决定遵守即成为了义务。

3.2.9

合规义务　compliance obligations

法律法规和其他要求 legal requirements and other requirements

组织(3.1.4)必须遵守的法律法规**要求**(3.2.8)，以及组织必须遵守或选择遵守的其他要求。

注 1：合规义务是与**环境管理体系**(3.1.2)相关的。

注 2：合规义务可能来自于强制性要求，例如：适用的法律和法规，或来自于自愿性承诺，例如：组织的和行业的标准、合同规定、操作规程、与社团或非政府组织间的协议。

3.2.10

风险　risk

不确定性的影响。

注 1：影响指对预期的偏离——正面的或负面的。

注 2：不确定性是一种状态，是指对某一事件、其后果或其发生的可能性缺乏(包括部分缺乏)信息、理解或知识。

注 3：通常用潜在"事件"(见 GB/T 23694—2013 中的 4.5.1.3)和"后果"(见 GB/T 23694—2013 中的 4.6.1.3)，或两者的结合来描述风险的特性。

注 4：风险通常以事件后果(包括环境的变化)与相关的事件发生的"可能性"(见 GB/T 23694—2013 中的 4.6.1.1)的组合来表示。

3.2.11

风险和机遇　risks and opportunities

潜在的不利影响(威胁)和潜在的有益影响(机会)。

3.3　与支持和运行有关的术语

3.3.1

能力　competence

运用知识和技能实现预期结果的本领。

3.3.2

文件化信息　documented information

组织(3.1.4)需要控制并保持的信息，以及承载信息的载体。

注 1：文件化信息可能以任何形式和承载载体存在，并可能来自任何来源。

注 2：文件化信息可能涉及：

——**环境管理体系**（3.1.2），包括相关**过程**（3.3.5）；

——为组织运行而创建的信息（可能被称为文件）；

——实现结果的证据（可能被称为记录）。

3.3.3

生命周期　life cycle

产品（或服务）系统中前后衔接的一系列阶段，从自然界或从自然资源中获取原材料，直至最终处置。

注 1：生命周期阶段包括原材料获取、设计、生产、运输和（或）交付、使用、寿命结束后处理和最终处置。

[改写自：GB/T 24044—2008 中的 3.1，词语"（或服务）"已加入该定义，并增加了"注 1"]

3.3.4

外包　outsource

安排外部**组织**（3.1.4）承担组织的部分职能或**过程**（3.3.5）。

注 1：虽然外包的职能或过程是在组织的**管理体系**（3.1.1）覆盖范围内，但是外部组织是处在覆盖范围之外。

3.3.5

过程　process

将输入转化为输出的一系列相互关联或相互作用的活动。

注 1：过程可形成也可不形成文件。

3.4　与绩效评价和改进有关的术语

3.4.1

审核　audit

获取审核证据并予以客观评价，以判定审核准则满足程度的系统的、独立的、形成文件的**过程**（3.3.5）。

注 1：内部审核由**组织**（3.1.4）自行实施执行或由外部其他方代表其实施。

注 2：审核可以是结合审核（结合两个或多个领域）。

注 3：审核应当由与被审核活动无责任关系、无偏见和无利益冲突的人员进行，以证实其独立性。

注 4："审核证据"包括与审核准则相关且可验证的记录、事实陈述或其他信息；而"审核准则"则是指与审核证据进行比较时作为参照的一组方针、程序或**要求**（3.2.8），GB/T 19011—2013　3.3 和 3.2 中分别对它们进行了定义。

3.4.2

符合　conformity

满足**要求**（3.2.8）。

3.4.3

不符合　nonconformity

未满足**要求**（3.2.8）。

注 1：不符合与本标准要求及**组织**（3.1.4）自身规定的附加的**环境管理体系**（3.1.2）要求有关。

3.4.4

纠正措施　corrective action

为消除**不符合**（3.4.3）的原因并预防再次发生所采取的措施。

注 1：一项不符合可能由不止一个原因导致。

3.4.5

持续改进　continual improvement

不断提升**绩效**（3.4.10）的活动。

注 1：提升**绩效**（3.4.10）是指运用**环境管理体系**（3.1.2），提升符合**组织**（3.1.4）的**环境方针**（3.1.3）的**环境绩效**（3.4.11）。

注 2：该活动不必同时发生于所有领域，也并非不能间断。

3.4.6

有效性　effectiveness

实现策划的活动和取得策划的结果的程度。

3.4.7

参数　indicator

对运行、管理或状况的条件或状态的可度量的表述。

[ISO 14031:2013，定义 3.15]

3.4.8

监视　monitoring

确定体系、**过程**(3.3.5)或活动的状态。

注 1：为了确定状态，可能需要实施检查、监视或认真地观察。

3.4.9

测量　measurement

确定数值的**过程**(3.3.5)。

3.4.10

绩效　performance

可度量的结果。

注 1：绩效可能与定量或定性的发现有关。

注 2：绩效可能与活动、**过程**(3.3.5)、产品(包括服务)、体系或**组织**(3.1.4)的管理有关。

3.4.11

环境绩效　environmental performance

与**环境因素**(3.2.2)的管理有关的**绩效**(3.4.10)。

注 1：对于一个**环境管理体系**(3.1.2)，可依据**组织**(3.1.4)的**环境方针**(3.1.3)、**环境目标**(3.2.6)或其他四准则，运用**参数**(3.4.7)来测量结果。

4　组织所处的环境

4.1　理解组织及其所处的环境

为建立、实施、保持和持续改进环境管理体系，组织应当确定其运行所处的环境。组织所处的环境应当包括与其宗旨相关并影响其实现环境管理体系预期结果能力的外部和内部问题。组织的宗旨体现在其愿景和使命之中。

“预期结果”指组织通过实施其环境管理体系想要实现的结果。预期结果包括提升环境绩效、履行合规义务和实现环境目标。这是最低限度的核心结果。但是组织可针对其环境管理体系设定诸如超越环境管理体系要求的附加的预期结果。例如：组织可通过采用社会和环境原则而受益，以支持更广泛的可持续发展计划。

理解组织所处的环境很重要，因为组织运营并不是孤立的，而是被外部和内部问题所影响，例如：资源的可获得性和其员工的参与等。组织所处的环境可包括组织的复杂性、结构、活动和整个组织职能单元的地理位置以及地区的水平。

组织所处的环境包括它运营所处的自然环境。自然环境可产生影响组织活动、产品和服务的状况和事件。状况可以是当前的或者随时间变化的，而事件可引起突然的变化，这可以解释为极端情况。为这类状况和事件做准备并管理其后果能支持业务连续性。

这些问题是组织的重要议题，也是需要探讨和讨论的问题，或是对组织实现其设定的环境管理体系预期结果的能力造成影响的变化着的情况。

要理解哪些问题是重要的，组织可以考虑以下方面：

——关键驱动因素和趋势，例如：与环境状况或相关方关注有关的；

——能给环境或组织造成问题的；

——能产生有益效果的问题，包括能带来改进环境绩效的创新；

——能提供竞争优势，包括降低成本，为客户增值，或改善组织的声誉和形象。

实施或改进环境管理体系或将环境管理体系整合到其现有业务过程时，组织应当评审其所处的环境，以获取能够影响环境管理体系的相关问题的知识。评审将得益于采用生命周期观点和跨职能部门的参与，包括采购、财务、人力资源、工程、设计、销售和市场营销。评审可以包括下述关键方面：

a) 对相关的外部和内部问题，包括与组织的活动、产品和服务相关的环境状况和事件的识别；

b) 对这些问题如何影响组织的宗旨，以及实现其环境管理体系预期结果能力的考虑；

c) 对在策划中如何处理 a)和 b)的理解(见 6.1.1)；

d) 对环境绩效改进机会的识别(见 10.3)。

生命周期观点需要考虑组织在其产品和服务生命周期各阶段所具有的控制和影响。这种方法使组织能够识别在哪些领域能够将其对环境的影响最小化，同时为组织增值。

实用指导 1～3 提供了确定外部问题、环境状况(包括事件)和内部问题需要考虑的内容的示例。

实用指导 1——外部问题

考虑的内容可包括：

——政治：当地政治制度的类型，例如：民主、专制，业务发展中政治的干预程度，以及政治家有效行使权力的意愿；

——经济：公共资源的可获得性，例如：燃料、气和水、基础设施和交通，包括房屋、道路、铁路、海洋和机场；

——金融：公认的金融体系，及金融资源的可获得性和获取渠道；

——竞争：必要时，可考虑为保持竞争地位，具有相似宗旨和理念(例如：可持续发展、生态设计和生态标志)的其他当地组织；

——供应链管理：供方的可用性、产能和能力，技术水平和顾客要求；

——社会：民族价值观、性别问题、贿赂和腐败、劳动力的可获得性，可用的教育和医疗设施，劳动力受教育程度和犯罪活动情况。

——文化：当地殡葬习俗或宗教场所，文物建筑和(或)资产，可获得的特定资源[例如：中草药和(或)药用植物]、手工艺材料、文化仪式所用的食物、宗教制度和审美价值观；

——市场和公共需求：产品和服务当前和未来的市场趋势，包括有效使用能源和资源的产品和服务；

——技术方面：与组织有关的技术的实用性和可获得性；

——法律：组织运营所处的法律架构；

注：法律架构包括法律、法规和其他形式的法律要求。

——自然：当前和未来的气候和其他条件、物理条件、生物多样性、稀有和濒危物种、生态系统、资源的可用性(包括数量、质量和获取渠道)、可再生和不可再生能源，以及特定环境领域和(或)行业概况。

能够帮助组织获得外部问题知识的信息可来自：

——顾客、供方和合作方；

——商业委员会；

——行业组织；

——商会；

——政府机构；

——国际机构；

——咨询机构；

——学术研究；

——本地新闻媒体；

——当地社区团体。

实用指导 2——环境状况,包括环境事件

能够影响组织的活动、产品和服务的环境状况可包括,例如:由气候原因引起的温度变化能够影响组织种植特定种类的农作物。

环境事件的示例,例如:极端天气导致的洪水可能会影响组织为防止污染而实施的活动(例如:危险物质的存储)。

考虑下述来源的信息有助于组织识别其环境状况,包括事件:

a) 气象、地质、水文、生态信息;

b) 与组织地理位置相关的历史灾害信息;

c) 之前的审核、评估或评审报告,例如:初始环境评审或生命周期评估(可以获取时);

d) 环境监视数据;

e) 环境许可证或执照申请;

f) 紧急情况和突发事件及其环境影响的报告。

实用指导 3——内部问题

考虑的内容可包括:

——组织治理和结构:国家和契约治理框架(包括注册和报告);结构类型(包括分层式、矩阵式、扁平式、基于项目式);合资企业和合同服务;以及与母公司的关系、角色、职责和权限;

——法规符合性:现状和趋势;

——方针、目标和战略:宗旨、愿景、业务、其他目标和战略,以及实现这些所需的资源;

——规模和能力:组织的规模、能力和在资源和能力方面的知识(例如:资金、时间、人力、语言、过程、系统和技术,及对上述方面的保持);

——信息系统:信息流和决策过程(正式的和非正式的)以及完成这些所需的时间;

——与内部相关方的关系、及其观点和价值观;

——管理体系和标准:组织现有管理体系的优势和劣势,以及组织所采用的指南和模型,例如:会计和财务,质量、健康和安全;

——组织的类型和文化:家族企业、国营或私营公司、管理和领导风格、开放或封闭的文化,以及决策过程;

——合同:形式、内容以及合同关系的程度。

可用于检查相关内部因素的方法,包括收集上文所述的当前管理体系的相关信息,包括采访之前或当前在组织控制下工作的人员,并评审内部和外部信息交流。

组织为理解其所处的环境而创建的过程,应当能够为组织提供知识,以用于指导组织策划、实施和运行其环境管理体系。该过程的实施应当采用实用的方式,这种方式应当能为组织增值,并对最重要问题得出整体的、概念性的理解。将该过程及其结果形成文件并根据需要定期更新是有益的。

此结果可帮助组织:

——设定其环境管理体系范围;

——确定其需要应对的风险和机遇;

——制定或改进其环境方针;

——建立其环境目标;

——确定履行其合规义务所用方法的有效性。

4.2 理解相关方的需求和期望

4.2.1 总则

相关方也是组织运行所处环境的一部分,在组织评审其所处的环境时应当予以考虑。确定相关方并与其建立联系以开展信息交流,从而能促进互相理解、信任和尊重。这种联系不必是正式的。

组织应当确定与环境管理体系有关的相关方,以及这些相关方的需求和期望。组织可以从识别相关方的有关需求和期望的过程中受益，目的是在这些需求和期望中确定那些其必须遵守的以及那些选择遵守的(即其合规义务)。所使用的方法和资源可能因实际情况而不同，例如：组织的性质和规模、财务能力、需要应对的风险和机遇，以及组织环境管理的经验等。

本条款希望组织对那些已确定为与其有关的内、外部相关方所表达的需求和期望有一个概括性的(即高层次、非细节性的)的理解，以便在确定其合规义务时能够考虑所获取的知识。

4.2.2 确定有关的相关方

相关方可以是组织内部或外部的。组织应当确定那些与其环境管理体系有关的相关方。相关方可能会随时间变化，并且取决于组织运行所处的领域、行业，或地理位置。作为组织所处环境一部分的内部或外部问题的变化，可导致相关方的变化。

4.2.3 确定有关的相关方的有关需求和期望

组织应当确定有关相关方的有关需求和期望，将其作为环境管理体系策划的输入。在实用指导4中给出了相关方及其需求和期望的示例。重要的是，不仅要识别那些强制的和明示的需求和期望，还应当识别那些隐含的(即通常期望的)需求和期望。已经识别出的在所处的环境中有作用的相关方，可能具有一些与组织的环境管理体系不相关的需求，因此不是他们的所有需求都必需予以考虑。

实用指导4——相关方及其需求和期望示例

关系类别	相关方示例	需求和期望示例
责任	投资方	期望组织对能够影响投资的风险和机遇进行管理
影响	非政府组织(NGOs)	需要组织的合作以实现NGO的环境目标
邻近	邻居、社区	期望组织具有社会可接受的绩效、诚实和诚信
依存	员工	期望在安全和健康的环境下工作
代表	行业会员组织	需要组织就环境问题进行合作
权力	监管或法定机构	期望组织证明符合法律法规

4.2.4 确定合规义务

组织应当确定相关方的哪些需求和期望是必需遵守的，其余的需求和期望中哪些是要选择遵守的，这些将成为其合规义务。广泛的知识有助于对其合规义务的理解，详见6.1.3。

确定需求和期望的方法不是唯一的。组织应当采用适合其范围、性质和规模的方法，并且该方法在详略程度、复杂程度、时间、成本和可靠数据的可获得性等方面是适宜的。

组织可通过其他过程或出于其他目的确定有关相关方的需求和期望。

在监管理机构规定了要求的情况下，组织应当获取各领域适用的法律法规知识，例如：空气质量标准、排放限值、废物处理法规、设备运行的许可要求等。

在自愿承诺方面，组织应当获取有关需求和期望的广泛知识，例如：顾客要求、自律守则，以及与社区或公共机构之间的协议等。这些知识能够使组织理解自愿承诺对实现其环境管理体系预期结果的意义。

4.2.5 相关方需求和期望的用途和应用

4.2.1～4.2.4的输出可以帮助组织确定其环境管理体系范围、建立其环境方针、确定其环境因素、合规义务和组织需要应对的风险和机遇。上述这些是组织建立环境绩效目标时需要考虑的。组织会发现将这些信息文件化是有用的，使用这些文件化的信息便于组织满足本标准的其他要素的要求。

4.3 确定环境管理体系的范围

组织应当确定环境管理体系的边界和适用性，以确定其范围。每个组织的环境管理体系的范围都是特定的。识别来自于4.1和4.2所确定的内外部问题的理解的输入是每个组织的职责。范围的确定还包括一个或者多个地理位置的物理边界、组织控制和影响的范围，此时应当考虑生命周期观点。范围旨在明确组织环境管理体系所适用的物理的、职能的和组织的边界。

组织的最高管理者有权自主和灵活地确定环境管理体系的范围。它可以包括整个组织或组织的特定运行单元。组织应当理解其对活动、产品和服务的控制或影响的程度。范围的确定应当确保不排除那些具有或可能具有重要环境因素的活动、产品、服务或设施，或规避其合规义务，或误导相关方，这对于组织环境管理体系的成功和组织声誉的可信度是关键的。不恰当地缩小或排除范围会降低相关方对环境管理体系的信任度，并削弱组织实现环境管理体系预期结果的能力。范围是对包含在其环境管理体系边界内的组织运行或业务过程的真实并具代表性的陈述。

当范围仅限于大型组织的一部分时，最高管理者通常指的是组织中该部分的最高管理者。然而，组织中更高级别的最高管理者可以保留指导和支持环境管理体系的职责。如果组织改变其控制或影响的范围、扩大其运行范围、获得更多资产、或剥离业务或资产，则应当重新考虑范围，以及由此带来的可能影响环境管理体系的其他变化。

当确定环境管理体系的范围时，组织应当考虑外部提供的活动、产品和服务。组织可以通过其领导作用对具有或可能具有重大环境影响的外部提供的活动、产品和服务予以控制，或可以通过合同和其他协议对他们施加影响。

组织应当保持范围的文件化信息，并可为相关方所获取。可采用下列几种方式：例如：文字描述，在平面图上、组织图解中、网页上标注，或发布符合性的公开声明。当将其范围形成文件时，组织可以考虑使用一种标示所包含的活动、产品和服务，以及它们的应用和(或)发生的地理位置的方式。采用这种方式表述范围的示例包括：

——在地点A(地理边界)内燃机及其配件的制造；

——面向个人和组织的在线培训的营销、设计和实施(职能边界)。

4.4 环境管理体系

4.4.1 总则

环境管理体系应当被视为一种组织框架，应当对其进行持续监视和定期评审，从而为组织提供有效的指导以响应变化的外部和内部问题。

环境管理体系的模式和持续不断的改进过程如图1所示。管理体系的通用模式被称为策划—实施—检查—改进(PDCA)方法。关于PDCA模式的更多信息见实用指导5。

实用指导5——环境管理体系模式

PDCA模式为组织提供了一个持续不断、循环渐进的过程，能使组织建立、实施和保持其环境方针并持续改进环境管理体系，以提升环境绩效。该持续过程的步骤如下：

a) 策划：

1) 理解组织及其所处的环境，包括相关方的需求和期望(见第4章)；

2) 确定范围(见4.3)并实施环境管理体系(见4.4)；

3) 确保最高管理者的领导作用和承诺(见5.1)；

4) 建立环境方针(见5.2)；

5) 分配相关角色的职责和权限(见5.3)；

6) 确定环境因素和相关的环境影响(见6.1.2)；

7) 确定并获取合规义务(见6.1.3)；

8) 确定与上述1)、6)和7)相关的需要应对的风险和机遇(见6.1.1);
9) 策划应对上述8)中确定的风险和机遇的措施,并评价这些措施的有效性(见6.1.4);
10) 建立环境目标(见6.2.2),确定参数和过程以实现环境目标(见6.2.3和6.2.4);

b) 实施:
1) 确定实施和保持环境管理体系所需的资源(见7.1);
2) 确定人员必需的能力并确保这些人具有所确定的能力(见7.2)和意识(见7.3);
3) 建立、实施和保持内部和外部信息交流所需的过程(见7.4);
4) 确保采用适当的方法创建、更新(见7.5.2)和控制(见7.5.3)文件化信息;
5) 建立、实施并控制满足环境管理体系要求所需的运行控制过程(见8.1);
6) 确定潜在的紧急情况以及必要的响应(见6.1.1和8.2);

c) 检查:
1) 监视、测量、分析和评价环境绩效(见9.1.1和9.1.2);
2) 评价合规义务的履行情况(见9.1.2);
3) 进行定期的内部审核(见9.2);
4) 评审组织的环境管理体系以确保持续适宜性、充分性和有效性(见9.3);

d) 改进:
1) 采取措施处理不符合(见10.2);
2) 采取措施持续改进环境管理体系的适宜性、充分性和有效性,以提升环境绩效(见10.3)。

4.4.2 建立、实施、保持和持续改进环境管理体系

为实现预期结果,组织应当建立、实施、保持并持续改进环境管理体系。组织建立、实施和保持环境管理体系所获得的益处,包括由4.1和4.2中所获得的知识而提升了的环境绩效。

对某些组织而言,一次性建立一个完整的环境管理体系可能是困难的。对于这些组织,采用分阶段实施的方法可能更有利。如何采用分阶段实施的方法参见附录B。

组织有权力和责任决定以何种方式来满足环境管理体系的要求。

5 领导作用

5.1 领导作用与承诺

最高管理者设定组织的使命、愿景和价值观,此时应当考虑组织所处的环境、相关方的需求和期望以及业务目标。这些内容应当反映在组织的战略规划中。最高管理者的承诺、责任和领导作用对于成功实施有效的环境管理体系,包括实现预期结果的能力至关重要。因此最高管理者应当对组织的环境管理体系的有效性负责,并确保其实现预期结果。最高管理者的承诺指的是提供物质和财务资源,以及设定方向。这种承诺包括对支持环境管理体系和沟通有效环境管理的重要性的积极参与。

最高管理者的承诺应当确保环境管理体系:

——不是孤立管理的,也不脱离其核心业务战略;
——在制定战略性业务决策时得到考虑;
——与业务目标保持一致;
——获得适当的资源,该资源以及时和有效的方式予以提供(见7.1);
——得到跨业务部门的适当参与;
——为组织提供实际价值;
——持续改进并保持长期成功。

环境方针和环境目标旨在满足组织战略规划中环境部分的内容,并构成环境管理体系的基础。在

组织策划或评审其战略时，通过在生命周期的最初阶段考虑组织的活动、产品或服务的环境绩效，最高管理者有可能实现更大的价值。例如：如果在设计阶段而不是施工或制造阶段考虑环境准则，那么改善建筑物或产品的环境绩效的机会则更大。

如果环境管理体系是组织战略方向中的一部分，并融入到其他业务过程中(见实用指导 6)，则它会更加有效和持久。

> **实用指导 6——将环境管理体系融入业务过程**
>
> 最高管理者的领导作用和承诺对环境管理体系融入业务过程至关重要。由组织负责确定将环境管理体系要求融入各种业务职能的详细水平和程度。融入是一个持续渐进的过程，且其获益会随持续改进和时间推移而增加。
>
> 将环境管理体系融入到组织的业务过程中可以提升组织的下述能力：
>
> ——通过分享过程和资源，使运行更有效；
>
> ——通过与组织运行相关的过程更紧密地联系而实现增值；
>
> 组织可以考虑将环境管理活动融入其业务过程的机会，包括：
>
> ——将环境管理体系的预期结果或环境目标融入组织的愿景或战略(明示的或隐含的)，例如：与创新和竞争力相关的；
>
> ——将环境方针承诺融入组织的治理；
>
> ——将环境管理体系的职责融入岗位职责；
>
> ——在组织的业务绩效体系中体现环境绩效参数，包括部门或员工评价(例如：KPIs)；
>
> ——在外部报告中体现环境绩效，例如：财务或可持续性报告；
>
> ——将确定重要环境因素和影响环境管理体系的其他风险与机遇的过程融入其标准的业务风险管理过程；
>
> ——将环境准则融入业务过程的策划、产品或服务的设计，以及采购过程中；
>
> ——将环境信息交流融入业务沟通、参与渠道和过程，例如：公共关系。

最高管理者应当通过直接参与或适当时以授权的方式就有效的环境管理的重要性和符合环境管理体系要求的重要性进行沟通。沟通可以是正式的或者非正式的，并且可以采取多种形式进行，包括可视的和口头的。

最高管理者应当支持组织中的其他管理人员在其各自负责的与环境管理体系有关的领域内发挥领导作用。由此，最高管理者的领导作用和承诺的价值可传递到整个组织中。通过证实领导作用和承诺，最高管理者能够指导并支持组织内的员工和在组织控制下工作的其他人员实现环境管理体系的预期结果。

当最高管理者创建一种鼓励全员积极参与环境管理体系的文化时，组织就会更好地实现其环境目标并识别改进机会。

5.2 环境方针

环境方针规定了在界定的环境管理体系范围内，与环境有关的组织的战略方向。环境方针应当为建立环境目标提供框架，应当设立组织所要求的环境职责和绩效水平，并据此判定后续措施。环境方针建立了组织行动的原则。

环境方针对组织而言应当是特定的，并且应当适合组织的宗旨和组织运行所处的环境，包括组织活动、产品和服务产生的环境影响的性质和规模。环境方针应当包括组织履行合规义务的承诺，以及保护环境、污染预防和持续改进的承诺。实用指导 7 和 8 提供了与环境方针承诺相关的补充信息。

在制定环境方针时，组织应当考虑：

a) 组织的愿景、使命、核心价值观和信仰；

b) 指导原则；

c) 相关方的需求和期望，以及与相关方的交流；

d) 与环境管理体系相关的内部和外部问题，包括特定的当地或区域的状况；

e) 与组织其他领域的方针相协调(例如:质量、职业健康和安全);

f) 外部环境状况(包括事件)对组织活动产生的实际的和潜在的影响。

建立环境方针是组织最高管理者的职责。环境方针应当作为文件化信息予以保持,并且与组织的其他方针文件保持一致,也可包含在其他方针中,或与其他方针相关联,例如:与质量、职业健康和安全以及社会责任相关的方针。最高管理者负责实施环境方针并为环境方针的建立和修改提供输入信息。环境方针应当与组织控制下工作的所有人员沟通,并且可为相关方所获取。组织可以决定使环境方针以不受限的方式被获取,例如:公布在网站上,或适当时,在获得相关方的身份、需求和期望的信息,或基于相关方的请求,使得环境方针可被获取。

实用指导 7——保护环境和污染预防

组织越来越关注其运行所处的环境,例如:资源的可获得性、空气和水的质量,以及与组织有关的、与气候变化相关的作用和影响。因此,组织通过承诺保护环境,包括污染预防,为其业务和社会的可持续发展做出贡献。

保护环境

组织保护环境的承诺与其活动、产品和服务及其地理位置相关。它可以在组织范围内实现,或通过供应链管理、产品使用或处置等环节来实现。适当时,一些组织由于其活动的性质、规模和其产生的环境影响不同,应当作出特定的保护环境的承诺。例如:如果其活动与砍伐森林有关,则应当考虑保护生物多样性或生态系统服务方面的承诺。

保护环境的实用措施可包括:

——提高自然资源(例如:水和化石燃料)的利用效率,例如:减少使用生产相关的自然资源,或进行再利用或循环利用等。

——通过直接保护现场,或间接地通过采购决定来保护生物多样性、栖息地和生态系统,例如:购买经验证的、可持续来源的材料。

——通过避免或减少温室气体排放,或采用碳中和策略降低对气候变化的净贡献值,来减缓气候变化。

——通过避免、替代或减少等措施,改善水和空气质量。

污染预防

污染预防可以包含在产品或服务的整个生命周期内,包括设计和开发、制造、配送、使用和寿命结束后处理。这种策略不仅可帮助组织保护资源和减少废物和排放,还能降低成本和提供更有竞争力的产品和服务。将环境因素融入到产品设计和开发过程的指南可参见 GB/T 24062 和 ISO 14006。

源消减往往是最有效的实践,因为它能避免废物的产生和排放,同时能节约资源。但是,在一些情况下,通过源消减来预防污染是不实际的。组织可以考虑利用如下顺序的方式实现污染预防,并优先选择从源头进行污染预防:

a) 源消减或消除(包括环境意识设计和开发、材料替代、过程、产品或技术的更改,以及能源和材料资源的节约);

b) 在过程或设备中材料的再利用或再循环;

c) 材料的场外再利用或再循环;

d) 回收和处理(在场内外从废物流中回收,以及在场内外对排放物和废弃物的处理以减少其环境影响);

e) 控制机制,例如:在许可的情况下的焚烧或受控处置,然而,只有在考虑了其他选项后,组织才应当采用这些方法。

实用指南 8——环境方针和可持续性

越来越多的国际组织以及政府、专业协会和公众团体,已经制定了指导原则,旨在支持环境的可持续性。这些指导原则帮助组织确定他们对作为“三大支柱”之一的环境的可持续性承诺的总体范围,并提供了一套普适价值观。指导原则可以帮助组织制定其环境方针,且该方针应当是独有的。

环境方针可以包括其他承诺,例如:

a) 可持续发展及相关的指导原则[例如:联合国 21 世纪议程和(或)全球契约、赤道原则];

b) 通过应用整合的环境管理过程和策划,将新的开发中的重大负面环境影响最小化;

c) 产品设计时必须考虑环境因素和可持续发展原则。

5.3 组织的角色、职责和权限

环境管理体系的成功建立、实施和保持，以及环境绩效的改进取决于最高管理者如何规定和分配组织内的职责和权限(见实用指导 9)。

最高管理者应当指派具有充分权限、意识、能力和资源的代表或职能，以：

a) 确保在组织所有适用的层次，建立、实施和保持环境管理体系；

b) 向最高管理者报告环境管理体系的绩效，包括环境绩效及改进的机会。

这些职责和权限可以与其他职能或职责相结合。

适当时，最高管理者应当确保在组织控制下工作且对环境管理体系产生影响的人员的职责和权限在组织内部得到规定并予以沟通，以确保环境管理体系的有效实施。环境管理体系的职责并不仅局限于环境职能，还可以包括组织内的其他职能，例如：设计、采购、工程或质量。最高管理者提供的资源应当能够使分配的职责得到履行。当组织的结构发生变化时，应当评审组织的职责和权限。

实用指导 9 阐明了环境管理体系角色和职责的示例。

实用指导 9——角色和职责示例	
环境管理体系职责	**典型负责人**
设定整体方向(预期结果)	总裁、首席执行官(CEO)、董事会
制定环境方针	总裁、CEO 和其他成员(适当时)
制定环境目标和过程	相关的经理和其他成员
在设计过程考虑环境因素	产品和服务设计师、建筑师和工程师
监视总体环境管理体系绩效	环境经理
确保履行合规义务	所有经理
促进持续改进	所有经理
识别客户期望	市场和营销队伍
识别对供方的要求和采购准则	采购员、购买者
制定和保持会计过程	财务和(或)会计经理
遵循环境管理体系要求	在组织控制下工作的所有人员
评审环境管理体系的运行	最高管理者
注：公司和研究机构具有不同的组织结构，需要基于他们自己的工作流程确定环境管理职责。例如：在中小型企业中，企业所有者可能是上述所有活动的负责人。	

6 策划

6.1 应对风险和机遇的措施

6.1.1 总则

对于确定和采取所需的措施以确保环境管理体系能够取得预期结果而言，策划是关键的。基于环境和环境管理体系自身输入和输出的变化，策划是一个持续不断的过程，不仅用于环境管理体系要素的建立和实施，也用于它们的保持和改进。策划过程将帮助组织识别并集中其资源于那些对保护环境而言是最重要的领域。它同样有助于组织履行其合规义务和实现环境方针的其他承诺，以及建立和实现其环境目标。

组织应当具有一个(或多个)过程来确定需要应对的风险和机遇,这个过程始于组织应用对其运作所处环境的理解,包括能够影响环境管理体系预期结果的问题(见4.1)以及有关相关方的有关需求和期望,包括那些被组织采纳作为合规义务的需求和期望(见4.2)。上述这些连同环境管理体系的范围,将一并成为确定需要应对的风险和机遇时应当被考虑的输入。策划过程所产生的信息是确定必需控制的运行的重要输入,该信息同样可用于环境管理体系其他部分的建立和改进,例如:识别培训、能力、监视和测量的需求。

通过应对风险和机遇,环境管理体系为组织、其相关方和环境提供价值。一个坚实的、可信的和可靠的环境管理体系可以支持组织的长期生命力。如果不管理其需要应对的风险和机遇,组织可能无法实现其预期结果,也无法响应环境状况(包括事件)。实用指导10提供了需要应对的风险和机遇的示例。合规义务、相关方的观点以及需要应对的风险和机遇的其他来源,例如:环境状况(包括事件)必须得到考虑。

实用指导10——影响组织的需要应对的风险和机遇的示例

风险和机遇能够影响组织及其实现环境管理体系预期结果的能力。可能给组织带来负面影响的起因,例如:

a) 环境因素,例如:一个很小的泄漏,几乎不污染土壤和地下水,因此从环境角度没有被确定为是重要的,然而其可能会损害组织的具有环保意识的形象;

b) 重要环境因素,例如:环境事件引发了对组织管理其重要环境因素能力的怀疑,从而削弱其信誉;

c) 不履行合规义务,可能导致罚款、纠正措施的费用,并可能失去经营的资质;

d) 环境状况,包括对环境产生影响的事件,例如:气候变化导致水供应的减少,可能会影响组织污水处理厂的运行;

e) 为满足顾客需求,需要在缺乏相应熟练员工的情况下快速扩大组织的产能,这会导致潜在的失误而造成对环境的损害;

f) 相关方对组织环境绩效的观点,可能带动更多的反对意见;

g) 采取未考虑非预期结果的应对风险和机遇的措施,可能带来负面影响,例如:在组织休闲区域利用废水进行灌溉,可能导致使用这些区域的人员的健康问题。

注:潜在紧急情况的指南见8.2给组织带来潜在有益影响的示例可包括:

a) 识别新技术,例如:可以减少污染排放的控制设备;

b) 优化资源保护,例如:水循环;或

c) 与相关方一起工作,以消除其对所提议的废物处置方法的反对。

为确保环境管理体系能够取得其预期结果、预防或减少不期望的影响并实现持续改进,需要应对的风险和机遇有三个可能的来源:

a) 环境因素(见6.1.2);

b) 合规义务(见6.1.3);

c) 在4.1和4.2识别的其他问题和要求。

组织可自由选择不同的方法来确定其需要应对的风险和机遇。例如,组织可以:

——先确定环境因素、合规义务以及其他问题和要求,然后再确定与之相关的需要应对的风险和机遇,或

——将需要应对的风险和机遇的确定与重要环境因素的确定相融合,对其他来源的需要应对的风险和机遇也可以采用类似的方法,或

——采用一种可选的方案,将需要应对的两种或多种来源的风险和机遇结合起来考虑。

组织可以利用现有的业务过程来确定需要应对的风险和机遇。所选择的方法可以包括简单的定性过程或全面的定量评价(例如:在决策矩阵中应用准则),这取决于组织运作所处的环境。方法的示例,见实用指导11。

作为结果的需要应对的风险和机遇是措施策划的输入(见6.1.4),用于建立环境目标(见6.2)和控

制有关的运行，目的是预防负面的环境影响和其他非预期的影响(见 8.1)。附录 A 给出了活动、产品和服务以及它们相关的环境因素和环境影响，以及应对它们的措施。

需要应对的风险和机遇的结果同样可以应用到环境管理体系的其他方面，例如：确定能力的需求和与环境管理体系有关的信息交流，确定监视和测量的需求，建立内部审核方案和制定应急准备和响应过程。

紧急情况是非计划的或非预期的事件，需要立即响应，以减轻其实际的或潜在的后果。紧急情况可能造成对组织的不利影响，例如：火灾、爆炸、危险物质泄漏或释放；或自然事件，例如：山洪、暴雨、台风、海啸等。它们也可能对环境造成二次影响或对组织造成影响，例如：消防过程中受污染的消防水的外排，以及受火灾损害且能导致环境危害的材料的处置。组织应当确定环境管理体系范围内潜在的紧急情况，包括那些能够具有环境影响后果的潜在紧急情况。

<table>
<tr><td colspan="3">实用指导 11——确定需要应对的风险和机遇方法的示例</td></tr>
<tr><th>输入示例</th><th>过程示例</th><th>输出示例</th></tr>
<tr><td>环境因素(见 6.1.2)</td><td></td><td></td></tr>
<tr><td>——环境因素和环境影响
——确定重要环境因素的准则</td><td>应用准则评价重要性(见 6.1.2.5)</td><td>——重要环境因素
——与重要环境因素有关的需要应对的风险和机遇(见后备注)</td></tr>
<tr><td colspan="3">合规义务(见 6.1.3)</td></tr>
<tr><td>——确定成为合规义务的有关相关方的有关需求和期望(见 4.2)
——与相关方的信息交流，包括投诉、表扬和认可
——内部和外部合规性审核
——评审法规变化的趋势</td><td>对结果进行评估以确定是否存在需要应对的风险和机遇</td><td>与组织合规义务相关的需要应对的风险和机遇</td></tr>
<tr><td colspan="3">内部和外部问题(见 4.1)</td></tr>
<tr><td>——所处环境(包括内部和外部问题)的评审结果(见实用指导 1 和 3)——管理评审的结果
——最高管理者和其他跨职能管理者的输入</td><td rowspan="3">对结果进行评估以确定是否存在组织需要应对的风险和机遇</td><td>与 4.1 中其他问题有关的需要应对的风险和机遇</td></tr>
<tr><td>影响组织的环境状况(见实用指导 2)</td><td>与环境状况有关的需要应对的风险和机遇</td></tr>
<tr><td>确定的环境因素(重要环境因素以外的)</td><td>与环境因素有关的需要应对的风险和机遇</td></tr>
<tr><td colspan="3">其他要求(见 4.2)法律法规要求以外的和组织已经选择采用的那些要求</td></tr>
<tr><td>——管理评审的结果
——新的或变化的情况
——新的信息
——与相关方的信息交流</td><td>对结果进行评估以确定是否存在组织需要应对的风险和机遇</td><td>与其他要求有关的需要应对的风险和机遇</td></tr>
<tr><td colspan="3">注：可能存在没有需要组织去应对的由其重要环境因素或在 4.1 和 4.2 中识别的其他问题和要求所带来的风险和机遇的情况。</td></tr>
</table>

6.1.2 环境因素

6.1.2.1 概述

为了建立一个有效的环境管理体系，组织应当深入理解其如何与环境发生相互作用，包括可能具有环境影响的其活动、产品和服务中的要素(见 6.1.2.2)。组织活动、产品和服务中能与环境发生相互作用的要素称为环境因素。示例包括废水的排放、废气的排放、材料的利用和再利用,或噪声的产生。实施环境管理体系,组织应当确定其能够控制和能够施加影响的环境因素(见 6.1.2.3),此时应当考虑生命周期的观点。实用指导 12 提供了关于生命周期观点的补充信息。

全部或部分地由组织的环境因素给环境造成的不利或有益的变化称为环境影响。不利影响的示例包括空气污染和自然资源的枯竭。有益影响的示例包括改善水或土壤的质量。环境因素与相关的环境影响之间的关系是因果关系。组织应当理解那些对环境具有或可能具有重大影响的因素,即重要环境因素(见 6.1.2.4)。为保护环境,对重要环境因素应当加以管理。

确定重要环境因素及其相关的环境影响是必要的,以确定哪里需要控制或改进,并主要基于环境方面的考虑因素确定管理措施的优先顺序(见 6.1.2.5)。组织的环境方针、环境目标、培训、信息交流、运行控制和监视过程的建立应当主要基于其对重要环境因素的理解。重要环境因素的确定是一个持续不断的过程,它提高了组织对其与环境关系的理解,并有助于通过强化其环境管理体系来持续改进其环境绩效。

由于在确定环境因素和环境影响以及确定重要性上,没有一个单一的方法可以适用于所有组织,6.1.2.5 中的指南为那些寻求实施或改进环境管理体系的组织提供了关键概念的解释。每个组织应当选择一个合适的方法,与其范围、性质和环境影响的规模相适宜,并满足其在详细程度、复杂性、时间、成本和可靠数据的可获得性等方面的需求。实施一个(或多个)过程来应用所选的方法能够帮助取得一致的结果。

实用指导 12——生命周期观点

生命周期观点包括考虑组织活动、产品和服务中能够控制或能够施加影响的环境因素。生命周期的阶段包括原材料的获取、设计、生产、运输和(或)交付、使用、寿命结束后处理和最终处置。

当将生命周期观点应用于其产品和服务时,组织应当考虑:

——产品或服务所处的生命周期阶段;

——其对整个生命周期阶段的控制程度,例如:产品的设计者可能负责对原材料的选择,而生产者可能只负责减少原材料使用和过程废物最小化,使用者只负责产品使用和处理;

——其对整个生命周期阶段的影响程度,例如:设计者可能只影响生产者的生产方式,而生产者也可能影响到设计以及产品的使用方式或处置方法;

——产品的寿命;

——组织对供应链的影响;

——供应链的长度;

——产品的技术复杂性。

组织可以考虑其具有最强控制力或影响力的生命周期的那些阶段,因为这些阶段可能为减少资源使用以及污染或废物最小化提供最大机遇。

6.1.2.2 理解活动、产品和服务

所有的活动、产品和服务都会对环境造成一些影响,该影响可以出现在生命周期的任何或所有阶段,例如:从原材料的获取和分配,到使用和处置。组织应当理解纳入环境管理体系范围内的活动、产品和服务,目的是能够识别其相关的环境因素和环境影响。对活动、产品和服务的分组可能有助于其识别和评价相关的环境因素和环境影响,分组或分类可以基于共同的特性,例如:组织的单元、地理位置和运行工作流程。

6.1.2.3 确定环境因素

当确定环境管理体系范围内的环境因素时,组织应当考虑生命周期观点以及那些与其过去、现在和计划的活动、产品和服务相关的因素。在所有情况下,组织应当考虑正常和异常的运行状况,包括启动和关闭、维修以及可合理预见的紧急情况。

除了组织可以直接控制的那些环境因素外，组织还应当考虑它可以施加影响的环境因素，例如：组织所使用的相关产品和服务以及其提供的相关产品和服务。在评价其对环境因素的影响能力时，组织应当考虑其合规义务、方针、当地或区域性的问题。组织也应当考虑其使用的相关产品和服务以及提供的相关产品和服务对自身环境绩效的影响，例如：购买含有有害物质的产品，由外部供应商（包括承包商或分包商）实施的活动、产品和服务的设计，材料、货物或服务的提供和使用，以及投放于市场的产品的运输、使用、再使用或回收。

为确定和理解其环境因素，组织可以收集有关其活动、产品和服务特性的定量和（或）定性的数据，例如：材料或能源的输入和输出、使用的过程和技术、设施和地点，以及运输方式。此外，收集如下信息是有用的：

a） 组织的活动、产品和服务中的要素与可能或实际造成的环境变化之间的因果关系；

b） 相关方的环境关注；

c） 政府法规、许可和其他标准中，或由产业协会、学术机构等识别的可能存在的环境因素。

确定环境因素的过程得益于那些熟悉组织活动、产品和服务的人员的参与。尽管不存在单一的确定环境因素的方法，但是所选择的方法可考虑下述方面：

——向大气的排放；

——向水体的排放；

——向土地的排放；

——原材料和自然资源的使用；

——能源使用；

——能量释放［例如：热能、辐射、振动（噪声）和光能］；

——废物和（或）副产品的产生；

——空间利用。

因此，应当考虑与组织的活动、产品和服务有关的环境因素，包括：

——其设施，过程，产品和服务的设计和开发；

——原材料获取，包括开采；

——运行或制造过程，包括仓储；

——设施、组织资产和基础设施的运行和维护；

——外部供方的环境绩效和实践；

——产品运输和服务交付，包括包装；

——产品储存、使用和寿命结束后的处理；

——废物管理，包括再利用、翻新、再循环和处置。

注：GB/T 24062 提供了关于产品设计中的环境因素的指南，ISO 14006 提供了生态设计的指南。

6.1.2.4 理解环境因素

确定环境因素的重要性时，特别是那些可能导致紧急情况的环境因素时，理解组织所确定的环境因素有关的环境影响是必需的。许多方法都是可用的。组织应当选择一个适合自身需要的方法。

对于某些组织，一些现成的与组织环境因素有关的环境影响的信息可能就足够了。对于其他组织，可以选择使用因果图或标有输入输出的流程图、质量和（或）能量平衡，或其他方法，例如：环境影响评价或生命周期评价。

注 1：GB/T24040 和 GB/T24044 提供了有关生命周期评价的指南。

所选择的方法应当能够识别：

——正面的（有益的）环境影响，以及负面的（不利的）环境影响；

注 2：具有潜在有益影响的环境因素，可以为组织提供改善环境状况的机会；具有不利影响的环境因素可能对组织构成威胁，由此可能削弱其实现其环境方针承诺的能力。

——实际和潜在的环境影响；

——能够受到影响的环境的部分，例如：空气、水体、土壤、植物、动物或文化遗产；

——能够影响到环境影响大小的地理位置特征，例如：当地的天气条件、地下水位的高度、土壤类型等；

——环境变化的性质(例如：全球与本地的问题、发生环境影响的时间跨度、或随着时间的推移环境影响强度累积的可能)。

实用指导 13 提供了有助于组织确定其环境因素和环境影响的可能的信息来源。

实用指导 13——确定环境因素和环境影响的可能的信息来源

可能的信息来源包括：

a) 一般性的信息文件，例如：宣传册、目录和年度报告；

b) 运行手册、过程流程图，或质量和产品计划；

c) 以前审核、评价或评审的报告，例如：初始环境评审或生命周期评价；

d) 来自其他管理体系的信息，例如：质量或职业健康安全；

e) 技术数据报告、发布的分析或研究报告，或有毒物质清单；

f) 合规义务；

g) 业务守则、国家和国际政策、指南和方案；

h) 采购数据；

i) 产品规范、产品开发数据、安全数据表(SDS/MSDS/CSDS)，或能源和材料平衡的数据；

j) 废物清单；

k) 监视数据；

l) 环境许可或执照的申请书；

m) 相关方的观点、要求或协议；

n) 关于紧急情况的报告。

6.1.2.5 确定重要环境因素

重要性对于组织及其所处环境而言是一个相对的概念。某些环境因素对一个组织是重要的，对另一个组织则不一定重要。评价重要性可涉及技术分析和判断两方面，这由组织来确定。应用准则可帮助组织确定哪些环境因素和相关的环境影响是重要的。这些准则的建立和应用应当在重要性评价上提供一致性。

因为组织可能有许多环境因素和相关联的环境影响，组织应当建立准则和方法以确定哪些是重要的。准则可以与环境因素(例如：类型、数量、频次)或环境影响(例如：规模、严重程度、持续时间、暴露)有关。在建立重要性准则时也可以考虑其他输入，包括适用的合规义务信息，以及内部和外部相关方的关注。然而不应当以降低环境因素重要性等级的方式来确定这些准则。

组织可以设定与每个准则相关联的重要性水平(或数值)。例如：评价重要性可以基于发生的可能性(概率、频率)及其后果(严重性、强度)的结合。某些衡量或排序的方法可有助于确定重要性，例如：依据数值的定量法，或依据水平的定性法(例如：高、中、低或忽略不计)。

组织可以发现通过综合考虑运用准则评价出的结果来评价环境因素及其环境影响的重要性是有用的。该方法应当确定哪些环境因素是重要的，例如：通过使用一个阈值来进行判断。然而，组织应当能够证明该阈值是正确的。重要环境因素可能会导致需要应对的风险和机遇以确保组织可以实现其环境管理体系的预期结果并预防或减少非预期的结果。

为了便于策划，组织应当在如下方面保持适当的文件化信息：识别出的环境因素和相关的环境影响、用于确定重要环境因素的准则和那些确定的重要环境因素，包括那些在紧急情况下可能出现的重要环境因素。组织应当使用这些信息来理解运行控制的需求并确定运行控制措施,包括那些减缓或响应实际的紧急情况的必要措施。适当时,这些信息应当包括所识别的环境影响的信息。这些信息应当定期予以评审和更新,并在情况发生变化时确保它是最新的。用列表、清单、数据库或其他形式对保持该信息是有帮助的。

注:重要环境因素的确定并不需要环境影响评价。

6.1.3 合规义务

6.1.3.1 总则

合规义务能够导致需要应对的风险和机遇。识别和获取合规义务,并理解它们如何应用于组织是确保履行合规义务的第一步。使用4.2.4获得的知识,组织应当建立、实施并保持一个过程以识别与其活动,产品和服务有关的环境因素的合规义务。这个过程应当能使组织考虑来自相关方的新的或变化的需求和期望并为之做准备,以便适当时可以采取准备措施以保持符合性。组织也应当考虑计划的或新的开发以及新的或修改的活动、产品和服务如何影响其合规状况。

组织应当确保将合规义务的适当信息传达给在其控制下(包括:外部供方,例如:承包商或供应商)工作的人员,这些人员的职责与履行合规义务相关或其行为会影响合规义务的履行。

关于与环境管理体系有关的合规义务的更多信息,见实用指导14。

实用指导14——合规义务

环境管理体系中提及的与合规义务有关的部分概述如下,组织应当建立、实施并保持所需的过程并提供充分的资源以:

a) 建立包含履行合规义务承诺的环境方针(见5.2);

b) 识别、获取合规义务,并理解这些合规义务如何应用于组织(见4.2和6.1.3);

c) 建立环境目标时,考虑合规义务(见6.2);

d) 实现与合规义务有关的环境目标,通过:

——确定角色、职责、过程、方法和时间表,以实现与履行合规义务有关的环境目标(见6.1.4);

——采取运行控制措施(根据需要可包括程序)以履行合规的承诺以及实现与合规义务相关的环境目标(见8.1);

e) 确保所有在组织控制下工作的人员都意识到适用于他们的与履行合规义务相关的过程,以及不履行合规义务的后果(见7.3);

f) 确保所有在组织控制下工作的人员在其合规义务、适用于他们的与履行合规义务相关的过程、履行其合规义务的重要性等方面都具有所需的能力。该能力基于适当的教育、培训或经历(见7.2);

g) 建立与环境管理体系有关的信息交流过程,此时须考虑组织的合规义务(见7.4);

h) 定期评价合规义务的履行情况(见9.1.2);

i) 识别任何不合规或不符合的情况以及可预见的潜在的不合规或不符合,并立即采取措施以识别、实施和跟踪纠正措施(见10.1);

j) 保留文件化信息作为合规性评价结果的证据(见9.1.2);

k) 实施定期的环境管理体系审核时,关注与履行合规义务有关的内容(见9.2);

l) 实施管理评审时,考虑合规义务的变化(见9.3)。

合规义务的承诺体现了组织采用系统的方法实现并保持履行合规义务的期望。

6.1.3.2 法律法规要求

组织可以访问一个或多个信息源,作为识别与其环境因素有关的法律法规要求一种手段。这些信息源可以包括政府、监管机构、行业协会或贸易集团、商业数据库和出版物,以及专业的顾问和服务。这个过程应当使组织能够预见新的或变更的法律法规要求并为此做准备,以便能够保持合规性。

6.1.3.3 其他要求

组织还应当确定已采纳的、4.2 中识别的来自于其他相关方的、与组织的环境因素相关的其他合规义务。

6.1.3.4 文件化信息

组织应当保持其合规义务的文件化信息，可以是登记表或清单的方式。这有助于保持对适用要求的认识和透明度。登记表应当定期评审以确保其保持最新。

登记表或清单可以包括：

——合规义务的来源，包括有关的相关方；

——合规义务的概述；

——合规义务如何与组织的环境因素和(或)相关方的有关要求相关。

6.1.4 措施的策划

组织应当考虑并策划如何采取措施以管理重要环境因素、合规义务以及 6.1.1 中确定的需要应对的风险和机遇。组织应当利用其环境管理体系过程或其他业务过程，以多种方式策划采取措施，组织还应当确定所采取措施的有效性。

所策划采取的措施可以是单一的措施，例如：建立环境目标、运行控制、应急准备；或其他的业务过程(例如：供应商评价)；或者也可以是组合的措施，包括环境目标和涵盖不同控制顺序相结合的运行控制措施。在策划措施时，组织应当考虑可选技术方案和可行性、财务、运行和经营要求。对于任何策划的措施，也应当考虑任何非预期后果的可能性，例如：在产品或服务生命周期内短期或长期对环境的不利影响。

组织可以采取各种方法和技术，以评价所采取措施的有效性，从采用统计技术到将监视和测量结果与预期的绩效水平进行对比(见 9.1)。某些法律法规可能规定了核查或验证绩效能力的需求以及某些控制措施的实际绩效；在某些情况下，组织选择采用环境管理体系以外的方式来评价所采取措施的有效性，例如：可以通过职业健康安全管理体系或工程或业务过程来实现。这些在环境管理体系之外实施了的措施，都可以在环境管理体系中被引用。

表 A.1 给出了一些活动的环境因素、环境影响和需要应对的风险和机遇以及所策划的应对措施的示例。

表 A.3 给出了与合规义务相关的、需要应对的风险和机遇以及应对措施的示例。

表 A.4 给出了与其他问题和要求相关的、需要应对的风险和机遇以及应对措施的示例。

6.2 环境目标及其实现的策划

6.2.1 总则

在策划过程中，组织建立环境目标以履行其环境方针的承诺并实现组织的其他目标。环境目标的建立和评审过程，以及实现目标的实施过程，为组织在某些领域改进环境绩效，同时在其他领域保持其环境绩效水平提供了一个系统化的基础。

6.2.2 建立环境目标

在建立环境目标时，组织应当考虑输入的信息，包括：

——其环境方针中的原则和承诺；

——其重要环境因素(以及在确定它们时形成的信息)；

——其合规义务；

——与影响环境管理体系的其他问题和要求有关的、在6.1.1中确定的需要应对的风险和机遇。

组织还应当考虑：

——实现环境目标对其他活动或过程的影响；

——对组织公众形象的可能影响；

——环境评审的结果；

——组织的其他目标。

应当在组织的顶层以及其他层次和职能上建立环境目标，这些层次和职能的活动对实现环境方针承诺和组织的整体目标而言是重要的。环境目标应当与环境方针和对环境保护的承诺相一致，包括污染预防、履行合规义务和持续改进。

环境目标可以直接表现为一个具体的绩效水平；也可以表现为一个总的目标和进一步规定一个或多个指标，即为了实现一个环境目标，应当满足的细化的绩效要求。当设定指标时，它们应当是可度量的。指标可能需要包括一个明确的时间表。

组织建立的环境目标应当作为其总体管理目标的一部分予以考虑。这种融合不仅可以提高环境管理体系的价值，同时也可提高被整合的业务过程的价值。

环境目标可以是适用于整个组织，或仅适用于某个特定场所或单独的活动，例如：一个制造设施可以有一个整体的节能目标，该目标可由一个单独部门的节能活动得以实现。然而，在其他情况下，组织的所有部门都应当以不同方式为实现组织的总体目标做出贡献。也可能存在这种情况，组织的不同部门为了追求同一个整体目标，可能需要实施不同的行动来实现他们的部门目标。

组织应当识别其不同层次和职能对实现目标的贡献，并使其各成员意识到他们的职责。

环境目标的文件化及其沟通提高了组织实现其环境目标的能力。组织应当保持其环境目标的文件化信息，有关环境目标的信息应当提供给那些负责实现这些目标的人员和需要这些信息以执行有关职能（例如：运行控制）的其他人员。

6.2.3 实现环境目标的措施的策划

策划过程的一部分内容可以包括一个（或多个）实现组织环境目标的方案。方案应当包括角色、职责、过程、资源、时间表、优先顺序以及实现环境目标所需的措施。这些措施可以涉及单独的过程、项目、产品、服务、场所，或在一个场所内的设施。组织可以将实现环境目标的方案与战略策划过程中的其他方案进行整合。实现环境目标的方案有助于组织提高其环境绩效。方案应当是动态的。当环境管理体系范围内的过程、活动、服务和产品发生变化时，组织应当根据需要对环境目标和有关的方案进行修订。

6.2.4 绩效参数

组织的环境绩效参数是用于监视其实现环境目标的进展和持续改进的重要工具。组织应当建立能够提供客观的、可验证的、可重复的结果的环境绩效参数，参数应当与组织的活动、产品和服务相适宜，符合其环境方针，实用，体现成本效益且技术可行。这些参数可以用来跟踪组织实现其环境目标的进展情况。它们也可用作其他用途，例如：作为评价和改进环境绩效整体过程的一部分。组织可以考虑使用与其重要环境因素相适宜的环境状况参数（ECI_S），管理绩效参数（MPI_S）和运行绩效参数（OPI_S）。

实用指导15提供了关于绩效参数的补充信息。

注：GB/T 24031和ISO/TS 14033提供了关于环境绩效参数的选择和使用的指南。

表A.2给出了环境目标、指标和所选活动的参数的示例。

实用指导 15——绩效参数

环境目标的进展通常可以用环境绩效参数予以度量，环境绩效参数的示例如下：

——原材料或能源的使用量；

——排放量，例如：CO_2；

——单位成品的废物产生量；

——物质和能源的使用效率；

——环境事件的数量（例如：超出限值的运行）；

——环境事故的数量（例如：非预期的排放）；

——废物的循环利用率；

——包装材料的循环利用率；

——单位产品的服务车辆的公里数；

——特定污染物的排放量，例如：NO_x、、SO_x、CO、VOCs、Pb 和 CFCs；

——用于环境保护的投资；

——起诉的数量；

——为野生动物栖息留出的土地面积；

——接受环境因素识别培训的人员数量；

——花费在低排放技术上的预算比例。

7 支持

7.1 资源

组织应当确定建立、实施、保持和改进环境管理体系所需的资源，当确定所需的资源时，组织应当考虑：

——基础设施；

——外部提供的资源；

——信息系统；

——能力；

——技术；

——财力、人力资源以及活动、产品和服务所需的其他特定资源。

资源应当以及时和有效的方式提供。

资源的分配应当考虑组织当前和未来的需求。在资源配置上，组织可以跟踪其环境或相关活动的资本和运营成本的收益：例如：污染控制设备的成本（资金的花费）和在组织控制下工作的人员花在使环境管理体系有效（运行的花费）上的时间等都可以包括在内。资源和它们的分配应当定期评审，包括与管理评审相结合以确保它们的充分性。在评价资源的充分性时，应当考虑计划的变更和（或）新的项目或运行。

实用指导 16——人力、物力和财力资源

小型企业的资源基础和组织结构可能在环境管理体系的实施上表现出某种局限性，为了克服这些局限性，组织可以考虑合作策略。合作选项可包括：

——与较大的客户和供应商组织合作，分享技术和知识；

——与供应链或当地的其他组织合作，以确定并解决共同的问题、分享经验、促进技术发展、联合使用设施，以及共同吸引外部资源；

——与标准化组织、协会或商会有关培训和意识项目的合作；

——与大学及其他研究中心合作，以支持绩效改进、生命周期观点的应用以及创新。

知识是建立或改进环境管理体系的重要资源，在应对未来挑战时，组织应当考虑其目前的知识库，并确定如何获取或访问所需的补充知识。

7.2 能力

知识、理解、技术或技能能够使个人获得环境绩效所需的能力。基于培训、教育、经历或者是这些的综合，所有经组织确定的、在组织控制下工作的、影响或可能影响其环境绩效(包括其履行合规义务的技能)的人员都应当是胜任的。这些人员包括组织自己的员工，以及在其控制下工作的人员，例如：外部供方。

对这些人员的能力要求不仅限于那些具有或可能对环境有重大影响的工作人员，还包括那些管理某个职能或承担某个对环境管理体系预期结果有关键作用的人员。实用指导 17 提供了能力要求的示例。

许多组织并不具备所有这些能力，他们可从具备能力的服务供应商处进行采购，以确保环境绩效和实现环境管理体系的预期结果。

实用指导 17——能力要求的示例			
能力的潜在领域	典型的组织角色	所需能力和(或)技能的示例	建立能力的方式的示例
环境技术	环境技术人员	——熟悉环境采样技术 ——能够操作监测设备	——培训、在采样要求上的评估和实践 ——取得设备操作的证书或许可
	环境项目管理者	——熟悉适用的环境法规	——在环境领域的级别 ——适用法规的培训
环境运行	工作涉及重要环境因素的人员	——他们工作影响环境绩效的意识 ——为了使环境影响最小化所需的满足运行准则的知识	——与他们工作有关的环境影响的培训 ——确保过程可控的运行准则的培训
环境管理体系	环境经理	——建立、实施并改进环境管理体系的能力 ——确定所需应对的风险和机遇以确保实现环境管理体系的预期结果以及策划适当措施的能力 ——对环境绩效和组织合规义务的结果进行分析和采取行动的能力	——环境管理体系的经历 ——有关环境管理体系的培训
	审核方案经理	——建立并管理审核方案以确定组织环境管理体系有效性的能力	——方案管理培训 ——实施方案的经验
	最高管理者	——有关建立并实施环境方针的意义的知识和理解 ——有关资源可获得性和其在环境管理体系中的应用的知识和理解，包括分派职责和权限	——有关环境管理体系和建立环境方针的培训 ——业务管理上的经验

组织应当识别实现环境管理体系预期结果所需的能力并解决差距，包括需要时采取措施以获得所

需的能力。文件化信息对于确保提出所识别的能力需求，跟踪缩小差距的进展以及能够与相关方交流相关信息可能是有用的。至少应当保留适当的文件化信息作为能力的证据。

注：9.2 提供了有关审核员能力的指南。

当能力可以通过培训获得时，组织的培训过程应当包括：

——识别培训需求；

——设计和开发培训计划或方案以应对识别的培训需求；

——实施培训；

——评价培训效果；

——对所接受的培训进行文件化和监视。

适用时，组织应当评价培训的有效性和为获得所需能力而采取的其他措施的有效性，以确认预期结果得以实现。

7.3 意识

最高管理者有一个关键的职责，就是在组织内培养与环境管理体系和环境绩效有关的意识，以增强知识和促进支持组织环境方针中承诺的行为。这包括使员工和在组织控制下工作的其他人员意识到组织的环境价值，以及这些价值如何贡献于组织的业务战略(见 5.1)。

最高管理者应当确保鼓励在组织控制下工作的人员：

——提升环境绩效；

——为实现环境管理体系的预期结果做出贡献；

——认知到实现他们所负责的或承担责任的环境目标的重要性。

最高管理者还应当确保所有在组织控制下的人员都意识到：

——组织的环境方针及环境方针中的承诺；

——符合环境管理体系要求的重要性；

——他们对环境管理体系有效性的贡献；

——改进环境绩效的益处；

——他们在环境管理体系内的职责和义务；

——他们工作活动的实际或潜在的重要环境因素及相关的环境影响；

——适用时，已识别的与他们工作活动相关的需要应对的风险和机遇；

——偏离适用的环境管理体系要求(包括组织的合规义务)的后果。

提高意识的方法示例可以包括内部信息交流、视觉标志和横幅、宣传活动、培训或教育，以及指导。

7.4 信息交流

7.4.1 总则

组织应当建立与环境管理体系有关的信息交流过程，此时须考虑组织的合规义务要求。这些过程应当确定：

——信息交流的内容；

——信息交流的时机和条件；

——信息交流的对象；

——信息交流的方式。

在建立适合于特定情况的信息交流过程时，组织可以考虑不同的交流方式可能需要的成本和获得的收益。

环境信息的交流应当基于环境管理体系产生的信息，并与之保持一致，包括组织环境绩效的内部评价信息(见 9.1)。

注：关于信息交流的补充信息可参见 GB/T 26450。

在确定如何实施信息交流时，组织应当考虑不同的信息交流方法，这些方法应当能够促进对组织环境管理行动的理解和接受，并能促进与相关方的对话。信息交流的方法可包括多种形式，例如：非正式讨论、组织的开放日、焦点问题小组、社区对话、参与社区活动、网站和电子邮件、新闻稿、广告和定期简报，年度或其他定期的报告，以及电话热线等。

组织应当对与其环境管理体系有关的质询、受关注的问题，或来自交流活动的其他信息给予考虑并做出响应。建立用于接收和响应上述内、外部信息的过程是非常有益的。

组织应当适当地保留作为信息交流证据的文件化信息，目的是：

——回顾与特定相关方开展的信息交流、他们的质询或关切的历史；

——理解以往与各相关方约定事项的性质；

——在开发未来的信息交流过程和后续活动，以及根据需要处理特定相关方的关注等方面，提高组织的有效性。

如果不能给环境管理体系带来增值，某些交流活动的信息不必形成文件，例如：非正式交流活动的信息。建立信息交流过程时，组织必须考虑自身的性质和规模、重要环境因素、以及其相关方的性质、需求和期望。

组织应当考虑下述的过程步骤：

——收集信息，或开展调查，包括来自相关方的信息(见 4.2)；

——确定信息交流的对象，以及他们对信息交流和对话的需求；

——选择信息交流对象感兴趣的信息；

——决定需要与信息交流对象交流的信息；

——确定合适的信息交流方法和形式；

——评价和定期确定信息交流过程的有效性。

有关环境管理体系信息交流过程的主要活动，汇总于实用指导 18。这些活动是建议实施的、核心的和最低限度的活动；为有效实施与环境管理体系有关的信息交流，组织可根据需要实施更多的活动。

实用指导 18——环境管理体系的信息交流
信息交流的主要内容： 最高管理者应当对有效的环境管理以及符合环境管理体系要求的重要性进行信息交流(见 5.1)。 最高管理者应当确保在组织内部交流下述信息： ——环境方针(见 5.2)； ——相关角色的职责和权限(见 5.3)。 组织应当： ——在其各个层次和职能中，适当地交流组织的重要环境因素(见 6.1.2.5)； ——交流其环境目标(见 6.2.2) ——与外部供方，包括合同方(见 8.1)，交流组织的有关环境要求； ——按照合规义务的要求信息交流过程的规定及信息交流过程的规定合规义务的要求，就有关环境绩效的信息在内部并与外部进行交流(见 9.1.1)。 组织应当确保将内部审核结果报告给相关管理者(见 9.2)。 最高管理者对组织环境管理体系的评审应当考虑来自相关方的信息(见 9.3)。

7.4.2 内部信息交流

在组织内的各层次和职能中以及各层次和职能间进行内部信息交流，对于环境管理体系的有效性至关重要。例如：对于问题的解决、活动的协调、行动计划的跟进，以及环境管理体系的进一步改进，信息交流都非常重要。向在组织控制下工作的人员提供适当的信息，有助于激励他们认同组织为改进环境绩效而做的努力。这将有助于组织的员工和在组织控制下工作的外部供方履行其职责,并能帮助组织实现其环境目标。组织应当建立一个过程,使来自组织各层次的信息得以交流。这将有利于意见和建议的提出,以改进组织的环境管理体系和环境绩效。组织应当在其内部与适合的人员交流有关环境管理体系监视、审核和管理评审结果的信息。

7.4.3 外部信息交流

与外部相关方交流信息是环境管理的重要且有效的工具。组织应当按照其合规义务的要求及其信息交流过程(见7.4.1),就环境管理体系的相关信息进行外部信息交流。组织也可以考虑是否就其环境因素与相关方进行外部信息交流,包括与产品的交付、使用和处置有关的环境因素。

组织应当建立紧急情况下与外部相关方进行信息交流的过程,这些紧急情况可能会对他们产生影响或与他们有关。组织也可发现将外部信息交流过程形成文件是非常有益的。

注:关于应急准备和响应,还可参见8.2。

与外部相关方交流的关于组织环境绩效的信息应当是准确的、可靠的和可验证的(见ISO/TS 14033)。有关环境绩效的声明可采用,例如:组织的可持续发展报告、宣传资料或广告宣传等形式。组织可以考虑验证其环境绩效声明的方法。

关于组织绩效的指南可参见GB/T 24031。关于产品的环境声明指南可参见ISO/TS 14033和GB/T 24020。

7.5 文件化信息

7.5.1 总则

组织应当建立和保持充分的文件化信息,以确保其环境管理体系有效运行,被在组织控制下工作的人员和其他有关相关方所理解,并使环境管理体系的相关过程按策划得以实施。组织应当采用能反映其文化和需求的方式,汇集和保持文件化信息。以过程、计划和方案等形式存在的文件化信息应当得到适当的保持,以确保结果的一致性、时效性和可重复性。为了证明环境管理体系要求的有效实施,以记录的形式存在的文件化信息应当作为实现结果或实施活动的证据得到保留。作为实现结果的记录或实施活动的证据而保留的信息是组织文件化信息的一部分,但可以通过不同的管理过程予以控制。

为了对组织的关键活动(例如:与所识别的需要应对的风险和机遇有关的活动)进行有效管理,组织可通过建立文件化的过程,规定如何实施这些活动,并可适当地描述管理这些活动的具体要求。如果组织决定不将某过程形成文件,则应当向在组织控制下的与此过程有关的工作人员告知需满足的要求,适当时可以采用信息交流或培训的方式。

组织可以选用手册的方式呈现其管理体系,该手册可以综述或概要描述体系的主要要素,并能够为相关的文件化信息提供导引。环境管理体系手册的结构不必遵循GB/T 24001或其他标准的条款结构(见实用指导19)。

不同组织的文件化信息的复杂程度可有所不同。创建不必要的或结构繁琐的文件化信息可能会降低环境管理体系的有效性。因此,在考虑所创建的文件化信息的复杂程度时,组织可考虑文件化信息对环境管理体系的有效性、连续性和持续改进将会产生的价值。

文件化信息可以以任何载体的形式加以控制(例如:纸质的、电子的、照片和布告),其中包含的信息对需要这些信息的人员而言是有用的、易读的,易于理解和容易获取的。

如果环境管理体系的过程与其他管理体系的过程实现了融合,则组织可以将有关环境管理体系的文件化信息与其他管理体系的文件化信息整合在一起。

实用指导19概括了环境管理体系有关的主要文件化信息。这里给出的是核心的至少应当形成文件的信息,为了环境管理体系的有效性,组织可以根据实际需要创建更多的文件化的信息。

实用指导 19——文件化信息

组织应当保持下述的文件化信息：

——环境管理体系的范围(见 4.3)；

——环境方针(见 5.2)；

——其识别的需要应对的风险和机遇(见 6.1.1)；

——6.1.1 至 6.1.4 中所需的过程，其详尽程度应使人确信这些过程能够按策划得到实施(见 6.1.1)；

——组织的环境因素和相关的环境影响，用于确定组织重要环境因素的准则，以及组织的重要环境因素(见 6.1.2)；

——组织的合规义务(见 6.1.3)；

——有关环境目标的信息(见 6.2.1)；

——满足环境管理体系要求所需的，与运行控制过程有关的信息，其详尽程度应使人确信这些过程已按策划得以实施(见 8.1)；

——对 6.1.1 所识别的潜在紧急情况进行应急准备与响应所需的过程，其详尽程度应使人确信这些过程能按策划得到实施(见 8.2)；

组织应当保留文件化信息(记录)作为下述事项的证据：

——能力(适当时)(见 7.2)；

——组织的信息交流(适当时)(见 7.4.1)；

——监视、测量、分析和评价结果(适当时)(见 9.1.1)；

——合规性评价结果(见 9.1.2)；

——审核方案的实施，以及审核结果(见 9.2)；

——管理评审的结果(见 9.3)；

——所识别的不符合的性质和所采取的后续措施，以及任何纠正措施的结果(见 10.2)。

文件化信息的其他示例包括：方案和职责的描述、程序、过程信息、组织结构图、内部和外部标准，以及现场应急计划等。

7.5.2 创建和更新

创建和更新环境管理体系文件化信息时，组织应当确保适当的：

a) 标识和说明(例如：标题、日期、作者或参考文件编号)；

b) 形式(例如：语言文字、软件版本、图表)和载体(例如：纸质的、电子的)；

c) 评审和批准，以确保适宜性和充分性。

7.5.3 文件化信息的控制

对环境管理体系的文件化信息予以控制非常重要，其目的是确保：

——信息可以被适当的组织、部门、职能、活动，或合同方识别；

——组织保持的信息可以得到定期的评审，必要的修订，并在发布之前得到被授权人的批准；

——在对有效行使体系职能必不可少的所有运行场所，都能得到现行版本的文件化信息，包括确保满足要求所必需的文件化信息；

注：在无法获取文件化信息的情况下，符合规定惯例的行为可被认为是适当的。

——作废的文件化信息需立即从各发布点、使用处或状态中撤回。某些情况下，例如：出于法律和(或)知识保护目的，作废的文件化信息仍可作为实现结果的证据予以保留。

通过下述方式可以对文件化信息实施有效的控制：

——规定适当的格式，包括唯一的标题、编号、日期、版本、修订历史和权限；

——将由组织保持的文件化信息的评审和批准工作，分配给具有足够技术能力和组织权限的人员；

——保持有效的分发系统。

8 运行

8.1 运行策划和控制

8.1.1 通用指南:运行控制

组织应当确保其运行及相关过程以受控的方式进行,以履行其环境方针的承诺,实现环境目标并管理其重要环境因素、合规义务以及需要应对的风险和机遇。为策划有效和高效的运行控制,组织应当确定何处需要这种控制,以及实施控制的目的。组织应当确定满足自身需求的控制的类型和程度。为使运行控制持续有效,所选择的运行控制措施应当得到保持并定期评价。

在确定必要的控制,或考虑改变现有控制时,组织应当考虑需要应对的风险和机遇,以及可能导致的任何非预期结果。组织应当对计划内的变更进行控制,并对非预期变更的后果予以评审,必要时,应当采取措施减轻任何不利影响。

在考虑对不利环境影响实施控制时,组织可以参考下述顺序:

——消除,例如:禁止使用 PCBs、CFCs 等;

——替代,例如:用水基涂料替代溶剂基涂料;

——工程控制,例如:排放控制、污染削减技术等;

——管理控制,例如:程序、目视化管理、工作指令、安全数据表(SDS/MSDS/CSDS)等。

为避免出现偏离环境方针、环境目标和合规义务的情况,适当时可创建文件化信息来说明,例如:

——应当实施的活动的具体顺序;

——有关人员的必要资格,包括所需的技能;

——应当保持在限定范围内的关键变量,例如:时间的、物理的、生物的变量;

——所用材料的特性;

——所用基础设施的特性;

——过程产品的特性。

8.1.2 识别运行控制的需求

组织可采用运行控制,用以:

——管理所识别的重要环境因素;

——确保履行合规义务;

——实现环境目标并确保与环境方针(包括保护环境、污染预防和持续改进的承诺)相一致;

——避免不利于环境或组织的影响或使其最小化;

——使机遇最大化。

基于环境管理体系范围和 6.1 与 6.2 中确定的措施,组织应当运用生命周期观点确定必要的运行控制,包括相关职能的运行控制要求,例如:研发、设计、销售、市场、采购和设施管理等。

组织应当在其环境管理体系内,规定适用于生命周期不同阶段的实施控制或施加影响的类型和程度。

生命周期观点应当尽可能早地予以考虑,即在设计和开发过程就得到考虑,这将为改进活动、过程、产品或服务的总体环境绩效提供更好的机会,并且可以帮助组织降低将不利环境影响转移到其他阶段的可能性。这将为组织和环境保护带来更大价值。

许多组织的重要环境因素可能存在于产品或服务的使用阶段,或存在于组织所提供的使用信息中。

对重要环境因素施加影响的方法示例可包括:

——提供如何管理有关环境影响的培训;

——提供便利的获取信息的途径(例如:在网站上、“常见问题解答”);

——建立分享信息的用户群,并保持用户的最新状态。

适用时,组织应当考虑外部供方和外包过程对组织管理其环境因素和履行合规义务的能力将产生怎样的影响。组织可以建立所需的运行控制,例如:文件化程序、合同,或与供应商的协议,或最终用户使用说明书,并在适当时与合同方、供方和用户就这些信息进行交流。组织应当对外包过程实施控制或施加影响。外包过程是满足下述全部条件的一种过程:

a) 其职能或过程对构成组织整体职能是必需的;

b) 其职能或过程对环境管理体系实现预期结果是必需的;

c) 组织对该职能或过程符合要求保有责任;

d) 组织与外部供方存在一定关系,例如:相关方会认为该过程是由组织实施的。

注 1:设计可以指新产品的开发,然而现有产品也可能需要重新设计或改进。

注 2:关于设计过程中的生命周期观点的更多信息可参见 ISO 14006 和 GB/T24062。

注 3:关于产品的更多信息可参见 GB/T 24020、GB/T 24021、GB/T 24024、GB/T 24025、ISO 14046 和 ISO/TS 14067。

8.1.3 建立运行控制

运行控制可以采取多种形式,例如:程序、作业指导书、物理控制、选用有能力的人员,或这些措施的任意组合。具体控制方法的选择取决于多种影响因素,例如:实施运行的人员的技能和经验,以及运行本身的复杂程度和环境重要性。组织可选取策划和建立过程来提高其以一致的方式实施控制的能力。

建立运行控制措施的一般方法包括:

a) 选择控制方法;

b) 选择可接受的运行准则,例如:设备的操作特性、尺寸、重量或温度;

c) 根据需要建立过程,规定如何策划、实施和控制所识别的运行;

d) 根据需要将这些过程形成文件,可采用指令、标示牌、表格、视频、照片等形式;

e) 采用技术手段,例如:自动化系统、材料、设备和软件。

运行控制措施也可包括规定测量、监视和评价要求,以及确定运行准则是否得到满足的要求。

一旦建立了运行控制,组织就应当对这些控制的持续实施和有效性进行监视,同时也应当策划和采取任何需要的措施。

8.2 应急准备和响应

在对紧急情况做响应准备时,组织应当考虑可能产生的初始环境影响,以及由于响应初始环境影响而可能导致的任何二次环境影响。例如:在应对火灾的过程中,应当考虑空气污染的可能性。

在对可合理预见的紧急情况做响应准备时,应当特别注意启动和关闭以及异常的运行状况。紧急情况的确定可参见 6.1.1。

组织应当为不同类型的紧急情况做响应准备,例如:化学物质的小范围泄漏、排放治理设备的故障,或大范围的严重危害人类和环境的情况等。组织应当针对每种可合理预见的紧急情况做响应准备。

每个组织都有责任制定适合其特别需求的应急准备和响应计划。在制定计划时,组织应当考虑:

——实际的和潜在的外部环境状况,包括自然灾害;

——现场危害因素的性质,例如:易燃液体、储罐、压缩气体,以及在泄漏或意外释放事件中采取的措施;

——最可能的紧急情况类型和规模;

——需要的设备和资源;

——附近设施(例如:工厂、道路、铁路)发生紧急情况的可能性;

——响应紧急情况的最适当的方法;

——将环境危害最小化所需的措施;

——应急组织和职责;

——疏散路线和集合点;

——关键人员和援助机构名录,包括具体联络方式,例如:消防部门和泄漏清理服务机构;

——从邻近组织获得相互援助的可能性;

——内部和外部信息交流过程;

——针对不同类型紧急情况所采取的减轻和响应措施;

——紧急情况后评估过程,包括对策划的应急响应措施的评价,以确定和实施纠正和预防性措施;

——定期试验应急响应程序;

——关于危险物质的信息,包括每种材料对环境的潜在影响,以及意外排放事件中所采取的措施;

——培训或能力要求,包括对参与应急响应的人员和验证其有效性的要求。

在策划应急准备时,可以与业务连续性和职业健康安全有关的其他管理体系联系起来一并考虑。

组织应当保持必要程度的文件化信息,其详尽程度应当使人确信应急准备和响应所需的过程能按策划得到实施。

9 绩效评价

9.1 监视、测量、分析和评价

9.1.1 总则

组织应当采用系统的方法定期监视、测量、分析和评价其环境绩效。这将使组织能够准确地报告并交流其环境绩效。

监视通常是指一段时间的观察过程,不一定使用监视设备。测量通常是指使用特定设备定量或定性地确定被测量对象性质的过程。因此,适当时,测量可能隐含有附加控制的需求(例如:校准),以确保此类设备的持续可靠性。

组织应当确定需监视和测量的内容,此时必须考虑环境目标、重要环境因素、合规义务和运行控制。这应当包括确定收集数据的频率和方法。

为了将资源集中用于最重要的测量上,组织应当选择易于理解并能为环境绩效评价提供有用信息的参数。参数的选取应当能反映组织运行的性质和规模,并适合于组织的环境影响。参数的示例包括物理参数,例如:温度、压力、pH、物料使用量、能效、包装和运输的选择等。关于参数选择的指南,见ISO 14031。

在环境管理体系中,监视和测量具有多种目的,例如:

——追踪实现环境方针承诺、环境目标和持续改进的进展情况;

——为确定重要环境因素提供信息;

——为履行合规义务收集排放数据;

——为实现环境目标而收集水、能源,或原材料使用的数据;

——为支持或评价运行控制提供数据;

——为评价组织的环境绩效提供数据;

——为评价环境管理体系绩效提供数据。

注 1:关于环境绩效评价的更多指南见 ISO14031。

注 2:关于量化环境信息的指南见 ISO/TS 14033。

为保证结果的正确性，监视和测量应当依循适当的过程，并在受控的条件下进行，例如：

——选择抽样方法和数据采集技术；

——规定适当的测量设备校准或验证要求；

——采用可溯源到国际或国家标准的测量标准；

——使用胜任的人员；

——采用适宜的包括数据解析和趋势分析在内的质量控制方法。

适当情况下，组织应当考虑选用其检测技术被国家认可机构认可或经监管部门批准的实验室。如果未经许可或批准，组织可考虑其他适合的方法，用以验证结果的准确性，例如：分样分析、标样比对、技术水平测试方案等。

组织应当分析监视和测量结果，并利用监视和测量结果识别不符合、合规义务规定的限定要求的遵守情况、绩效趋势和持续改进机会。数据分析可包括对形成可靠信息所必需的数据的质量、正确性、充分性和完整性的考虑。为了提高判断预期结果是否被实现的可靠性，可以使用统计学工具。适当时，这些工具可包括图解法、指数法、集合或权重法。

用于实施监视、测量、分析和评价的书面程序有助于提供所生成数据的一致性、可复制性和可靠性。监视、测量、分析和评价的结果应当以文件化信息的形式予以保留。

9.1.2 合规性评价

组织应当建立评价合规义务履行程度的过程，通过对照按 4.2 和 6.1.3 确定的合规义务，对组织的绩效进行监视、测量、分析和评审。此过程可以帮助组织证实其履行合规义务的承诺、理解其合规状态、减少违规的可能性并避免源于相关方的不利行动。

所有合规义务的履行情况都应当定期评价，然而每项合规义务的评价频次和时机可以不同，这取决于：

——组织的法律法规要求；

——作为合规义务而被采纳的其他要求的相关性；

——合规义务的变化情况；

——组织过去的与合规义务有关的绩效，包括与不符合相关的潜在不利影响；

——某过程或活动的预期绩效变化，例如：废水处理厂的绩效会因所接纳的废水量而变化。

合规性评价应当是个迭代的过程，为确定组织是否在履行其合规义务，需要利用来自环境管理体系其他方面的输出结果。用于合规性评价的方法可包括收集信息和数据的收集，例如通过：

——设备巡视或检查；

——直接观察或访谈；

——项目或工作评审；

——样本分析或测试结果的评审，以及与限定性要求的对比；

——验证抽样或测试；

——对法律法规要求的文件化信息的评审（例如：危险废物清单，行政监管要求提交的文件）。

内部审核（见 9.2）可用来确定所建立和实施的合规性评价过程的有效性，但不能用来证明组织已经履行了合规义务。然而，组织可使用审核的方法评价其合规义务的履行情况。

组织在环境管理体系的各过程中必须考虑其合规义务，例如：

——重要环境因素（见 6.1.2.5）以及需要应对的风险和机遇的确定（见 6.1.1）；

——措施的策划（见 6.1.4）；

——环境目标的建立（见 6.2.2）；

——意识（见 7.3）、外部信息交流（见 7.4.3）、运行策划与控制（见 8.1）、监视和测量（见 9.1）等过程的开发。

这些过程的有效性和过程的结果也可以为合规义务的履行情况提供证据。

组织可以选用评审相关方提供的报告和信息(例如:现场监管检查报告或客户审核),或与相关方专门沟通其合规情况等方法。

当发现不满足或可能不满足合规义务时,组织应当采取措施。组织的不符合和纠正措施过程(见10.2)可被用于安排所需的纠正活动。适当时,组织应当按照有关相关方的要求与其沟通或向其报告未满足合规义务的情况(见7.4)。

如果某个不合规项已通过环境管理体系过程得到识别并纠正,则此不合规项未必要升级为管理体系的不符合。

通过合规性评价,组织获得了对其合规状态的知识和理解。合规性评价的频次应当足以使这些知识和理解保持为最新状态。评价应当以能为管理评审及时提供输入信息的方式实施,以便最高管理者能评审组织履行合规义务的情况,并保持组织对合规状况的认知。

组织应当保留文件化信息,作为合规性评价的证据。其中可能包括:

——合规性评价结果的报告;

——内部和外部审核报告;

——内部和外部的信息交流和报告。

9.2 内部审核

组织应当按计划的时间间隔实施内部审核,以便为管理者确定环境管理体系是否符合策划的安排,是否已得到恰当的实施和保持提供信息。此结果可用来识别改进组织的环境管理体系的机会。

组织应当制定内部审核方案,用以指导内部审核的策划和实施,确定实现审核方案目标所需的审核活动。组织应当基于其运行的性质,根据其环境因素和潜在环境影响、需应对的风险和机遇、以前的内部和外部审核结果,以及其他相关因素(例如:影响组织的变化、监视和测量结果,以及以往的紧急情况),制定审核方案、确定内审频次。策划审核方案时,组织应当考虑到根据控制要求而需要实施审核的外包过程。

组织应当确定内部审核频次。例如:审核方案可以覆盖一年或几年,可以由一次或多次审核组成。

每次内审不必覆盖整个体系,只要审核方案能确保所有的组织单元、职能、体系要素,以及环境管理体系的全部范围都能被定期审核即可。

内部审核应当由客观和公正的审核员或审核组策划和实施,适当时,可由选自组织内部或外部的技术专家提供帮助。他们的整体能力应当足以实现审核目标,满足特殊的审核范围,为审核结果的可靠性提供信心。

内部审核的结果作为验证的依据,可以报告的形式提供,并可被用于纠正或预防特定的不符合,或实现一个或多个审核方案目标,以及为管理评审提供输入。组织应当保留文件化信息,作为审核方案实施和审核结果的证据。

注:环境管理体系内部审核指导参见GB/T 19011。

9.3 管理评审

最高管理者应当按确定的时间间隔对组织的环境管理体系进行评审,以评价其持续的适宜性、充分性和有效性。这一评审应当覆盖环境管理体系范围内的活动、产品和服务的环境因素。

管理评审既可以与其他管理活动结合实施(例如:董事会议、运营会议),也可以单独实施。管理评审可以与组织的计划和预算周期相一致,最高管理者可以在评审整体经营业绩时对环境绩效进行评价,以便使环境管理体系的优先项和资源需求决策与其他业务的优先项和资源需求相平衡。

管理评审的输入信息可包括:

——合规义务履行情况的审核和评价结果;

——来自外部相关方的信息，包括抱怨；
——组织的环境绩效；
——组织环境目标的实现程度；
——纠正措施的状况；
——以往管理评审的后续行动；
——变化的情况，包括：
　　——组织所处的环境；
　　——组织的活动、产品和服务的变更；
　　——对已纳入计划的或新的开发中的重要环境因素及需要应对的风险和机遇的评价结果；
　　——组织合规义务的变化；
　　——相关方的观点；
　　——科学和技术的发展；
　　——从紧急情况中学到的经验教训；
——资源的充分性；
——改进的建议。

环境管理体系管理评审的输出应当包括对下述事项的决定：
——体系的适宜性、充分性和有效性；
——持续改进的机会；
——物质、人力和财务资源的变化需求；
——环境目标未实现时需要采取的措施；
——针对环境方针、环境目标以及环境管理体系其他要素可能出现的变化而需要采取的措施；
——如果需要的话，针对改进环境管理体系与其他业务过程的融合而采取的措施；
——对组织战略方向的影响。

作为管理评审结果的证据而保留的文件化信息的示例包括：会议议程副本、参会人员名单、汇报材料或分发的资料，以及在报告或纪要或跟踪系统中记录的管理决议。

最高管理者可以决定哪些人员应当参与管理评审。典型的参与人员包括：环保人员、关键职能部门的管理者和最高管理者。鉴于整合的目的，其他管理体系的代表（例如：质量、职业健康安全、能源、业务连续性等）也可以参与管理评审。

10 改进

10.1 总则

改进是有效的环境管理体系不可或缺的一部分。组织应当通过以下活动的结果来确定改进的机会：
——对环境绩效和合规义务履行情况的监视、测量、分析、和评价（见 9.1）；
——对其环境管理体系的审核（见 9.2）；
——管理评审（见 9.3）。

为了实现环境管理体系的预期结果，组织应当采取必要的措施应对识别的改进机会，包括控制和纠正不符合，并通过持续改进环境管理体系的适宜性、充分性和有效性来提升其环境绩效。

10.2 不符合和纠正措施

为使环境管理体系能够持续有效运行，组织应当采取系统的方法识别不符合，采取措施减轻任何不利的环境影响，分析不符合的原因并采取纠正措施。这一方法有助于组织实施并保持环境管理体系。

不符合是未履行与环境管理体系有关的规定要求，或未履行环境绩效方面的规定要求。不符合的情况可能发生在环境管理体系的部分不能发挥预期职能或环境绩效要求未满足时。

这种情况的示例包括：

——环境管理体系绩效不符合，例如：

——产品环境因素的重要性未予评价；

——应急准备和响应的职责未分配；

——对合规义务的履行情况未定期进行评价。

——环境绩效不符合，例如：

——节能减排目标未实现；

——维护要求未按预订安排执行；

——运行准则（例如：被允许的限度）未予满足。

9.2 中描述的内部审核过程是定期识别不符合的一种方式。另一种方式是分派识别不符合的职责，并向组织控制下工作的所有人员报告潜在的或实际的问题。

一旦发现不符合，组织应当对其展开调查以确定原因，以便纠正措施可被集中在环境管理体系的适当部分。在制定应对不符合的计划时，组织应当考虑应当采取何种措施解决问题，应当做出何种变更来纠正当前情况和恢复正常运行，以及采取什么措施来消除不符合的原因并防止问题再次发生，或在其他地方发生。这些措施的形式和时间安排应当与不符合及环境影响的性质和规模相适应。

如果发现潜在问题但又不构成实际不符合，可以采取措施预防不符合的发生。潜在问题可以采用各种方法加以识别，例如：由实际不符合的纠正措施推断到存在相似活动的其他适用区域，或采用趋势分析、危险和操作性研究等方法。同时，在策划 6.1.1 中识别的风险和机遇的应对措施时也应当考虑潜在问题。

当措施导致环境管理体系发生变化时，应当适时更新相关文件化信息和能力需求，并应当传达给那些需要知晓该变化的人员。管理者应当确保在问题发生之前已经实施了纠正措施和预防性措施，并实施了系统性评审和跟踪活动以确保采取措施的有效性。

组织应当保留文件化信息，作为不符合的性质、所采取的后续措施，以及采取纠正措施的结果的证据。

10.3 持续改进

10.3.1 改进的机会

持续改进是一个有效的环境管理体系的一项关键特性，用以提升环境绩效。它可通过环境目标的实现以及环境管理体系整体或任何部分的强化来完成。组织可以鼓励所有员工为改进献策。

组织应当持续评价其环境绩效及其环境管理体系过程的绩效，以识别改进的机会。最高管理者应当通过管理评审过程直接参与这一评价。

识别环境管理体系的缺陷也为改进提供了重要机会。为认识到此类改进，组织应当了解存在怎样的缺陷，并理解缺陷存在的原因。这可通过分析环境管理体系缺陷的根本原因来实现。

持续改进的一些有用的信息源包括：

——从不符合和相关纠正措施中获得的经验；

——对照最佳实践的外部标杆；

——贸易协会和同行；

——新法规或对现行法规所提议的变更；

——环境管理体系和其他审核结果；

——对监视和测量结果的评价与分析；

——先进技术方面的文献；

——相关方的观点，包括员工、顾客和供应商。

10.3.2 持续改进的实施

当识别到改进机会时，应当就这些机会进行评价，以确定应当采取什么措施。应当策划改进措施，并应当据此对环境管理体系实施相应的变更。

改进无需在所有领域同时发生(见 4.4.1)。由于体系绩效的提升，环境管理体系的持续改进可能变得越发困难。实用指导 20 提供了改进措施的示例。

实用指导 20——改进的示例

改进的一些示例包括：

——制定评估新材料的流程，以提倡使用危害性更少的材料；

——改进关于材料和操作方面的员工培训，以减少组织产生的废弃物的产生；

——引进废水处理工艺使水再利用；

——在办公打印设备上，将复制设备上的默认设置改为双面复印；

——重新设计交付路径以减少运输公司使用的化石燃料；

——建立环境目标，以实施锅炉运行中的燃料替代并减少颗粒物排放；

——在组织内部建立环境改进的文化；

——与相关方发展合作关系；

——考虑组织业务过程中的可持续性。

附　录　A
（资料性附录）
活动、产品和服务，以及与之相关的环境因素、环境影响、风险、机遇和措施的示例

A.1　活动、产品和服务，以及与之相关的环境因素、环境影响、风险、机遇和措施的示例见表 A.1。

表 A.1　活动、产品和服务，以及与之相关的环境因素、环境影响、风险、机遇和措施的示例

活动、产品和服务	环境因素	实际的和潜在的环境影响	需要应对的风险和机遇	策划采取的措施
活动：燃油锅炉运行				
锅炉的运行	燃料油的使用	不可再生自然资源的消耗	风险（潜在的不利影响） ——无燃料油可用 ——燃料油成本增加 机遇（潜在的有益影响） ——用太阳能替代锅炉加热源 ——降低运行成本	要求财务部门监视燃料价格、对比未来成本情况并进行成本收益分析 建立环境目标，用太阳能替代锅炉加热源
	二氧化硫、氮氧化物和 CO_2（即温室气体）的排放	对本地居民呼吸系统的影响 酸雨对地表水的影响 全球变暖和气候变化	风险（潜在的不利影响） ——不能履行合规义务 ——可能产生罚款 ——收到负面的公众反映 机遇（潜在的有益影响） ——减少排放：安装烟气脱硫装置	实施运行控制以确保履行合规义务。 建立环境目标以安装适宜的减排设备
	加热水的排放	水质的变化（例如：温度）	机遇（潜在的有益影响） ——从废水中回收热量 ——降低运行成本	建立环境目标，安装热回收系统
地下储罐中燃料油的存储	油排放到土地（紧急情况）	土壤污染 地下水污染	风险（潜在的不利影响） ——清污成本 ——罚款 机遇（潜在的有益影响） ——用太阳能替代锅炉加热源	制定应急计划以便对储罐泄漏和清理做出响应 建立环境目标，用太阳能替换锅炉加热源
燃料油的交付和转移	燃料油失控泄漏，释放到地表排水系统中（紧急情况）	地表水污染 动物群中有毒物质的生物累积	风险（潜在的不利影响） ——清污成本 ——罚款 ——负面公众形象，导致企业价值减少	制定交付流程 制定应急计划，以便对燃料油泄漏和清理做出响应

表 A.1（续）

活动、产品和服务	环境因素	实际的和潜在的环境影响	需要应对的风险和机遇	策划采取的措施
活动:道路施工				
强降雨期间施工	雨水径流(非正常状况)	土壤侵蚀 地表水污染 湿地生境退化	风险(潜在的不利影响) ——清污成本 ——罚款 ——负面的公众形象(由于栖息地退化),导致失去未来施工项目	实施运行控制以控制泥沙径流 制定应急方案以减轻未控制的径流 做出清污响应
活动:农业:水稻种植				
漫灌及水田的耕作	水的使用	地下水供应枯竭	风险(潜在的不利影响) ——气候变化(例如:降雨量减少) ——对于承压井和(或)自流井和蓄水层的依赖增加 ——更高的水成本 机遇(潜在的有益影响) ——找到需水较少的水稻品种(即更耐干旱) ——种植替代作物	基于未来气候变化情况搭建可用水模型 投资于研究机会
	杀虫剂的使用	土壤污染 动物群中有毒物质的生物累积,导致慢性的对健康不利的影响或物种减少	风险(潜在的不利害影响) ——地下水污染 ——生物产生耐药性 ——杀虫剂的使用增多 ——增加成本 机遇(潜在的有益影响) ——采用有机耕作法 ——病虫害综合治理 ——降低杀虫剂成本	调查最少量使用或替代使用杀虫剂的可能性 对杀虫剂的使用实施运行控制 研究当前的有机耕作法
	CO_2 和甲烷的排放(即温室气体)	全球变暖和气候变化	风险(潜在的不利影响) ——不利于组织和行业形象	研究碳补偿的可能性
产品:锅炉				
高效锅炉的设计	燃料使用减少	不可再生能源的保护(有益的影响)	机遇(潜在的有益影响) ——销量增加 ——由于创新设计使形象提升	与成本和碳减排有关的营销活动

表 A.1（续）

活动、产品和服务	环境因素	实际的和潜在的环境影响	需要应对的风险和机遇	策划采取的措施
设计阶段非危险材料的替代	寿命结束阶段危险废物产生量降低	至垃圾填埋场的危险废物量减少（有益影响）	机遇（潜在的有益影响） ——销量增加 ——生产者责任立法中的罚金减少	提供适当的产品回收信息
产品：打印机硒鼓				
打印机硒鼓再利用的设计	原材料和能源使用减少 寿命结束阶段产生的固体废物减少	不可再生能源的保护（有益的影响） 至垃圾填埋场的废物量减少（有益影响）	机遇（潜在的有益影响） ——提供服务活动 ——与客户维持更长久的关系	在产品销售点提供如何再循环硒鼓的信息
产品：空调				
用户装置的运行	电的使用（组织能够施加"影响"的因素）	不可再生自然资源枯竭	风险（潜在的不利影响） ——由于更有竞争力的制造商使得销量受损	设定针对其他竞争者的标杆绩效 投资于更多能效相关的研究和开发
	制冷剂的使用	空调系统泄漏造成的全球变暖和潜在的臭氧层破坏	风险（潜在的不利影响） ——由于使用可能使全球变暖和臭氧层破坏的制冷剂而造成负面公众形象 机遇（潜在的有益影响） ——由有资格的工程师提供新的服务	与研究机构建立合作关系，研究制冷剂替代物
	固体废物产生（组织能够施加"影响"的因素）	至垃圾填埋场的废物增加	风险（潜在的不利影响） ——处理费用方面的成本增加 ——填埋禁令	研究回收或再利用方法
服务：维护和修理服务				
化学品的处理和使用	火灾或爆炸过程中失控排放（紧急情况）	空气污染 土壤污染 对人体的伤害	风险（潜在的不利影响） ——清污成本 ——罚款 ——不利的公众形象	建立环境目标以消除化学品使用
分包的空调维修	破坏臭氧层物质（即制冷剂）的释放（异常状态）	臭氧层破坏	风险（潜在的不利影响） ——罚款 ——不利的公众形象	重新对合同方进行招标以确保维修服务的提升

表 A.1（续）

<table>
<tr><th>活动、产品和服务</th><th>环境因素</th><th>实际的和潜在的环境影响</th><th>需要应对的风险和机遇</th><th>策划采取的措施</th></tr>
<tr><td colspan="5">服务:后勤服务</td></tr>
<tr><td>文件打印</td><td>电能的使用
纸张的使用</td><td>自然资源枯竭</td><td>风险(潜在的不利影响)
——由于业务流向更有竞争力的无纸办公技术而使企业亏损</td><td>研究提供无纸办公的机会</td></tr>
<tr><td>双面打印</td><td>自然资源使用的减少(组织能够施加“影响”的因素)</td><td>自然资源的保护(有益的影响)</td><td>机遇(潜在的有益影响)
——降低成本</td><td rowspan="2">制作营销资料向潜在客户宣传环保和成本收益知识</td></tr>
<tr><td>废纸回收利用</td><td>生成的固体废物减少(组织能够施加“影响”的因素)</td><td>送至垃圾填埋场的废物减少(有益的影响)</td><td>机遇(潜在的有益影响)
——降低成本
——正面的公众印象</td></tr>
<tr><td colspan="5">服务:产品和服务的运输与分配</td></tr>
<tr><td>日常维修保养(包括换机油)</td><td>氮氧化物排放的减少
含油废物的排放</td><td>减少的空气污染(有益的影响)
土壤污染</td><td>风险(潜在的不利影响)
——罚款
——清污成本
机遇(潜在的有益影响)
——回收利用含油废物
——降低运行成本</td><td>与维修人员交流环境收益
制定管理废物的运行控制
在资本重组过程中考虑用电作为汽车动力</td></tr>
<tr><td rowspan="3">日常运行</td><td>燃料使用</td><td>不可再生矿物燃料枯竭</td><td>风险(潜在的不利害影响)
——燃料的可获得性
——更高的燃料成本
机遇(潜在的有益影响)
——使用替代燃料(压缩天然气和(或)液化天然气)
——降低燃料成本</td><td>建立环境目标以减少燃料使用</td></tr>
<tr><td>氮氧化物的排放</td><td>空气污染
全球变暖和气候变化</td><td>风险(潜在的不利影响)
——引入更严格的燃料排放标准</td><td>关于减排方法的研究</td></tr>
<tr><td>噪声的产生</td><td>给本地居民带来不适或不便</td><td>风险(潜在的不利影响)
——负面的组织形象</td><td>提供驾驶员培训
规定严格的运行时间</td></tr>
<tr><td>包装</td><td>包装的回收</td><td>至垃圾填埋场的废物减少</td><td>机遇(潜在的有益影响)
——改善与客户的关系</td><td>提升服务作为合同谈判的一部分</td></tr>
</table>

A.2　活动、产品和服务，以及相关的环境因素、环境目标、指标、方案、参数、运行控制、监视与测量的示例见表A.2。

表A.2　活动、产品和服务，以及相关的环境因素、环境目标、指标、方案、参数、运行控制、监视与测量的示例

因素	目标	指标	方案	参数	运行控制	监视和测量
活动：燃油锅炉运行						
燃料油使用	降低非再生资源的使用	在1年内燃料油的使用量减少20%（基于当年的使用情况）	安装更有效的燃料燃烧器	项目计划指标 锅炉每工作1 h所使用的燃料油	安装改良燃烧器的过程 记录燃料油使用的过程	每季度评估项目计划进展情况 每月跟踪燃料油利用率
热水排放	尽量减少高温排水对流域水质造成的不利环境影响	至2018年，将平均日排放水的温度降低5 ℃	设备和设计工程师重新设计运行，从废水中提取和再利用热量（例如：热电联产）	排放水的日平均温度 水域的水质参数 水域中鱼类和（或）动物种类的数量和多样性	水质采样和分析过程 鱼类和（或）动物抽样方案 热电联产运行过程 工程控制	持续监测排放温度 每季度监测水域水质
产品：空调						
电的使用	鼓励消费者节约能源	基于去年的运行温度，在今年年底将运行温度降低5%	通过发放关于产品能效的材料，向消费者宣传过度使用能源的环境影响（例如：节约成本，减少不利的环境影响）	消费者对节能兴趣的提高 消费者对新节能产品兴趣的提高	有成本效益的产品材料的设计 电能的使用 在新产品设计中考虑客户的能效要求	用户调查
固废的产生	通过减少包装材料的使用来降低消费者产生的固废	至2018年，将现有产品线中的包装材料减少5%	重新设计产品包装（工程部，6个月） 实施生产变更（6个月） 试运行和全面生产	单位产品包装材料的使用量 生产线中所用包装材料的减少比例 估算消费者固废产生量的减少，体积和（或）单位	设计控制过程 产品包装过程	每季度监视所用包装材料的数量，例如：购买量减去废品量 在生产线中运输的产品单元

表 A.2（续）

因素	目标	指标	方案	参数	运行控制	监视和测量
服务：产品和服务的运输和分配（车辆维修）						
氮氧化物（NO_x）的排放	通过改善车辆维修的有效性，提高对空气质量的有益的环境影响	到2018年实现25%的NO_x减排目标	识别NO_x减排的关键维修参数 修改维修方案以实现减排氮氧化物的关键指标 通过计算机程序来优化车辆维修方案	及时维修比例 NO_x排放/km	维修过程 维修技术的培训 通过计算机提醒定期维修	跟踪维修频率与时间表 监测车辆燃料NO_x效率 每季度检测车辆NO_x排放量 年度NO_x减排量评估
废油的产生	按要求管理油类废物	在一年内服务中心实现油类废物处置要求	在服务中心制定和实施废油管理培训方案	服务中心员工接受培训的比例 废物处置不符合的数量 按要求处置油类废物的比例	废物管理过程 针对服务中心员工的培训方案	监视服务中心员工培训的执行情况 跟踪废油处置数量和处置方法

A.3 与合规义务相关，需要应对的风险和机遇以及应对措施的示例见表 A.3。

表 A.3 与合规义务相关，需要应对的风险和机遇以及应对措施的示例

合规义务	需要应对的风险和机遇	策划要采取的措施
新增法律法规的要求	**风险（潜在的不利影响）** 未能识别和遵循新的或变化的法规要求，会对组织的荣誉造成损害并产生罚款	建立控制过程，以确保具有及时识别新增法律法规要求的能力
信息的监管要求	**风险（潜在的不利影响）** 未能响应、延迟的响应、或不准确的响应会使监管机构对其更严格的审查 **机遇（潜在的有益影响）** 及时、主动和透明的交流能巩固组织与监管机构的关系	建立更加有效的信息交流过程，用以接收和响应来自监管部门的信息，包括报告制度 采用内部审核方案为改善信息交流的及时性和透明性提供建议，必要时，持续改进信息交流过程采取措施
区域客户对报废产品回收的要求	**风险（潜在的不利影响）** 增加所需资源和物流以支持区域产品回收将显著增加单位生产成本 **机遇（潜在的有益影响）** 为世界范围内所有客户提供回收服务，能提高组织作为环保引领者的信誉，并且带来新的业务机会	为了节省资源和降低原材料成本，建立产品开发和再制造设计的目标，以支持回收方案

A.4 与其他问题和要求相关,需要应对的风险和机遇以及应对措施的示例见表A.4。

表A.4 与其他问题和要求相关,需要应对的风险和机遇以及应对措施的示例

其他问题和要求	需要应对的风险和机遇	策划要采取的措施
碳税(资产管理和(或)财务服务机构)	**风险(潜在的不利影响)** 由于转向低碳经济而使资产搁置,例如:已知的尚未被利用的煤碳储量 **机遇(潜在的有益影响)** 通过投资可再生能源和(或)清洁技术实现更高的财务回报	通过增加对可再生能源的投资和减少对排放密集型行业的投资,建立多元化投资组合的目标
水资源匮乏(食品和饮料行业组织)	**风险(潜在的不利影响)** 由于可用水有限导致生产受限 **机遇(潜在的有益影响)** 通过过程优化提高效率	采用工程控制以减少生产过程中流失的水 建立绩效指标并监视和(或)测量每单位生产用水

附 录 B
（资料性附录）
实施环境管理体系的阶段性方法（基于 ISO 14005）

当环境管理体系的范围包括所有组织活动、产品和服务，并且覆盖环境管理体系的所有要素时，组织可以建立完整的环境管理体系。一次性建立完整的环境管理体系对一些组织来说是有困难的。对于这些组织，阶段性方法有几个益处，例如：评估投入环境管理体系的时间和金钱对组织的回报能力。组织能够发现环境绩效改善可以帮助降低成本，改善他们的社区关系，使他们能够达成客户的期望并付诸他们履行了合规义务的证明。组织在逐步实施管理体系时，可以追踪环境管理体系绩效，增加或扩大他们为组织提供价值的要素。环境管理体系阶段性发展可能涉及的方法如下：

a） 实施一个单独的项目，仅聚焦于一个或有限数量的环境因素。这样能使组织更好地理解环境管理体系的基本要素，使他们体验到以系统化方法管理环境因素的益处，帮助他们改进环境绩效，由此获得管理者对实施环境管理体系的支持。

b） 采用确定的步骤接续推进各要素（见图 B.1）。此方法适合于那些实施了初始环境评审项目后，决定采用这种结构性方法管理其环境因素的组织。

c） 采用可以连续或同时实施所选步骤的方法。这种方法可以被用来应对特定的环境问题。例如：合规义务的履行，包括满足相关方的需求，或改进环境绩效。此方法可能适合于那些为确保环境管理体系的有效性，在可获得的资源范围内，希望按照自己的步调推进环境管理体系的组织。

制定实施计划可能是有用的，这可以确定：

——采用的方法；

——方案实现的时间表；

——所需的资源；

——实施策划的角色和职责；

——所需的文件信息；

——能够持续监视和测量进展的方法。

组织可依据为每一阶段规定要实现的结果，以及与实施计划的符合程度，对计划的进展情况进行测量。对实施环境管理体系的进展情况进行监视，对于确保资源的有效利用和组织环境目标的实现是有益的。

图 B.1 以 5 个阶段展示了环境管理体系的实施过程。阶段 1 对应的是一个具体项目的实施。阶段 2、3、4、5 对应的是环境管理体系主要要素的顺次实施。当组织具有充分的承诺开始实施环境管理体系时，他可以从阶段 2 开始。

支持要素随着环境管理体系实施而增长，其增长范围通过下图三角形证明。支持要素的范围需要随着环境管理体系的实施而增长。

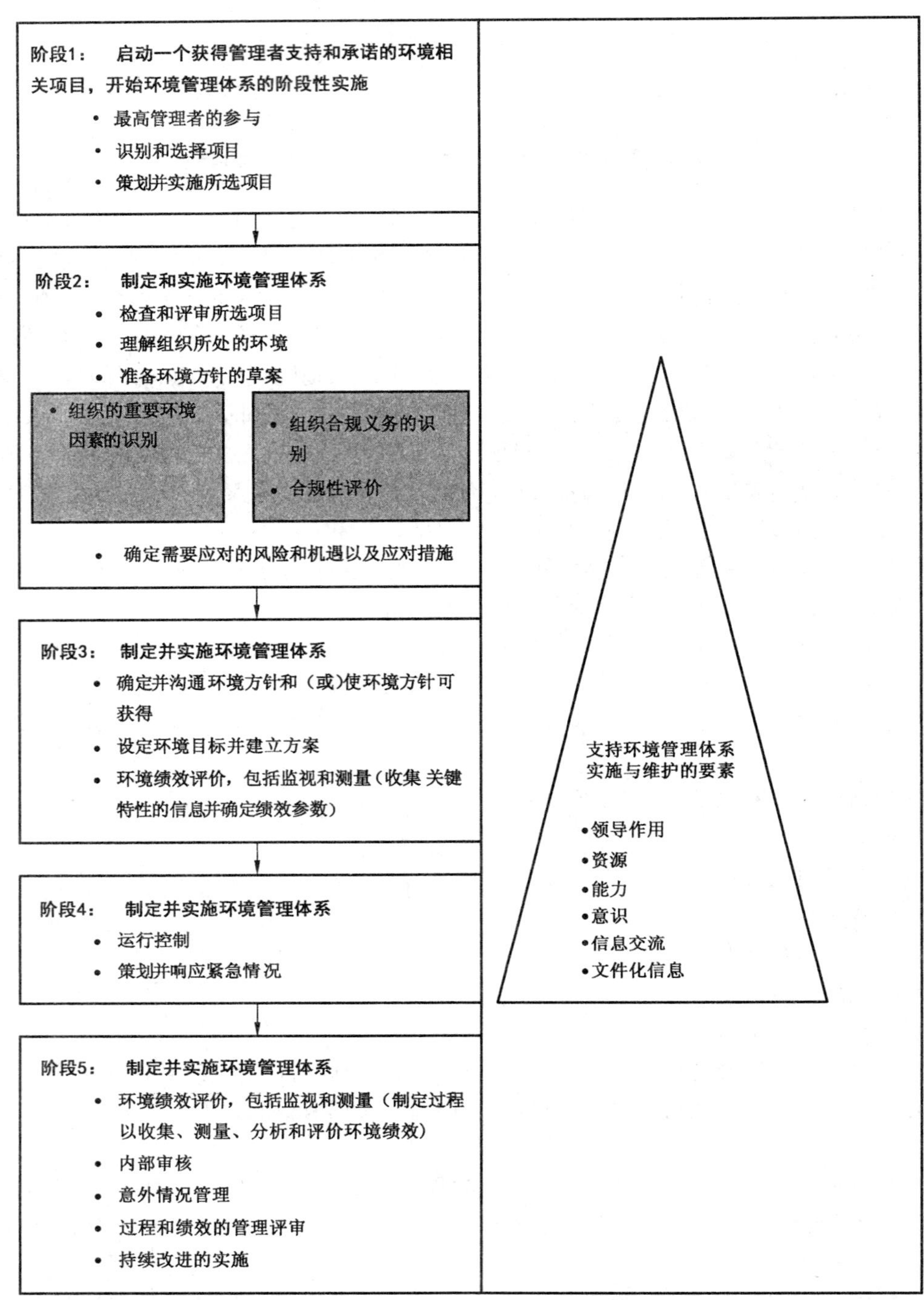

图 B.1 以5个阶段实施的示例

参 考 文 献

[1] GB/T 24001—2016 环境管理体系 要求及使用指南

[2] ISO 14005 Environmental management systems—Guidelines for the phased implementation of an environmental management system, including the use of environmental performance evaluation(环境管理体系 环境管理体系阶段性实施指南,包括环境绩效评估的使用)

[3] ISO 14006 Environmental management systems—Guidelines for incorporating ecodesign (环境管理体系 生态设计指南)

[4] GB/T 24020 环境管理 环境标志和声明 通用原则

[5] GB/T 24021 环境管理 环境标志和声明 自我环境声明 Ⅱ型环境标志

[6] GB/T 24024 环境管理 环境标志和声明 Ⅰ型环境标志 原则和程序

[7] GB/T 24025 环境标志和声明 Ⅲ型环境声明 原则和程序

[8] ISO14031:2013 Environmental management—Environmental performance evaluation—Guidelines(环境管理 环境绩效评价 指南)

[9] ISO/TS 14033 Environmental management—Quantitative environmental information examples(环境管理 量化的环境信息指南和示例)

[10] GB/T 24040 环境管理 生命周期评估 原则和框架

[11] GB/T 24044 环境管理 生命周期评价 要求与指南

[12] ISO 14045 Environmental management Eco-efficiency assessment product systems Principles, requirements guidelines(环境管理 产品系统的生态效益评估 规则、要求和指南)

[13] GB/T 33859 环境管理 水足迹 原则、要求与指南

[14] GB/T 24062 环境管理 将环境因素引入产品的设计和开发

[15] GB/T 26450 环境管理 环境信息交流 指南和示例

[16] ISO/TS 14067 Greenhouse gases—Carbon footprint of products—Requirements and guidelines for quantification and communication(温室气体 产品碳足迹 量化和信息交流的要求和指南)

[17] GB/T 19011—2012 管理体系审核指南

[18] ISO 26000 Guidance on social responsibility(社会责任指南)

[19] ISO 31000 Risk management—Principles and guidelines(风险管理 原则和指南)

[20] GB/T 23331 能源管理体系 要求

[21] GB/T 23694 风险管理 术语

ICS 83.060
G 40

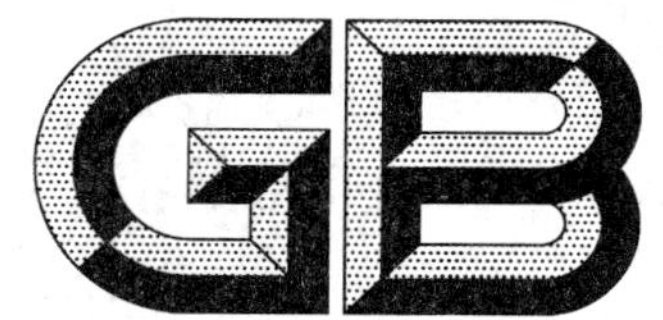

中华人民共和国国家标准

GB/T 24131.2—2017

生橡胶 挥发分含量的测定 第2部分:带红外线干燥单元的自动分析仪加热失重法

Rubber, raw—Determination of volatile-matter content—Part 2: Thermogravimetric methods using an automatic analyser with an infrared drying unit

(ISO 248-2:2012,MOD)

2017-12-29 发布 2018-07-01 实施

中华人民共和国国家质量监督检验检疫总局
中国国家标准化管理委员会 发布

前 言

GB/T 24131《生橡胶　挥发分含量的测定》分为两个部分：

——第1部分：热辊法和烘箱法；

——第2部分：带红外线干燥单元的自动分析仪加热失重法。

本部分为GB/T 24131的第2部分。

本部分按照GB/T 1.1—2009给出的规则起草。

本部分使用重新起草法修改采用ISO 248-2:2012《生橡胶　挥发分的含量测定　第2部分：带红外线干燥单元的自动分析仪加热失重法》(英文版)。

本部分与ISO 248-2:2012技术差异及原因如下：

——关于规范性引用文件，本部分做了具有技术性差异的调整，以适应我国的技术条件，调整的情况集中反映在第2章"规范性引用文件"中，具体调整如下：

- 用等同采用国际标准的GB/T 5576代替了ISO 1629；
- 用等同采用国际标准的GB/T 15340代替了ISO 1795。

——删除了"试验结果是一次单独的挥发分含量测定值"，该内容与本章的技术内容不符合(见第6章)。

——增加了丁基橡胶和卤化丁基橡胶适宜的干燥温度(见7.2.2，7.2.3)。

本部分由中国石油和化学工业联合会提出。

本部分由全国橡胶与橡胶制品标准化技术委员会(SAC/TC 35)归口。

本部分起草单位：中国石油天然气股份有限公司石油化工研究院、山东京博石油化工有限公司橡胶分公司、中国石油天然气股份有限公司兰州石化分公司、中国石油化工股份有限公司北京燕山分公司。

本部分主要起草人：贾慧青、翟月勤、崔红梅、杨芳、陈跟平、孙丽君、刘柏岑、任峰、刘莎、王丰乐、隗合宁。

生橡胶　挥发分含量的测定
第2部分：带红外线干燥单元的自动分析仪加热失重法

警示——使用本部分的人员应熟悉正规实验室的操作规程。本部分并未指出所有可能的安全问题。使用者有责任采取适当的安全和健康措施，并保证符合国家有关法规规定的条件。

注意——本部分某些步骤中可能涉及使用的或生成的物质或产生的废弃物，对当地环境造成危害，试验后应按照相应文件进行安全处理和处置。

1　范围

1.1　GB/T 24131的本部分规定了采用带红外线干燥单元的自动分析仪测定生橡胶中水分和其他挥发性物质含量的两种加热失重法。

1.2　本部分适用于测定列入GB/T 5576中的合成橡胶(SBR，NBR，BR，IR，CR，IIR，BIIR和CIIR及EPDM)的挥发分含量，橡胶形状可以是块状、片状、粒状、屑状、粉末状等。本部分也适用于其他类生橡胶，但在这种情况下，有必要验证质量的改变仅是由于生橡胶中挥发性物质损失而不是橡胶降解所致。

1.3　本部分不适用于列入GB/T 15340中需要均匀化的生橡胶。

1.4　ISO 248-1:2011中热辊法和烘箱法与本部分的方法不一定能得到相同的结果。因此，在有争议的情况下，ISO 248-1:2011烘箱法A为仲裁法。

注：当自动分析仪测定某类型或某等级生胶的挥发分条件已经确定时，两种方法均可用于日常检测，如：质量控制。

2　规范性引用文件

下列文件对于本文件的应用是必不可少的。凡是注日期的引用文件，仅注日期的版本适用于本文件。凡是不注日期的引用文件，其最新版本(包括所有的修改单)适用于本文件。

GB/T 5576　橡胶和胶乳　命名法(GB/T 5576—1997,idt ISO 1629:1995)

GB/T 15340　天然、合成生胶取样及制样方法(GB/T 15340—2008,ISO 1795:2000,IDT)

ISO 248-1:2011　生橡胶　挥发分含量的测定　第1部分：热辊法和烘箱法(Rubber，raw—Determination of volatile-matter content—Part 1:Hot-mill method and oven method)

3　原理

使用带红外线干燥单元的自动分析仪，通过加热失重法连续称量试样直至质量恒定，根据测定过程中的质量损失计算挥发分含量。

4　试剂

L-酒石酸钠二水合物：标准物质，纯度不小于99%。

5 设备

5.1 自动分析仪

5.1.1 通则

自动分析仪应包括以下部分：

a) 红外线干燥单元或远红外线干燥单元或近红外线干燥单元；

b) 天平，能精确至 1 mg；

c) 微处理器，能够控制干燥条件，如温度及干燥终点，能连续计算干燥过程中质量损失（即挥发分含量）。

5.1.2 性能要求

系统准确度应通过连续 10 次测定 L-酒石酸钠二水合物（第 4 章）进行验证。10 次测定结果的平均值应在（15.66±0.5）%；相对标准差（RSD）应小于 1.0%，按式（1）计算：

$$\mathrm{RSD}(\%)=\frac{S}{w}\times 100 \qquad \cdots\cdots(1)$$

式中：

S ——标准差；

w ——挥发分含量平均值（质量分数），以百分数（%）表示。

6 取样及试样制备

按照 GB/T 15340 的规定取出实验室样品，从实验室样品中取出质量为 2 g～15 g 试样。试样实际质量根据分析仪类型、挥发分估计值及样品形状而定。块状生橡胶，试样应切成体积小于约 350 mm^3 小块（理想的形状为边长约 7 mm 的立方体）。此过程应尽可能快速完成以尽量不造成挥发分损失。

7 试验步骤

7.1 总则

如果自动分析仪提供选项，可选择方法 A（预设干燥时间法）或方法 B（预设质量损失速率法），试验条件示例参见附录 A。测定不同类型或等级橡胶的挥发分，两种方法都应确定干燥终点（方法 A 确定预设干燥时间或方法 B 确定预设质量损失速率）。

7.2 方法 A 和方法 B 终点测定

7.2.1 从某类型或等级的橡胶中取一个有代表性的典型样品，按照 ISO 248-1:2011 规定的方法之一测定并确定橡胶样品的挥发分含量。

7.2.2 方法 A：称取 2 g～15 g 的试样，精确至 1 mg，按照仪器使用说明书操作自动分析仪，设置干燥温度（适宜温度为 100 ℃～120 ℃），得到干燥曲线［X 轴：时间（min），Y 轴：挥发分含量（%）］。根据干燥曲线（见图 1），确定自动分析仪测定的挥发分含量达到 7.2.1 测定的挥发分含量需要的时间，将该干燥时间定为方法 A 测定此类型或等级橡胶的干燥终点。

注：对于某些橡胶，100 ℃～120 ℃可能不是适宜的干燥温度，如丁基橡胶和卤化丁基橡胶适宜的干燥温度为 140 ℃～150 ℃。

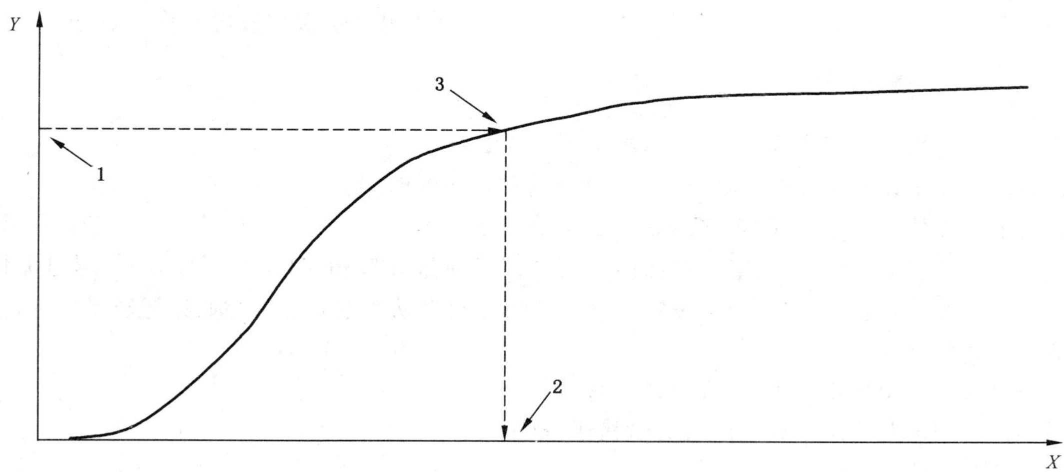

说明：

X ——时间，单位为分(min)；

Y ——试样挥发分含量，%；

1 ——ISO 248-1:2011 测定的挥发分含量；

2 ——干燥时间；

3 ——干燥终点。

图 1 方法 A 干燥曲线及干燥终点

7.2.3 方法 B：称取 2 g～15 g 试样，精确至 1 mg，按照仪器使用说明书操作自动分析仪，设置干燥温度(最适宜温度为 100 ℃～120 ℃)，得到干燥曲线(*X* 轴：时间，*Y* 轴：质量)。根据干燥曲线(见图 2)，确定曲线上达到 7.2.1 测定的挥发分含量时，试样终点质量对应点的质量损失速率。将该点的质量损失速率定为方法 B 测定此类型或等级橡胶的干燥终点。

注 1：自动分析仪程序能自动计算质量损失速率。

注 2：对于某些橡胶，100 ℃～120 ℃可能不是适宜的干燥温度，如丁基橡胶和卤化丁基橡胶适宜的干燥温度为 140 ℃～150 ℃。

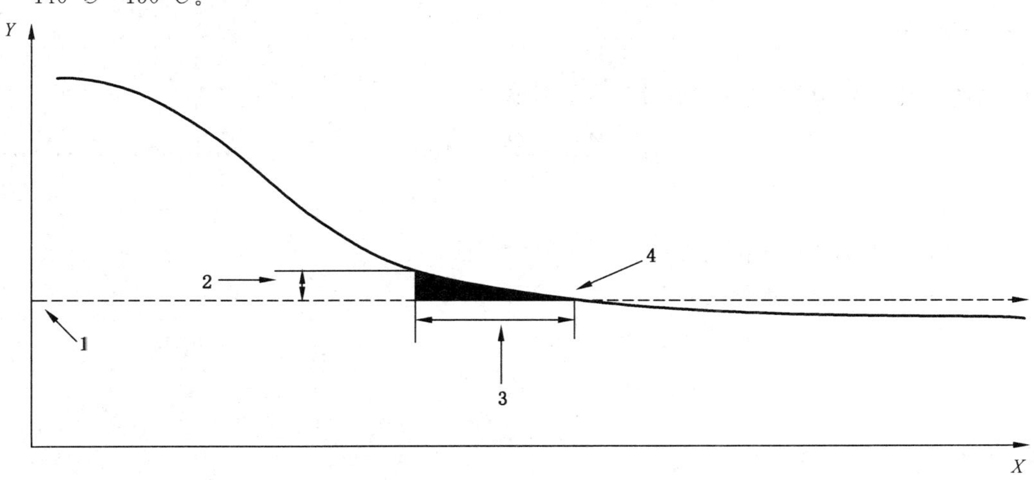

说明：

X ——时间；

Y ——试样质量；

1 ——ISO 248-1:2011 测定挥发分含量时试样终点质量；

2 ——质量损失增量，单位为毫克(mg)；

3 ——测定质量的间隔时间，单位为秒(s)；

4 ——干燥终点。

图 2 方法 B 干燥曲线及干燥终点

7.2.4 根据7.2.1与7.2.2或7.2.1与7.2.3的规定，确定某种类型或等级橡胶的干燥终点。

7.3 方法A(预设干燥时间法)

7.3.1 按照仪器使用说明书操作，一般步骤见7.3.2～7.3.7。

7.3.2 在微处理器中设定干燥温度及由7.2.2确定的预设干燥时间。

7.3.3 在指定位置放置一空样品盘，将天平称量示值归零。

7.3.4 称取试样质量，与7.2.2确定干燥曲线时所取试样质量大致相同(±10%以内)。尽可能快速均匀地将试样平铺于样品盘中，按下开始按钮。开始干燥之前自动测定并记录初始试样质量(m_A)。干燥随即启动。

7.3.5 干燥时间到达预设定值时，干燥自动停止。

7.3.6 仪器自动测定并记录干燥后的最终试样质量(m_B)。

7.3.7 挥发分含量按照7.5自动计算。

7.4 方法B(预设质量损失速率法)

7.4.1 按照仪器使用说明书操作，一般步骤见7.4.2～7.4.8。

7.4.2 在微处理器中设定干燥温度及由7.2.3确定的预设质量损失速率。

7.4.3 在指定位置放置一空样品盘，将天平称量示值归零。

7.4.4 称取试样，与7.2.3确定干燥曲线时所取试样质量大致相同(±10%以内)。尽可能快速均匀地将样品平铺于样品盘中，按下开始按钮。开始干燥之前自动测定并记录初始试样质量(m_A)。干燥随即启动。

7.4.5 连续测量、记录试样质量并计算试样质量损失速率。

7.4.6 质量损失速率达到预设值时，干燥自动结束。

7.4.7 仪器自动测定并记录干燥后的最终试样质量(m_B)。

7.4.8 挥发分含量将按照7.5自动计算。

7.5 挥发分含量计算

挥发分含量 w 用质量分数(%)表示，按式(2)计算：

$$w=\frac{m_A-m_B}{m_A}\times 100 \qquad \cdots\cdots(2)$$

式中：

m_A ——干燥前试样质量，单位为克(g)；

m_B ——干燥后试样质量，单位为克(g)。

8 精密度

参见附录B。

9 试验报告

试验报告应包括以下内容：

a) 生橡胶试验样品的全部信息。

b) 试验方法：

1) 本部分的编号；

2) 采用的方法(方法 A 或方法 B)；

3) 设备及试验条件全部细节；

4) 确定方法 A 干燥终点的预设干燥时间或确定方法 B 干燥终点的预设质量损失速率，使用 ISO 248-1:2011 规定的哪种方法。

c) 与本部分的偏差：

1) 与本部分不同的任何操作；

2) 在试验过程中观察到的任何异常现象。

d) 试验结果。

e) 试验日期。

附 录 A
（资料性附录）
试验条件示例

A.1 总则

自动分析仪各有不同，有的带远红外线干燥单元，有的带近红外线干燥单元。只要满足5.1自动分析仪性能要求都可按照本部分对生橡胶挥发分含量进行测定。

A.2 条件示例

第7章所述方法A和方法B试验条件示例分别见表A.1和表A.2。

表 A.1 方法 A 试验条件示例

参数	生橡胶样品				
	SBR-1	SBR-2	BR-1	EPDM-1	NBR-1
采用 ISO 248-1:2011[a] 测定挥发分含量/%	0.15	0.77	0.07	0.09	0.35
试样质量/g	5	5	5	5	5
干燥温度/℃	110	120	110	120	120
预设干燥时间[b]/min	3.0～9.0	6.0～23.0	1.5～11.0	1.0～5.0	2.5～17.0

[a] 热辊法B测定，详见ISO 248-1:2011。

[b] 由所用仪器决定的预设干燥时间。

表 A.2 方法 B 试验条件示例

参数	生胶样品				
	SBR-1	SBR-2	BR-1	EPDM-1	NBR-1
采用 ISO 248-1:2011[a] 测定的挥发分含量/%	0.15	0.77	0.07	0.09	0.35
试样质量/g	5	5	5	5	5
干燥温度/℃	110	120	110	120	120
预设质量损失速率[b]/(mg/s)	1/180～3/180	1/180～3/180	1/60～1/145	1/45～2/120	1/60～6/120

[a] 热辊法B测定，详见ISO 248-1:2011。

[b] 由所用设备决定的预设质量损失速率。

附 录 B
（资料性附录）
精 密 度

B.1 总则

按照实验室间试验程序(ITP),2007年8月,在日本对本部分列出的采用自动分析仪的两种测试方法进行了精密度试验,所评价的精密度为ISO/TR 9272规定的1型精密度。

B.2 ITP细则

按照ITP程序对5个生胶样品(SBR:2个水平,BR:1个水平,EPDM:1个水平,NBR:1个水平)进行试验,试验结果是一次单独的挥发分含量测定值。为避免试验期间样品挥发分损失,三次试验在不同的三天完成,每次试验间隔一天。

按照ITP的规定,6家实验室参加了方法A的试验,其中有2家实验室采用2种不同的分析仪试验,这2家实验室不同分析仪测试结果按独立实验室测定结果进行统计,这样就相当于有8家实验室或8家准实验室。

按照ITP的规定,4家实验室参加了方法B的试验,其中有1家实验室采用2种不同的分析仪测试,这家实验室不同分析仪测试结果按独立实验室测定结果进行统计,这样就相当于有5家实验室或5家准实验室。

B.3 精密度结果

方法A精密度结果见表B.1,方法B精密度结果见表B.2。精密度结果是按ISO/TR 9272规定剔除离群值得到的。

重复性,对每种材料确定的试验方法重复性限 r 的合适值见表B.1或表B.2,两个单独测试结果的差值大于表中所列 r 值时,应被认为可疑,建议进行相应的研究。

再现性,对每种材料确定的试验方法再现性限 R 的合适值见表B.1或表B.2,两个单独测试结果的差值大于表中所列 R 值时,应被认为可疑,建议进行相应的研究。

如果没有将本次精密度评价结果实际应用到测试产品或材料的文件,那么按本次ITP确定的精密度不应作为对任何材料或产品测试结果接受或拒绝的依据。

表 B.1 A 法的精密度

材料	平均值/%	实验室内重复性			实验室间再现性			实验室数[a]
		s_r	r	(r)	s_R	R	(R)	
SBR-1	0.14	0.018	0.051	37.0	0.022	0.063	46.2	6
SBR-2	0.75	0.048	0.137	18.4	0.059	0.166	22.2	7
BR-1	0.08	0.009	0.027	34.3	0.010	0.029	36.8	6
EPDM-1	0.11	0.011	0.032	27.8	0.013	0.038	32.8	5
NBR-1	0.36	0.037	0.105	29.3	0.045	0.128	35.8	8
合并值	0.38	0.029	0.083	30.1	0.035	0.100	35.6	—

各符号定义如下：

s_r ——重复性标准差；

r ——重复性限，以测量单位计；

(r) ——重复性限，以平均值的相对百分数计；

s_R ——再现性标准差；

R ——再现性限，以测量单位计；

(R)——再现性限，以平均值的相对百分数计。

[a] 是剔除离群值之后最终实验室数量。

表 B.2 B 法的精密度

材料	平均挥发分含量/%	实验室内重复性			实验室间再现性			实验室数[a]
		s_r	r	(r)	s_R	R	(R)	
SBR-1	0.13	0.017	0.048	37.7	0.016	0.046	35.9	4
SBR-2	0.75	0.024	0.068	9.1	0.062	0.177	23.6	4
BR-1	0.09	0.011	0.032	36.2	0.023	0.064	73.0	5
EPDM-1	0.11	0.012	0.034	30.6	0.022	0.062	55.3	5
NBR-1	0.38	0.030	0.086	22.8	0.059	0.166	44.0	5
合并值	0.39	0.020	0.058	29.2	0.042	0.118	49.3	—

表中各符号定义，见表 B.1。

[a] 是剔除离群值之后最终实验室数量。

参 考 文 献

[1] ISO/TR 9272 Rubber and rubber products—Determination of precision for test method standards

ICS 83.080.20
G 32

中华人民共和国国家标准

GB/T 24149.2—2017

塑料 汽车用聚丙烯(PP)专用料 第2部分:仪表板

Plastics—Polypropylene(PP) compound for automobile—Part 2: Instrument panel

2017-11-01 发布　　2018-05-01 实施

中华人民共和国国家质量监督检验检疫总局
中国国家标准化管理委员会　发布

前　言

GB/T 24149《塑料　汽车用聚丙烯(PP)专用料》分为四个部分：

——第1部分：保险杠；

——第2部分：仪表板；

——第3部分：门内板；

——第4部分：其他。

本部分为GB/T 24149的第2部分。

本部分按照GB/T 1.1—2009给出的规则起草。

本部分由中国石油化工集团公司提出。

本部分由全国塑料标准化技术委员会石化塑料树脂产品分会(SAC/TC 15/SC 1)归口。

本部分负责起草单位：北京聚菱燕塑料有限公司。

本部分参加起草单位：上海普利特复合材料股份有限公司、金发科技股份有限公司、中国石油化工股份有限公司北京燕山分公司树脂应用研究所、浙江普利特新材料有限公司、奇瑞汽车股份有限公司、浙江吉利汽车研究院有限公司、长城汽车股份有限公司、北汽福田汽车股份有限公司。

本部分主要起草人：张新、张鹰、罗忠富、叶雯、张祥福、杨波、李婧、孙颜文、程伟、姜胜军、史荣波、贺丽丽、杨豪、崔文兵、尚红波。

塑料 汽车用聚丙烯(PP)专用料 第2部分:仪表板

1 范围

GB/T 24149 的本部分规定了汽车仪表板用聚丙烯(PP)专用料的命名、术语和定义、要求、试验方法、检验规则、标志、包装、运输及贮存。

本部分适用于以热塑性丙烯耐冲击共聚物为主,与弹性体、矿物质填料及其他助剂按一定比例通过共混制成的、用于制造汽车仪表板本体的聚丙烯专用料。

2 规范性引用文件

下列文件对于本文件的应用是必不可少的。凡是注日期的引用文件,仅注日期的版本适用于本文件。凡是不注日期的引用文件,其最新版本(包括所有的修改单)适用于本文件。

GB/T 250—2008 纺织品 色牢度试验 评定变色用灰色样卡

GB/T 1033.1—2008 塑料 非泡沫塑料密度的测定 第1部分:浸渍法、液体比重瓶法和滴定法

GB/T 1040.2—2006 塑料 拉伸性能的测定 第2部分:模塑和挤塑塑料的试验条件

GB/T 1043.1—2008 塑料 简支梁冲击性能的测定 第1部分:非仪器化冲击试验

GB/T 1634.2—2004 塑料 负荷变形温度的测定 第2部分:塑料、硬橡胶和长纤维增强复合材料

GB/T 2546.1—2006 塑料 聚丙烯(PP)模塑和挤出材料 第1部分:命名系统和分类基础

GB/T 2546.2—2003 塑料 聚丙烯(PP)模塑和挤出材料 第2部分:试样制备和性能测定

GB/T 2547—2008 塑料 取样方法

GB/T 2918—1998 塑料试样状态调节和试验的标准环境

GB/T 3682—2000 热塑性塑料熔体质量流动速率和熔体体积流动速率的测定

GB/T 7141—2008 塑料热老化试验方法

GB/T 8170—2008 数值修约规则与极限数值的表示和判定

GB 8410—2006 汽车内饰材料的燃烧特性

GB/T 9341—2008 塑料 弯曲性能的测定

GB/T 17037.1—1997 热塑性塑料材料注塑试样的制备 第1部分:一般原理及多用途试样和长条试样的制备

GB/T 17037.3—2003 塑料 热塑性塑料材料注塑试样的制备 第3部分:小方试片

GB/T 17037.4—2003 塑料 热塑性塑料材料注塑试样的制备 第4部分:模塑收缩率的测定

GB/T 32088—2015 汽车非金属部件及材料氙灯加速老化试验方法

SH/T 1541—2006 热塑性塑料颗粒外观试验方法

ISO 6452:2007 橡胶、塑料涂覆织物 汽车内饰材料雾度测试方法(Rubber-or plastics-coated fabrics—Determination of fogging characteristics of trim materials in the interior of automobiles)

3 术语和定义

下列术语和定义适用于本文件。

3.1

拉伸屈服应力保持率　tensile yield stress retention

试样老化后的拉伸屈服应力与试样老化前的拉伸屈服应力的比值，用“%”表示。

4 命名

4.1 总则

汽车仪表板用聚丙烯(PP)专用料按照 GB/T 2546.1—2006 规定，并按以下方法进行命名：

<table>
<tr><td rowspan="3">命名
方式</td><td colspan="3">命名</td></tr>
<tr><td colspan="3">特征项目组</td></tr>
<tr><td>字符组 1</td><td>字符组 2</td><td>字符组 3</td></tr>
</table>

字符组彼此间用逗号“,”隔开。其中：

字符组 1：按照 GB/T 2546.1—2006 中 3.1 规定，热塑性丙烯耐冲击共聚物以代号“PPB”表示；

字符组 2：按照 GB/T 2546.1—2006 中 3.2 规定，注塑级的聚丙烯材料以代号“M”表示，对光或气候稳定的聚丙烯材料以代号“L”表示；

字符组 3：特征性能，见 4.2。

4.2 特征性能

4.2.1 概述

在这个字符组中，用三个数字组成的代号表示弯曲模量的标称值(见 4.2.2)，分别用两个数字组成的代号表示简支梁缺口冲击强度的标称值(见 4.2.3)和熔体质量流动速率的标称值(见 4.2.4)。代号之间用一个连字符“-”隔开。

4.2.2 弯曲模量

弯曲模量以标称值为基础用三个数字作代号，将其标称值取前两位有效数字，并在后加“0”表示。

4.2.3 简支梁缺口冲击强度

简支梁缺口冲击强度(23 ℃)以标称值为基础用两个数字作代号，取其标称值前一位有效数字，并在后加“0”表示。

4.2.4 熔体质量流动速率

熔体质量流动速率以标称值为基础，用两个数字做代号，代号规定见表 1。

表 1　熔体质量流动速率使用的代号

熔体质量流动速率标称值 g/10 min	代号的规定
≥10	取其标称值的两位有效数字
<10	将其标称值取前一位有效数字，并在前加“0”

4.3 示例

某种汽车仪表板用聚丙烯专用料(PPB),用于注塑(M),对光或气候稳定(L),弯曲模量的标称值为1.65 GPa(160),简支梁缺口冲击强度(23 ℃)的标称值为32 kJ/m²(30),熔体质量流动速率的标称值为11 g/10 min(11)。该材料命名如下:

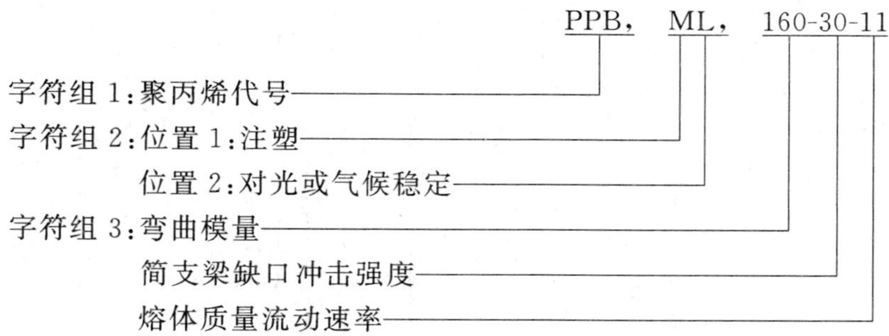

汽车仪表板用聚丙烯(PP)专用料国标牌号与市场牌号对照表参见附录A。

5 要求

5.1 汽车仪表板用聚丙烯(PP)专用料为大小均匀的颗粒,一般带有颜色,也可为本色料或本色料与色母粒的混配料。汽车仪表板用聚丙烯(PP)专用料本色料与色母粒的混配料不应存在与其颜色差别很大的杂色粒子和污染粒子,除此之外的汽车仪表板用聚丙烯(PP)专用料应无杂色粒子、无污染粒子。

5.2 汽车仪表板用聚丙烯(PP)专用料的其他技术要求见表2。

表 2　汽车仪表板用聚丙烯(PP)专用料技术要求

序号	项目		单位	PPB,ML,160-30-11	PPB,ML,160-40-13	PPB,ML,180-20-12	PPB,ML,180-20-16	PPB,ML,180-20-22	PPB,ML,180-20-28	PPB,ML,180-30-20	PPB,ML,180-40-22
1	熔体质量流动速率		g/10 min	11±2	13±2	12±2	16±2	22±2	28±3	20±2	22±2
2	密度		g/cm³	1.00±0.02		1.04±0.02					
3	拉伸屈服应力		MPa	≥19							
4	弯曲模量		GPa	≥1.60		≥1.80					
5	简支梁缺口冲击强度	23 ℃	kJ/m²	≥30	≥40	≥20				≥30	≥40
		−30 ℃		≥3.0	≥4.0	≥2.5				≥3.0	≥4.0
6	负荷变形温度		℃	≥95		≥100					
7	拉伸屈服应力保持率		%	≥90							
8	燃烧性能		mm/min	≤70							
9	氙灯老化性[a]			灰度等级≥4 级,无开裂、变褪色等外观异常							
10	气味散发性能	气味性	级	<4.0							
		总挥发性有机物含量	μg/g	≤50							
		冷凝组分	mg	≤2.0							
11	耐刮擦性能[a]			明度差 $\Delta L \leq 1.5$							
12	模塑收缩率		%	由供方提供的数据							

表 2（续）

序号	项目		单位	PPB,ML,190-20-11	PPB,ML,190-20-21	PPB,ML,190-20-26	PPB,ML,190-30-32	PPB,ML,200-20-21	PPB,ML,200-20-26	PPB,ML,200-30-12	PPB,ML,200-30-16	PPB,ML,200-30-20
1	熔体质量流动速率		g/10 min	11±2	21±2	26±3	32±4	21±2	26±3	12±2	16±2	20±2
2	密度		g/cm³	1.06±0.02				1.08±0.02				
3	拉伸屈服应力		MPa	≥19								
4	弯曲模量		GPa	≥1.90				≥2.00				
5	简支梁缺口冲击强度	23 ℃	kJ/m²	≥20			≥30	≥20		≥30		
		−30 ℃		≥2.5			≥3.0	≥2.5		≥3.0		
6	负荷变形温度		℃	≥100								
7	拉伸屈服应力保持率		%	≥90								
12	燃烧性能		mm/min	≤70								
8	氙灯老化性[a]			灰度等级≥4 级，无开裂、变褪色等外观异常								
9	气味散发性能	气味性	级	<4.0								
		总挥发性有机物含量	μg/g	≤50								
		冷凝组分	mg	≤2.0								
10	耐刮擦性能[a]			明度差 $\Delta L \leq 1.5$								
11	模塑收缩率		%	由供方提供的数据								

[a] 零件表面如果有皮革或织物覆盖，或者零件处于不可见位置，则无此项要求。

6 试验方法

6.1 试验结果判定

试验结果采用修约值判定法,应按 GB/T 8170—2008 规定进行。

6.2 注塑试样的制备

汽车仪表板用聚丙烯(PP)专用料注塑试样的制备见 GB/T 2546.2—2003 中 3.2 的规定。

用 GB/T 17037.1—1997 中的 A 型模具制备的试样,即符合 GB/T 1040.2—2006 中 1A 型试样,B 型模具制备的 80 mm×10 mm×4 mm 的长条试样。

用 GB/T 17037.3—2003 中的 D2 型模具制备的 60 mm×60 mm×2 mm 试样。

用符合尺寸要求的模具制备测定燃烧性能的试样(推荐尺寸为 356 mm×100 mm×3 mm)。

用符合尺寸要求的模具制备测定气味性的试样(推荐尺寸为 150 mm×100 mm×3.2 mm)。

用符合尺寸要求的模具制备测定冷凝组分的试样(直径为 80 mm±2 mm,厚度不超过 10 mm)。

用符合尺寸要求的模具制备测定耐刮擦性能的试样(长和宽均大于 60 mm,厚度为 3 mm)。

6.3 试样的状态调节和试验的标准环境

试样的状态调节按 GB/T 2918—1998 的规定进行,状态调节的条件为温度 23 ℃±2 ℃,相对湿度为 50%±10%,调节时间至少 40 h 但不超过 96 h。

试验应在 GB/T 2918—1998 规定的标准环境下进行,环境的温度为 23 ℃±2 ℃,相对湿度为 50%±10%。

6.4 颗粒外观

试验按 SH/T 1541—2006 中的规定进行。

6.5 熔体质量流动速率

按 GB/T 3682—2000 中 A 法规定进行。试验条件为 M(温度:230 ℃、负荷:2.16 kg)。试验时,在装试样前应用氮气吹扫料筒 5 s～10 s,氮气压力为 0.05 MPa。

注:试验前,使用有证标准样品校准仪器,可保证试验数据的可靠性。

6.6 密度

试样为按 6.2 制备的 1A 型注塑试样的中间部分。

试样的状态调节按 6.3 规定进行。

试验按 GB/T 1033.1—2008 中的 A 法规定进行。

6.7 拉伸屈服应力

试样为按 6.2 制备的 1A 型试样。

试样的状态调节按 6.3 规定进行。

试验按 GB/T 1040.2—2006 规定进行,试验速度为 50 mm/min。

6.8 弯曲模量

试样为按 6.2 制备的 80 mm×10 mm×4 mm 长条试样。

试样的状态调节按6.3规定进行。

试验按GB/T 9341—2008规定进行，试验速度为2 mm/min。

6.9 简支梁缺口冲击强度

试样为按6.2规定制备的80 mm×10 mm×4 mm长条试样。样条应在注塑后的1 h～4 h内加工缺口，缺口类型为GB/T 1043.1—2008中的A型。加工缺口后的样条为简支梁缺口冲击试验的试样。

试样的状态调节按6.3规定进行。

试验按GB/T 1043.1—2008规定进行。低温试验时，经状态调节后的试样应在－30 ℃的低温环境中放置至少1 h，每次冲击应在10 s内完成。

6.10 负荷变形温度

试样为按6.2制备的80 mm×10 mm×4 mm长条试样。

试样的状态调节按6.3规定进行。

试验按GB/T 1634.2—2004中的B法(负荷为0.45 MPa)规定进行。试验时，加热装置的起始温度应低于27 ℃。加热升温速率为120 ℃/h±10 ℃/h。

6.11 拉伸屈服应力保持率

试样为按6.2制备的1A型试样。

试验按GB/T 7141—2008规定进行。将试样置于温度恒定在150 ℃±2 ℃的烘箱中240 h。

试样的状态调节按6.3规定进行。

按照6.7测试试样老化前的拉伸屈服应力和试样老化后的拉伸屈服应力，并计算拉伸屈服应力保持率。

6.12 燃烧性能

试样为按6.2制备的尺寸为356 mm×100 mm×3 mm的注塑试样。

试验按GB 8410—2006规定进行。

6.13 氙灯老化性

试样按GB/T 32088—2015规定进行。

进行色差和外观试验前，按GB/T 32088—2015进行氙灯加速老化试验，试验方法见表3，具体试验方法可由供需双方协商确定，仲裁时采用试验方法A-1。

试验后参照GB/T 250—2008评价样品的灰卡变色等级。

表3 氙灯加速老化试验方法

试验方法	滤光器	辐照度 W/m²	波长 nm	曝晒循环
A-1	窗玻璃滤光器	1.20±0.02	420	黑板温度89 ℃±3 ℃，箱体空气温度62 ℃±2 ℃，相对湿度50%±5%的试验条件下，运行3.8h光照循环； 黑板温度38 ℃±3 ℃，箱体空气温度38 ℃±3 ℃，相对湿度95%±5%的试验条件下，运行1 h黑暗循环
A-2	窗玻璃滤光器	1.20±0.02	420	黑标温度100 ℃±3 ℃，箱体空气温度65 ℃±3 ℃，相对湿度20%±10%的试验条件下运行光照循环

表 3（续）

试验方法	滤光器	辐照度 W/m²	波长 nm	曝晒循环
A-3	紫外延展滤光器	0.55±0.02	340	黑板温度 89 ℃±3 ℃，箱体空气温度 62 ℃±2 ℃，相对湿度 50%±5%的试验条件下，运行 3.8 h 光照循环；黑板温度 38 ℃±3 ℃，箱体空气温度 38 ℃±3 ℃，相对湿度 95%±5%的试验条件下，运行 1 h 黑暗循环

6.14 气味性

6.14.1 仪器

6.14.1.1 测试罐：金属罐或玻璃罐，容积大约为 1 L，在室温和 80 ℃条件下都是清洁、无味的，并具有适合的盖子，能密封。

6.14.1.2 烘箱：具有空气循环系统，能够保持温度在 80 ℃±2 ℃。

6.14.2 试样

采用体积为 50 cm³±5 cm³ 的试样，推荐使用按 6.2 制备的尺寸为 150 mm×100 mm×3.2 mm 的注塑试样。

6.14.3 试验步骤

将试样置于容量为 1 L 的测试罐中，盖上盖子密封。将测试罐置于预先调节到 80 ℃±2 ℃的烘箱中 2 h。从烘箱中取出测试罐，冷却至 60 ℃。

由经过气味培训的五个人组成的小组对其气味进行评分。气味的等级应符合表 4 的规定。气味等级分为 1 级～6 级，同时也允许出现介于两种评判等级之间的情况，取半分的分数等级(如 3.5 级、4.5 级等)。如果五人评定出的分数之间有相差两级以上的，应重新测试。试验结果以五人小组评定分数的算术平均值表示，精确至小数点后一位。

表 4　气味的等级

等级	描 述
1	无气味
2	有气味，但无干扰性气味
3	有明显气味，但无干扰性气味
4	有干扰性气味
5	有强烈干扰性气味
6	有不能忍受的气味

6.15 总挥发性有机物含量

将试样破碎成大于 10 mg 且小于 25 mg 的小粒。

采用带顶空装置的气相色谱仪测试。具体方法见附录 B。

6.16 冷凝组分

试样为按 6.2 制备的直径为 80 mm±2 mm(厚度不超过 10 mm)的注塑试样。

试验按 ISO 6452:2007 规定进行,采用测定冷凝组分质量的方法。试验温度为 100 ℃±0.5 ℃,加热时间为 16 h±0.1 h。

6.17 耐刮擦性能

6.17.1 仪器

6.17.1.1 耐划伤试验仪。

6.17.1.2 硬质合金划笔:针头直径为 1.00 mm±0.02 mm。

6.17.1.3 分光测色计:采用标准 D65 光源,45/0 光路或 0/45 光路。

6.17.2 试样

试样为按 6.2 制备的长和宽均大于 60 mm,厚度为 3 mm 的注塑试样。

6.17.3 试验步骤

将试样放在耐划伤试验仪的支座上,用夹具固定后,设置试验载荷为 10 N,划痕间距为 2 mm,划伤速度为 1 000 mm/min±50 mm/min。采用硬质合金划笔在试样表面 40 mm×40 mm 的区域里分别划出 2 mm 间隔的水平方向和垂直方向的平行线各 20 条。用分光测色计测试该区域内划线前后的明度差 ΔL。

6.17.4 结果计算和表示

每组试样不少于三个,试验结果以一组试样的算术平均值表示,精确到小数点后一位。

6.18 模塑收缩率

试样为按 6.2 中 D2 型模具制备的注塑试样。

试验按照 GB/T 17037.4—2003 规定进行,或按双方协商办法进行测试。

7 检验规则

7.1 检验分类与检验项目

汽车仪表板用聚丙烯(PP)专用料的检验可分为型式检验和出厂检验两类。

第 5 章所有的项目为型式检验项目。

当有下列情况时应进行型式检验:

a) 新产品试制定型鉴定时;

b) 正式生产后,若原材料或工艺有较大改变,可能影响产品性能时;

c) 产品装置检修,恢复生产时;

d) 出厂检验结果与上次型式检验结果有较大差异时;

e) 上级质量监督机构提出进行型式检验要求时。

汽车仪表板用聚丙烯(PP)专用料的出厂检验项目至少应包含颗粒外观、密度、熔体质量流动速率、拉伸屈服应力、简支梁缺口冲击强度(23 ℃)、弯曲模量等项目。

7.2 组批规则与抽样方案

7.2.1 组批规则

汽车仪表板用聚丙烯(PP)专用料由同一生产线上、相同原料、相同工艺所生产的同一牌号的产品组批,生产厂也可按一定生产周期或储存料仓为一批对产品进行组批。

产品以批为单位进行检验和验收。

7.2.2 抽样方案

汽车仪表板用聚丙烯(PP)专用料可在料仓的取样口抽样,也可根据生产周期等实际情况确定具体的抽样方案。

包装后产品的取样应按 GB/T 2547—2008 规定进行。

7.3 判定规则和复验规则

7.3.1 判定规则

汽车仪表板用聚丙烯(PP)专用料应由生产厂的质量检验部门按照本部分规定的试验方法进行检验,依据检验结果和本部分中的技术要求对产品作出质量判定,并提出证明。

产品出厂时,每批产品应附有产品质量检验合格证。合格证上应注明产品名称、牌号、批号、执行标准,并盖有质检专用章。

7.3.2 复验规则

检验结果若某项指标不符合本部分要求时,可重新取样对该项目进行复验。以复验结果作为该批产品的质量判定依据。

8 标志

汽车仪表板用聚丙烯(PP)专用料的外包装上应有明显的标志。标志内容可包括:商标、生产厂名称、厂址、标准编号、产品名称、牌号、批号(含生产日期)和净含量等。

9 包装、运输及贮存

9.1 包装

汽车仪表板用聚丙烯(PP)专用料可用内衬聚乙烯薄膜的聚丙烯编织袋或其他包装形式。包装材料应保证在运输、码放、贮存时不被污染和泄漏。

每袋产品的净含量可为 25 kg 或其他。

9.2 运输

汽车仪表板用聚丙烯(PP)专用料为非危险品。在运输和装卸过程中不应使用铁钩等锐利工具,切忌抛掷。运输工具应保持清洁、干燥并备有厢棚或苫布。运输时不应与沙土、碎金属、煤炭及玻璃等混合装运,更不应与有毒及腐蚀性或易燃物混装。不应暴晒或雨淋。

9.3 贮存

汽车仪表板用聚丙烯(PP)专用料应贮存在通风、干燥、清洁并保持有良好消防设施的仓库内,不得与腐蚀品、易燃品一起贮存,且堆放平整。贮存时,应远离热源,并防止阳光直接照射,不应在露天堆放,防止暴晒。

汽车仪表板用聚丙烯(PP)专用料应有贮存期的规定,一般从生产之日起,不超过24个月。

附　录　A
（资料性附录）
汽车仪表板用聚丙烯(PP)专用料国标牌号与市场常见牌号对照表

本部分发布时，国内市场常见的汽车仪表板用聚丙烯(PP)专用料国标牌号与市场牌号对照表见表A.1。

表 A.1　汽车仪表板用聚丙烯(PP)专用料国标牌号与市场常见牌号对照表

序号	本部分牌号	市场常见牌号
1	PPB,ML,160-30-11	API-1609
2	PPB,ML,160-40-13	C3322T-550-A
3	PPB,ML,180-20-12	C3322T-2010
4	PPB,ML,180-20-16	AIP-2015
5	PPB,ML,180-20-22	CN2047A
6	PPB,ML,180-20-28	C3322T-7JS
7	PPB,ML,180-30-20	C3322T-1JS
8	PPB,ML,180-40-22	AIP-2616 C3322T-M12F
9	PPB,ML,190-20-11	API-2010
10	PPB,ML,190-20-21	C3322T-5A CN2092A
11	PPB,ML,190-20-26	CN5G
12	PPB,ML,190-30-32	C3322T-M12B
13	PPB,ML,200-20-21	C3322T-M16
14	PPB,ML,200-20-26	CN-IP1 AIP-1425 AIP-1425HM
15	PPB,ML,200-30-12	API-2515
16	PPB,ML,200-30-16	C3322T-M17F
17	PPB,ML,200-30-20	AIP-1925DF CN3064

附 录 B
（规范性附录）
汽车用聚丙烯(PP)专用料总挥发性有机物含量的测定方法

B.1 范围

本附录规定了用顶空气相色谱法测定汽车用聚丙烯(PP)专用料总挥发性有机物含量的测定方法。

本方法适用于汽车用聚丙烯(PP)专用料总挥发性有机物含量的测定。

B.2 原理

将样品置于顶空瓶中，密封顶空瓶，在120 ℃下恒温5 h，用顶空气相色谱法测定样品中释放出的总挥发性有机物含量。

B.3 试剂与材料

B.3.1 丙酮：分析纯。

B.3.2 正丁醇：分析纯。

B.3.3 氮气：纯度不低于99.99%。

B.3.4 氢气：纯度不低于99.99%。

B.3.5 空气：应无腐蚀性杂质。使用前需要进行脱水、脱油处理。

B.4 仪器

B.4.1 气相色谱仪：配有氢火焰离子化检测器(FID)，带有分流/不分流进样口。

B.4.2 毛细管色谱柱：内径0.25 mm，膜层0.25 μm，长度30 m，100%聚乙烯乙二醇固定相。

B.4.3 色谱工作站或积分仪。

B.4.4 顶空瓶：10 mL。

B.4.5 容量瓶：100 mL。

B.4.6 微量取样器：5 μL。

B.4.7 顶空进样器。

B.4.8 移液管：30 mL。

B.4.9 分析天平：准确度为0.1 mg。

B.5 样品准备

样品为颗粒料，试样应破碎成大于10 mg且小于25 mg的小粒。

B.6 设备准备

B.6.1 气相色谱仪操作条件

B.6.1.1 色谱柱升温程序：50 ℃温度下恒温 3 min，以 12 ℃/min 的升温速率加热到 200 ℃，200 ℃温度下恒温 4 min。

B.6.1.2 进样口温度：200 ℃。

B.6.1.3 检测器温度：250 ℃。

B.6.1.4 分流比：约 1∶20。

B.6.1.5 载气流速（氮气）：0.22 m/s～0.27 m/s，适当调节载气流速，使得 2,6-二叔丁基-4-甲基苯酚（BHT）的保留时间小于 16 min。

B.6.2 顶空进样器操作条件

B.6.2.1 温度：加热炉为 120 ℃，定量管为 150 ℃，转移管为 180 ℃。

B.6.2.2 时间：压力升高持续时间为 19 s，气体压出时间为 16 s，进样持续时间为 5 s。

B.6.2.3 压力：载压为 0.125 MPa；瓶压为 0.16 MPa。

B.7 校准

B.7.1 校准溶液的配制

室温下制备七种浓度的丙酮-正丁醇校准溶液，其浓度为每升溶液中分别含有 0.1 g、0.5 g、1 g、5 g、10 g、25 g 和 50 g 丙酮（B.3.1）。采用以下步骤制备校准溶液：

a） 用移液管（B.4.8）将约 30 mL 正丁醇（B.3.2）加入至一个 100 mL 容量瓶（B.4.5）中；

b） 称量容量瓶及正丁醇的质量；

c） 用微量取样器（B.4.6）在容量瓶中加入约 0.01 g 丙酮，准确称量并记录丙酮的质量；

d） 慢慢将正丁醇加入容量瓶直至容量瓶 100 mL 刻度线；

e） 塞上瓶塞，轻轻摇匀并进行标识；

f） 用同样步骤制备其他六种浓度的校准溶液。

制备好的校准溶液放入密封小瓶中，置于低温冷藏箱内储存（冷藏温度约 4 ℃）。

B.7.2 校准曲线的确定

用微量取样器取校准溶液，吸入的溶液不能有气泡。每个空的顶空瓶（B.4.4）中快速加入 2 μL±0.02 μL校准溶液，并立即将顶空瓶密封。用同样的方法将不同浓度的校准溶液加入不同的顶空瓶内，每个浓度溶液需置入三个顶空瓶内。同时准备三个空白试验的顶空瓶。

将加入校准溶液的顶空瓶和空白试验的顶空瓶依次放在顶空进样器（B.4.7）的进样盘上，保持 120 ℃±1 ℃，恒温 300 min±5 min。进行气相色谱分析。

在气相色谱图上确定丙酮的色谱峰，根据其峰面积和校准溶液的浓度绘制直线，得到校准曲线。并计算其斜率 K 。校准曲线的相关系数应大于 0.995，否则应重新校准。

B.8 试验步骤

B.8.1 在 10 mL 顶空瓶中加入 1.000 g±0.001 g 的试样，并用带有橡胶垫的盖子密封。取三份试样分别置入三个顶空瓶内。保持 120 ℃±1 ℃,恒温 300 min±5 min。

B.8.2 对每个样品进行顶空气相色谱分析,并用空的顶空瓶进行三次空白试验。加热时间为 300 min ±5 min。

B.9 结果计算

从气相色谱图上确定总的峰面积 A 和空白试验的峰面积 A_0。

样品中总挥发性有机化合物含量(碳的总挥发值)E(μg /g)按式(B.1)计算:

$$E=\frac{A-A_0}{K}\times 2\times 0.620\ 4 \qquad \text{(B.1)}$$

式中:

A ——试样中有机化合物的总峰面积;

A_0 ——空白试验的峰面积;

K ——校正因子(校准曲线的斜率);

2 ——表示 2 μL 校准溶液;

0.620 4 ——表示丙酮中碳的含量。

取三次平行试验的算术平均值作为测定结果,精确至 1 μg/g。如果三次平行试验的测定结果误差大于 10%,则应安排重新测试。

ICS 83.080.20
G 32

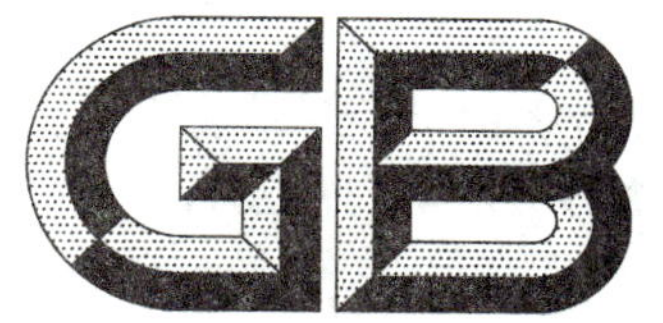

中华人民共和国国家标准

GB/T 24149.3—2017

塑料　汽车用聚丙烯(PP)专用料　第3部分:门内板

Plastics—Polypropylene(PP) compound for automobile—Part 3:Door panel

2017-11-01 发布　　2018-05-01 实施

中华人民共和国国家质量监督检验检疫总局
中国国家标准化管理委员会　发布

前　言

GB/T 24149《塑料　汽车用聚丙烯(PP)专用料》分为四个部分：

——第1部分：保险杠；

——第2部分：仪表板；

——第3部分：门内板；

——第4部分：其他。

本部分为GB/T 24149的第3部分。

本部分按照GB/T 1.1—2009给出的规则起草。

本部分由中国石油化工集团公司提出。

本部分由全国塑料标准化技术委员会石化塑料树脂产品分会(SAC/TC 15/SC 1)归口。

本部分负责起草单位：上海普利特复合材料股份有限公司。

本部分参加起草单位：金发科技股份有限公司、北京聚菱燕塑料有限公司、中国石油化工股份有限公司北京燕山分公司树脂应用研究所、浙江普利特新材料有限公司、奇瑞汽车股份有限公司、浙江吉利汽车研究院有限公司、长城汽车股份有限公司、北汽福田汽车股份有限公司。

本部分主要起草人：张鹰、张祥福、罗忠富、丁超、杨波、张新、程伟、孙颜文、史荣波、贺丽丽、杨豪、崔文兵、尚红波。

塑料　汽车用聚丙烯(PP)专用料　第3部分:门内板

1　范围

GB/T 24149的本部分规定了汽车门内板用聚丙烯(PP)专用料的命名、术语和定义、要求、试验方法、检验规则、标志、包装、运输及贮存。

本部分适用于以热塑性丙烯耐冲击共聚物为主,与弹性体、矿物质填料及其他助剂按一定比例通过共混制成的、用于制造汽车门内板的聚丙烯专用料。

2　规范性引用文件

下列文件对于本文件的应用是必不可少的。凡是注日期的引用文件,仅注日期的版本适用于本文件。凡是不注日期的引用文件,其最新版本(包括所有的修改单)适用于本文件。

GB/T 250—2008　纺织品　色牢度试验　评定变色用灰色样卡

GB/T 1033.1—2008　塑料　非泡沫塑料密度的测定　第1部分:浸渍法、液体比重瓶法和滴定法

GB/T 1040.2—2006　塑料　拉伸性能的测定　第2部分:模塑和挤塑塑料的试验条件

GB/T 1043.1—2008　塑料　简支梁冲击性能的测定　第1部分:非仪器化冲击试验

GB/T 1634.2—2004　塑料　负荷变形温度的测定　第2部分:塑料、硬橡胶和长纤维增强复合材料

GB/T 2546.1—2006　塑料　聚丙烯(PP)模塑和挤出材料　第1部分:命名系统和分类基础

GB/T 2546.2—2003　塑料　聚丙烯(PP)模塑和挤出材料　第2部分:试样制备和性能测定

GB/T 2547—2008　塑料　取样方法

GB/T 2918—1998　塑料试样状态调节和试验的标准环境

GB/T 3682—2000　热塑性塑料熔体质量流动速率和熔体体积流动速率的测定

GB/T 7141—2008　塑料热老化试验方法

GB/T 8170—2008　数值修约规则与极限数值的表示和判定

GB 8410—2006　汽车内饰材料的燃烧特性

GB/T 9341—2008　塑料　弯曲性能的测定

GB/T 9345.1—2008　塑料　灰分的测定　第1部分:通用方法

GB/T 17037.1—1997　热塑性塑料材料注塑试样的制备　第1部分:一般原理及多用途试样和长条试样的制备

GB/T 17037.3—2003　塑料　热塑性塑料材料注塑试样的制备　第3部分:小方试片

GB/T 17037.4—2003　塑料　热塑性塑料材料注塑试样的制备　第4部分:模塑收缩率的测定

GB/T 32088—2015　汽车非金属部件及材料氙灯加速老化试验方法

SH/T 1541—2006　热塑性塑料颗粒外观试验方法

ISO 6452:2007　橡胶、塑料涂覆织物　汽车内饰材料雾度测试方法(Rubber-or plastics-coated fabrics—Determination of fogging characteristics of trim materials in the interior of automobiles)

3 术语和定义

下列术语和定义适用于本文件。

3.1

拉伸屈服应力保持率 tensile yield stress retention

试样老化后的拉伸屈服应力与试样老化前的拉伸屈服应力的比值,用"%"表示。

4 命名

4.1 总则

汽车门内板用聚丙烯(PP)专用料按照GB/T 2546.1—2006规定,并按以下方法进行命名:

<table>
<tr><td rowspan="3">命名方式</td><td colspan="3">命名</td></tr>
<tr><td colspan="3">特征项目组</td></tr>
<tr><td>字符组1</td><td>字符组2</td><td>字符组3</td></tr>
</table>

字符组彼此间用逗号","隔开。其中:

字符组1:按照GB/T 2546.1—2006中3.1规定,热塑性丙烯耐冲击共聚物以代号"PPB"表示;

字符组2:按照GB/T 2546.1—2006中3.2规定,注塑级的聚丙烯材料以代号"M"表示,对光或气候稳定的聚丙烯材料以代号"L"表示;

字符组3:特征性能,见4.2。

4.2 特征性能

4.2.1 概述

在这个字符组中,分别用三个数字组成的代号表示密度的标称值(见4.2.2)和弯曲模量的标称值(见4.2.3),用两个数字组成的代号表示熔体质量流动速率的标称值(见4.2.4)。代号之间用一个连字符"-"隔开。

4.2.2 密度

密度以标称值为基础,用三个数字作代号,代号规定见表1。

表1 密度使用的代号

密度 g/cm³	代号的规定
≥1	取其标称值的三位有效数字
<1	将其标称值取两位有效数字,并在前加"0"

4.2.3 弯曲模量

弯曲模量以标称值为基础用三个数字作代号,将其标称值取前两位有效数字,并在后加"0"表示。

4.2.4 熔体质量流动速率

熔体质量流动速率以标称值为基础，用两个数字做代号，代号规定见表 2。

表 2 熔体质量流动速率使用的代号

熔体质量流动速率标称值 g/10 min	代号的规定
≥10	取其标称值的两位有效数字
<10	将其标称值取前一位有效数字，并在前加“0”

4.3 示例

某种汽车门内板用聚丙烯专用料(PPB)，用于注塑(M)，对光或气候稳定(L)，密度的标称值为 1.05 g/cm^3(105)，弯曲模量的标称值为 1.80 GPa(180)，熔体质量流动速率的标称值为 12 g/10 min(12)。该材料命名如下：

汽车门内板用聚丙烯(PP)专用料国标牌号与市场牌号对照表参见附录 A。

5 要求

5.1 汽车门内板用聚丙烯(PP)专用料为大小均匀的颗粒，一般带有颜色，也可为本色料或本色料与色母粒的混配料。汽车门内板用聚丙烯(PP)专用料本色料与色母粒的混配料不应存在与其颜色差别很大的杂色粒子和污染粒子，除此之外的汽车门内板用聚丙烯(PP)专用料应无杂色粒子、无污染粒子。

5.2 汽车门内板用聚丙烯(PP)专用料的其他技术要求见表 3。

表 3 汽车门内板用聚丙烯(PP)专用料技术要求

序号	项目		单位	PPB,ML,091-130-11	PPB,ML,091-100-20	PPB,ML,091-100-26	PPB,ML,097-140-21	PPB,ML,101-150-11	PPB,ML,101-150-20	PPB,ML,105-180-12	PPB,ML,105-180-18	PPB,ML,105-170-24	PPB,ML,105-180-32	PPB,ML,109-180-21
1	密度		g/cm^3	0.91±0.02			0.97±0.02	1.01±0.02		1.05±0.02				1.09±0.02
2	灰分(质量分数)		%	0～4.0			8.0～13	13～17		17～23				23～28
3	熔体质量流动速率		g/10 min	11±2	20±2	26±3	21±2	11±2	20±2	12±2	18±3	24±3	32±4	21±2
4	拉伸屈服应力		MPa	≥25	≥22	≥21	≥19							
5	弯曲模量		GPa	≥1.30	≥1.00		≥1.40	≥1.55		≥1.80		≥1.70	≥1.80	
6	简支梁缺口冲击强度	23 ℃	kJ/m^2	≥8.0	≥12		≥12	≥30	≥25	≥15	≥25	≥25	≥25	≥20
		−30 ℃		—	—		≥1.5	≥3.0	≥2.5	≥1.5	≥2.5	≥2.5	≥2.5	≥2.0
7	负荷变形温度		℃	≥92	≥90		≥93	≥95		≥100				
8	拉伸屈服应力保持率		%	≥90										
9	燃烧性能		mm/min	≤70										
10	氙灯老化性[a]			灰度等级≥4 级,无开裂、变褪色等外观异常										
11	气味散发性能	气味性	级	<4.0										
		总挥发性有机物含量	μg/g	≤50										
		冷凝组分	mg	≤2.0										
12	耐刮擦性能[a]			明度差 $\Delta L \leq 1.5$										
13	模塑收缩率		%	由供方提供的数据										

[a] 零件表面如果有皮革或织物覆盖,或者零件处于不可见位置,则无此项要求。

6 试验方法

6.1 试验结果判定

试验结果采用修约值判定法，应按 GB/T 8170—2008 规定进行。

6.2 注塑试样的制备

汽车门内板用聚丙烯(PP)专用料注塑试样的制备见 GB/T 2546.2—2003 中 3.2 的规定。

用 GB/T 17037.1—1997 中的 A 型模具制备的试样，即符合 GB/T 1040.2—2006 中 1A 型试样，B 型模具制备的80 mm×10 mm×4 mm 的长条试样。

用 GB/T 17037.3—2003 中的 D2 型模具制备的 60 mm×60 mm×2 mm 试样。

用符合尺寸要求的模具制备测定燃烧性能的试样(推荐尺寸为 356 mm×100 mm×3 mm)。

用符合尺寸要求的模具制备测定气味性的试样(推荐尺寸为 150 mm×100 mm×3.2 mm)。

用符合尺寸要求的模具制备测定冷凝组分的试样(直径为 80 mm±2 mm，厚度不超过 10 mm)。

用符合尺寸要求的模具制备测定耐刮擦性能的试样(长和宽均大于 60 mm，厚度为 3 mm)。

6.3 试样的状态调节和试验的标准环境

试样的状态调节按 GB/T 2918—1998 的规定进行，状态调节的条件为温度 23 ℃±2 ℃，相对湿度为 50%±10%，调节时间至少 40 h 但不超过 96 h。

试验应在 GB/T 2918—1998 规定的标准环境下进行，环境的温度为 23 ℃±2 ℃，相对湿度为 50%±10%。

6.4 颗粒外观

试验按 SH/T 1541—2006 中的规定进行。

6.5 密度

试样为按 6.2 制备的 1A 型注塑试样的中间部分。

试样的状态调节按 6.3 规定进行。

试验按 GB/T 1033.1—2008 中的 A 法规定进行。

6.6 灰分

试验按 GB/T 9345.1—2008 规定进行，采用直接燃烧法(A 法)，灼烧温度为 850 ℃±50 ℃。

6.7 熔体质量流动速率

试验按 GB/T 3682—2000 中 A 法规定进行。试验条件为 M(温度:230 ℃、负荷:2.16 kg)。试验时，在装试样前应用氮气吹扫料筒 5 s～10 s，氮气压力为 0.05 MPa。

注：试验前，使用有证标准样品校准仪器，可保证试验数据的可靠性。

6.8 拉伸屈服应力

试样为按 6.2 制备的 1A 型试样。

试样的状态调节按6.3规定进行。

试验按GB/T 1040.2—2006规定进行，试验速度为50 mm/min。

6.9 弯曲模量

试样为按6.2制备的80 mm×10 mm×4 mm长条试样。

试样的状态调节按6.3规定进行。

试验按GB/T 9341—2008规定进行，试验速度为2 mm/min。

6.10 简支梁缺口冲击强度

试样为按6.2规定制备的80 mm×10 mm×4 mm长条试样。样条应在注塑后的1 h～4 h内加工缺口，缺口类型为GB/T 1043.1—2008中的A型。加工缺口后的样条为简支梁缺口冲击试验的试样。

试样的状态调节按6.3规定进行。

试验按GB/T 1043.1—2008规定进行。低温试验时，经状态调节后的试样应在－30 ℃的低温环境中放置至少1 h，每次冲击应在10 s内完成。

6.11 负荷变形温度

试样为按6.2制备的80 mm×10 mm×4 mm长条试样。

试样的状态调节按6.3规定进行。

试验按GB/T 1634.2—2004中的B法(负荷为0.45 MPa)规定进行。试验时，加热装置的起始温度应低于27 ℃。加热升温速率为120 ℃/h±10 ℃/h。

6.12 拉伸屈服应力保持率

试样为按6.2制备的1A型试样。

试验按GB/T 7141—2008规定进行。将试样置于温度恒定在150 ℃±2 ℃的烘箱中240 h。

试样的状态调节按6.3规定进行。

按照6.8测试试样老化前的拉伸屈服应力和试样老化后的拉伸屈服应力，并计算拉伸屈服应力保持率。

6.13 燃烧性能

试样为按6.2制备的尺寸为356 mm×100 mm×3 mm的注塑试样。

试验按GB 8410—2006规定进行。

6.14 氙灯老化性

试样按GB/T 32088—2015标准规定进行。

进行色差和外观试验前，按GB/T 32088—2015进行氙灯加速老化试验，试验方法见表4，具体试验方法可由供需双方协商确定，仲裁时采用试验方法A-1。

试验后参照GB/T 250—2008评价样品的灰卡变色等级。

表 4　氙灯加速老化试验方法

试验方法	滤光器	辐照度 W/m²	波长 nm	曝晒循环
A-1	窗玻璃滤光器	1.20±0.02	420	黑板温度 89 ℃±3 ℃，箱体空气温度 62 ℃±2 ℃，相对湿度 50%±5%的试验条件下，运行 3.8 h 光照循环； 黑板温度 38 ℃±3 ℃，箱体空气温度 38 ℃±3 ℃，相对湿度 95%±5%的试验条件下，运行 1 h 黑暗循环
A-2	窗玻璃滤光器	1.20±0.02	420	黑标温度 100 ℃±3 ℃，箱体空气温度 65 ℃±3 ℃，相对湿度 20%±10%的试验条件下运行光照循环
A-3	紫外延展滤光器	0.55±0.02	340	黑板温度 89 ℃±3 ℃，箱体空气温度 62 ℃±2 ℃，相对湿度 50%±5%的试验条件下，运行 3.8 h 光照循环； 黑板温度 38 ℃±3 ℃，箱体空气温度 38 ℃±3 ℃，相对湿度 95%±5%的试验条件下，运行 1 h 黑暗循环

6.15　气味性

6.15.1　仪器

6.15.1.1　测试罐：金属罐或玻璃罐，容积大约为 1 L，在室温和 80 ℃条件下都是清洁、无味的，并具有适合的盖子，能密封。

6.15.1.2　烘箱：具有空气循环系统，能够保持温度在 80 ℃±2 ℃。

6.15.2　试样

采用体积为 50 cm³±5 cm³ 的试样，推荐使用按 6.2 制备的尺寸为 150 mm×100 mm×3.2 mm 的注塑试样。

6.15.3　试验步骤

将试样置于容量为 1 L 的测试罐中，盖上盖子密封。将测试罐置于预先调节到 80 ℃±2 ℃的烘箱中 2 h。从烘箱中取出测试罐，冷却至 60 ℃。

由经过气味培训的五个人组成的小组对其气味进行评分。气味的等级应符合表 5 的规定。气味等级分为 1 级～6 级，同时也允许出现介于两种评判等级之间的情况，取半分的分数等级(如 3.5 级、4.5 级等)。如果五人评定出的分数之间有相差两级以上的，应重新测试。试验结果以五人小组评定分数的算术平均值表示，精确至小数点后一位。

表 5　气味的等级

等级	描　　述
1	无气味
2	有气味，但无干扰性气味
3	有明显气味，但无干扰性气味
4	有干扰性气味
5	有强烈干扰性气味
6	有不能忍受的气味

6.16 总挥发性有机物含量

将试样破碎成大于 10 mg 且小于 25 mg 的小粒。

采用带顶空装置的气相色谱仪测试。具体方法见附录 B。

6.17 冷凝组分

试样为按 6.2 制备的直径为 80 mm±2 mm(厚度不超过 10 mm)的注塑试样。

试验按 ISO 6452:2007 规定进行,采用测定冷凝组分质量的方法。试验温度为 100 ℃±0.5 ℃,加热时间为 16 h±0.1 h。

6.18 耐刮擦性能

6.18.1 仪器

6.18.1.1 耐划伤试验仪。

6.18.1.2 硬质合金划笔:针头直径为 1.00 mm±0.02 mm。

6.18.1.3 分光测色计:采用标准 D65 光源,45/0 光路或 0/45 光路。

6.18.2 试样

试样为按 6.2 制备的长和宽均大于 60 mm,厚度为 3 mm 的注塑试样。

6.18.3 试验步骤

将试样放在耐划伤试验仪的支座上,用夹具固定后,设置试验载荷为 10 N,划痕间距为 2 mm,划伤速度为 1 000 mm/min±50 mm/min。采用硬质合金划笔在试样表面 40 mm×40 mm 的区域里分别划出 2 mm 间隔的水平方向和垂直方向的平行线各 20 条。用分光测色计测试该区域内划线前后的明度差 ΔL。

6.18.4 结果计算和表示

每组试样不少于三个,试验结果以一组试样的算术平均值表示,精确到小数点后一位。

6.19 模塑收缩率

试样为按 6.2 中 D2 型模具制备的注塑试样。

试验按照 GB/T 17037.4—2003 规定进行,或按双方协商办法进行测试。

7 检验规则

7.1 检验分类与检验项目

汽车门内板用聚丙烯(PP)专用料的检验可分为型式检验和出厂检验两类。

第 5 章所有的项目为型式检验项目。

当有下列情况时应进行型式检验:

a) 新产品试制定型鉴定时;

b) 正式生产后,若原材料或工艺有较大改变,可能影响产品性能时;

c) 产品装置检修,恢复生产时;

d) 出厂检验结果与上次型式检验结果有较大差异时;

e) 上级质量监督机构提出进行型式检验要求时。

汽车门内板用聚丙烯(PP)专用料的出厂检验项目至少应包含颗粒外观、密度、熔体质量流动速率、拉伸屈服应力、简支梁缺口冲击强度(23 ℃)、弯曲模量等项目。

7.2 组批规则与抽样方案

7.2.1 组批规则

汽车门内板用聚丙烯(PP)专用料由同一生产线上、相同原料、相同工艺所生产的同一牌号的产品组批,生产厂也可按一定生产周期或储存料仓为一批对产品进行组批。

产品以批为单位进行检验和验收。

7.2.2 抽样方案

汽车门内板用聚丙烯(PP)专用料可在料仓的取样口抽样,也可根据生产周期等实际情况确定具体的抽样方案。

包装后产品的取样应按 GB/T 2547—2008 规定进行。

7.3 判定规则和复验规则

7.3.1 判定规则

汽车门内板用聚丙烯(PP)专用料应由生产厂的质量检验部门按照本标准规定的试验方法进行检验,依据检验结果和本标准中的技术要求对产品作出质量判定,并提出证明。

产品出厂时,每批产品应附有产品质量检验合格证。合格证上应注明产品名称、牌号、批号、执行标准,并盖有质检专用章。

7.3.2 复验规则

检验结果若某项指标不符合本部分要求时,可重新取样对该项目进行复验。以复验结果作为该批产品的质量判定依据。

8 标志

汽车门内板用聚丙烯(PP)专用料的外包装上应有明显的标志。标志内容可包括:商标、生产厂名称、厂址、标准编号、产品名称、牌号、批号(含生产日期)和净含量等。

9 包装、运输及贮存

9.1 包装

汽车门内板用聚丙烯(PP)专用料可用内衬聚乙烯薄膜的聚丙烯编织袋或其他包装形式。包装材料应保证在运输、码放、贮存时不被污染和泄漏。

每袋产品的净含量可为 25 kg 或其他。

9.2 运输

汽车门内板用聚丙烯(PP)专用料为非危险品。在运输和装卸过程中不应使用铁钩等锐利工具,切忌抛掷。运输工具应保持清洁、干燥并备有厢棚或苫布。运输时不应与沙土、碎金属、煤炭及玻璃等混合装运,更不应与有毒及腐蚀性或易燃物混装。不应暴晒或雨淋。

9.3 贮存

汽车门内板用聚丙烯(PP)专用料应贮存在通风、干燥、清洁并保持有良好消防设施的仓库内,不得与腐蚀品、易燃品一起贮存,且堆放平整。贮存时,应远离热源,并防止阳光直接照射,不应在露天堆放,防止暴晒。

汽车门内板用聚丙烯(PP)专用料应有贮存期的规定,一般从生产之日起,不超过 24 个月。

附 录 A
(资料性附录)
汽车门内板用聚丙烯(PP)专用料国标牌号与市场牌号对照表

本部分发布时,国内市场常见的汽车门内板用聚丙烯(PP)专用料国标牌号与市场牌号对照表见表A.1。

表 A.1 汽车门内板用聚丙烯(PP)专用料国标牌号与市场牌号对照表

序号	本部分牌号	市场常见牌号
1	PPB,ML,091-130-11	C6540L-4HX API-0011
2	PPB,ML,091-100-20	C6540L-4M API-0025 CN2106B
3	PPB,ML,091-100-26	C6540L-033 CN2057A
4	PPB,ML,097-140-21	C4221T-XR CN3037C
5	PPB,ML,101-150-11	C3322T-1 API-1609
6	PPB,ML,101-150-20	C3322T-1YF API-1515
7	PPB,ML,105-180-12	C3322T-2 API-2010
8	PPB,ML,105-180-18	C3322T-1JS AIP-2015
9	PPB,ML,105-170-24	API-2125 CN2093C6B
10	PPB,ML,105-180-32	C3322T-M12B CN2093C6
11	PPB,ML,109-180-21	C3322T-5A AIP-1425

附 录 B
（规范性附录）
汽车用聚丙烯(PP)专用料总挥发性有机物含量的测定方法

B.1 范围

本附录规定了用顶空气相色谱法测定汽车用聚丙烯(PP)专用料总挥发性有机物含量的测定方法。

本方法适用于汽车用聚丙烯(PP)专用料总挥发性有机物含量的测定。

B.2 原理

将样品置于顶空瓶中，密封顶空瓶，在 120 ℃下恒温 5 h，用顶空气相色谱法测定样品中释放出的总挥发性有机物含量。

B.3 试剂与材料

B.3.1 丙酮：分析纯。
B.3.2 正丁醇：分析纯。
B.3.3 氮气：纯度不低于 99.99%。
B.3.4 氢气：纯度不低于 99.99%。
B.3.5 空气：应无腐蚀性杂质。使用前需要进行脱水、脱油处理。

B.4 仪器

B.4.1 气相色谱仪：配有氢火焰离子化检测器(FID)，带有分流/不分流进样口。
B.4.2 毛细管色谱柱：内径 0.25 mm，膜层 0.25 μm，长度 30 m，100%聚乙烯乙二醇固定相。
B.4.3 色谱工作站或积分仪。
B.4.4 顶空瓶：10 mL。
B.4.5 容量瓶：100 mL。
B.4.6 微量取样器： 5 μL。
B.4.7 顶空进样器。
B.4.8 移液管：30 mL。
B.4.9 分析天平：准确度为 0.1 mg。

B.5 样品准备

样品为颗粒料，应破碎成大于 10 mg 且小于 25 mg 的小粒。

B.6 设备准备

B.6.1 气相色谱仪操作条件

B.6.1.1 色谱柱升温程序：50 ℃温度下恒温 3 min，以 12 ℃/min 的升温速率加热到 200 ℃，200 ℃温

度下恒温 4 min。

B.6.1.2 进样口温度:200 ℃。

B.6.1.3 检测器温度:250 ℃。

B.6.1.4 分流比:约 1∶20。

B.6.1.5 载气流速(氮气):0.22 m/s～0.27 m/s,适当调节载气流速,使得 2,6-二叔丁基-4-甲基苯酚(BHT)的保留时间小于 16 min。

B.6.2 顶空进样器操作条件

B.6.2.1 温度:加热炉为 120 ℃,定量管为 150 ℃,转移管为 180 ℃。

B.6.2.2 时间:压力升高持续时间为 19 s,气体压出时间为 16 s,进样持续时间为 5 s。

B.6.2.3 压力:载压为 0.125 MPa;瓶压为 0.16 MPa。

B.7 校准

B.7.1 校准溶液的配制

室温下制备七种浓度的丙酮-正丁醇校准溶液,其浓度为每升溶液中分别含有 0.1 g、0.5 g、1 g、5 g、10 g、25 g 和 50 g 丙酮(B.3.1)。采用以下步骤制备校准溶液:

a) 用移液管(B.4.8)将约 30 mL 正丁醇(B.3.2)加入至一个 100 mL 容量瓶(B.4.5)中;

b) 称量容量瓶及正丁醇的质量;

c) 用微量取样器(B.4.6)在容量瓶中加入约 0.01 g 丙酮,准确称量并记录丙酮的质量;

d) 慢慢将正丁醇加入容量瓶直至容量瓶 100 mL 刻度线;

e) 塞上瓶塞,轻轻摇匀并进行标识;

f) 用同样步骤制备其他六种浓度的校准溶液。

制备好的校准溶液放入密封小瓶中,置于低温冷藏箱内储存(冷藏温度约 4 ℃)。

B.7.2 校准曲线的确定

用微量取样器取校准溶液,吸入的溶液不能有气泡。每个空的顶空瓶(B.4.4)中快速加入 2 μL±0.02 μL 校准溶液,并立即将顶空瓶密封。用同样的方法将不同浓度的校准溶液加入不同的顶空瓶内,每个浓度溶液需置入三个顶空瓶内。同时准备三个空白试验的顶空瓶。

将加入校准溶液的顶空瓶和空白试验的顶空瓶依次放在顶空进样器(B.4.7)的进样盘上,保持 120 ℃±1 ℃,恒温 300 min±5 min。进行气相色谱分析。

在气相色谱图上确定丙酮的色谱峰,根据其峰面积和校准溶液的浓度绘制直线,得到校准曲线。并计算其斜率 K。校准曲线的相关系数应大于 0.995,否则应重新校准。

B.8 试验步骤

B.8.1 在 10 mL 顶空瓶中加入 1.000 g±0.001 g 的试样,并用带有橡胶垫的盖子密封。取三份试样分别置入三个顶空瓶内。保持 120 ℃±1 ℃,恒温 300 min±5 min。

B.8.2 对每个样品进行顶空气相色谱分析,并用空的顶空瓶进行三次空白试验。加热时间为 300 min±5 min。

B.9 结果计算

从气相色谱图上确定总的峰面积 A 和空白试验的峰面积 A_0。

样品中总挥发性有机化合物含量(碳的总挥发值)E(μg/g)按式(B.1)计算：

$$E=\frac{A-A_0}{K}\times 2\times 0.620\,4 \qquad \cdots\cdots(\text{B.1})$$

式中：

A ——试样中有机化合物的总峰面积；

A_0 ——空白试验的峰面积；

K ——校正因子(校准曲线的斜率)；

2 ——表示 2 μL 校准溶液；

0.620 4——表示丙酮中碳的含量。

取三次平行试验的算术平均值作为测定结果，精确至 1 μg/g。如果三次平行试验的测定结果误差大于 10%，则应安排重新测试。

ICS 43.140
T 80

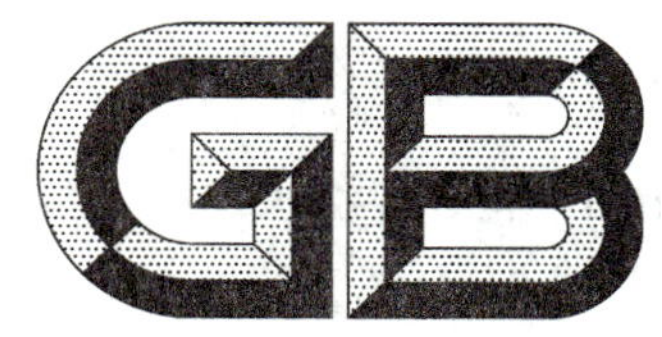

中华人民共和国国家标准

GB/T 24157—2017
代替 GB/T 24157—2009

电动摩托车和电动轻便摩托车续驶里程及残电指示试验方法

Test methods of range and indication for the state of charge for electric motorcycles and electric mopeds

2017-12-29 发布　　2018-07-01 实施

中华人民共和国国家质量监督检验检疫总局
中国国家标准化管理委员会　发布

前　言

本标准依照 GB/T 1.1—2009 给出的规则起草。

本标准代替 GB/T 24157—2009《电动摩托车和电动轻便摩托车　能量消耗率和续驶里程　试验方法》。

本标准与 GB/T 24157—2009 相比，主要修订内容如下：

——增加了“剩余电量指示”的相关定义和试验方法；

——修改了试验终止条件，将“累计超过 4 s”修改为“持续 4 s 以上”；

——修改了试验速度、时间公差；

——修改了试验结果的计算方法，取消当量续驶里程和当量能量消耗率的折算，修改为分别记录两种试验工况结果；

——修改了电动轻便摩托车的循环工况。

本标准由中华人民共和国工业和信息化部提出。

本标准由全国汽车标准化技术委员会(SAC/TC 114)归口。

本标准起草单位：上海机动车检测中心、国家摩托车质量监督检验中心(天津)、国家摩托车质量监督检验中心、五羊—本田摩托(广州)有限公司、重庆鑫源摩托车股份有限公司、江苏金彭车业有限公司、江苏新日电动车股份有限公司、中国质量认证中心、新大洲本田摩托有限公司、常州豪爵电动车有限公司、重庆南方摩托车技术研发有限公司、江苏林海动力机械集团公司、国家场(厂)内机动车辆质量监督检验中心、济南轻骑摩托车有限公司。

本标准主要起草人：李加庆、童晓敏、王青、宫建军、李一东、许健、鹿世敏、贾东尔、谢鹏鸿、李大维、刘平、庞旭、汪盛、戴磊、黄志强、曹心诚。

本标准所代替标准的历次版本发布情况为：

——GB/T 24157—2009。

电动摩托车和电动轻便摩托车续驶里程及残电指示试验方法

1 范围

本标准规定了电动摩托车和电动轻便摩托车续驶里程、能量消耗率及剩余电量指示的试验方法。

本标准适用于以储能蓄电池为唯一动力来源的电动摩托车和电动轻便摩托车,混合动力摩托车纯电动驱动模式可参照执行。

2 规范性引用文件

下列文件对于本文件的应用是必不可少的。凡是注日期的引用文件,仅注日期的版本适用于本文件。凡是不注日期的引用文件,其最新版本(包括所有的修改单)适用于本文件。

GB/T 5359.1 摩托车和轻便摩托车术语 第1部分:车辆类型

GB/T 5378 摩托车和轻便摩托车道路试验方法

GB 14622 摩托车污染物排放限值及测量方法(中国第四阶段)

GB 18176 轻便摩托车污染物排放限值及测量方法(中国第四阶段)

GB/T 18385—2005 电动汽车 动力性能 试验方法

GB/T 19596 电动汽车术语

GB 24155 电动摩托车和电动轻便摩托车安全要求

GB/T 24156—2009 电动摩托车和电动轻便摩托车 动力性能 试验方法

GB/T 24158 电动摩托车和电动轻便摩托车 通用技术条件

3 术语和定义

GB/T 19596、GB/T 5359.1 和 GB/T 24158 界定的以及下列术语和定义适用于本文件。

3.1

试验车质量 mass of test vehicle

整车整备质量与试验所需加载质量之和。加载质量为(75±5)kg,包括驾驶员与试验仪器。试验车质量都应包含动力蓄电池的质量。

3.2

续驶里程 range

从动力蓄电池完全充电状态开始,按规定方法行驶直至设定的试验终止条件,能连续正常行驶的距离,单位为 km。

3.3

能量消耗率 energy consumption

从动力蓄电池完全充电状态开始,按规定方法进行续驶里程试验,试验结束后重新充电至完全充电状态,期间从电网得到的电能除以续驶里程所得到的值,单位为 W·h/km。

3.4

剩余电量　state of charge

动力蓄电池放电后，剩下的容量与额定容量之比，通常以百分比表示。

3.5

剩余电量指示　indication for the state of charge

将剩余电量以指针、指示灯、数字、数据条等形式显示出来供查看，剩余电量指示典型样式参考附录A。

3.6

剩余电量警示　warning for the state of charge

当剩余电量低于警示值时，以声、光信号发出警告，提示尽快充电。

3.7

剩余电量警示里程　range of warning for the state of charge

当剩余电量警示发出后，车辆仍能正常行驶的距离，单位为km。

3.8

剩余电量警示裕度　margin of warning for the state of charge

剩余电量警示里程实测值和制造商标称值之间的差值与续驶里程之比，以百分比表示。

4　试验条件

4.1　试验车辆条件

4.1.1　试验车辆应装备剩余电量指示装置和剩余电量警示装置，并符合GB 24155的规定。

4.1.2　试验车辆配置的动力蓄电池为生产一年内，且充、放电次数不大于50次。

4.1.3　试验车辆在试验前至少用所配套的动力蓄电池走合300 km，或依制造商建议的程序磨合至车辆达稳定状态。磨合依照说明书指定规范进行；如无规定，则参照5.3.1规定的方法进行。

4.1.4　试验车辆应按照使用维护说明书及有关技术文件进行维护保养，使之处于正常技术状态。

4.1.5　试验车辆应依据3.1的规定加载。如果试验在底盘测功机上进行，按GB 18176或GB 14622规定的试验车质量加载。

4.1.6　轮胎气压应符合产品使用说明书的规定。

4.1.7　除必需的设备和车辆日常操作部件外，试验车辆的照明、信号装置以及辅助装置应关闭。

4.2　试验道路条件

4.2.1　试验道路应为沥青或混凝土道路，路面应平坦、干燥、整洁。若为环形道路，则转弯半径应不小于50 m。

4.2.2　试验路段应保持水平，纵向坡度不超过1%，且全长内任意两点之间的高度差不准许超过1 m，横向坡度不准许超过3%。

4.3　试验仪器的分辨率和准确度

试验仪器的分辨率和准确度见表1。

表 1　试验仪器的分辨率和准确度

测量参数	单位	分辨率	准确度
时间	s	0.1	±0.1
距离	m	1	±0.1%
温度	℃	1	±1
速度	km/h	0.2	±1%
质量	kg	1[a]	±0.5%
能量	W·h	1	±1%
[a] 如果在底盘测功机上试验，质量分辨率要求按 GB 18176 及 GB 14622 的规定。			

4.4　试验环境条件

试验环境应符合下列规定：

a)　室内试验时，温度应在(25±5)℃以内；

b)　室外试验时，温度应在(25±10)℃以内；

c)　室外试验时，平均风速不超过 3 m/s，阵风最大风速不超过 5 m/s；

d)　室外试验不能在雨天或雾天进行，相对湿度不大于 95%。

4.5　驾驶要求

驾驶员需按 GB/T 5378 的相关要求驾驶车辆，试验过程中骑行姿势应尽可能保持不变。

5　试验方法

5.1　试验步骤

通过一次试验同时测定续驶里程、能量消耗率和剩余电量指示。试验程序如下：

a)　动力蓄电池按 5.3.1 完全放电后，按 5.3.2 进行充电；

b)　按工况法进行续驶里程试验；

c)　动力蓄电池按 5.3.2 进行充电，测量电网消耗的能量 $E_{工况}$；

d)　按等速法进行续驶里程及剩余电量指示试验；

e)　动力蓄电池按 5.3.2 进行充电，测量电网消耗的能量 $E_{等速}$；

f)　计算能量消耗率和剩余电量指示参数。

试验结束后，填写试验记录表，参见附录 B。

如果需要在两个工作步骤之间移动车辆，不准许使用车上的动力，也不准许使用回收制动能量等方法给车辆补充能量。

5.2　试验终止条件

发生下列情况之一的，即需终止试验：

a)　电池达到截止电压或管理系统切断动力；

b)　实时车速超过规定的速度公差范围(±2 km/h，取下偏差)，且持续 4 s 以上。

5.3 动力蓄电池的放电与充电

5.3.1 初次充电前，试验车辆的动力蓄电池需经完全放电。放电方法应采用在道路上或底盘测功机上以设计最高车速的70%±5%车速稳定行驶，直至发生下列情况之一：

a) 电池达到截止电压或管理系统切断动力；

b) 车速达不到设计最高车速的65%。

5.3.2 动力蓄电池应按制造商提供的充电程序进行完全充电。如果制造商未规定充电程序，则按GB/T 18385—2005中5.1的规定进行。充电结束后4 h之内应开始试验。

5.4 道路试验载荷与底盘测功机的设定

在道路上试验时，载荷按4.1.5的规定。

在底盘测功机上试验时，按附录C的规定设定底盘测功机当量惯量及车辆道路模拟阻力。

5.5 试验速度、时间公差

试验的即时速度误差、时间误差应该在图1给出的公差范围内。图示各点的速度公差为±1 km/h，时间公差为±0.5 s。

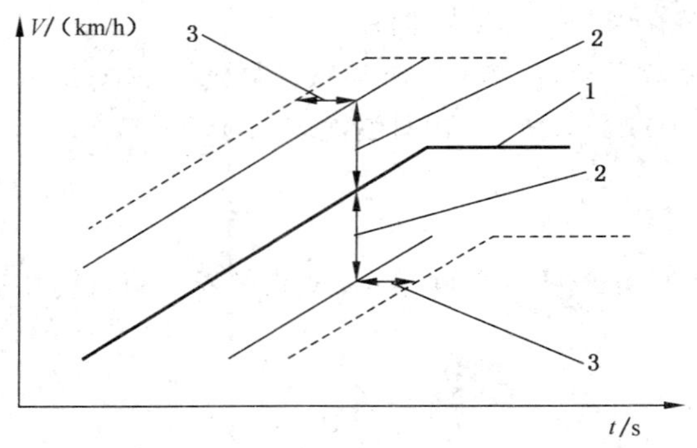

说明：

1——基准曲线；

2——速度公差；

3——时间公差。

图1 试验速度、时间公差

5.6 试验过程

5.6.1 工况法试验测量续驶里程

5.6.1.1 工况法续驶里程试验只在底盘测功机上进行。底盘测功机的设定按附录C进行，电动轻便摩托车按GB 18176的规定设置道路阻力，电动摩托车按GB 14622的规定设置道路阻力。

5.6.1.2 按附录C的运行循环进行试验，续驶至发生5.2所述情况，结束试验。

5.6.1.3 试验过程应保持连续，除有其他规定外，工况法试验期间断电停车不超过3次（指运行循环外停车），累计时间不得超过15 min。

5.6.1.4 试验结束后，记录续驶里程 $D_{工况}$（单位km，修约到一位小数），同时记录所用的时间（单位min），以及记录试验期间车辆的最高车速、平均车速、停车次数和停车时间。

5.6.2 等速法试验测量续驶里程及剩余电量指示

5.6.2.1 采用等速法试验同时测量续驶里程和剩余电量指示。

5.6.2.2 等速法试验可在道路上或底盘测功机上进行。二种试验结论有分歧时以道路试验为准。道路试验的试验条件应符合 GB/T 5378 的规定。在底盘测功机进行等速法试验时，底盘测功机的设定按附录 C 进行，电动轻便摩托车按 GB 18176 的规定设置道路阻力，电动摩托车按 GB 14622 的规定设置道路阻力。

5.6.2.3 按照最高车速的 70%连续行驶，直至发生 5.2 所述情况，结束试验。此处最高车速系指在额定功率条件下车辆能持续行驶的稳定最高车速，以避开峰值功率时的车速。

5.6.2.4 试验过程应保持连续，除有其他规定外，试验期间断电停车不超过 3 次，累计时间不得超过 15 min。

5.6.2.5 续驶里程试验记录：试验结束后，记录续驶里程 $D_{等速}$（单位 km，修约到一位小数），同时记录所用的时间（单位 min），以及记录试验期间平均车速、停车次数和停车时间。

5.6.2.6 剩余电量指示试验记录：在试验过程中，剩余电量指示每下降一个刻度或下降 10%，记录下当前已行驶的距离。当车辆发出剩余电量警示时，记录已行驶的距离 $D_{等速1}$。

5.6.2.7 对于具备跛行功能（如限速、限功率行驶等）的车辆，可在 5.6.2.3 试验结束后继续测量跛行距离，跛行距离不计入续驶里程和剩余电量警示里程，但可在试验记录中补充说明。

5.6.3 电网消耗能量的测量

按 5.1b）或 5.1d）完成续驶里程试验后 2 h 内，动力蓄电池按 5.3.2 进行充电，在电网和车辆充电器之间连接能量测量装置，测量电网消耗的能量 E。充电结束后，记录电网消耗能量 E（工况法为 $E_{工况}$，等速法为 $E_{等速}$）和充电时间。

5.7 能量消耗率的计算

采用工况法或等速法分别测得续驶里程 $D_{工况}$ 或 $D_{等速}$，按 5.1c）或 5.1e）分别测得电网消耗的能量 $E_{工况}$ 或 $E_{等速}$，按照式（1）计算能量消耗率 C（$C_{工况}$ 或 $C_{等速}$），单位 W · h/km，保留一位小数。

$$C = E/D \qquad \cdots\cdots(1)$$

式中：

C ——能量消耗率（工况法为 $C_{工况}$，等速法为 $C_{等速}$），单位为瓦时每千米（W · h/km）；

E ——电网消耗的能量（工况法为 $E_{工况}$，等速法为 $E_{等速}$），单位为瓦时（W · h）；

D ——续驶里程（工况法为 $D_{工况}$，等速法为 $D_{等速}$），单位为千米（km）。

5.8 剩余电量指示参数的计算

5.8.1 剩余电量警示里程 D_W 按照式（2）计算。

$$D_W = D_{等速} - D_{等速1} \qquad \cdots\cdots(2)$$

式中：

D_W ——剩余电量警示里程，单位为千米（km）；

$D_{等速}$ ——等速法试验续驶里程，单位为千米（km）；

$D_{等速1}$——剩余电量警示发出时刻已行驶的距离，单位为千米（km）。

5.8.2 剩余电量警示裕度 M 按照式（3）计算。

$$M = (D_W - R)/D_{等速} \times 100\% \qquad \cdots\cdots(3)$$

式中：

M ——剩余电量警示裕度，%，正值表示留有裕度，零或负值表示无裕度；

R ——制造商标称的剩余电量警示里程，单位为千米（km）。

附　录　A
（资料性附录）
剩余电量指示典型样式参考图例

A.1　指针式图例

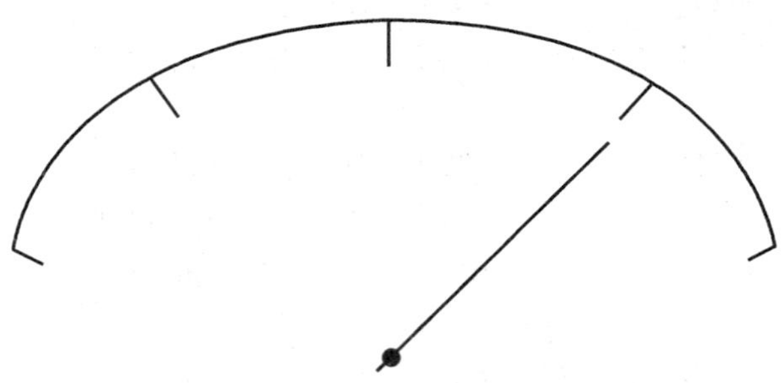

A.2　指示灯式图例（可沿直线或弧线排列，个数不宜超过 10 个，最后一个灯也可用作报警提示）

A.3　数据条式图例（可沿直线或弧线排列，个数不宜超过 10 个，最后一个区块也可用作报警提示）

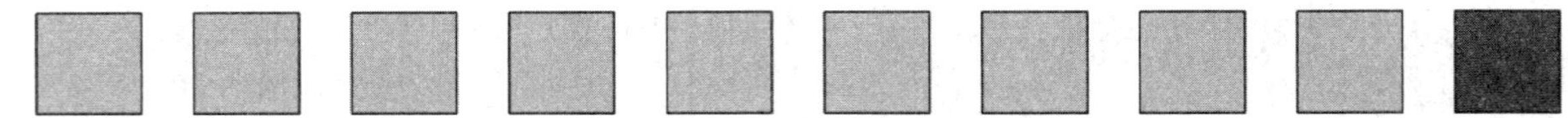

A.4　数字式图例

附 录 B
（资料性附录）
试验记录表

试验记录表见表B.1。

表B.1 试验记录表

制造商名＿＿＿＿			车辆型号＿＿＿＿				VIN编号＿＿＿＿		
试验编号＿＿＿＿			试验日期＿＿＿＿				试验地点＿＿＿＿		
环境温度＿＿＿℃ 湿度＿＿＿%			大气压强＿＿＿kPa				平均风速＿＿＿m/s		
整车整备质量(含电池)＿＿＿kg			驾驶员质量＿＿＿kg				加载质量＿＿＿kg		
轮胎规格＿＿＿＿			轮胎气压＿＿＿kPa				路况＿＿＿＿		
动力电池制造商＿＿＿＿			规格＿＿＿＿				型号＿＿＿＿		
驾驶员＿＿＿＿			试验员＿＿＿＿				校核＿＿＿＿		
试验方法			□等速法 □工况法		试验条件		□道路 □底盘测功机		
试验车速(等速法)			等速＿＿＿km/h		最高车速(工况法)		km/h		
剩余电量指示方法			□指针 □指示灯 □数字 □数据条 □其他						
续驶里程 $D_{工况}$ 或 $D_{等速}$＿＿＿km					试验耗时＿＿＿min				
最高车速＿＿＿km/h					平均车速＿＿＿km/h				
电网消耗的能量 $E_{工况}$ 或 $E_{等速}$＿＿＿W·h					能量消耗率 $C_{工况}$ 或 $C_{等速}$＿＿＿W·h/km				
剩余电量指示各方格或每10%时行驶的距离(单位:km)									
1	2	3	4	5	6	7	8	9	10
剩余电量警示方式		□仪表显示 □声音提示 □其他							
制造商标称的剩余电量警示里程 R＿＿＿km					发出警示时已行驶距离 $D_{等速1}$＿＿＿km				
剩余电量警示里程 D_W＿＿＿km					剩余电量警示裕度 M＿＿＿%				
备注:(关于停车次数、停车时间、跛行条件、跛行距离等的备注)									

附　录　C
（规范性附录）
运行循环与底盘测功机的设定

C.1　概述

5.6 规定了在底盘测功机上进行电动摩托车和电动轻便摩托车的续驶里程、能量消耗率剩余电量指示的试验过程。

本附录规定工况法试验的运行循环、底盘测功机的设定、试验要求和操作等。

C.2　电动轻便摩托车的运行循环

运行循环见图 C.1 及表 C.1。图 C.1 所示最大值 V_{max} 指在额定功率条件下车辆能持续行驶的稳定最高车速，以避开峰值功率时的车速，即将车辆的速度控制手柄置于全开位置所能达到的稳定最高车速，但不大于 50 km/h。

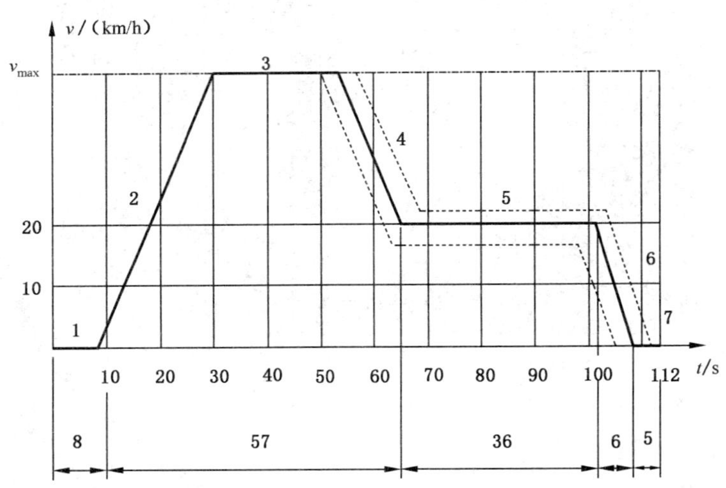

图 C.1　电动轻便摩托车的运行循环

表 C.1　电动轻便摩托车的运行循环

操作序号	操作	加速度 m/s²	速度 km/h	操作时间 s	累计时间 s
1	停车	0	0	8	8
2	加速	≥0.56	0～v_{max} (≤50)	57	—
3	等速	0	v_{max}(≤50)		—
4	减速	−0.56	v_{max}(≤50)～20		65

表 C.1（续）

操作序号	操作	加速度 m/s²	速度 km/h	操作时间 s	累计时间 s
5	等速	0	20	36	101
6	减速	−0.90	20～0	6	107
7	停车	0	0	5	112

C.3 电动摩托车的运行循环

运行循环见图 C.2 及表 C.2。

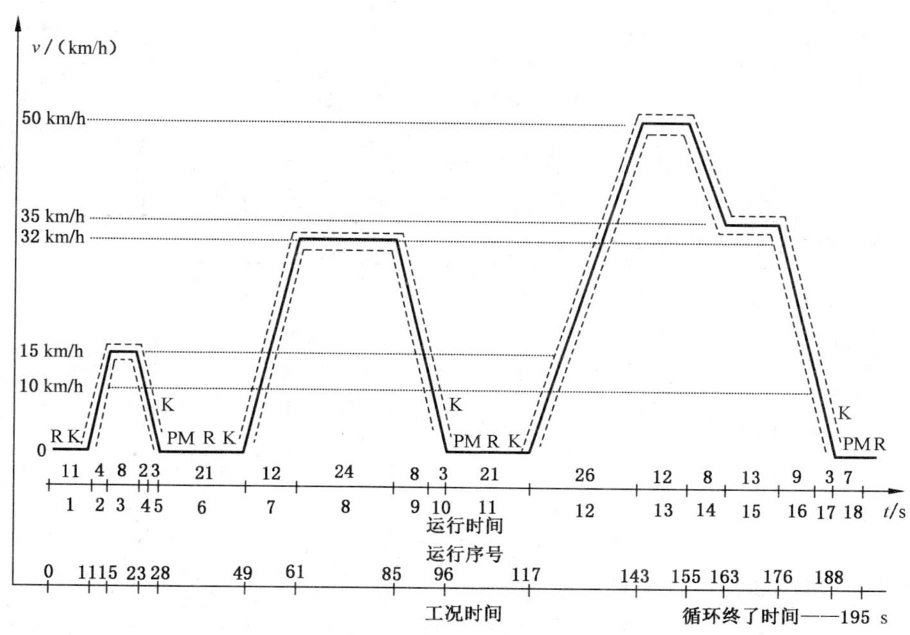

图 C.2 电动摩托车的运行循环

表 C.2 电动摩托车的运行循环

操作序号	操作	加速度 m/s²	速度 km/h	操作时间 s	累计时间 s
1	停车	0	0	11	11
2	加速	1.04	0～15	4	15
3	等速	0	15	8	23
4	减速	−0.69	15～10	2	25
5	减速	−0.92	10～0	3	28
6	停车	0	0	21	49

表 C.2（续）

操作序号	操作	加速度 m/s^2	速度 km/h	操作时间 s	累计时间 s
7	加速	0.74	0～32	12	61
8	等速	0	32	24	85
9	减速	−0.75	32～10	8	93
10	减速	−0.92	10～0	3	96
11	停车	0	0	21	117
12	加速	0.53	0～50	26	143
13	等速	0	50	12	155
14	减速	−0.52	50～35	8	163
15	等速	0	35	13	176
16	减速	−0.68	35～10	9	185
17	减速	−0.92	10～0	3	188
18	停车	0	0	7	195
注：如有挡位，应按制造商提供的规范换挡。					

C.4 底盘测功机的设定

底盘测功机的设定见 GB/T 24156—2009 附录 A。

C.5 试验其他要求

C.5.1 台架试验车辆冷却系统的调整要求

车辆冷却系统应能满足在试验车辆运转时维持其电机、控制器等组件的温度接近在道路上行驶时的温度。

C.5.2 试验车辆的调整

C.5.2.1 轮胎气压一般调整至产品使用说明书所规定的（道路行驶时的）使用气压。如果滚轮的直径小于 500 mm，轮胎气压可增加 30%～50%。

C.5.2.2 驱动轮上的载荷与载一名 75 kg 驾驶员在正常道路上行驶时的载荷相差不超过±3 kg。

C.5.3 电动轻便摩托车试验时底盘测功机的特殊调整要求

应调整功率吸收装置，以速度控制手柄全开时电动轻便摩托车在底盘测功机上的速度等于其在道路上可能达到的最大速度（±1 km/h 的偏差）。

C.6 试验操作要求

C.6.1 正式试验前可进行预演，预估试验车辆的最高车速、最大加速度，以及熟悉如何控制速度和制动。

C.6.2 试验时电动摩托车需水平放置。

C.6.3 减速时，速度控制手柄置于完全关闭位置。若自然减速过程比规定时间长，应使用车辆制动器，以按上述规定工况运行；若自然减速过程比规定时间短，可等速运行一段时间，并入其后的等速运行或停车等待来恢复理论循环(此时不要求在图1所给出的公差范围内)。如果采用底盘测功机制动减速，应在检验报告中予以说明。

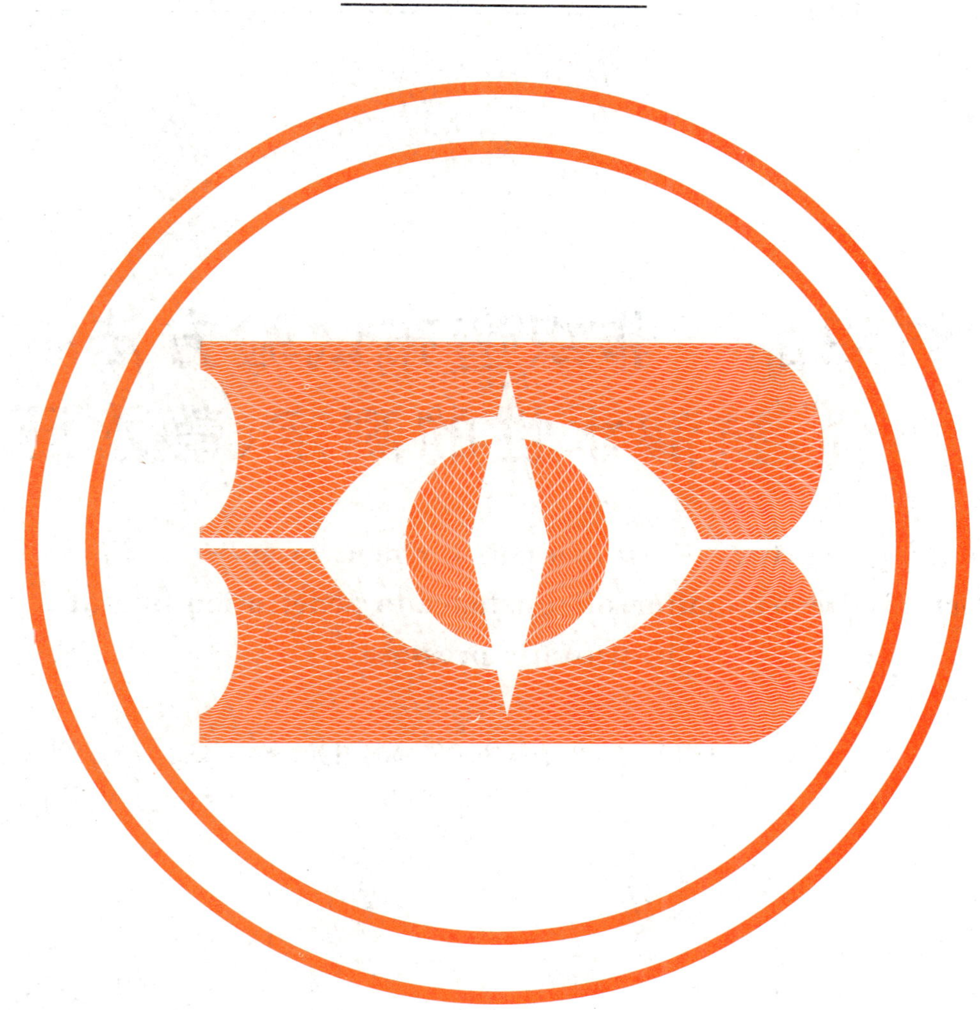

ICS 59.080.30
W 04

中华人民共和国国家标准

GB/T 24218.16—2017

纺织品　非织造布试验方法　第16部分:抗渗水性的测定(静水压法)

Textiles—Test methods for nonwovens—
Part 16: Determination of resistance to penetration by water
(hydrostatic pressure)

(ISO 9073-16:2007,MOD)

2017-05-12 发布　　　　2017-12-01 实施

中华人民共和国国家质量监督检验检疫总局
中国国家标准化管理委员会　发布

前　言

GB/T 24218《纺织品　非织造布试验方法》分为以下部分：

——第 1 部分：单位面积质量的测定；

——第 2 部分：厚度的测定；

——第 3 部分：断裂强力和断裂伸长率的测定（条样法）；

——第 5 部分：耐机械穿透性的测定（钢球顶破法）；

——第 6 部分：吸收性的测定；

——第 8 部分：液体穿透时间的测定（模拟尿液）；

——第 10 部分：干态落絮的测定；

——第 11 部分：溢流量的测定；

——第 12 部分：受压吸收性的测定；

——第 13 部分：液体多次穿透时间的测定；

——第 14 部分：包覆材料反湿量的测定；

——第 15 部分：透气性的测定；

——第 16 部分：抗渗水性的测定（静水压法）；

——第 17 部分：抗渗水性的测定（喷淋冲击法）；

——第 18 部分：断裂强力和断裂伸长率的测定（抓样法）；

——第 101 部分：抗生理盐水性能的测定（梅森瓶法）。

本部分为 GB/T 24218 的第 16 部分。

本部分按照 GB/T 1.1—2009 给出的规则起草。

本部分使用重新起草法修改采用 ISO 9073-16：2007《纺织品　非织造布试验方法　第 16 部分：抗渗水性的测定（静水压法）》。

本部分与 ISO 9073-16：2007 主要技术性差异及其原因如下：

——关于规范性引用文件，本部分做了具有技术性差异的调整，以适应我国的技术条件，调整的情况集中反映在第 2 章“规范性引用文件”中，具体调整如下：

- 用修改采用国际标准的 GB/T 6529 代替了 ISO 139（见 7.2）；
- 用修改采用国际标准的 GB/T 6682 代替了 ISO 3696（见 7.4）；
- 用等同采用国际标准的 GB/T 19022—2003 代替了 ISO 10012（见 6.1）；
- 删除了对 ISO 3951-5 的引用；

——将 ISO 9073-16：2007 的 7.1 中“按 ISO 3951-5 中规定取样”修改为“按产品标准规定或有关方协议取样。除非另有规定，裁取代表性试样”，更符合我国检测程序；

——补充了 ISO 9073-16：2007 中 7.7 内容，增加了发生边缘渗漏和单处连续渗漏时结果的取舍方法，以提高判定的可操作性；

——删除了 ISO 9073-16：2007 中 8.4 内容，目前国内外使用的试验仪均能满足该条要求；

——删除了 ISO 9073-16：2007 第 9 章中列项 i）和列项 l），在列项 j）中增加了“标准偏差，如果需要给出变异系数”。

本部分做了下列编辑性修改：

——将标准中静水压单位统一为 hPa；

——将 ISO 9073-16：2007 中 3.1 内容调整为 5.1d）的注并将“0.000 981 m”修正为“0.010 2 m”；

——将 ISO 9073-16:2007 中 3.2 术语修改为“非织造布抗渗水性”；

——将 ISO 9073-16:2007 中 5.1.1～5.1.5 内容修改为列项形式；

——简化了 ISO 9073-16:2007 中 8.2 的内容；

——增加了 8.3 中的注。

本部分由中国纺织工业联合会提出。

本部分由全国纺织品标准化技术委员会(SAC/TC 209)归口。

本部分起草单位：温州市大荣纺织仪器有限公司、中纺标(深圳)检测有限公司、中纺标检验认证有限公司、宁波纺织仪器厂、佛山市顺德区质量技术监督标准与编码所。

本部分主要起草人：吕静、郭文松、计伟、李静、张孟胜、胡君伟、李健。

纺织品　非织造布试验方法　第16部分：抗渗水性的测定（静水压法）

1　范围

GB/T 24218 的本部分规定了采用静水压法测定非织造布抗渗水性的方法。

本部分适用于预期用作抗液体渗透的非织造布。

2　规范性引用文件

下列文件对于本文件的应用是必不可少的。凡是注日期的引用文件，仅注日期的版本适用于本文件。凡是不注日期的引用文件，其最新版本（包括所有的修改单）适用于本文件。

GB/T 6529　纺织品　调湿和试验用标准大气（GB/T 6529—2008，ISO 139:2005，MOD）

GB/T 6682　分析实验室用水规格和试验方法（GB/T 6682—2008，ISO 3696:1987，MOD）

GB/T 19022—2003　测量管理体系　测量过程和测量设备的要求（ISO 10012:2003，IDT）

3　术语和定义

下列术语和定义适用于本文件。

3.1

非织造布抗渗水性　**resistance to penetration by water of nonwoven materials**

非织造布防止被水润湿和浸透的能力。

4　原理

将试样安装在测试头上，试样的测试面承受以恒定速率上升的水压，直到试样的另一面出现三处渗水点为止。记录第三处渗水点出现时的压强值作为试验结果。

5　设备

5.1　静水压试验仪

由以下几部分组成（图 1 和图 2 所示为两种不同类型的静水压试验仪）：

a)　调平装置：保持试样水平。

b)　夹持装置：防止漏水、试样的损坏或滑移。

c)　水温保持装置：确保与试样（上方或下方）接触的试验用水温度保持为（23±2）℃。

注：与有关方协议后可以使用其他温度，并在报告中说明。

d)　水压上升速率控制装置：水压上升速率为（10±0.5）hPa/min 或（60±3）hPa/min。

注：百帕和毫巴为国际单位制中的压强单位，百帕的符号为 hPa，毫巴的符号为 mbar。1 hPa＝1 mbar＝1.02 cmH_2O。

e)　测试头：圆形试验区面积为（100±1）cm^2。

注：与有关方协议后可以使用不同尺寸的测试头，并在报告中进行说明。

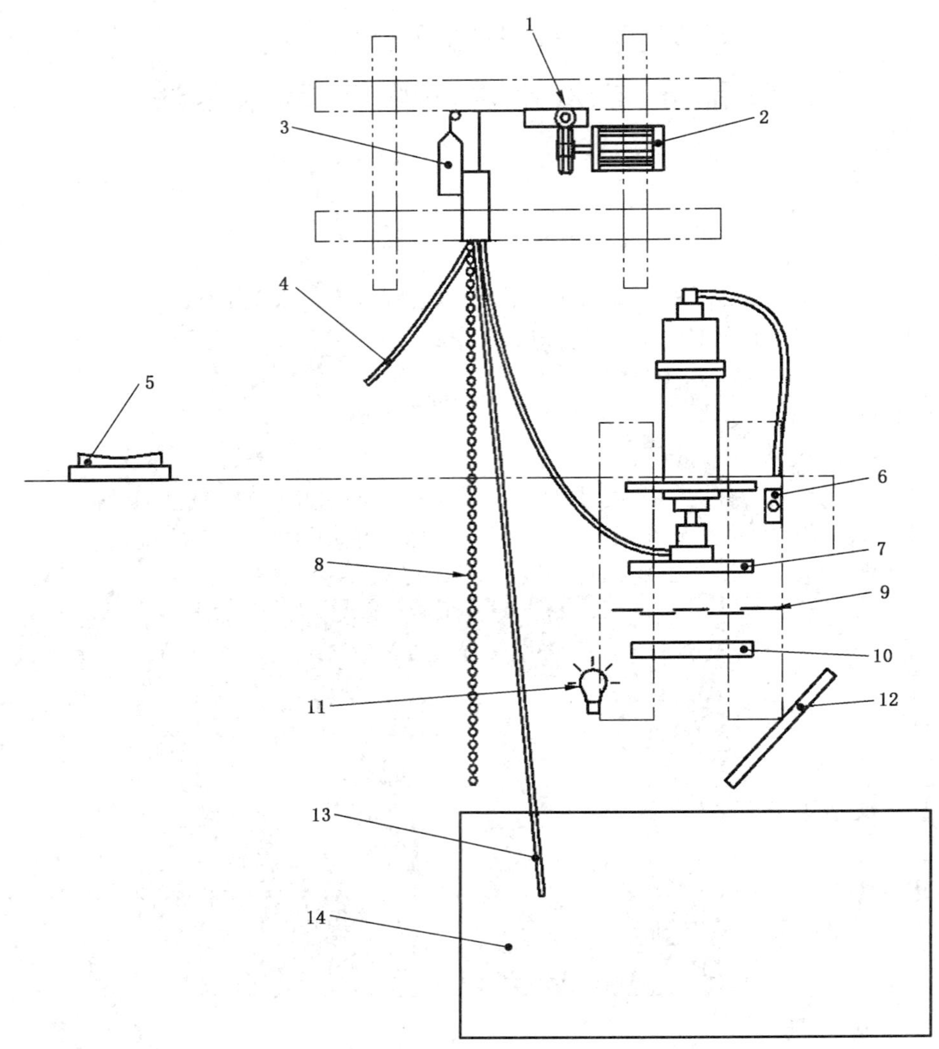

说明：

1——蜗轮蜗杆；
2——电动机；
3——重锤；
4——试验水供应装置；
5——启动开关；
6——夹紧阀杆；
7——上夹板；
8——传动链条；
9——试样；
10——下夹板；
11——光源；
12——镜子；
13——排水管；
14——水槽。

图 1　静水压试验仪示例一

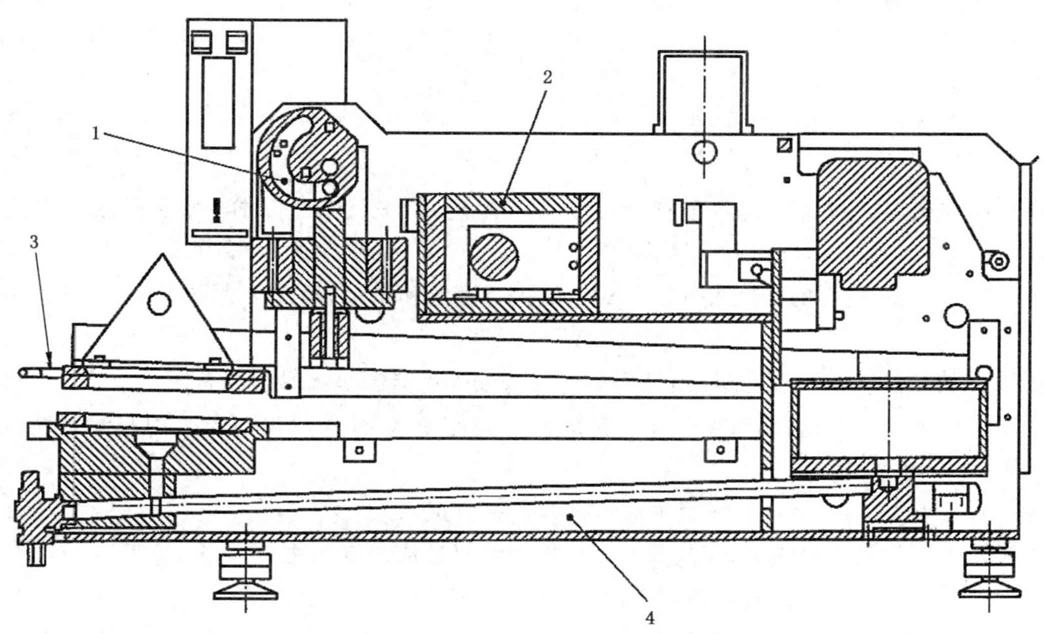

说明：
1——加压机构；
2——加压系统；
3——测试区；
4——机架。

图 2 静水压试验仪示例二

5.2 尼龙网(可选)

尺寸为 20 cm×20 cm 的方形网片，网孔尺寸约为 3 cm。

对于低强度非织造布，可使用尼龙网格或筛网支撑试样。它能模拟粘合层的作用，防止试样被水撕裂或拉伸。尼龙网的使用宜与有关方协议，有关方宜了解尼龙网的使用对试验结果的影响。通常本方法不使用尼龙网。

5.3 秒表

能保证计时精确至 0.1 s。

5.4 试样裁剪器

裁剪试样的面积至少满足试验装置夹持面要求。

6 校准

6.1 试验仪的计量确认应符合 GB/T 19022—2003 中第 7 章、图 2 和附录 A 的规定。由于不同厂商生产仪器的调试步骤不同，对静水压试验仪的校验和调试可直接按照生产说明书进行。

6.2 保持试验仪水平以确保试验结果的准确性。

6.3 核验试验仪能达到样品预期的水压范围。

6.4 如果使用柱状水加压方式，校准并确保水压上升速率为(10±0.5)hPa/min或(60±3)hPa/min，水温为(23±2)℃。

7 步骤

7.1 按产品标准规定或有关方协议取样。除非另有规定，裁取代表性试样，每块样品至少裁取5块试样。

7.2 按照GB/T 6529规定的标准大气条件对试样进行调湿和试验，经有关方同意后，试样可不经过预调湿。

取样后，保持试样清洁，避免试样上粘附肥皂、盐、油等可能影响水渗透的杂质。

7.3 试样尺寸宜足够大，以满足在100 cm^2 测试头上进行测试，仪器允许时可采用与测试装置匹配的长条状试样。

7.4 宜使用GB/T 6682中规定的三级水对各试样进行测试。

7.5 小心清洁夹持装置表面的水、碎片及所有可能对结果造成影响的物质。

7.6 将试样小心安装在测试头上，关闭夹持装置开始测试。

如果试验仪的测试头带有蓄水槽，确保水流形成凸面。小心将试样滑动到测试头水面，以便试样正面与水接触，避免试样下方产生气泡。

7.7 以(10±0.5)hPa/min或(60±3)hPa/min的水压上升速率对试样施加持续递增的水压，并观察渗水过程。当形成3个不同渗水点时，测试结束。读取试样上第3处渗水点刚出现时的静水压值或压强计上的刻度。如果第3处水珠出现在夹持装置的边缘，且导致该试样的测试结果低于同一样品其他试样的最低值，则剔除此数据，增加试样另行试验，直到获得正常试验结果。

注：在测试过程中如出现单处连续渗漏的现象，记录此时的静水压值，并在报告中说明试验现象。

8 计算

8.1 记录每块试样的静水压值，单位为hPa或mbar，需要时转换为cmH_2O。

8.2 计算每块样品测试结果的平均值。

8.3 计算标准偏差，必要时计算变异系数，精确到表1所示精度。报出至少5块试样静水压值的平均值和标准偏差。

表1 报告精度

静水压值	修约至	静水压值	修约至
≤100 hPa	0.5 hPa	≤1 mH_2O	0.5 cmH_2O
>100 hPa	1 hPa	>1 mH_2O	1 cmH_2O

注：ISO对本方法的重复性和再现性进行了实验室间的比对试验，所得数据参见附录A。

9 试验报告

试验报告应包括以下内容：

a) 说明试验是按本部分进行的；

b) 测试样品的类型或名称；

c) 水压施加的位置，试样的下方或上方；

d) 试验用水温度，(23±2)℃或其他协议温度；

e) 水压上升速率，(10 hPa/min 或 60 hPa/min)；

f) 试样的测试面；

g) 试样的数量；

h) 测试用大气条件；

i) 每个试样的试验值、样品的平均值、标准偏差，如果需要给出变异系数；

j) 试验中任何偏离本部分的细节。

附　录　A
（资料性附录）
关于再现性的说明

ISO 对本方法再现性研究的试验条件如下：

——从试样下方施加水压；

——水温为(23±2)℃；

——水压上升速率为 60 hPa/min；

——织物正面；

——5 种不同材料各取 3 个试样；

——GB/T 6529 中规定的标准大气条件。

由 6 位实验人员对 5 种不同材料的所有试样进行验证试验。

本试验属于破坏性试验，结果评估综合考虑测试误差和样本间差异。取样时尽可能减小样本间的差异。

本方法重复性和再现性的试验结果见表 A.1。其中，S_r 表示重复性标准偏差；S_R 表示再现性标准偏差。

表 A.1　精密度数据

材料	平均值	S_r	S_R
A	103.06	25.89	25.89
B	32.92	3.60	4.59
C	37.11	5.76	5.76
D	11.69	1.03	1.25
E	76.64	5.37	5.91

ICS 59.080.30
W 04

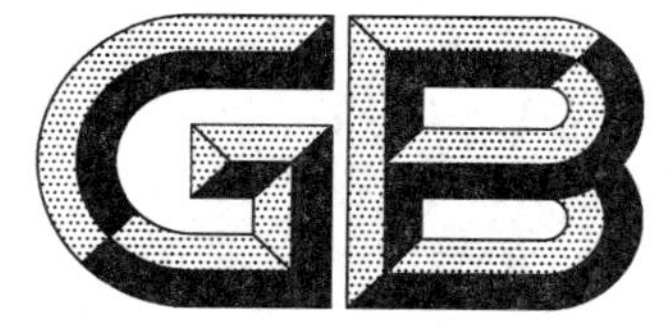

中华人民共和国国家标准

GB/T 24218.17—2017

纺织品　非织造布试验方法
第17部分：抗渗水性的测定(喷淋冲击法)

Textiles—Test methods for nonwovens—
Part 17: Determination of resistance to penetration by water (spray impact)

(ISO 9073-17:2008,MOD)

2017-05-12 发布　　　　2017-12-01 实施

中华人民共和国国家质量监督检验检疫总局
中国国家标准化管理委员会　发布

前　言

GB/T 24218《纺织品　非织造布试验方法》分为以下部分：

——第1部分：单位面积质量的测定；

——第2部分：厚度的测定；

——第3部分：断裂强力和断裂伸长率的测定(条样法)；

——第5部分：耐机械穿透性的测定(钢球顶破法)；

——第6部分：吸收性的测定；

——第8部分：液体穿透时间的测定(模拟尿液)；

——第10部分：干态落絮的测定；

——第11部分：溢流量的测定；

——第12部分：受压吸收性的测定；

——第13部分：液体多次穿透时间的测定；

——第14部分：包覆材料返湿量的测定；

——第15部分：透气性的测定；

——第16部分：抗渗水性的测定(静水压法)；

——第17部分：抗渗水性的测定(喷淋冲击法)；

——第18部分：断裂强力和断裂伸长率的测定(抓样法)；

——第101部分：抗生理盐水性能的测定(梅森瓶法)。

本部分为 GB/T 24218 的第17部分。

本部分按照 GB/T 1.1—2009 给出的规则起草。

本部分使用重新起草法修改采用 ISO 9073-17:2008《纺织品　非织造布试验方法　第17部分：抗渗水性的测定(喷淋冲击法)》。

本部分与 ISO 9073-17:2008 的技术性差异及其原因如下：

——关于规范性引用文件，本部分做了具有技术性差异的调整，以适应我国的技术条件，调整情况集中反映在第2章“规范性引用文件”中，具体调整如下：

- 用修改采用国际标准的 GB/T 6529 代替了 ISO 139(见7.2)；
- 用修改采用国际标准的 GB/T 24218.6 代替了 ISO 9073-6(见5.1)；
- 增加了对 GB/T 6682 的引用(见5.2)；
- 删除了对 ISO 3951.5 的引用。

——本部分5.2的水规定为“三级水”，便于统一试验条件。

——本部分图1中增加了喷头孔直径为(0.990±0.005)mm，对试验仪的这一重要参数做统一规定，保证试验条件一致。

——本部分图2中增加了漏斗的尺寸，对试验仪的这一重要参数做统一规定，保证试验条件一致。

——本部分7.1由“按产品标准的规定或有关协议取样”代替了“按 ISO 3951.5 取样”，更符合我国实际检测程序。

——本部分7.3中增加了试样数量的规定，以提高试验结果的代表性和一致性。

本部分相比做了下列编辑性修改：

——将 ISO 9073-17:2008 的3.1术语改为“非织造布抗渗水性”；

——删除了 ISO 9073-17:2008 中5.1的e)，并将 ISO 9073-17:2008 脚注2)简化为本标准5.1

的注；

——增加了本部分第8章的注“如果需要可报告变异系数”。

本部分由中国纺织工业联合会提出。

本部分由全国纺织品标准化技术委员会(SAC/TC 209)归口。

本部分起草单位:中纺标检验认证有限公司、深圳市中纺联科技发展有限公司、东纶科技实业有限公司、晋江中纺标检测有限公司、佛山市顺德区质量技术监督标准与编码所。

本部分主要起草人:韩玉茹、郭文松、陈凯、吕静、许磊、蔡瑞、郭小强、李健。

纺织品　非织造布试验方法
第17部分:抗渗水性的测定(喷淋冲击法)

1　范围

GB/T 24218的本部分规定了采用喷淋冲击法测定非织造布抗渗水性的试验方法。

本部分适用于预期具有一定防水性或拒水性的非织造布。

本试验结果与非织造布的纤维原料的拒水性以及非织造布的结构和整理方式有关。

2　规范性引用文件

下列文件对于本文件的应用是必不可少的。凡是注日期的引用文件,仅注日期的版本适用于本文件。凡是不注日期的引用文件,其最新版本(包括所有的修改单)适用于本文件。

GB/T 6529　纺织品　调湿和试验用标准大气(GB/T 6529—2008,ISO 139:2005,MOD)

GB/T 6682　分析实验室用水规格和试验方法(GB/T 6682—2008,ISO 3696:1987,MOD)

GB/T 24218.6　纺织品　非织造布试验方法　第6部分:吸收性的测定(GB/T 24218.6—2010,ISO 9073-6:2000,MOD)

3　术语和定义

下列术语和定义适用于本文件。

3.1

非织造布抗渗水性　resistance to penetration by water of nonwoven materials

非织造布抵抗被水渗透的能力。

4　原理

本方法采用喷淋冲击的形式测定并预测非织造布的抗渗水性。将试样覆盖在一张已知质量的吸水纸上,然后把规定体积的水喷淋到试样上,再次称量吸水纸质量。两次质量的差值为渗水量。差值越大,渗水量越多,样品的抗渗水性越差。

关于本试验的再现性参见资料性附录A。

5　材料和试剂

5.1　吸水纸,用于喷淋冲击试验,尺寸为(150±1)mm×(225±1)mm,符合以下要求:

a)　试验过程中,湿润后的吸水纸没有明显的变形;

b)　水吸收时间不大于5 s(按GB/T 24218.6测定);

c)　水吸收量不小于480%(按GB/T 24218.6测定);

d)　结构均匀;

e)　密度为(0.24±0.05)g/cm^3;

f) 单位面积质量为(124±6)g/m²;

g) 在10 kPa压脚压强下厚度为0.500 mm~0.560 mm。

注:如能够得到相同的试验结果,可使用其他的等效产品。

5.2 三级水,符合GB/T 6682规定,温度为(27±1)℃。

5.3 天平,分度值为0.01 g,用于称量质量。

5.4 秒表,分度值为0.1 s。

5.5 隔板,尺寸为(100±1)mm×(100±1)mm的聚甲基丙烯酸甲酯塑料板或类似的惰性材料板,厚度为(6±1)mm,放置于漏斗中以消除水漩涡。

5.6 水滴收集器,吸水纸或其他类型的吸水材料,用于收集喷淋后喷头上滴落的水滴,以避免水滴溅落到试样上。

6 仪器

6.1 冲击渗透装置(冲击渗透试验仪),见图1(喷头)和图2(除配重弹簧夹外的试验装置)。

单位为毫米

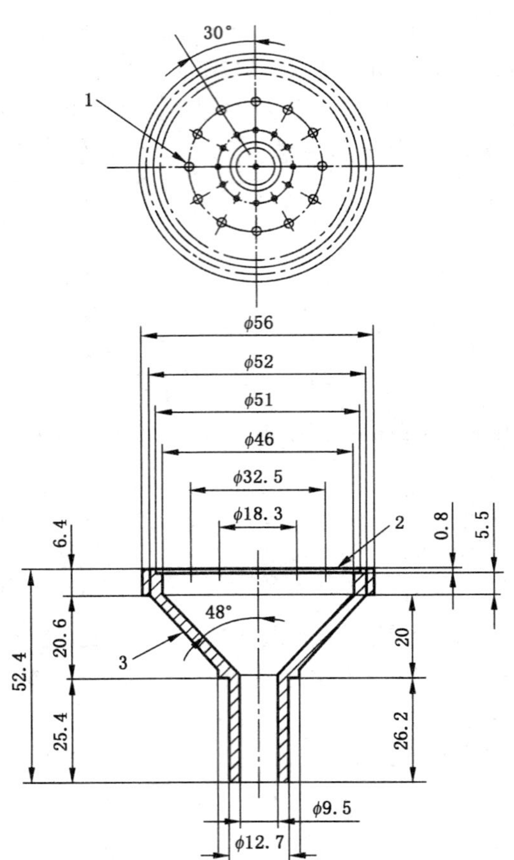

说明:

1——25个孔,直径为(0.990±0.005)mm;

2——黄铜;

3——青铜。

图1 喷头

单位为毫米

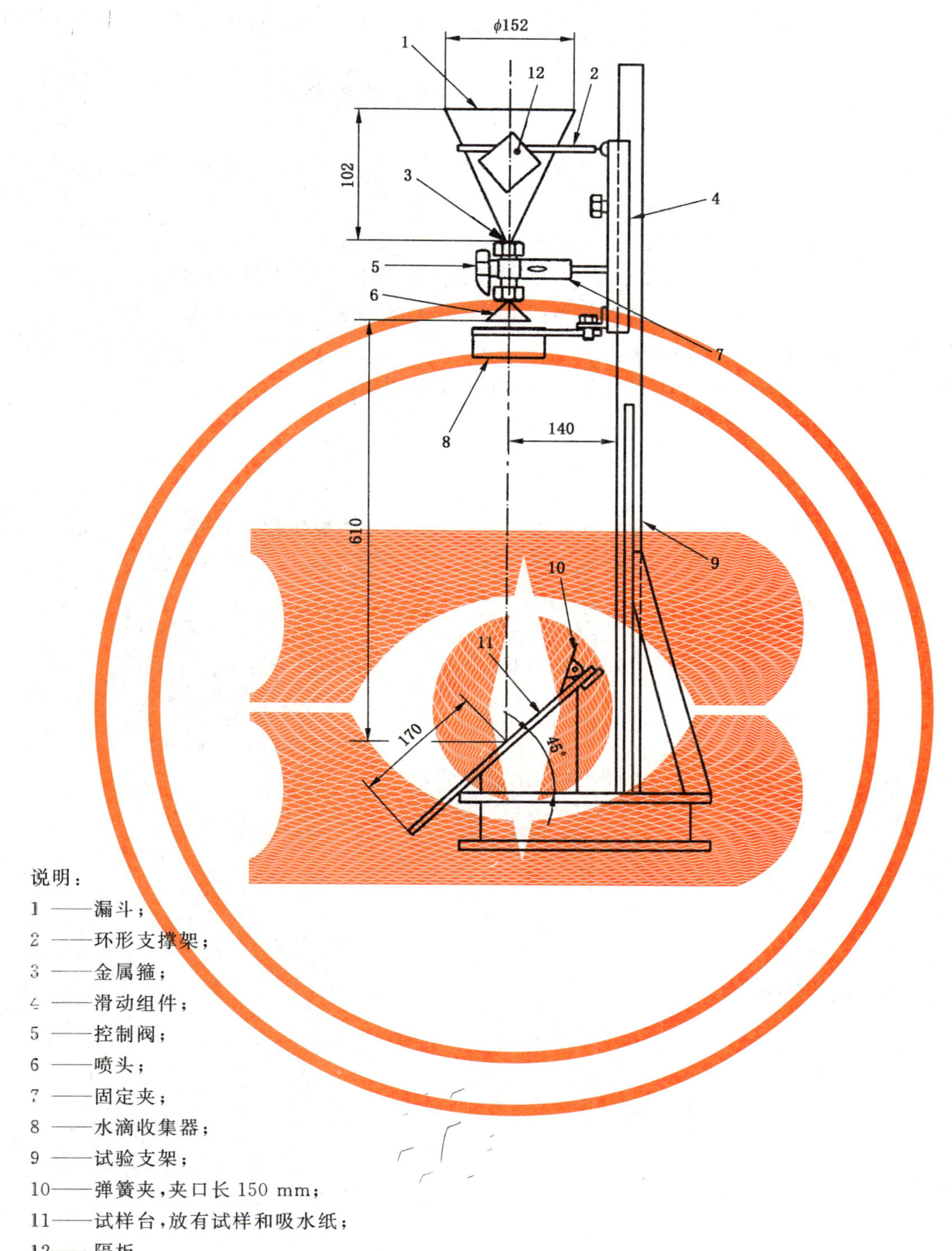

说明：

1 ——漏斗；
2 ——环形支撑架；
3 ——金属箍；
4 ——滑动组件；
5 ——控制阀；
6 ——喷头；
7 ——固定夹；
8 ——水滴收集器；
9 ——试验支架；
10——弹簧夹，夹口长 150 mm；
11——试样台，放有试样和吸水纸；
12——隔板。

图 2　冲击渗透试验仪示意图

6.2　配重弹簧夹，夹口长(150±1)mm，配重弹簧夹总质量为 454 g，用于夹持试样宽度方向。

7　程序

7.1　按产品标准的规定或有关协议取样。

7.2 将样品和吸水纸放入GB/T 6529中规定的标准大气中调湿平衡。宜将吸水纸两面均置于空气中(如挂在晒衣绳上)。宜注意小心手持样品不要接触任何污染物,如肥皂、盐、油等,这些物质可能影响水的渗透。

7.3 从样品上剪取5个尺寸为(175±1)mm×(325±1)mm的试样,试样长度方向为样品的直向。

7.4 称量吸水纸(5.1)的初始质量(m_1),精确至0.01 g。

7.5 用固定在试样台上端的弹簧夹居中夹持试样宽度方向的一端,确保试样平整地置于试样台上。

7.6 用配重弹簧夹(6.2)居中夹持试样的另一端。

7.7 将已知质量的吸水纸平整地放于被夹持试样下面的居中位置(见图2)。

7.8 将(500±10)mL温度为(27±1)℃的水(5.2)倒入仪器的漏斗中,使其喷淋到试样上。

7.9 当连续喷淋水流停止后2 s,放置水滴收集器(5.6),防止剩余的水滴落到试样上。

7.10 小心拿起试样,移走其下面的吸水纸。

7.11 为了避免水分蒸发,立即称量吸水纸质量(m_2),精确至0.01 g。

8 结果计算

计算吸水纸质量 m_2 与 m_1 的差值作为试样渗水量,单位为g。报告样品的单值、平均值和标准偏差。

注:如果需要可报告变异系数。

9 试验报告

试验报告应包括以下内容:

a) 试验是按本部分(列出本部分的标准号)规定进行的;
b) 样品描述;
c) 试样数量;
d) 试验环境;
e) 单值,精确到0.01 g;
f) 平均值和标准偏差,精确到0.01 g;
g) 任何偏离本部分的细节。

附 录 A
（资料性附录）
关于再现性的说明

ISO 对本试验再现性研究是 6 个实验室在同一种样品的 30 个试样，两种类型吸水纸的条件下进行的。A 类型的吸水纸符合本部分要求，B 类型的普通吸水纸不符合本部分要求。普通吸水纸更密，不均匀，吸收率低，浸润后变形大。表 A.1 为 6 个实验室的试验结果及 2 种类型吸水纸的对比情况。所有试验结果是由受到良好培训的操作者从同一批样品中随机取样得到的。本方法使用的吸水纸符合 5.1 的要求。如果使用吸水率低、密度高、易变形的吸水纸会得到不可靠的结果。

表 A.1 两种类型吸水纸对比

吸水纸类型	吸水纸 A	吸水纸 B
参加实验室数量	6	6
保留实验室数量	6	6
保留实验室单值数量	30	30
总平均	5.220	4.319
重复性标准偏差	0.607	2.592
再现性标准偏差	0.607	2.726

ICS 77.140.60
H 44

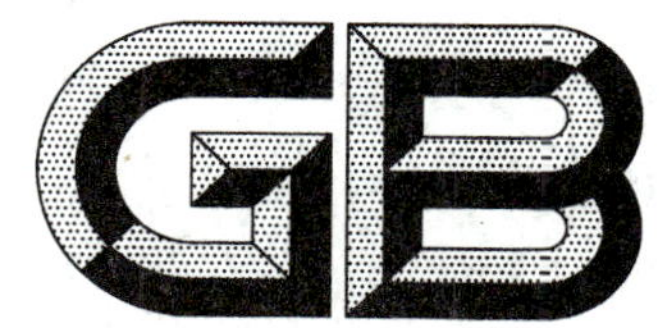

中华人民共和国国家标准

GB/T 24238—2017
代替 GB/T 24238—2009

预应力钢丝及钢绞线用热轧盘条

Hot-rolled wire rod for prestressed steel wire and strand

2017-05-31 发布　　2017-12-01 实施

中华人民共和国国家质量监督检验检疫总局
中国国家标准化管理委员会　发布

前　言

本标准按照 GB/T 1.1—2009 给出的规则起草。

本标准代替 GB/T 24238—2009《预应力钢丝及钢绞线用热轧盘条》，与 GB/T 24238—2009 相比，除编辑性修改外，主要技术变化如下：

——扩大盘条规格范围；

——取消 YL72A、YL77A、YL82A、YL87A 四个牌号；

——细化各牌号索氏体含量；

——明确网状渗碳体、中心马氏体允许级别要求；

——修改力学性能；

——加严脱碳层深度要求。

本标准由中国钢铁工业协会提出。

本标准由全国钢标准化技术委员会(SAC/TC 183)归口。

本标准起草单位：鞍钢股份有限公司、江苏沙钢集团有限公司、江苏永钢集团有限公司、天津钢铁集团有限公司、中天钢铁集团有限公司、青岛特殊钢铁有限公司、天津银龙预应力材料股份有限公司、宝钢集团南通线材制品有限公司、冶金工业信息标准研究院。

本标准主要起草人：翟利平、尹一、安绘竹、任茂勇、任翠英、王玲君、聂文金、眭志松、孙光涛、刘澄、王正茂、谢铁桥、陈亮、余景岐、胡海平、刘学森、李晓波、沈爱国、孟昭贤、桂仲林。

本标准所代替标准的历次版本发布情况为：

——GB/T 24238—2009。

预应力钢丝及钢绞线用热轧盘条

1 范围

本标准规定了预应力钢丝及钢绞线用盘条的牌号、订货内容、尺寸、外形、重量及允许偏差、技术要求、试验方法、检验规则、包装、标志和质量证明书。

本标准适用于预应力钢丝及钢绞线用热轧盘条(以下简称盘条)。

2 规范性引用文件

下列文件对于本文件的应用是必不可少的。凡是注日期的引用文件,仅注日期的版本适用于本文件。凡是不注日期的引用文件,其最新版本(包括所有的修改单)适用于本文件。

GB/T 222 钢的成品化学成分允许偏差

GB/T 223.5 钢铁 酸溶硅和全硅含量的测定 还原型硅钼酸盐分光光度法

GB/T 223.12 钢铁及合金化学分析方法 碳酸钠分离-二苯碳酰二肼光度法测定铬量

GB/T 223.14 钢铁及合金化学分析方法 钽试剂萃取光度法测定钒含量

GB/T 223.19 钢铁及合金化学分析方法 新亚铜灵-三氯甲烷萃取光度法测定铜量

GB/T 223.23 钢铁及合金 镍含量的测定 丁二铜肟分光光度法

GB/T 223.59 钢铁及合金 磷量的测定 铋磷钼蓝分光光度法和锑磷钼蓝分光光度法

GB/T 223.62 钢铁及合金化学分析方法 乙酸丁酯萃取光度法测定磷量

GB/T 223.63 钢铁及合金化学分析方法 高碘酸钠(钾)光度法测定锰量

GB/T 223.67 钢铁及合金 硫含量的测定 次甲基蓝分光光度法

GB/T 223.69 钢铁及合金 碳含量的测定 管式炉内燃烧后气体容量法

GB/T 223.72 钢铁及合金 硫含量的测定 重量法

GB/T 224 钢的脱碳层深度测定法

GB/T 228.1 金属材料 拉伸试验 第1部分:室温试验方法

GB/T 2101 型钢验收、包装、标志和质量证明书的一般规定

GB/T 2975 钢及钢产品 力学性能试验取样位置及试样制备

GB/T 4336 碳素钢和中低合金钢 多元素含量的测定 火花放电原子发射光谱法(常规法)

GB/T 6394 金属平均晶粒度测定法

GB/T 8170 数值修约规则与极限数值的表示和判定

GB/T 10561 钢中非金属夹杂物含量的测定 标准评级图显微检验法

GB/T 13298 金属显微组织检验方法

GB/T 14981—2009 热轧圆盘条尺寸、外形、重量及允许偏差

GB/T 20066 钢和铁 化学成分测定用试样的取样和制样方法

GB/T 20123 钢铁 总碳硫含量的测定 高频感应炉燃烧后红外吸收法(常规方法)

YB/T 169 高碳钢盘条索氏体含量金相检测方法

YB/T 4411 高碳钢盘条中心马氏体评定方法

YB/T 4412 高碳钢盘条网状渗碳体评定方法

3 牌号

钢的牌号由代表“应力”的汉语拼音字母(大写)、平均含碳量和锰含量符号组成。例如:YL82B。

其中：
YL ——“应力”的汉语拼音字头；
82 ——标准规定的平均含碳量(以万分之几计)；
B ——锰含量符号。

4 订货内容

按本标准订货时，合同中应该包括下列内容：
a) 本标准编号；
b) 产品名称；
c) 牌号；
d) 规格；
e) 尺寸、外形精度级别；
f) 重量；
g) 包装方式及标志要求；
h) 特殊要求(晶粒度、非金属夹杂物等)。

5 尺寸、外形、重量及允许偏差

5.1 盘条的尺寸、外形及允许偏差应符合 GB/T 14981—2009 中 B 级及以上精度的规定。若合同中未明确时，按 GB/T 14981—2009 中 B 级精度执行。
5.2 盘条的重量应符合 GB/T 14981—2009 的规定。

6 技术要求

6.1 牌号及化学成分

6.1.1 盘条用钢的牌号和化学成分(熔炼分析)应符合表 1 的规定。

表 1

牌号	化学成分(质量分数)[a,b]/%								
	C[c]	Si[d]	Mn	P	S	Cr[e]	Ni[e]	Cu[e]	V
YL72B	0.70～0.75	0.10～0.30	0.60～0.90	≤0.025	≤0.025	≤0.10	≤0.10	≤0.20	—
YL77B	0.75～0.80	0.10～0.30	0.60～0.90	≤0.025	≤0.025	≤0.35	≤0.10	≤0.20	—
YL82B	0.80～0.85	0.10～0.30	0.60～0.90	≤0.025	≤0.025	≤0.35	≤0.10	≤0.20	≤0.15
YL87B	0.85～0.90	0.10～0.30	0.60～0.90	≤0.025	≤0.025	≤0.35	≤0.10	≤0.20	[f]

[a] 未经需方同意，供方不应有意向钢中添加本表规定范围以外的合金元素。
[b] 如需更改规定的化学元素含量或增、减化学元素时，可由供需双方协商确定。
[c] 经供需双方协商，碳含量下限可降低 0.01%，或碳含量上限提高 0.01%。
[d] 若用于镀锌时，硅含量可由供需双方协商确定。
[e] 经供需双方协商，不是有意添加 Cr 元素的钢，其(Cu+Ni+Cr)应不大于 0.30%。
[f] V 含量由供方根据需求确定。

6.1.2 盘条成品化学成分的允许偏差应符合 GB/T 222 的规定。

6.1.3 经供需双方协商，并在合同中注明，可供应其他牌号和化学成分的盘条。

6.2 冶炼方法

钢由转炉或电炉冶炼，并应进行炉外精炼。

6.3 交货状态

盘条以热轧状态交货，每盘由一根盘条组成。

6.4 力学性能

经供需双方协商，并在合同中注明，盘条的抗拉强度 R_m 和断面收缩率 Z 可按表 2 的规定执行。

表 2

牌号	拉伸试验			
	抗拉强度 R_m/MPa	断面收缩率 Z/%	抗拉强度 R_m/MPa	断面收缩率 Z/%
	直径 5.5 mm～10.0 mm		直径 10.5 mm～16.0 mm	
YL72B	990～1 110	≥30	970～1 090	≥25
YL77B	1 120～1 250		1 100～1 230	
YL82B	1 150～1 300		1 130～1 290	
YL87B	协议		协议	
表中性能值为盘条自然时效后数值。直径为 5.5 mm～10.0 mm 小规格盘条时效期 15 d，直径为 10.5 mm～16.0 mm 大规格盘条时效期 20 d。				
[a] 直径小于 5.5 mm 或直径大于 16.0 mm 的盘条力学性能由供需双方协商。				

6.5 内在质量

6.5.1 脱碳层

盘条应进行脱碳层深度检验，盘条一边总脱碳层（铁素体＋过渡层）的深度应不大于 1.0%D（D 表示盘条公称直径）。

6.5.2 显微组织

6.5.2.1 盘条的金相组织应主要为索氏体，索氏体含量应符合表 3 的规定。

表 3

牌　号	索氏体含量最小值/%
YL72B	80
YL77B、YL82B、YL87B	85

6.5.2.2 盘条应进行网状渗碳体及中心马氏体检验。直径 5.5 mm～10.0 mm 盘条网状渗碳体应不大于 1 级，中心马氏体应不大于 1.5 级；直径 10.5 mm～16.0 mm 盘条网状渗碳体应不大于 2 级，中心马氏体应不大于 2 级。

6.5.3 特殊要求

经供需双方协商，并在合同中注明，可进行晶粒度、非金属夹杂物等检验，具体允许级别在订货时协商。

6.6 表面质量

6.6.1 盘条应将头尾有害缺陷部分切除，其截面不应有缩孔、分层及夹杂。

6.6.2 盘条表面应光滑，不应有裂纹、折叠、夹杂、耳子、结疤、分层等对使用有害的缺陷。

6.6.3 盘条表面允许有深度(或高度)不大于 0.10 mm 的麻点、凹坑、划伤等轻微的局部缺欠。

7 试验方法

每批盘条的检验项目、取样数量、取样方法及试验方法应符合表 4 的规定。

表 4

序号	检验项目	取样数量	取样方法	试验方法
1	化学分析	1 个/炉	GB/T 20066	GB/T 223(适用部分)、GB/T 4336、GB/T 20123
2	拉伸试验	2 个/批	GB/T 2975，不同根盘条	GB/T 228.1
3	脱碳层	2 个/批	不同根盘条	GB/T 224
4	索氏体	2 个/批	不同根盘条	YB/T 169
5	马氏体	2 个/批	GB/T 13298，不同根盘条	YB/T 4411
6	网状渗碳体	2 个/批	GB/T 13298，不同根盘条	YB/T 4412
7	非金属夹杂物	2 个/批	不同根盘条	GB/T 10561
8	晶粒度	2 个/批	不同根盘条	GB/T 6394
9	尺寸、外形	逐盘	—	千分尺、游标卡尺
10	表面	逐盘	—	目测

8 检验规则

8.1 检查与验收

盘条的检查与验收由供方技术监督部门进行。

8.2 组批规则

盘条应成批验收。每批由同一牌号、同一炉号、同一尺寸的盘条组成。

8.3 取样数量

盘条各项检验的取样数量应符合表 4 的规定。

8.4 复验与判定

盘条的复验与判定应符合 GB/T 2101 的规定。

9 数值修约

盘条各项检验结果的数值修约应符合 GB/T 8170 的规定。

10 包装、标志和质量证明书

10.1 盘条的包装、标志按合同要求。当需方未明确时,由供方确定。

10.2 盘条的质量证明书应符合 GB/T 2101 的规定。

ICS 75.180.10
E 92

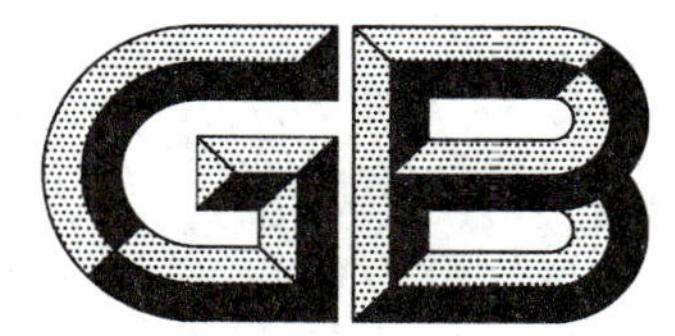

中华人民共和国国家标准

GB/T 24261.2—2017
代替 GB/T 24261.2—2010

石油海上数字地震采集拖缆系统 第2部分：水听器拖缆技术条件

Marine seismic digital streamer system—
Part 2：Standards for specifying hydrophone streamer-cable characteristic

2017-09-07 发布　　2018-04-01 实施

中华人民共和国国家质量监督检验检疫总局
中国国家标准化管理委员会　发布

前　言

GB/T 24261《石油海上数字地震采集拖缆系统》分为三个部分：

——第1部分：水听器技术条件；

——第2部分：水听器拖缆技术条件；

——第3部分：中央记录系统。

本部分为GB/T 24261的第2部分。

本部分按照GB/T 1.1—2009给出的规则起草。

本部分代替GB/T 24261.2—2010《石油海上数字地震采集拖缆系统　第2部分：水听器拖缆技术条件》，与GB/T 24261.2—2010相比，除编辑性修改外主要技术变化如下：

——增加了术语和定义(见第3章)；

——增加了固体缆及水听器组合特征和相应的技术指标(见4.1.3)；

——将充填物指标细化并补充要求(见4.7.1,4.7.2,4.7.3,2010版的3.7)；

——删除了辅助设备的设备输出信号(见4.3,2010版的3.3.2)；

——增加了固体缆水听器组合特征测试(见5.3)；

——增加了附录A。

本部分由全国石油天然气标准化技术委员会(SAC/TC 355)提出并归口。

本部分起草单位：中海油田服务股份有限公司物探事业部、中国石油天然气集团东方物理地球勘探有限责任公司西安物探装备分公司、石油工业仪器仪表质量监督检验中心、国土资源部广州海洋地质调查局。

本部分主要起草人：曹占全、赵伟、于湛海、何国信、褚荣英、陈洁、韩晓泉、连艳红、尹振国、张在陆、李佩昌、汉泽西。

本标准所代替标准的历次版本发布情况为：

——GB/T 24261.2—2010。

石油海上数字地震采集拖缆系统 第2部分:水听器拖缆技术条件

1 范围

GB/T 24261 的本部分规定了海上石油勘探所用拖缆式地震数据采集系统配套水听器的组合、工作段、前导段、弹性段、甲板电缆以及可选择的辅助设备、充填物的技术要求和测试要求。

本部分适用于水听器拖缆的制造、检验和质量评价。

2 规范性引用文件

下列文件对于本文件的应用是必不可少的。凡是注日期的引用文件,仅注日期的版本适用于本文件。凡是不注日期的引用文件,其最新版本(包括所有的修改单)适用于本文件。

GB/T 5096 石油产品铜片腐蚀试验法

GB/T 24261.1 石油海上数字地震采集拖缆系统 第1部分:水听器技术条件

3 术语和定义

下列术语和定义适用于本文件。

3.1

水听器组合 Hydrophone arrays

两个或两个以上水听器按一定规则排列。

3.2

工作段 Streamer cable section

具有地震数据采集功能的电缆。

3.3

前导段 Lead-in cable

抗磨损部件,用于数据传输,具有拖曳、防抖动作用,其长度视偏移距大小而定,它连接于电缆绞车与弹性段之间。

3.4

弹性段 Stretch section

抗张力部件,用于数据传输,以降低船和尾标振动产生的噪音,它连接于前导段与工作段和工作段与尾标之间。

3.5

甲板电缆 Deck cable

连接船上的地震数据记录系统与前导段之间的电缆。

3.6

充填物 Ballast material

填充塑料管内剩余空间的物质,如电缆油、树脂、胶体等物质。

4 要求

4.1 水听器组合

4.1.1 物理特性

水听器组合应给出如下物理特性参数：

a) 每个组合的水听器类型和数量；

b) 每个工作段的组合数量；

c) 组合尺寸(道长度)；

d) 道间距(相邻组合中心点间的距离)；

e) 水听器间距(组合内相邻水听器的间距)；

f) 组合水听器间距分布图(当组合内相邻水听器间距不等时)；

g) 推荐工作深度；

h) 最大允许水深(指水听器组合无损坏且灵敏度永久性变化未超过 1 dB 时的最大水深)；

i) 可编程时的可选组态说明；

j) 符合 GB/T 24261.1 应规定的水听器指标列表。

4.1.2 电气特性

水听器组合应给出如下电气特性参数：

a) 包括水听器连接和耦合电路在内的工作段电路示意图；

b) 每个水听器组合的总电容,(允许误差用%表示)；

c) 输出阻抗；

d) 灵敏度；

e) 灵敏度随深度变化系数(用 dB/m 表示)；

f) 电权值；

g) 以图形方式表示的振幅频率关系曲线(频率单位为赫兹,振幅单位为分贝,以 1 V/μPa 为 0 dB),如图 1 下半部分；

h) 以图形方式表示相位频率关系曲线(相位单位为弧度,频率单位为赫兹),如图 1 上半部分所示；

i) 以图形方式表示空间响应曲线(空间响应是组合长度与波长比的函数),如图 2 所示。

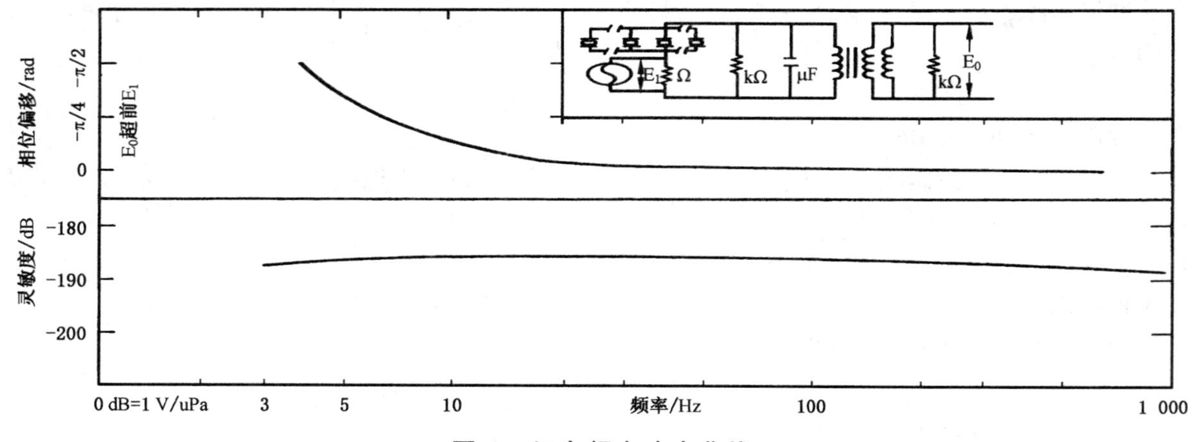

图 1　组合频率响应曲线

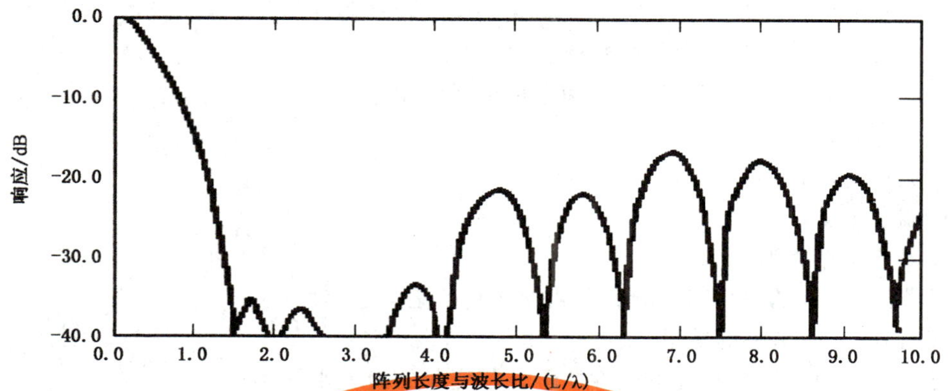

图 2 组合空间响应曲线

4.1.3 固体缆特征及水听器组合技术指标

4.1.3.1 固体缆特征

固体缆主要应具备以下特性：

a) 环保；

b) 密度一致，可用于改良平衡；

c) 结构牢固，使用寿命长；

d) 不良天气下不会产生干扰信号；

e) 分布式电子元件；

f) 电源线和传输线采用冗余设计；

g) 可现场维修。

4.1.3.2 固体缆水听器组合技术指标

固体缆水听器组合的技术特性应满足如下项目和相应指标：

a) 电容值：见附录 A 中 A.1；

b) 低截止频率：见附录 A 中 A.2；

c) 灵敏度：见附录 A 中 A.3；

d) 噪声 N：不高于 320 μV；

e) 共模抑制比(CMRR)：在 70 dB 和 110 dB 范围之间；

f) 漏电电阻 R：不小于 5 MΩ。

4.2 工作段

4.2.1 一般技术参数

工作段应给出如下一般技术参数：

a) 长度；

b) 外径；

c) 护套类型和厚度；

d) 加强构件的材质、类型、尺寸、数目；

e) 最小拖断力；

f) 在干燥空气中的质量;
g) 填充定量液体后在干燥空气中的质量;
h) 在20 ℃和一个标准大气压下,在净水中的排水量;
i) 压载物体积;
j) 工作温度范围;
k) 存储温度范围;
l) 电缆段连接器类型;
m) 水听器的材质,说明与其接触的压载物之间的化学兼容性;
n) 连接器外径、净水中的质量、长度;
o) 不导致工作段损坏且物理电气性能不显著变化的最大水深度;
p) 电缆和连接器可经受的最小弯曲半径;
q) 在特定环境下,导体的环路直流电阻和电容;
r) 工作道数目和备份数量;
s) 辅助道数目和备份数量;
t) 电子模块质量控制测试线对的数目;
u) 实际使用的导体类型,如双绞线、同轴线、光纤等;
v) 道间应达到的最小漏电电阻。

4.2.2 主要技术参数

工作段应给出如下主要技术参数:
a) 每模块地震道数(一般为2、4、12、16、24可选)和辅助道数;
b) 与采样间隔对应的高截止频率(一般为1 600 Hz、800 Hz、400 Hz、200 Hz、100 Hz);
c) 低截止频率(一般为0 Hz~5 Hz);
d) A/D转换器:(一般为24位Δ-Σ类型);
e) 在2 ms采样时的动态范围>114 dB;
f) 在2 ms采样时的总谐波畸变>−105 dB;
g) 差分输入电阻(一般为20 kΩ);
h) 数据传输链类型和带宽;
i) 相邻模块间或中继器间最大数传距离;
j) 功率;
k) 能满足功率和数传需求的最大电缆长度;
l) 非地震数传导线的类型,指标,数量和实用功能;
m) 漏电的电阻应大于100 MΩ。

4.3 辅助设备

辅助设备包括:
a) 水断水听器;
b) 电缆深度传感器;
c) 罗盘;
d) 电缆回收装置;
e) 电缆深度控制器;
f) 尾节;
g) 尾标;

h） 电缆定位设备。

4.4 前导段

前导段应给出如下物理特性参数：

a） 长度；

b） 外径；

c） 护套的类型和厚度；

d） 导体的数量，类型，AWG 导线规格；

e） 铠装的类型和加强构件指标；

f） 最小拖断力；

g） 干重；

h） 潜重；

i） 工作温度；

j） 存储温度；

k） 减震装置类型；

l） 环路直流电阻、电容和漏电；

m） 连接器类型；

n） 浮力；

o） 最小弯曲半径。

4.5 甲板电缆

甲板电缆应给出以下物理特性应参数：

a） 长度；

b） 外径；

c） 护套类型；

d） 导体的数量，类型，AWG 导线规格；

e） 铠装类型；

f） 最小拖断力；

g） 干重；

h） 工作温度；

i） 存储温度；

j） 连接器类型；

k） 最小弯曲半径；

l） 环路直流电阻、电容、标称漏电电阻。

4.6 弹性段

弹性段应给出以下物理特性参数：

a） 长度；

b） 外径；

c） 护套类型和厚度；

d） 导体的数量、类型、AWG 导线规格；

e） 弹性加强构件类型和数量；

f） 最小拖断力；

g) 可拉伸性；
h) 干重；
i) 湿重；
j) 潜重；
k) 工作温度；
l) 存储温度；
m) 每单位长度的往返直流电阻、电容、漏电标称值；
n) 连接器类型；
o) 充填物体积；
p) 工作传感器数量和类型以及技术特性。

4.7 填充物指标

4.7.1 电缆油物理特性

电缆油的物理特性应符合以下项目中内容：

a) 密度：(0.750±0.040)g/cm³；
b) 闪点：应大于 58 ℃；
c) 芳香族化合物含量：应小于 10 cm³/L；
d) 防臭性：专业测试方法是特别参考硫磺和硫醇对溶剂的除臭的程度加以衡量。
e) 腐蚀性：腐蚀性指标应为 1a 级；
f) 硫磺含量：1 mg/kg；
g) 石蜡：石蜡含量应不小于 99%；
h) 烯烃：烯烃含量 10 cm³/L 。

4.7.2 胶体物理特性

胶体的物理特性应符合以下项目中内容：

a) 声学性能：声波在固体介质声波传播衰减≤0.3 dB/cm。
b) 机械性能：
   1) 耐屈挠和拉伸性能；
   2) 密度要求 0.96 g/cm³ 以下；
   3) 黏度为 0.3 Pa·s～0.9 Pa·s(25 ℃)，固体含量 99%；
   4) 拉伸强度控制在 0.7 MPa～1.5 MPa、抗撕裂强度大于 25 kN/m、延伸率达到 400%以上，高的回弹恢复性；
   5) 硬度要求小于 30 邵氏硬度 A 。
c) 常温下预凝时间 6 h～8 h。

4.7.3 固体物理特性

固体的物理特性应符合以下项目中内容：

a) 聚乙烯的物理性能：
   1) 密度：0.9 g/cm³～0.96 g/cm³；
   2) 热熔指数：0.3 g/10 min～0.25 g/10 min。
b) 聚乙烯的机械性能：
   1) 弯曲模量：≤750 MPa；

2）冲击强度≥23 kJ/m^2；
3）拉伸强度 15.3 MPa～23 MPa；
4）硬度：55 HRC。

c）聚乙烯的热性能：
1）熔点：123 ℃～125 ℃；
2）结晶度：110 ℃～115 ℃；
3）热变形温度：80 ℃
4）脆化温度：≤−60 ℃；
5）维卡软化温度：110 ℃～125 ℃。

5 检验和试验

5.1 油缆工作段

对电缆工作段的各项技术指标的试验，应按照 SEG Geophysics，53，no.03，415-416（Badger，A.S.，1988）的相关的方法进行，结果应符合 4.2 的要求。

5.2 电缆压载物腐蚀性

对电缆压载物腐蚀性的检验，应按照 GB/T 5096 的规定执行，结果应符合 4.7.1 的要求。

5.3 固体缆水听器组合特征测试

5.3.1 水听器组合噪声测试的设置

水听器组合噪声测试的设置包括：
——模数转换器的输入：从水听器连接到输入电路；
——前置放大器增益：400 mV(12 dB)；
——数模转换器：关闭；
——滤波器类型：0.8 LIN；
——采样间隔：任意；
——测试序列：按图 3 和表 1 生成测试序列。

T_b	T_m	T_e

说明：
T_b ——瞬态电路起始时间，单位为毫秒(ms)；
T_m ——测量时间的长度，单位为毫秒(ms)；
T_e ——瞬态电路结束时间，单位为毫秒(ms)。

图 3 水听器组合噪声测试序列示意图

表 1 水听器组合噪声测试的 T_m 序列

滤波类型	采样间隔/ms	T_m/ms
0.8 LIN	0.25	512
	0.5	1 024
	1	2 048
	2	2 048
	4	2 048
0.8 MIN	0.25	512
	0.5	1 024
	1	2 048
	2	2 048
	4	2 048

5.3.2 水听器组合噪声的计算

水听器组合噪声的计算如下：

a) 总功率在 N 输出信号采样按式(1)计算：

$$P=\frac{1}{N}\sum_{0}^{N-1}X_i^2 \qquad (1)$$

式中：

P ——总功率，单位为瓦(W)；

N ——取决于采样长度和采样间隔；

X ——24 位编码的样点振幅。

b) 低于 3 Hz 的功率按式(2)计算：

$$P_1=\sum_{0}^{M}|\hat{X}_j|^2 \qquad (2)$$

式中：

P_1——低于 3 Hz 的功率，单位为瓦(W)；

M ——低于 3 Hz 谐波线数($\Delta f=1/N.SR$)；

$\hat{X}_j$——DFT(离散傅里叶变换)的 DSP(数字信号处理器)输出信号 $x(t)$。

c) 环境噪声的 RMS(均方根)值按式(3)计算：

$$N_F=\sqrt{P-P_1} \qquad (3)$$

式中：

N_F——环境噪声。

测试结果应符合 4.1.3.2d)的要求。

5.3.3 水听器组合电容值测试的设置和计算

水听器组合电容值测试的设置包括：

——模数转换器的输入：从水听器连接到输入电路；

——前置放大器增益：任意；

——数模转换器：连接到水听器；

——过滤器类型：任意；

——采样间隔：0.25 ms；

——测试序列：按图 4 生成测试序列。

T_b	512 ms	T_e

图 4　水听器组合电容值测试序列示意图

T_b=528 ms；T_e=8 ms。

水听器组合电容值的计算如下：

a)　水听器组合的等效阻抗按式(4)计算：

$$Z_e=\frac{f_{DFT}}{I_{DAC}} \quad \cdots\cdots(4)$$

式中：

Z_e ——水听器组合等效阻抗；

f_{DFT} ——DFT(离散傅里叶变换)输出的测试频率是从 ADC(模数转换器)计算出的。

I_{DAC} ——由测试系统中的信号发生器发提供的电流。

b)　水听器组合的电容量是根据复数阻抗虚部按式(5)计算：

$$C_F=\mathrm{Im}(1/Z_r)/2\times\pi\times f_T \quad \cdots\cdots(5)$$

式中：

C_F ——水听器组合电容量；

Z_r ——在测试过程中，被计算出来的水听器的复数阻抗；

f_T ——测试频率。

注：Im 代表复数里的虚部。

测试结果应符合 4.1.3.2a)的要求。

5.3.4　水听器组合低截止频率测试的设置和计算

水听器组合低截止频率测试的设置包括：

——模数转换器的输入：从水听器连接到输入电路；

——前置放大器增益：任意；

——数模转换器：连接到水听器；

——滤波器类型：任意；

——采样间隔：0.25 ms；

——测试序列：按图 5 生成测试序列。

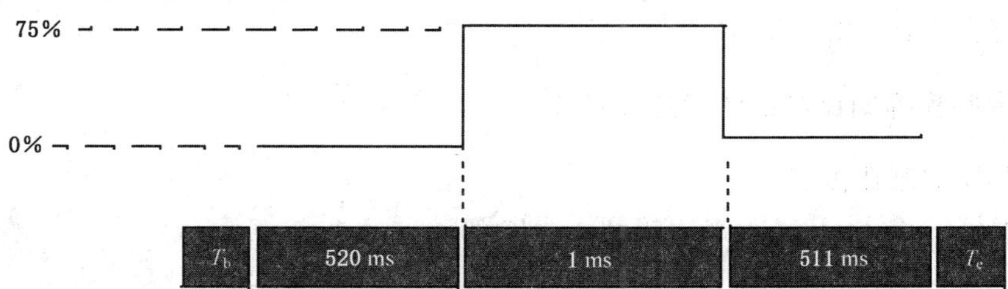

图 5　水听器组合低截止频率测试序列示意图

$T_b=528$ ms；$T_e=8$ ms。

水听器组合低截止频率测试的计算如下：

a） 由数模转换器的提供脉冲（已知幅度和宽度）输入到地震道。

b） 通过模数转换器测出电压值，地震道的低截止频率可以用最小二乘法计算。

测试结果应符合 4.1.3.2b）的要求。

5.3.5 水听器组合漏电阻值测试的设置和计算

水听器组合漏电阻值测试的设置包括：

——模数转换器的输入：由水听器和内部测试网络两个部分连接到输入电路；

——前置放大器增益：任意；

——数模转换器：连接到内部测试的网络；

——滤波器类型：任意；

——采样间隔：0.25 ms；

——测试序列：按图 6 生成测试序列。

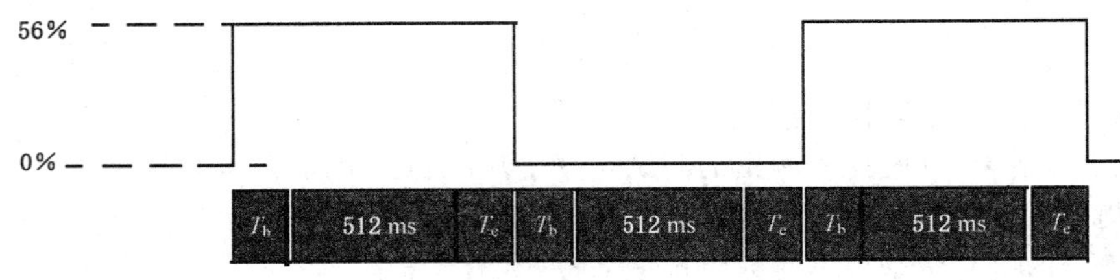

图 6 水听器组合漏电阻值测试序列示意图

水听器组合漏电阻值测试的计算如下：

a） 在正、负输入的地震道的通路上，确定复数阻抗的实部按式（6）计算：

$$L_{ResN}=Re(Z_{LeakN})$$
$$L_{ResP}=Re(Z_{LeakP}) \quad\quad (6)$$

式中：

Z_{LeakN}——负输入路径的漏电阻抗；

Z_{LeakP}——正输入路径的漏电阻抗。

b） 整道水听器组漏电阻值按式（7）表示为：

$$L_{Res}=(L_{ResP}\times L_{ResN})/(L_{ResP}+L_{ResN}) \quad\quad (7)$$

式中：

L_{Res} ——水听器组合漏电阻值；

L_{ResP}——正的复数阻抗实部；

L_{ResN}——负的复数阻抗实部。

测试结果应符合 4.1.3.2f）的要求。

5.3.6 水听器组合共模抑制比测试的设置和计算

水听器组合共模抑制比测试的设置包括：

——模数转换器的输入：从水听器连接到输入电路；

——前置放大器增益：任意；

——滤波类型式和采样间隔：任意；

——数模转换器：连接到水听器；

——测试序列:按图7和表2生成测试序列。

T_b	T_m	T_e

图7 水听器组合共模抑制比测试序列示意图

表2 水听器组合共模抑制比测试 T_m 序列

滤波类型	采样间隔/ms	T_m/ms
0.8 LIN	0.25	512
	0.5	1 024
	1	2 048
	2	2 048
	4	2 048
0.8 MIN	0.25	512
	0.5	1 024
	1	2 048
	2	2 048
	4	2 048

水听器组合共模抑制比测试的计算如式(8):

$$CMMR = 20\lg\frac{V_{CM}}{V_{rms}} \quad \cdots\cdots(8)$$

式中:

CMRR ——共模抑制比,单位为dB;

V_{CM} ——输入到水听器的共模电压RMS(均方根)值;

V_{rms} ——DSP(数字信号处理器)输出的测量电压值。

按式(8)计算水听器组合的共模抑制比,测试结果应符合4.1.3.2e)的要求。

5.3.7 水听器组合脉冲测试的设置

水听器组合脉冲测试的设置包括:

——模数转换器的输入:从水听器连接到输入电路;

——前置放大器增益:任意;

——数模转换器:连接到通道输入;

——滤波类型和采样间隔:任意;

——测试序列:按图8和表3生成测试序列。

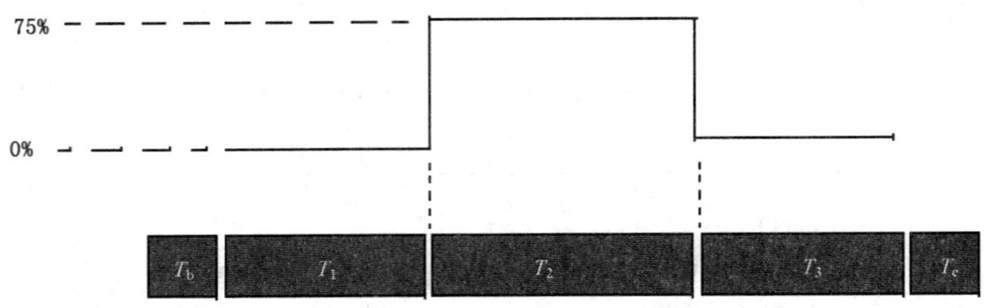

图 8　水听器组合脉冲测试序列示意图

表 3　水听器组合脉冲测试序列

滤波类型	采样间隔/ms	T_1/ms	T_2/ms	T_3/ms
0.8 LIN	0.25	512	0.25	511.75
	0.5	512	0.5	511.5
	1	512	1	511
	2	512	2	510
	4	512	4	508
0.8 MIN	0.25	512	0.25	511.75
	0.5	512	0.5	511.5
	1	512	1	511
	2	512	2	510
	4	512	4	508

数模转换器向地震道输入上述描述的脉冲，以及由此在模数转换器产生的输出信号记录到 SEGD（地震数据采集文件记录格式）。

测试结果应符合 4.1.3.2c)的要求。

附 录 A
（规范性附录）
固体缆水听器组合技术指标

A.1 电容值

A.1.1 标准电容量值与道间距、温度系数和压力系数的关系，见表 A.1。

表 A.1 水听器组合电容标准值技术指标

名称	技术指标		
固体缆道间距/m	12.5	6.25	3.125
典型的温度系数(σ_{ct})	0.7	0.5	0.3
典型的压力系数(σ_{cp})	−0.2	−0.1	−0.1
标准电容量值(C_s)	260	130	65

A.1.2 实际电容量值与温度、压力的计算公式按式(A.1)计算如下：

$$C_a = C_s \times \{1 + [\sigma_{ct} \times (T - 20)] + [\sigma_{cp} \times (p - 1)]\} \quad \text{(A.1)}$$

式中：

C_a ——实际电容量值，单位为纳法(nF)；

C_s ——在温度20 ℃、压力为 1 巴(bar)情况下，标准电容量值，单位为纳法(nF)；

σ_{ct} ——典型的温度系数，单位为百分比每摄氏度(%/℃)；

σ_{cp} ——在压力为(0 bar～3 bar)情况下，典型的压力系数，单位为百分比每巴(%/bar)；

T ——实际水温值，单位为摄氏度(℃)；

p ——实际压力值，单位为巴(bar)。

注：1 bar=100 kPa。

A.1.3 电容量允许误差：在所有地震道上，与实测电容量平均值之间偏差，按式(A.2)计算如下。

$$M_{ce} = \frac{C_a - C_v}{C_v} \quad \text{(A.2)}$$

式中：

C_a ——实际电容量值，单位为纳法(nF)；

C_v ——实测电容量平均值，单位为纳法(nF)；

M_{ce} ——电容量允许误差，%。

A.1.4 最大电容量值与最小电容量值按式(A.3)计算如下：

$$C_{max} = C_a \times (1 + M_{ce})$$
$$C_{min} = C_a \times (1 - M_{ce}) \quad \text{(A.3)}$$

式中：

C_{max}——最大电容量值，单位为纳法(nF)；

C_{min}——最小电容量值，单位为纳法(nF)。

A.2 低截止频率

A.2.1 标准低截止频率值与道间距、温度系数和压力系数的关系，见表 A.2。

表 A.2　水听器组合标准低截止频率值技术指标

名称	技术指标		
固体缆道间距/m	12.5	6.25	3.125
典型的温度系数(σ_{ft})	−0.6	−0.4	−0.2
典型的压力系数(σ_{fp})	0.2	0.1	0.1
标准低截止频率值(f_s)	3.14	3	3

A.2.2　实际低截止频率值与温度、压力的计算公式按式(A.4)计算如下：

$$f_a = f_s \times \{1 + [\sigma_{ft} \times (T - 20)] + [\sigma_{fp} \times (p - 1)]\} \quad \cdots\cdots(A.4)$$

式中：

f_a ——实际低截止频率值，单位为赫兹(Hz)；

f_s ——在温度 20 ℃、压力为 1 巴(bar)情况下，标准低截止频率值，单位为赫兹(Hz)；

σ_{ft} ——典型的温度系数，单位为百分比每摄氏度(%/℃)；

σ_{fp} ——在压力为(0 bar～3 bar)情况下，典型的压力系数，单位为百分比每巴(%/bar)；

T ——实际水温值，单位为摄氏度(℃)；

p ——实际压力值，单位为巴(bar)。

A.2.3　电容量允许误差：在所有地震道上，与实测低截止频率平均值之间偏差按式(A.5)计算如下。

$$M_{fe} = \frac{f_a - f_v}{f_v} \quad \cdots\cdots(A.5)$$

式中：

f_a ——实际低截止频率值，单位为赫兹(Hz)；

f_v ——实测低截止频率平均值，单位为赫兹(Hz)；

M_{fe} ——低截止频率允许误差，%。

A.2.4　最大低截止频率值与最小低截止频率值按式(A.6)计算：

$$f_{max} = f_a \times (1 + M_{fe})$$
$$f_{min} = f_a \times (1 - M_{fe}) \quad \cdots\cdots(A.6)$$

式中：

f_{max}——最大低截止频率值，单位为赫兹(Hz)；

f_{min}——最小低截止频率值，单位为赫兹(Hz)。

A.3　灵敏度

A.3.1　标准灵敏度值与道间距、温度系数和压力系数的关系，见表 A.3。

表 A.3　水听器组合标准灵敏度值技术指标

名称	技术指标		
固体缆道间距/m	12.5	6.25	3.125
典型的温度系数(σ_{st})	−0.1	0.1	0.3
典型的压力系数(σ_{sp})	−0.4	−0.4	−0.5
灵敏度标准值(S_s)	19.7	13.9	7.6

A.3.2 实际灵敏度值与温度、压力按式(A.7)计算如下：

$$S_a = S_s \times \{1 + [\sigma_{st} \times (T - 20)] + [\sigma_{sp} \times (p - 1)\} \quad \cdots\cdots (A.7)$$

式中：

S_a ——实际灵敏度值，单位为赫兹(Hz)；

S_s ——在温度 20 ℃、压力为 1 巴(bar)情况下，标准灵敏度标准值，单位为赫兹(Hz)；

σ_{st} ——典型的温度系数，单位为百分比每摄氏度(%/℃)；

σ_{sp} ——在压力为(0 bar～3 bar)情况下，典型的压力系数，单位为百分比每巴(%/bar)；

T ——水温实测值，单位为摄氏度(℃)；

p ——压力实测值，单位为巴(bar)。

A.3.3 最大灵敏度值与最小灵敏度值按式(A.8)计算如下：

$$\begin{aligned} S_{max} &= S_a \times (1 + M_{se}) \\ S_{min} &= S_a \times (1 - M_{se}) \end{aligned} \quad \cdots\cdots (A.8)$$

式中：

S_a ——实际灵敏度值，单位为分贝(dB)；

S_{max} ——最大灵敏度值，单位为分贝(dB)；

S_{min} ——最小灵敏度值，单位为分贝(dB)；

M_{se} ——灵敏度允许误差，%，一般为 10%。

ICS 29.130.20
K 31

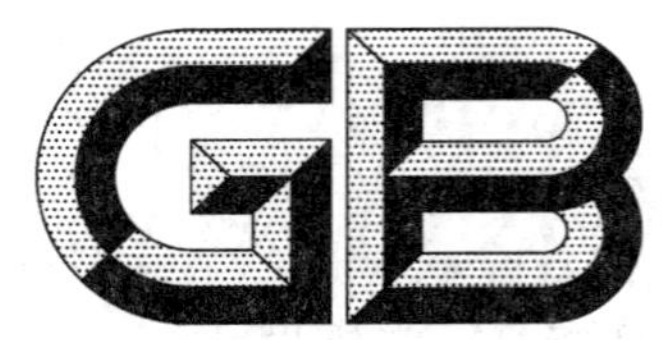

中华人民共和国国家标准

GB/T 24276—2017/IEC/TR 60890:2014
代替 GB/T 24276—2009

通过计算进行低压成套开关设备和控制设备温升验证的一种方法

A method of temperature-rise verification of low-voltage switchgear and controlgear assemblies by calculation

(IEC/TR 60890:2014,IDT)

2017-11-01 发布　　　　2018-05-01 实施

中华人民共和国国家质量监督检验检疫总局
中国国家标准化管理委员会　发布

前　　言

本标准按照 GB/T 1.1—2009 给出的规则起草。

本标准代替 GB/T 24276—2009《评估部分型式试验的低压成套开关设备和控制设备(PTTA)温升的外推法》，与 GB/T 24276—2009 相比主要技术变化如下：

——在结构和技术内容方面按 GB/T 7251.1—2013 调整；

——对附录 B 的内容进行修改和完善。

本标准使用翻译法等同采用 IEC/TR 60890:2014《通过计算进行低压成套开关设备和控制设备温升验证的一种方法》。

本标准由中国电器工业协会提出。

本标准由全国低压成套开关设备和控制设备标准化技术委员会(SAC/TC 266)归口。

本标准起草单位：天津电气科学研究院有限公司、天津天传电控配电有限公司、国家电控配电设备质量监督检验中心(天津天传电控设备检测有限公司)、湖南电器科学研究院、浙江三辰电器股份有限公司、波瑞电气有限公司、深圳市光辉电器实业有限公司、宁夏力成电气集团有限公司。

本标准主要起草人：王春武、张磊、段毅、王鹏、谢林、郭巍、朱文堂、蔡宗光、牛广军。

本标准所代替标准的历次版本发布情况为：

——GB/T 24276—2009。

引　言

GB/T 7251.1 设计验证中规定了低压电力成套开关和控制设备(简称成套设备)的温升验证。温升可以通过试验验证,在规定的环境中也可以采用多种方法验证。初始制造商负责选择温升验证的方法。如适用,本标准也可用于依据其他标准的类似产品的温升验证,本标准中设置的因数和系数来自大量成套设备的测量数据,并且该方法已由与试验结果比较进行验证。

通过计算进行低压成套开关设备和控制设备温升验证的一种方法

1 范围

本标准规定了通过计算进行低压成套开关设备和控制设备温升验证的一种方法。

这种方法适用于封闭式成套设备或者不带强迫通风的成套设备的分隔式柜架单元，不适用于GB/T 7251相关产品标准明确规定了温升验证方法的情形。

注1：通常用于外壳的材料和壁厚可对稳定状态的温度有一定的影响。然而，本标准中采用的广义的方法确保其适用于钢板、铝板、铸铁、绝缘及相似材料制成的外壳。

推荐的方法意在确定外壳内部的空气温升。

注2：外壳内部的空气温度等于外壳外部的周围空气温度加上已安装设备的功率损耗导致的外壳内部的空气温升。除非另有规定，成套设备外部的周围空气温度是安装位置在35 ℃(超过24 h的平均值)时的空气温度。如果成套设备使用场所的外部周围空气温度超过35 ℃，这个较高的温度被视为周围空气温度。

2 规范性引用文件

下列文件对于本文件的应用是必不可少的。凡是注日期的引用文件，仅注日期的版本适用于本文件。凡是不注日期的引用文件，其最新版本(包括所有的修改单)适用于本文件。

GB/T 7251.1—2013 低压成套开关设备和控制设备 第1部分：总则(IEC 61439-1:2011，IDT)

3 术语和定义

GB/T 7251.1—2013界定的术语和定义适用于本文件。

4 使用条件

如果满足下列条件，本计算方法适用：

——可获得所有内部元件的功率损耗数据；

——外壳内部的功率损耗近似均匀分布；

——已安装设备的布局不明显阻碍空气循环；

——安装的设备设计用于直流或者交流小于或等于60 Hz，总供电电流不超过3 150 A；

——负载超过200 A的导体和邻近结构部件的布局使得涡流和滞后损耗最小；

——带自然通风的外壳，排气口的截面积至少为进气口截面积的1.1倍；

——成套设备内或者其柜架单元内有不超过3个水平隔板；

——带外部通风口的外壳有隔室时，每个水平隔板通风口的表面应至少为隔室水平截面积的50%。

5 计算

5.1 必要信息

计算外壳内的空气温升需要下列数据，外壳内部空气温升的计算示例参见附录A：

——外壳尺寸:高度/宽度/深度;
——符合图4的外壳安装类型;
——外壳的设计,例如带或不带通风口;
——内部水平隔板的数量;
——外壳内安装设备的有效功率损耗;
——根据附录B确定的导体的有效功率损耗(P_v)。

注:这种计算方法采用的成套设备电路中安装的设备的有效功率损耗是在多条电路额定电流时的功率损耗。

5.2 计算步骤

5.2.1 通则

对于表1的第4栏和第5栏规定的外壳,其外壳内空气温升采用表1中第1至3栏列出的公式进行计算。

相关系数和指数(特性)在表1的第6至10栏中获取。

符号、单元和名称在表2中获取。

对于有一个以上带垂直隔板的柜架单元的外壳,其外壳内空气温升应由每个柜架单元分别确定。

如果不带垂直隔板或者没有单独柜架单元,外壳的有效散热面积大于11.5 m^2或者其宽度大于1.5 m时,为了计算将外壳划分为虚拟的柜架单元,其尺寸大约为上述数值。

注:可用公式(见图9)来辅助计算。

5.2.2 外壳有效散热面积 A_e 的确定

根据表1的第1栏式(1)计算。

外壳的有效散热面积 A_e 等于各个表面积 A_0 乘以表面系数 b 的总和。这个系数依据外壳安装类型考虑了各个表面的热耗散。

5.2.3 外壳内高度中点空气温升 $\Delta t_{0.5}$ 的确定

根据表1的第2栏式(2)计算。

式(2)中,外壳常量 k 考虑了不带通风口的外壳的有效散热面的尺寸和带通风口的外壳的进气口的截面积。

外壳内产生的温升与有效功率损耗 P 的函数关系用指数 x 表示。

系数 d 考虑了温升与内部水平隔板数量的函数关系。

5.2.4 外壳内顶部空气温升 $\Delta t_{1.0}$ 的确定

根据表1第3栏式(3)计算。

系数 c 考虑了外壳内的温度分布。它随成套设备的安装及设计的变化来确定:

a) 不带通风口的外壳,且有效散热面积:

$A_e > 1.25\ m^2$

图4的系数 c 取决于安装类型和高/底比的系数 f,其中:

$$f=\frac{h^{1.35}}{A_b}$$

b) 带通风口的外壳,且有效散热面积:

$A_e > 1.25\ m^2$

图6中系数 c 取决于进气口截面积和高/底比的系数 f,其中:

$$f=\frac{h^{1.35}}{A_b}$$

c) 不带通风口的外壳,

图8中的系数 c 取决于高/宽比的系数 g,

且有效散热面积：

$A_e \leqslant 1.25\ m^2$

其中：

$$g=\frac{h}{w}$$

式中：

h ——外壳高度，单位为米(m)；

A_b ——外壳底面积，单位为平方米(m^2)；

w ——外壳宽度，单位为米(m)。

5.2.5 外壳内部空气温升特性曲线

5.2.5.1 通则

为了依据第6章对设计进行评估，有必要采用5.2.3和5.2.4的计算结果，随着外壳高度变化形成外壳内部空气温升的函数特性曲线，水平高度内空气温度几乎为常量。

5.2.5.2 有效散热面积 A_e 超过 1.25 m^2 的外壳温升特性曲线

作为通则，用一条通过点 $\Delta t_{1.0}$ 和点 $\Delta t_{0.5}$ 的直线可以准确定义温升特性曲线(见图1)。

外壳底部的内部空气温升接近零，也就是说特性曲线趋近于零。实际中，特性曲线的虚线部分是次要的。

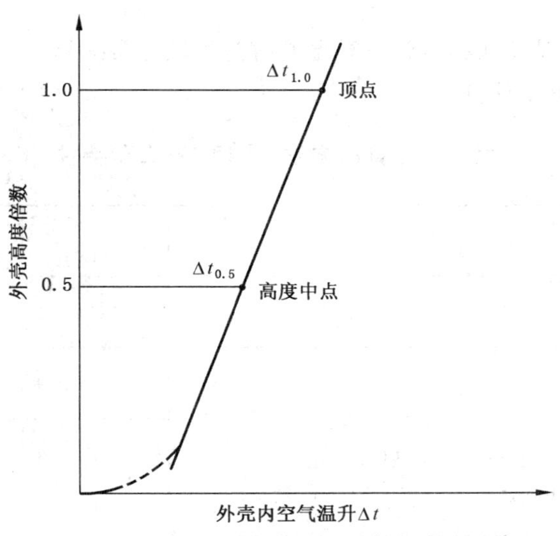

图1 外壳 A_e 超过 1.25 m^2 的温升特性曲线

5.2.5.3 有效散热面积 A_e 不超过 1.25 m^2 的外壳温升特性曲线

对于此类外壳，上部1/4处的最大温升是常量，且 $\Delta t_{1.0}$ 和点 $\Delta t_{0.75}$ 的数值是相同的(见图2)。

将外壳高度0.75和0.5处的温升数值连接起来得到特性曲线(见图2)。

外壳底部的内部空气温升接近于零，也就是说，特性曲线趋近于零。实际中，特性曲线的虚线部分是次要的。

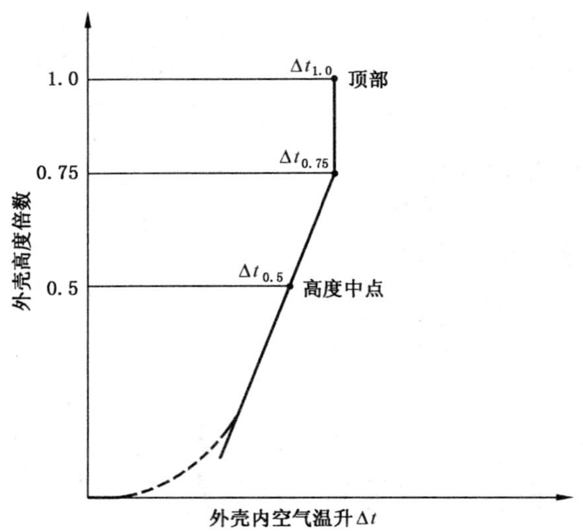

图 2　外壳 A_e 不超过 1.25 m^2 的温升特性曲线

6　设计评估

应当确定成套设备内的设备在相应的计算温升时是否能正常运行。

如果不能，改变参数并重新计算。

表 1　计算的方法、应用、公式和特性

<table>
<tr><td>1</td><td>2</td><td>3</td><td>4</td><td>5</td><td>6</td><td>7</td><td>8</td><td>9</td><td>10</td><td>11</td></tr>
<tr><td colspan="3">计算式</td><td colspan="2">外壳</td><td colspan="5">特性</td><td>特性曲线</td></tr>
<tr><td rowspan="2">有效散热面积 A_e</td><td colspan="2">空气温升</td><td rowspan="2">有效散热面积 A_e</td><td rowspan="2"></td><td colspan="4">系数</td><td>指数</td><td rowspan="2">温升特性绘图</td></tr>
<tr><td>外壳高度中点</td><td>外壳顶部（内部）</td><td>b</td><td>k</td><td>d</td><td>c</td><td>x</td></tr>
<tr><td rowspan="3">$A_e=\sum(A_0\times b)$
(1)</td><td rowspan="3">$\Delta t_{0.5}=k\times d\times P^x$
(2)</td><td rowspan="3">$\Delta t_{1.0}=c\times\Delta t_{0.5}$
(3)</td><td rowspan="2">>1.25 m^2</td><td>不带通风口的外壳</td><td rowspan="3">见表 3</td><td>见图 3</td><td>见表 4</td><td>见图 4</td><td>0.804</td><td rowspan="2">见 5.2.5.2</td></tr>
<tr><td>带通风口的外壳</td><td>见图 5</td><td>见表 5</td><td>见图 6</td><td>0.715</td></tr>
<tr><td><1.25 m^2</td><td>不带通风口的外壳</td><td>见图 7</td><td></td><td>见图 8</td><td>0.804</td><td>见 5.2.5.3</td></tr>
</table>

符号、单位和名称见表 2。

表 2 符号、单位和名称

符号	单位	名称
A_o	m^2	外壳外表面积
A_b	m^2	外壳底面积
A_e	m^2	外壳有效散热面积
b		表面系数
c		温度分布系数
d		外壳内水平隔板温升系数
f		高/底比的系数
g		高/底比的系数
h	m	外壳高度
k		外壳常量
n		内部水平隔板(最多 3 个隔板)的数量
P	W	安装在外壳内部的设备的有效功率损耗
P_V	W	导体的有效功率损耗
w	m	外壳宽度
x		指数
A_t	K	通常指外壳内部空气温升
$\Delta t_{0.5}$	K	外壳(内部)高度中点处的空气温升
$\Delta t_{0.75}$	K	外壳(内部)高度 3/4 处的空气温升
$\Delta t_{1.0}$	K	外壳(内部)顶部的空气温升

表 3 依据安装类型的表面系数 *b*

安装类型	表面系数 b
裸露的顶部表面	1.4
覆盖的顶部表面,例如,内置外壳的	0.7
裸露的侧面,例如,前面、后面和侧面	0.9
覆盖的侧面,例如,壁挂式外壳的后面	0.5
中心外壳的侧面	0.5
地面	不考虑
不考虑仅为计算目的提出的柜架单元的虚拟侧面(见 5.2)。	

表 4 不带通风口,有效散热面积 $A_e > 1.25\ m^2$ 的外壳系数 *d*

水平隔板的数量 n	0	1	2	3
系数 d	1.00	1.05	1.15	1.30

表 5 带通风口,有效散热面积 $A_e > 1.25\ m^2$ 的外壳系数 *d*

水平隔板的数量 n	0	1	2	3
系数 d	1.00	1.02	1.10	1.15

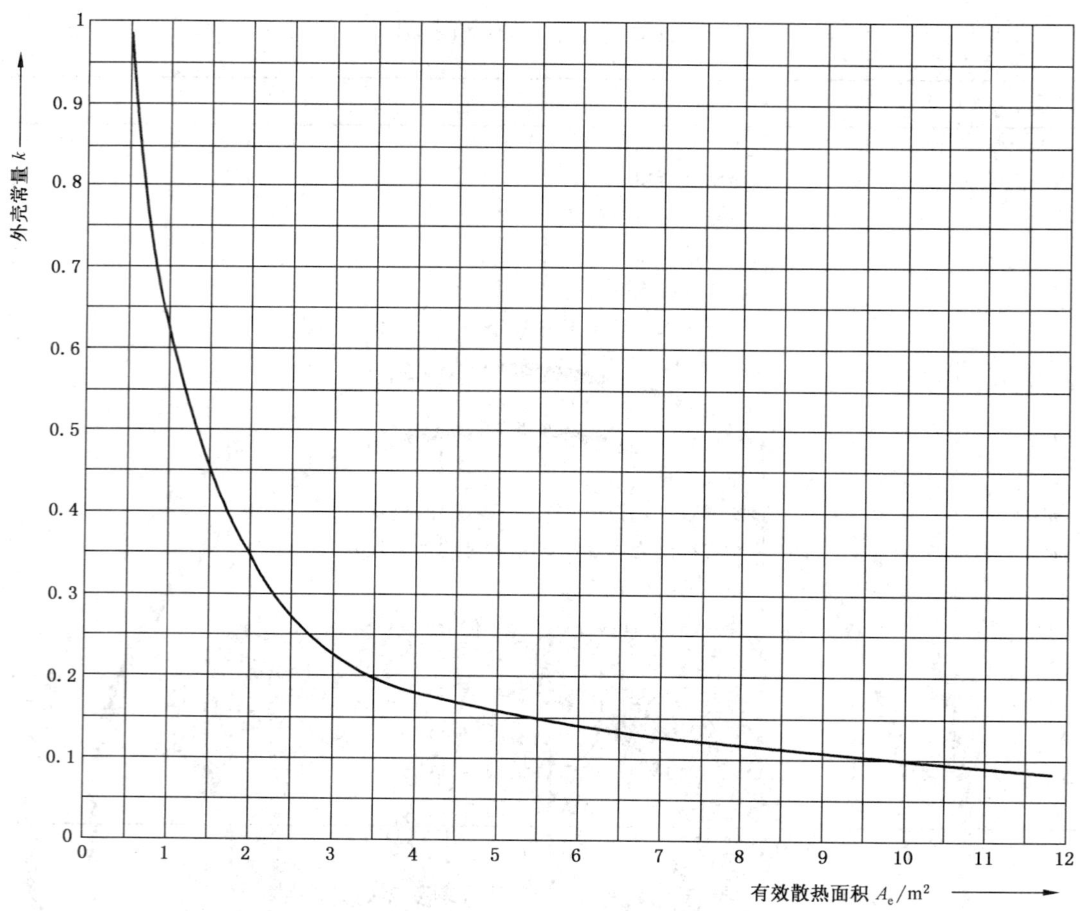

图 3　不带通风口，有效散热面积 A_e＞1.25 m^2 外壳的外壳常量 k

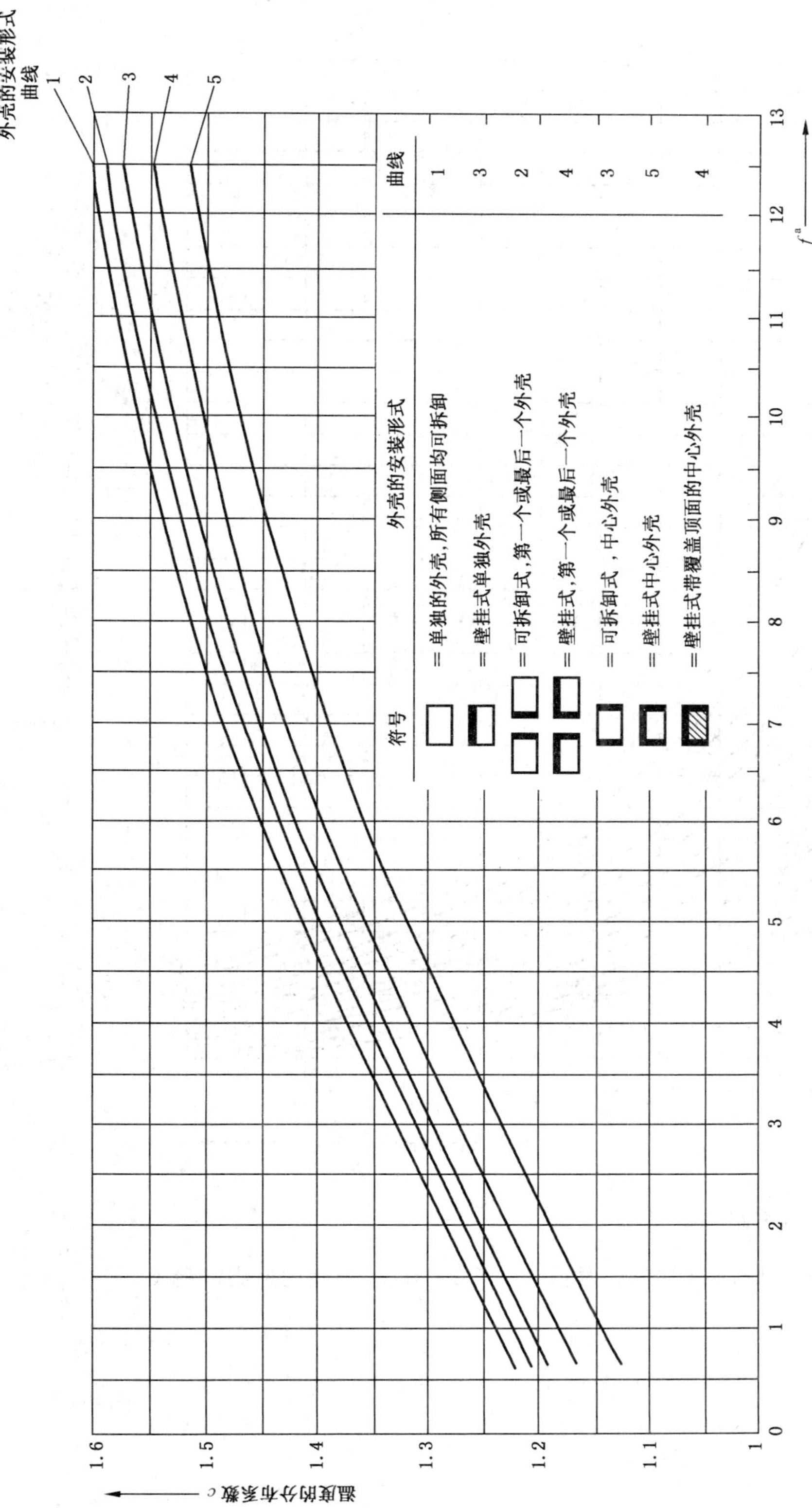

[a] 高/底比的系数,见5.2.4。

图4 不带通风口,有效散热面积 A_e>1.25 m² 的外壳的温度分布系数 c

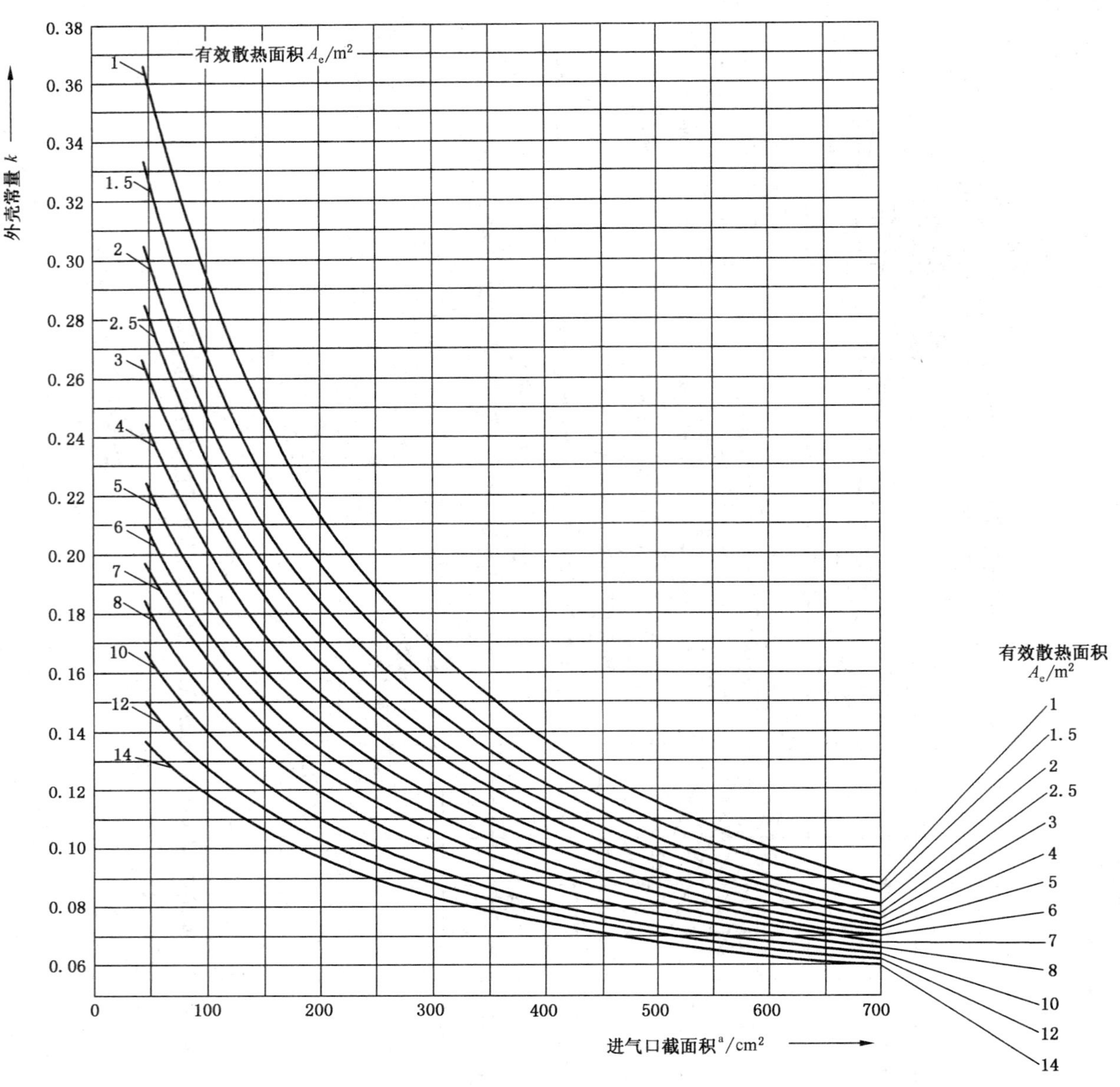

[a] 排气口截面积至少为进气口截面积的 1.1 倍。

图 5 带通风口，有效散热面积 A_e>1.25 m² 的外壳的外壳常量 k

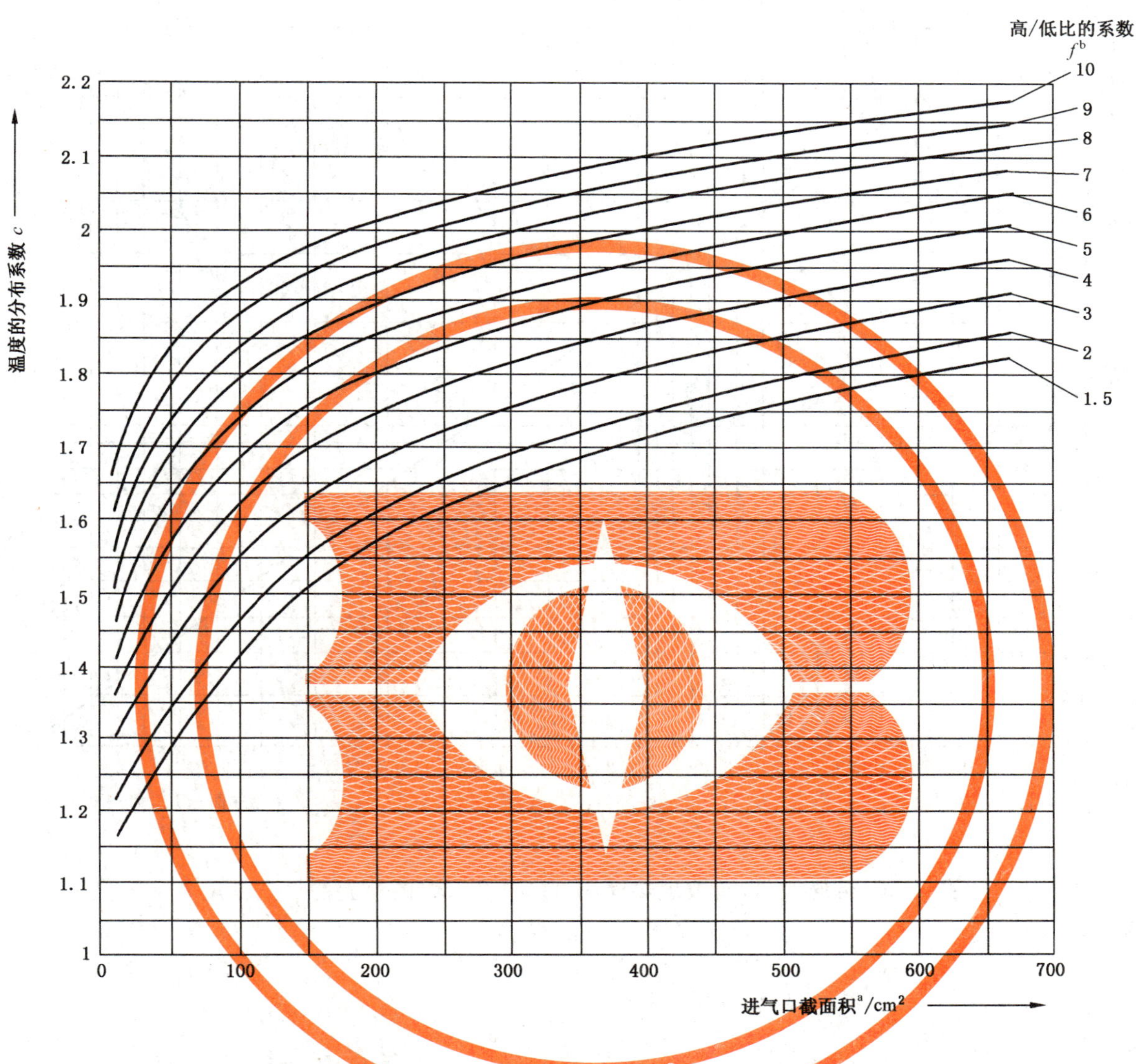

[a] 排气口截面积至少为进气口截面积的 1.1 倍。

[b] 高/底比的系数,见 5.2.4。

图 6　带通风口,有效散热面积 A_e>1.25 m^2 的外壳的温度分布系数 c

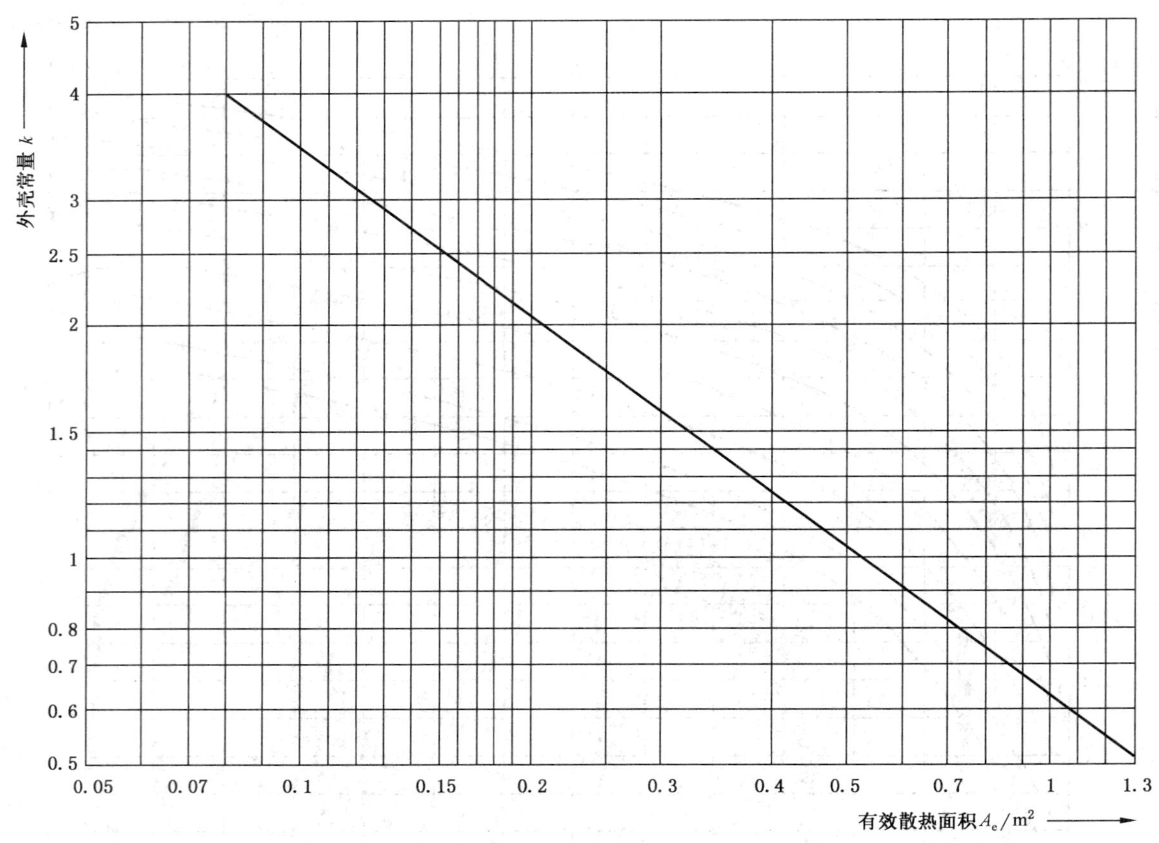

图 7　不带通风口，有效散热面积 $A_e \leqslant 1.25\ m^2$ 的外壳的外壳常量 k

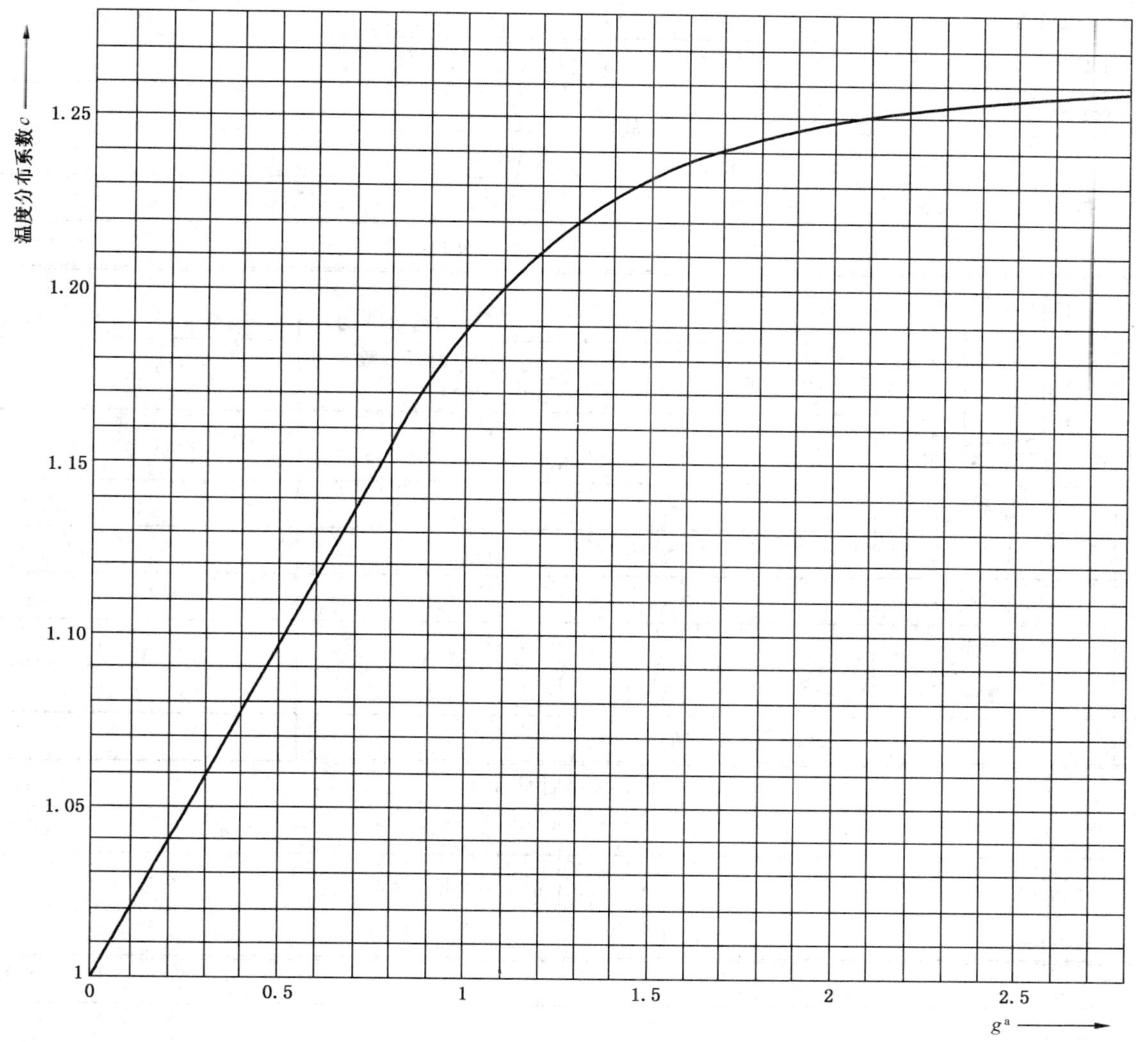

[a] 高/底比系数，见 5.2.4。

图 8 不带通风口，有效散热面积 $A_e \leqslant 1.25\ m^2$ 的外壳的温度分布系数 c

<table>
<tr><td colspan="6">外壳内空气的温升计算</td></tr>
<tr><td colspan="6">用户/工厂</td></tr>
<tr><td colspan="6">外壳类型</td></tr>
<tr><td colspan="4">温升的相关尺寸　高度　mm
宽度　mm
深度　mm</td><td colspan="2">安装形式：
通风口：　有/无
水平隔板的数量：</td></tr>
<tr><td rowspan="8">有效散热面积</td><td rowspan="3"></td><td>尺寸</td><td>A_o</td><td rowspan="2">符合表 3 的表面系数 b</td><td>$A_o \times b$
(第 3 栏)×(第 4 栏)</td></tr>
<tr><td>m× m</td><td>m^2</td><td>m^2</td></tr>
<tr><td>2</td><td>3</td><td>4</td><td>5</td></tr>
<tr><td>顶部</td><td></td><td></td><td></td><td></td></tr>
<tr><td>前面</td><td></td><td></td><td></td><td></td></tr>
<tr><td>后面</td><td></td><td></td><td></td><td></td></tr>
<tr><td>左侧面</td><td></td><td></td><td></td><td></td></tr>
<tr><td>右侧面</td><td></td><td></td><td></td><td></td></tr>
<tr><td></td><td colspan="4">$A_e = \sum(A_o \times b)$ = 总量</td><td></td></tr>
<tr><td colspan="6">有效散热面积 A_e</td></tr>
<tr><td colspan="3">$>1.25\ m^2$</td><td colspan="3">$\leqslant 1.25\ m^2$</td></tr>
<tr><td colspan="3">$f = \frac{h^{1.35}}{A_b}$(见 5.2.4)
= —— =</td><td colspan="3">$g = \frac{h}{w}$(见 5.2.4)
= —— =</td></tr>
<tr><td colspan="3">进气口　cm^2</td><td colspan="3"></td></tr>
<tr><td colspan="3">外壳常量 k</td><td colspan="3"></td></tr>
<tr><td colspan="3">水平隔板系数 d</td><td colspan="3"></td></tr>
<tr><td colspan="3">有效功率损耗 P　W</td><td colspan="3"></td></tr>
<tr><td colspan="3">$P^x = P$</td><td colspan="3"></td></tr>
<tr><td colspan="3">$\Delta t_{0.5} = k \times d \times P^x$　K</td><td colspan="3"></td></tr>
<tr><td colspan="3">温度分布系数 c</td><td colspan="3"></td></tr>
<tr><td colspan="3">$\Delta t_{1.0} = c \times \Delta t_{0.5}$　K</td><td colspan="3"></td></tr>
</table>

图 9　外壳内部空气温升的计算

特性曲线：

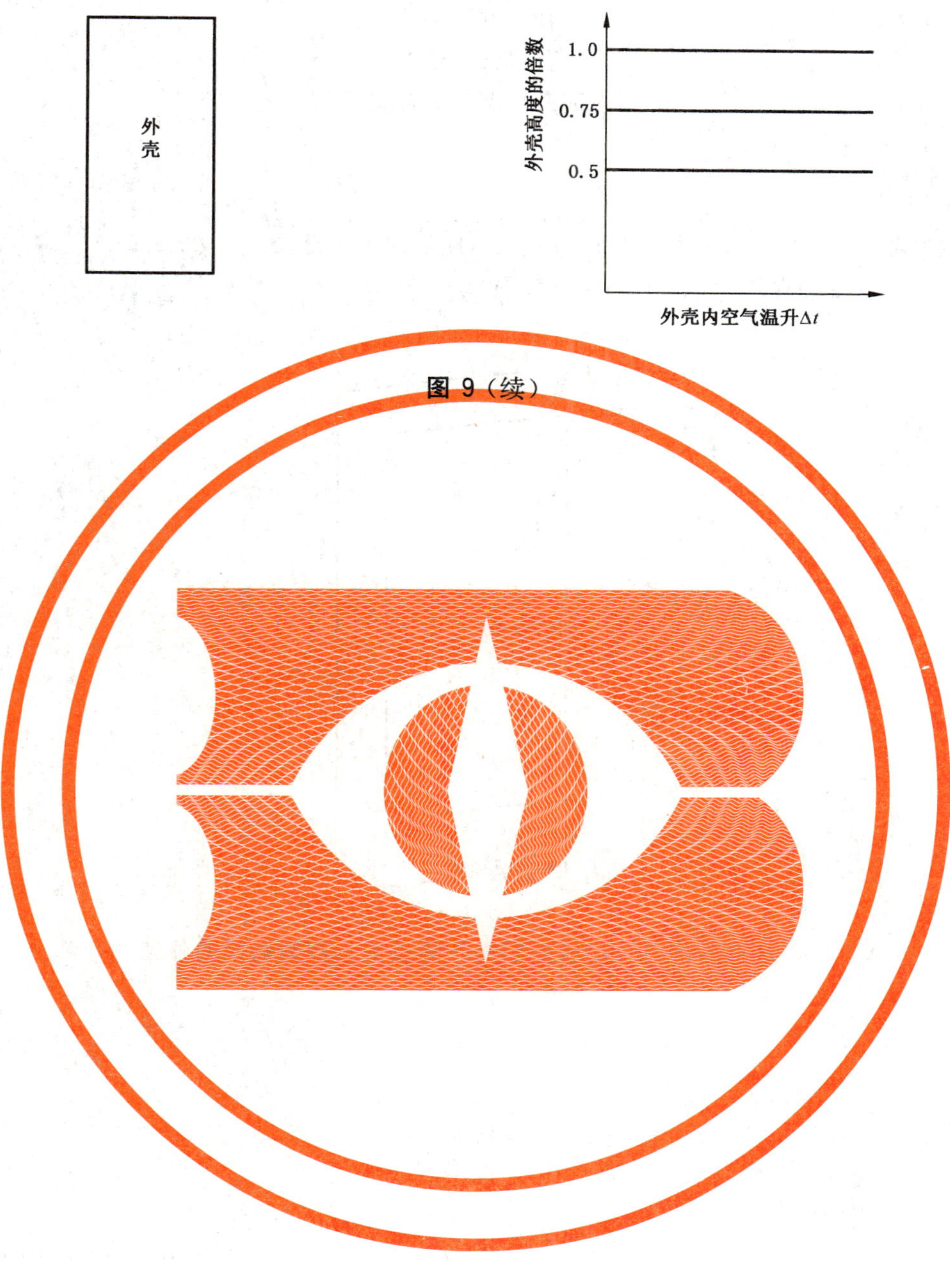

图 9（续）

附 录 A
（资料性附录）
外壳内部空气温升的计算示例

A.1 示例 1

不带通风口和内部水平隔板(见图 A.1)但有裸露侧面的单一外壳。

安装在外壳内设备的有效功率损耗：$P=300$ W。

单位为毫米

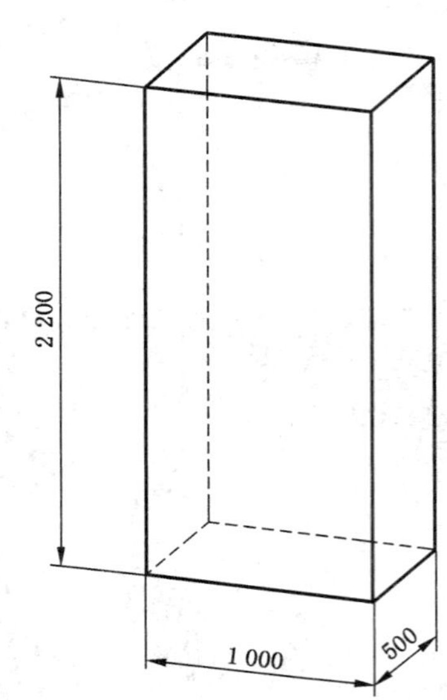

图 A.1 示例 1,不带通风口和内部水平隔板但有裸露侧面的外壳的计算

计算

(见示例 1 中图 A.2 的表格)

有效散热面积 A_e 依据 5.2.2 确定。

各表面可根据外壳尺寸计算,表面系数 b 见表格 3。

空气温升 $\Delta t_{0.5}$ 依据 5.2.3 确定。

表 1 的第 2 栏式(2)：

$$\Delta t_{0.5}=k\times d\times P^{x} \qquad \text{(A.1)}$$

依据表 1 的第 7 栏,系数 k 随着 $A_e>1.25$ m^2 变化,如图 3 所示：

$A_e=6.64$ m^2 时：$k=0.135$

依据表 1 的第 8 栏,系数 d 随着 $A_e>1.25$ m^2 变化,如表 4 所示：

当水平隔板的数量=0 时,$d=1.0$

有效功率损耗(按照说明)$P=300$ W。

$A_e>1.25$ m^2 时,表 1 第 10 栏中指数 x 为：$x=0.804$

将这些数值带入式(A.1),可得到下列结果：

$$\Delta t_{0.5}=k\times d\times P^{x}=0.135\times 1.0\times 300^{0.804}\ \text{K}$$

$$\Delta t_{0.5}=13.24\ \text{K}\approx 13.2\ \text{K}$$

空气温升 $\Delta t_{1.0}$ 依据 5.2.4 确定。

表 1 第 3 栏中式(3)：

$$\Delta t_{1.0} = c \times \Delta t_{0.5} \quad \cdots\cdots\cdots\cdots (A.2)$$

根据表 1 的第 9 栏系数 c 随 A_e 变化，$A_e > 1.25\ m^2$ 时，如图 4 所示：

$$f = \frac{h^{1.35}}{A_b} = \frac{2.2^{1.35}}{1.0 \times 0.5} = 5.80$$

图 4 的曲线 1 中

$$c = 1.44$$

将这个值代入式(A.2)，可得到下列结果：

$$\Delta t_{1.0} = c \times \Delta t_{0.5} = 1.44 \times 13.24\ K = 19.07\ K \approx 19.1\ K$$

当外壳 $A_e > 1.25\ m^2$ 时，温升特性曲线依据 5.2.5.2(见示例 1 图 A.2 的模型)确定。

依据第 6 章进行设计评估。

考虑到周围空气温度(见第 1 章，注 2)，需验证，安装在外壳内的设备在规定电流和计算的温升时是否能够满足功能。

如果不能满足，则只能改变参数重新计算。

外壳内部空气温升的计算					
用户/工厂	示例 1				
外壳类型	单一外壳				
温升相关尺寸	高度 2 200 mm 宽度 1 000 mm 深度 500 mm		安装类式：所有面可拆卸 通风口： 有/无 水平隔板的数量：0		
有效散热面积	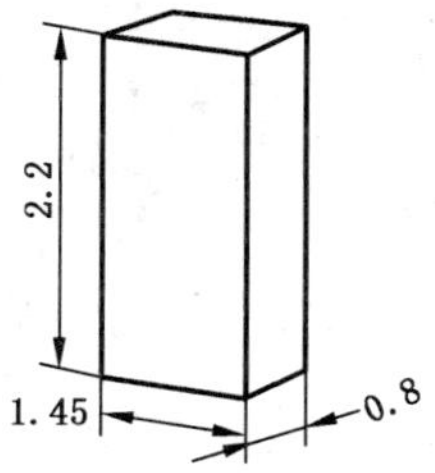	尺寸 m× m	A_o m^2	依据表 3 的表面系数 b	$A_o \times b$ (第 3 栏)×(第 4 栏) m^2
	2.2 / 1.45 / 0.8	2	3	4	5
	顶部	1.0 ×0.5	0.500	1.4	0.700
	前面	1.0 ×2.2	2.200	0.9	1.980
	后面	1.0 ×2.2	2.200	0.9	1.980
	左侧面	0.5 ×2.2	1.100	0.9	0.990
	右侧面	0.5 ×2.2	1.100	0.9	0.990
	$A_e = \Sigma(A_o \times b)$ = 总数				6.640

图 A.2 示例 1，单一外壳的计算

有效散热面积 A_e	
超过 1.25 m^2	不超过 1.25 m^2
$f = \frac{h^{1.35}}{A_b}$(见 5.2.4) $= \frac{2.2^{1.35}}{1.0 \times 0.5} = 5.80$	$g = \frac{h}{w}$(见 5.2.4) $= \text{——} =$
进气口 cm^2	0
外壳常量 k	0.135
水平隔板系数 d	1.0
有效功率损失 P W	300
$P^x = P^{0.804}$	98.09
$\Delta t_{0.5} = k \times d \times P^x$ K	13.24 K ≈ 13.2 K
温度分布系数 c	1.44
$\Delta t_{1.0} = c \times \Delta t_{0.5}$ K	19.07 K≈19.1 K

特性曲线：

外壳

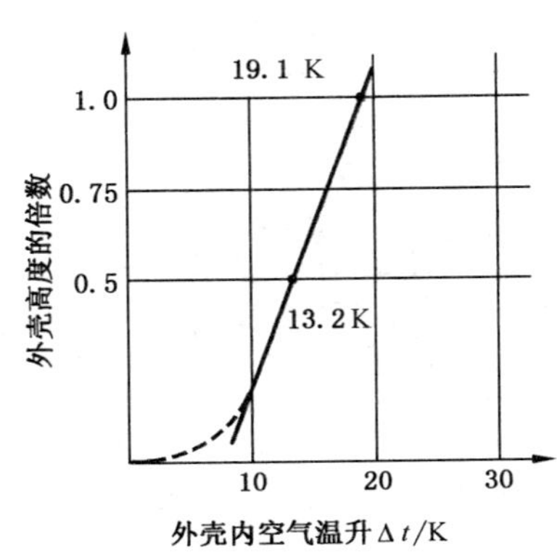

图 A.2（续）

A.2 示例 2

壁挂式带通风口的外壳

进气口的截面积 $=1\ 220\ cm^2$

排气口的截面积 $=1\ 800\ cm^2$

外壳内有两个水平隔板。每个水平隔板均带通风口，例如多孔板，其截面积超过外壳截面积的 50%（见图 A.3 和图 A.4）。

外壳内安装设备的有效功率损耗 $P=2\ 200$ W。

单立为毫米

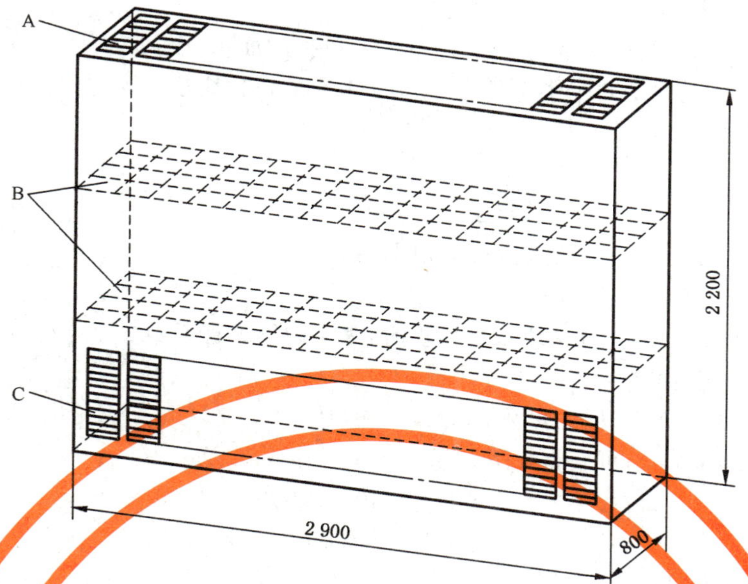

说明：

A——排气口；

B——带通风口的水平隔板，例如多孔板；

C——进气口。

图 A.3　示例 2，带通风口的壁挂式外壳的计算

计算

（见示例 2 中图 A.5 的表格）

已知外壳的预期散热面积大于 11.5 m²，外壳宽度超过 1.5 m，为了计算目的，按照 5.2 将整个外壳分为几个部分（部分外壳）。为了简化程序，如果不可能从结构上进行分割，本例可以将整个外壳平均分成两个相等的部分（半个外壳）。为了在计算中将两个部分分开计算，假定功率损耗和通风口在两个部分（半个外壳）均匀分配。

只需对半格外壳进行计算，结果适用于另外半个外壳。

半个外壳的必要信息参考 5.1。

单位为毫米

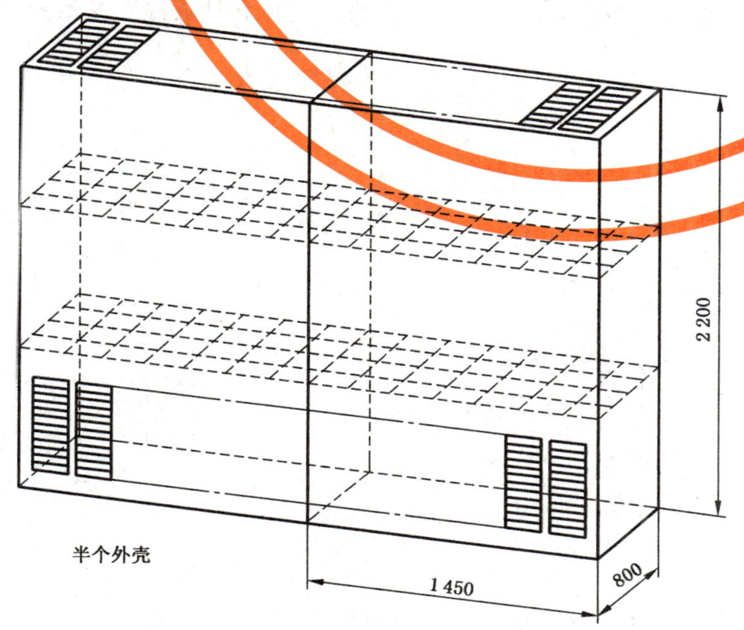

壁挂式外壳

进气口 1 220/2=610 cm²

排气口 1 800/2=900 cm²

带有两块水平隔板，例如多孔板

有效功率损耗 2 200 W/2=1 100 W

图 A.4　示例 2，半个外壳的计算

半个外壳的有效散热面积根据 5.2.2 确定。

用从表 3 获取的外壳尺寸和表面系数 b 计算各个单独的面积。

根据表 3,虚拟分区获得的两个半个外壳之间的分界面不予考虑。

空气温升 $\Delta t_{0.5}$ 根据 5.2.3 确定。

表 1 的第 2 栏式(2)

$$\Delta t_{0.5} = k \times d \times P^{x} \qquad \text{(A.3)}$$

$A_e > 1.25\ m^2$ 时,表 1 的第 7 栏的系数 k,如图 5 所示。

当进气口为 610 cm^2, $A_e = 7.674\ m^2$: $k = 0.071$。

如表 5 规定 $A_e > 1.25\ m^2$ 且有两块水平隔板时,表 1 的第 8 栏系数 d 为:$d = 1.10$

有效功率损耗(按规定)$P = 1\ 100$ W

$A_e > 1.25\ m^2$ 时,表 1 第 10 栏的指数 x 为:$x = 0.715$

将这些数值填入式(A.3),可获得以下结果:

$$\Delta t_{0.5} = k \times d \times P^{x} = 0.071 \times 1.0 \times 1\ 100^{0.715}\ \text{K}$$

$$\Delta t_{0.5} = 11.67\ \text{K} \approx 11.7\ \text{K}$$

根据 5.2.4 确定空气温升 $\Delta t_{1.0}$。

从表 1 的第 3 栏得到式(3):

$$\Delta t_{1.0} = c \times \Delta t_{0.5} \qquad \text{(A.4)}$$

$A_e > 1.25\ m^2$ 时,表 1 的第 9 栏中系数 c 如图 6 所示。

$$f = \frac{h^{1.35}}{A_b} = \frac{2.2^{1.35}}{1.45 \times 0.8} = 2.50$$

图 6 显示对于 610 cm^2 的进气口:

$$c = 1.87$$

将这些数值代入式(A.4),可获得以下结果:

$$\Delta t_{1.0} = c \times \Delta t_{0.5} = 1.87 \times 11.67\ \text{K} = 21.82\ \text{K} \approx 21.8\ \text{K}$$

$A_e > 1.25\ m^2$ 的外壳的温升特性曲线根据 5.2.5.2 确定(见示例 2 的图 A.5 中的表格)。

依据第 6 章进行设计评估。

考虑周围空气温度(见第 1 章注 2),验证安装在外壳内的设备在特定电流和计算温升时是否能满足功能。

如果不能满足,则只能改变参数重新计算。

<table>
<tr><td colspan="6">外壳内空气温升计算</td></tr>
<tr><td colspan="6">用户/工厂　　示例 2</td></tr>
<tr><td colspan="6">外壳类型　　高度 2 200，宽度　2 900，深度　800；分为 2 个半个外壳</td></tr>
<tr><td colspan="3" rowspan="3">温升相关尺寸　高度　2 200 mm
宽度　1 450 mm
半个外壳　深度　800 mm</td><td colspan="3">安装类型：壁挂式</td></tr>
<tr><td colspan="3">通风口：有/无</td></tr>
<tr><td colspan="3">水平隔板的数量：2</td></tr>
<tr><td rowspan="9">有效散热面积</td><td rowspan="3">2.2　1.45　0.8</td><td>尺寸</td><td>A_o</td><td rowspan="2">表格 3 中的表面系数 b</td><td>$A_o \times b$
（第 3 栏）×（第 4 栏）</td></tr>
<tr><td>m× m</td><td>m²</td><td>m²</td></tr>
<tr><td>2</td><td>3</td><td>4</td><td>5</td></tr>
<tr><td>顶部</td><td>1.45×0.8</td><td>1.160</td><td>1.4</td><td>1.624</td></tr>
<tr><td>前面</td><td>1.45×2.2</td><td>3.190</td><td>0.9</td><td>2.871</td></tr>
<tr><td>后面</td><td>1.45×2.2</td><td>3.190</td><td>0.5</td><td>1.595</td></tr>
<tr><td>左侧面</td><td>0.8×2.2</td><td>1.760</td><td>0.0</td><td>—</td></tr>
<tr><td>右侧面</td><td>0.8×2.2</td><td>1.760</td><td>0.9</td><td>1.584</td></tr>
<tr><td colspan="4">$A_e = \sum(A_o \times b)$ = 总数</td><td>7.674</td></tr>
<tr><td colspan="6">有效散热面积 A_e</td></tr>
<tr><td colspan="3">超过 1.25 m²</td><td colspan="3">不超过 1.25 m²</td></tr>
<tr><td colspan="3">$f = \frac{h^{1.35}}{A_b}$（见 5.2.4）
$= \frac{2.2^{1.35}}{1.45 \times 0.8} = 2.50$</td><td colspan="3">$g = \frac{h}{w}$（见 5.2.4）
$= \text{——} =$</td></tr>
<tr><td colspan="3">进气口　cm²</td><td colspan="3">1 220/2=610</td></tr>
<tr><td colspan="3">外壳常量 k</td><td colspan="3">0.071</td></tr>
<tr><td colspan="3">水平隔板系数 d</td><td colspan="3">1.10</td></tr>
<tr><td colspan="3">有效功率损耗 P　W</td><td colspan="3">2 200/2=1 100</td></tr>
<tr><td colspan="3">$P^x = P^{0.715}$</td><td colspan="3">149.48</td></tr>
<tr><td colspan="3">$\Delta t_{0.5} = k \times d \times P^x$　K</td><td colspan="3">11.67 K≈11.7 K</td></tr>
<tr><td colspan="3">温度分布系数 c</td><td colspan="3">1.87</td></tr>
<tr><td colspan="3">$\Delta t_{1.0} = c \times \Delta t_{0.5}$　K</td><td colspan="3">21.82 K≈21.8 K</td></tr>
</table>

图 A.5　示例 2，带通风口的壁挂式外壳的计算

特性曲线：

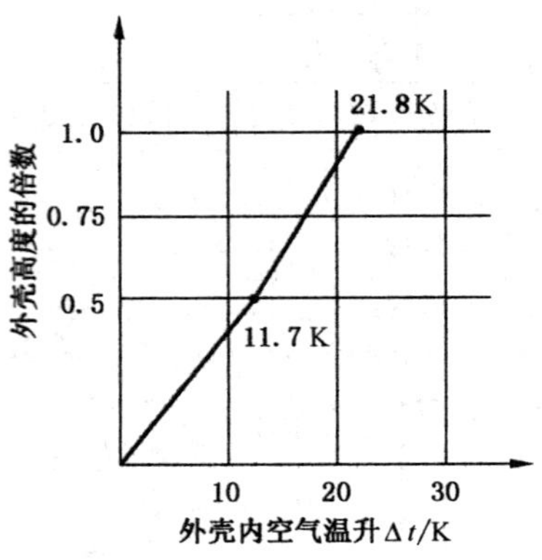

图 A.5（续）

附　录　B
（资料性附录）
导体的工作电流和功率损耗

导体的最大允许工作电流受许多因素影响：

——绝缘的材料、类型和相同电路导体的布置；

——与导体连接的组件的相互影响；

——相邻组件和其他电路导体的相互影响；

——外壳内导体周围的空气温度；

——与导体接触的或者导体附近的结构部件的温度和导热性。

导体的功率损耗取决于：

——工作电流及频率；

——导体的材料和温度；

——导体的形状（趋肤效应）；

——磁结构部分和相邻导体的磁场影响（邻近效应）。

表 B.1 为外壳内理想条件下的单芯铜电缆和裸露铜母线提供工作电流指导值，用于确定这些数值的计算方法也可用于其他条件时的计算。

表格中给出的最大工作电流不适用于依据 GB/T 7251.1 验证的成套设备的导体。

对于表格中给出的相应工作电流，功率损耗有效。对于不同负载，功率损耗可以采用下列公式计算：

$$P = P_{v}\left(\frac{I}{I_{max}}\right)^{2}$$

式中：

P ——功率损耗，单位为瓦特每米（W/m）；

I ——导体电流（负载）；

I_{max}——最大工作电流；

P_{v} ——I_{max}时的功率损耗。

表 B.1　允许导体温度 70 ℃时（外壳内的周围空气温度：55 ℃）单芯铜电缆的工作电流和功率损耗

导体布置	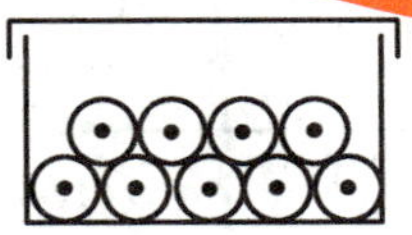		间距至少为电缆的直径 
	墙上水平或垂直架设的电缆干线中的单芯电缆。连续负载 6 根电缆（每相电路 2 根）	空气中自由接触的或者在多孔板上的单芯电缆	在空气中水平自由放置的单芯电缆

表 B.1（续）

导体横截面积 mm²	20 ℃时导体的电阻 R_{20} [a] mΩ/m	最大工作电流 I_{max} [b] A	每个导体功率损耗 P_v W/m	最大工作电流 I_{max} [c] A	每个导体的功率损耗 P_v W/m	最大工作电流 I_{max} [d] A	每个导体的功率损耗 P_v W/m
0.50	36.0	3.7	0.6	—	—	—	—
0.75	24.5	4.8	0.7	—	—	—	—
1	18.1	5.8	0.7	—	—	—	—
1.5	12.1	7.6	0.8	9.6	1.3	15	3.2
2.5	7.41	10	0.9	13	1.6	21	3.7
4	4.61	14	1.0	18	1.9	28	4.2
6	3.08	18	1.1	24	2.1	36	4.7
10	1.83	24	1.3	33	2.5	50	5.4
16	1.15	33	1.5	45	2.9	67	6.2
25	0.727	43	1.6	61	3.3	89	6.9
35	0.524	54	1.8	76	3.6	110	7.7
50	0.387	65	2.0	93	4.0	134	8.3
70	0.268	83	2.2	120	4.6	171	9.4
95	0.193	101	2.4	147	5.0	208	10.0
120	0.153	117	2.5	171	5.4	242	10.7
150	0.124	—	—	198	5.8	278	11.5
185	0.099 1	—	—	227	6.1	318	12.0
240	0.075 4	—	—	269	6.6	375	12.7
300	0.060 1	—	—	311	7.0	432	13.5

[a] 数据参考 GB/T 3956—2008 中表 2(退火铜导体)。

[b] 单条三相电路的电流承载能力 I_{30} 参考 GB/T 16895.6—2014 中表 B.52.4 第 4 栏(参考敷设方法:表 B.52.1 中 B1 项)。横截面积小于 1.5 mm² 的数值根据 GB/T 16895.6—2014 中附录 D 进行计算。
k_2=0.8(GB/T 16895.6—2014 中表 B.52.17 第 1 项,两条电路)。

[c] 单条三相电路的电流承载能力 I_{30} 参考 GB/T 16895.6—2014 中表 B.52.10 第 10 栏(参考敷设方法:表 B.52.1 中 F 项)。横截面积小于 25 mm² 的数值根据 GB/T 16895.6—2014 中附录 D 进行计算,k_2 = 0.91 (GB/T 16895.6—2014 表 B.52.21 垂直有孔电缆托盘系统;敷设方式:31;托盘或梯架数:1;每个托盘或梯架上三相电路的数量:两条电路)。

[d] 单条三相电路的电流承载能力 I_{30} 参考 GB/T 16895.6—2014 中表 B.52.10 第 7 栏(参考敷设方法:GB/T 16895.6—2014 表 B.52.1 中 G 项)。横截面积小于 25 mm² 数值根据 GB/T 16895.6—2014 中附录 D 计算。k_2=1。

$$I_{max} = I_{30} \times k_1 \times k_2 \qquad P_v = I_{max}^2 \times R_{20} \times [1 + \alpha \times (T_c - 20\ ℃)]$$

式中:

I_{30}——周围空气温度为 30 ℃时导体的最大工作电流;

k_1——外壳内导体周围空气温度的降低系数(GB/T 16895.6—2014 表 B.52.14);
周围温度 55 ℃,导体温度 70 ℃时,k_1 =0.61;
其他温度时的 k_1:见表 B.2。

k_2——一条以上电路组的降低系数(GB/T 16895.6—2014 表 B.52.17);

α——电阻的系数,α=0.004 K^{-1};

T_c——导体温度。

表 B.2 允许导体温度 70 ℃时电缆的降低系数 k_1

导体周围外壳内空气温度 ℃	降低系数 k_1
30	1.00
35	0.94
40	0.87
45	0.79
50	0.71
55	0.61
60	0.50

如果采用降低系数 k_1将表 B.1 中的工作电流换算为其他空气温度时的工作电流，那么相应功率损耗也应当采用上面给出的公式计算。

表 B.3 矩形横截面、水平运行及与其最大面垂直布置的裸露铜母线的工作电流和功率损耗(外壳内周围温度:55 ℃,导体温度 70 ℃)

母线的高度×厚度	母线的横截面积	每相一条母线					每相两条母线				
		交流 50 Hz 至 60 Hz			直流和交流高达 $16\frac{2}{3}$ Hz		交流 50 Hz～60 Hz			直流和交流高达 $16\frac{2}{3}$ Hz	
		k_3	工作电流	每个相导体功率损耗 P_v	工作电流	每个相导体功率损耗 P_v	k_3	工作电流	每个相导体功率损耗 P_v	工作电流	每个相导体功率损耗 P_v
mm×mm	mm²		A	W/m	A	W/m		A	W/m	A	W/m
12×2	23.5	1.00	70	4.5	70	4.5	1.01	118	6.4	118	6.4
15×2	29.5	1.00	83	5.0	83	5.0	1.01	138	7.0	138	6.9
15×3	44.5	1.01	105	5.4	105	5.3	1.02	183	8.3	183	8.1
20×2	39.5	1.01	105	6.1	105	6.0	1.01	172	8.1	173	8.1
20×3	59.5	1.01	133	6.4	133	6.3	1.02	226	9.4	226	9.2
20×5	99.1	1.02	178	7.0	178	6.9	1.04	325	11.9	326	11.5
20×10	199	1.03	278	8.5	278	8.3	1.07	536	16.6	541	15.7
25×5	124	1.02	213	8.0	213	7.8	1.05	381	13.2	384	12.7
30×5	149	1.03	246	9.0	247	8.8	1.06	437	14.5	439	13.9
30×10	299	1.05	372	10.4	376	10.2	1.11	689	18.9	702	17.7
40×5	199	1.03	313	10.9	315	10.7	1.07	543	17.0	551	16.4
40×10	399	1.07	465	12.4	473	12.0	1.15	839	21.7	878	20.7
50×5	249	1.04	379	12.9	382	12.6	1.09	646	19.6	663	18.9
50×10	499	1.08	554	14.2	569	13.9	1.18	982	24.4	1 047	23.5
60×5	299	1.05	447	15.0	452	14.7	1.10	748	22.0	774	21.4
60×10	599	1.10	640	16.1	663	15.7	1.21	1 118	27.1	1 216	26.4
80×5	399	1.07	575	19.0	586	18.5	1.13	943	27.0	995	26.6
80×10	799	1.13	806	19.7	852	19.4	1.27	1 372	32.0	1 547	32.1
100×5	499	1.10	702	23.3	722	22.4	1.17	1 125	31.8	1 177	29.7
100×10	999	1.17	969	23.5	1 040	23.2	1.33	1 612	37.1	1 879	37.8
120×10	1 200	1.21	1 131	27.6	1 229	27.0	1.41	1 859	43.5	2 204	43.4

$$P_v = \frac{I^2 \times k_3}{\kappa \times A} \times [1 + \alpha \times (T_c - 20 \text{ ℃})]$$

式中：

P_v——每米功率损耗；

I ——工作电流

k_3 ——50 Hz/60 Hz 电流置换系数(直流和交流 $16\frac{2}{3}$ Hz 时 $k_3=1$)；

κ ——铜的导电率，$\kappa=56\ \frac{m}{\Omega\times \text{mm}^2}$；

A ——母线的横截面积；

α ——电阻的温度系数，$\alpha=0.004\ \text{K}^{-1}$；

T_c——导体的温度。

用表 B.4 的相应系数 k_4 或者乘以表 B.3 中的数值，可将工作电流转换为外壳内其他周围空气温度和/或导体温度 90 ℃时的工作电流，那么功率损耗应用上面给出的相应公式计算。

表 B.4 外壳内和/或导体的不同空气温度系数 k_4

<table>
<tr><th rowspan="2">导体周围外壳内
的空气温度/℃</th><th colspan="2">系数 k_4</th></tr>
<tr><th>导体温度 70 ℃</th><th>导体温度 90 ℃</th></tr>
<tr><td>30
35
40
45
50
55
60</td><td>1.82
1.69
1.54
1.45
1.35
1.18
1.00
0.77</td><td>2.26
2.14
2.03
1.91
1.77
1.62
1.48</td></tr>
</table>

应当考虑到取决于外壳设计的周围和导体温度可能发生较大差异，特别是更高的工作电流时。

这些条件下的实际温升应当根据 GB/T 7251.1—2013 的试验进行验证，功率损耗可通过与表 B.3 所用的相同方法进行计算。

注：在更高电流时，不包含在表 B.3 数值中的附加涡流损耗可能很重要。

参 考 文 献

[1] GB/T 3956—2008 电缆的导体
[2] GB/T 16895.6—2014 低压电气装置 第5-52部分:电气设备的选择和安装 布线系统

ICS 35.040
L 80

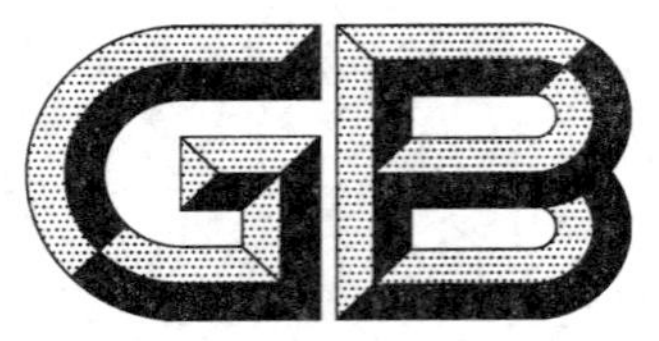

中华人民共和国国家标准化指导性技术文件

GB/Z 24294.2—2017
部分代替 GB/Z 24294—2009

信息安全技术 基于互联网电子政务信息安全实施指南 第2部分:接入控制与安全交换

Information security technology—Guide of implementation for Internet-based e-government information security—Part 2:Access control and secure exchange

2017-05-31 发布　　2017-12-01 实施

中华人民共和国国家质量监督检验检疫总局
中国国家标准化管理委员会　发布

前　言

GB/Z 24294《信息安全技术　基于互联网电子政务信息安全实施指南》分为4个部分：

——第1部分：总则；

——第2部分：接入控制与安全交换；

——第3部分：身份认证与授权管理；

——第4部分：终端安全防护。

本部分为GB/Z 24294的第2部分。

本部分按照GB/T 1.1—2009给出的规则起草。

本部分部分代替GB/Z 24294—2009《信息安全技术　基于互联网电子政务信息安全实施指南》，与GB/Z 24294—2009相比，主要技术变化如下：

——给出了接入控制组成结构与实施办法；

——对接入控制功能、网络适应性提出了新的基本要求，详细细化了接入认证、接入控制规则以及接入控制管理要求，更加适合电子政务安全接入控制需求；

——针对安全交换补充了信息安全交换模式分类；

——针对安全交换补充了定制数据安全交换模式技术要求和数据流安全交换模式技术要求。

请注意本文件的某些内容可能涉及专利。本文件的发布机构不承担识别这些专利的责任。

本部分由全国信息安全标准化技术委员会(SAC/TC 260)提出并归口。

本部分起草单位：解放军信息工程大学、中国电子技术标准化研究所、北京天融信科技有限公司、郑州信大捷安信息技术股份有限公司。

本部分主要起草人：陈性元、杜学绘、孙奕、夏春涛、曹利峰、张东巍、任志宇、罗锋盈、上官晓丽、董国华。

本部分所代替标准的历次版本发布情况为：

——GB/Z 24294—2009。

引　言

互联网作为我国电子政务的重要信息基础设施，尽管提高了办公的效率，节约了资源与成本，但是互联网的开放性，接入用户、接入终端、接入手段的多样化，电子政务系统的安全要求与电子政务系统的开放性之间的矛盾等，将使得电子政务系统面临着非法接入、非授权访问、信息无法安全共享等安全问题，应该引起高度重视。为确保政务用户能够合法接入互联网电子政务系统安全区域，防止非法接入与非授权访问，以及域间信息安全交换特制定本部分，推动互联网在我国电子政务中的安全应用。

本部分提出了安全接入与安全交换两个阶段的安全功能要求，对基于互联网电子政务信息安全系统结构设计、网络接入方式、信息安全共享提供指导。本部分首先对分域控制与域间信息安全交换模式进行描述，然后分别从接入控制和信息安全交换技术两个阶段进行描述。在接入控制阶段，首先对接入控制模式进行了描述，明确了接入控制的组成、功能以及接入方式的要求；接着对接入认证、分域控制要求进行了规范，明确了接入认证、接入设备功能等要求，并描述了分域控制实施细则；最后对接入控制规则、接入管理进行了描述，明确了不同情况下接入控制策略以及安全管理要求。在安全交换阶段，首先对互联网电子政务信息安全交换的安全需求进行描述；明确了基于互联网电子政务信息安全交换的模式；然后分别对在定制数据安全交换模式和数据流安全交换模式下实施信息安全交换的关键环节提出相关要求。

本部分主要适用于没有电子政务外网专线或没有租用通信网络专线条件的组织机构，基于互联网开展非涉及国家秘密的电子政务建设，当建设需要时，可根据安全策略与电子政务外网进行安全对接。

信息安全技术
基于互联网电子政务信息安全实施指南
第2部分:接入控制与安全交换

1 范围

GB/Z 24294 的本部分明确了互联网电子政务分域控制的两个阶段，在接入控制阶段，对接入控制结构、接入安全设备功能、接入认证、接入控制规则、接入控制管理等方面给出指南性建议要求；在安全交换阶段，对安全交换模式、定制数据安全交换要求、数据流安全交换要求给出指南性建议要求。

本部分适用于没有电子政务外网专线或没有租用通信网络专线条件的组织机构，基于互联网开展不涉及国家秘密的电子政务安全接入控制策略设计、工程实施与系统研发，为管理人员、工程技术人员、信息安全产品提供者进行信息安全规划与建设提供管理和技术参考。涉及国家秘密，或所存储、处理、传输信息汇聚后可能涉及国家秘密的，按照国家保密规定和标准执行。

2 规范性引用文件

下列文件对于本文件的应用是必不可少的。凡是注日期的引用文件，仅注日期的版本适用于本文件。凡是不注日期的引用文件，其最新版本(包括所有的修改单)适用于本文件。

GM/T 0022—2014 IPsec VPN 技术规范

3 术语和定义

下列术语和定义适用于本文件。

3.1

接入鉴别方式 access authentication method

对接入主体进行身份合法性检查所采用的方法与手段，以保证接入主体的合法性。

3.2

接入控制规则 access control rule

针对不同的接入主体，制定相应的安全规则，防止接入主体对内部网络资源的非法访问和越权访问。

3.3

接入主体组 access subject group

将属于同一安全域内的用户、主机、子网、地址段、物理网络接口、服务等按照相同的访问属性归属为同一个组，每个组内成员访问的资源内容是相同的，组由组对象名来标识。

3.4

接入主体 access subject

能够接入到内部网络中的终端用户、设备、区域、网段等。接入到内部网络的访问者均有相应的别名，该别名被称为对象名。

3.5

定制交换 customized exchange

基于交换策略对特定格式的、静态的异构数据进行统一适配、转换、过滤、传输与加载的处理过程。

3.6

交换管理平台 exchange management platform

对交换用户、交换任务、交换策略、交换行为审计等功能进行统一管理的平台。

3.7

交换节点 exchange node

在内部数据处理区域和公开数据处理区域之间,实现信息安全、可信、可控传递和处理的一套信息安全交换运行环境的集合,交换节点分为主交换节点和从交换节点两类。

3.8

专用交换进程 private exchange process

为信息安全交换提供特定操作的应用程序。

3.9

主交换节点 primary exchange node

为从交换节点提供路由信息、信息完整性验证、信息过滤等功能的交换节点,主交换节点通常部署于网关,用于控制从交换节点之间的信息安全交换。

3.10

基于用户的安全审计 security audit based on user

对接入主体的访问行为进行审计,审计的粒度限定到用户级,使得管理人员能够识别用户的操作行为,便于事后追踪与责任认定。

3.11

流交换 stream exchange

一种连续的、无限的、不可预测的流进行跨域请求与响应的过程。

3.12

从交换节点 secondary exchange node

为交换对象提供数据源提取、转换、过滤、传输及加载等功能的交换节点,从交换节点通常部署于需要交换数据的政务系统、数据库系统或数据中心等。

4 缩略语

下列缩略语适用于本文件。

AS　认证服务器(Authentication Server)
CA　数字证书认证中心机构(Certification Authority)
DNAT　目的网络地址转换(Destination NAT)
HTTP　超文本传送协议(Hypertext Transfer Protocol)
ICMP　Internet 控制报文协议(Internet Control Message Protocol)
IP　互联网协议(Internet Protocol)
IPAD　平板电脑或手机(I PAD)
NAT　网络地址转换(Network Address Translation)
PC　个人计算机(Personal Computer)
SNAT　源网络地址转换(Source NAT)

5 分域控制

分域控制是将基于互联网电子政务系统划分为内部数据处理区域、公开数据处理区域、安全服务区域和安全管理区域，制定安全策略，实施基于安全域的接入控制，提供有效的域间信息安全交换功能，分域控制示意图如图 1 所示。

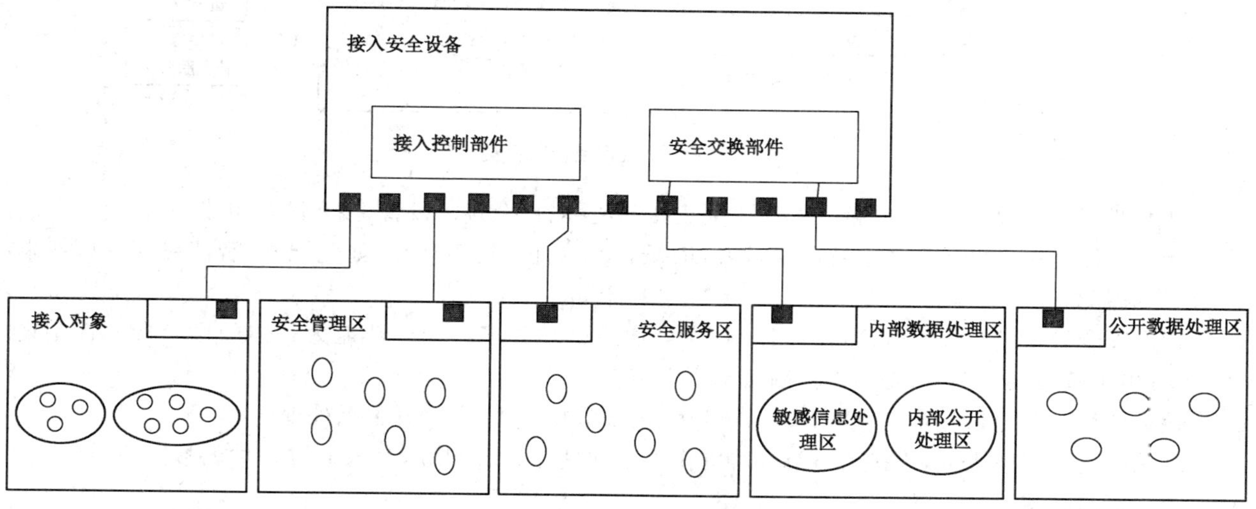

图 1 分域控制示意图

为防止域间信息的泄漏，宜制定域间安全防护策略，具体要求如下：

a) 安全管理区可对内部数据处理区、公开数据处理区进行管理。
b) 公开数据处理区的数据流可流入内部数据处理区，但内部数据处理区的数据流未经允许禁止流向公开数据处理区。
c) 在特定情况下，若内部数据处理区数据流需流入公开数据处理区，宜符合访问控制策略，进行数据敏感度的检查、过滤，防止内部敏感信息的泄漏。
d) 内部数据处理区可对服务进行标识，便于接入用户数据的分流，实现对政务信息的分类访问。
e) 公开数据处理区提供的公开服务，宜避免数据聚合引起敏感信息的泄漏。

6 接入控制

6.1 接入控制结构

6.1.1 接入控制组成

在基于互联网电子政务系统中，接入控制的实施主要通过对接入主体的合法性认证，依据接入控制规则与安全传输机制，来保障电子政务系统接入访问的合法性、保密性、完整性与可控性。接入控制组成结构示意图如图 2 所示。

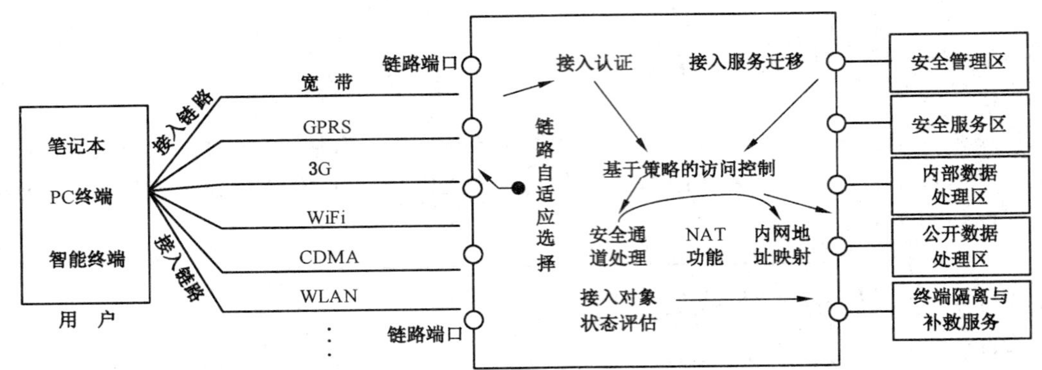

图 2 接入控制组成结构

在互联网电子政务系统中,接入控制主要由接入主体、安全接入设备、接入区域组成。

接入主体是接入电子政务系统的请求者,依托的平台宜支持多样化,如笔记本、智能终端、PC 终端等,以适应各类应用环境。

接入安全设备是集接入认证、访问控制、安全通道处理等多种安全功能为一体的用户接入控制设备,具有多个链路接入端口,是接入控制的主要实施者。

接入区域一般包括安全管理区、安全服务区、内部数据处理区、公开数据处理区。

终端隔离与补救服务,为接入终端环境提供安全评估与补救服务,对未通过评估的接入终端,宜进行安全隔离与补救。

6.1.2 接入控制方式

6.1.2.1 接入链路

用户接入政务系统时,接入设备宜具有广泛的网络适应性,宜支持电信、联通、移动等多家运营商提供的互联网接入方式,如移动通信网、基站等。

6.1.2.2 多线路接入

为提高互联网电子政务的接入访问效率,增强接入的网络适应性,基于互联网电子政务系统宜支持多线路接入,具体要求如下:

a) 支持电信、联通、移动等多线路接入,满足不同地域、不同网络、不同用户的接入访问需求。
b) 支持接入安全设备的集群化管理,保证安全接入的可靠性。
c) 接入客户端宜能够根据接入环境的变化,动态选择接入线路、接入安全设备,提高接入访问的成功率。
d) 接入安全设备宜满足大容量多用户的安全接入需求。

6.2 接入控制功能

6.2.1 接入控制安全功能

依据电子政务系统的安全需求,接入安全设备宜具有的功能包括:

a) 接入认证。采用统一身份认证技术,将用户认证与接入设备认证相结合,验证接入用户的合法性,获取接入访问权限。
b) 基于安全策略的访问控制。将<地址、协议、端口>三元组与<接入主体、接入区域、接入服务>相关联,建立访问控制策略库,实施基于安全策略的访问控制。
c) 安全通道建立与处理。针对移动安全接入、网络安全互联两种模式,在接入用户与访问对象之间，建立静动态安全通道，提供政务数据传输的保密性、完整性、抗重放攻击服务等。具体见GM/T 0022—2014 第 6 小节。

d) NAT 处理。支持正向 SNAT 功能，为电子政务系统内部用户提供互联网访问服务；支持反向 DNAT 功能，为互联网公共用户提供政务网络内部公开服务；支持反向 SNAT 功能，将远程用户地址虚拟映射为政务网络内部地址，以方便安全接入与接入控制。

e) 接入安全状态评估。通过安全状态评估，和终端隔离与补救服务的联动，确保接入终端的安全，防止风险的传递。

f) 域间安全防护。采用基于安全策略的访问控制、信息内容检测等技术，对不同区域的信息进行检测、过滤与控制，实现域间安全防护。

6.2.2 接入控制适应性

良好的网络适应性是接入控制得以正常运行的关键。其基本要求如下：

a) 无缝接入。支持安全接入的无缝化，满足不同接入链路下不同用户的接入需求。
b) 透明性。为用户的多种应用，如 http、ftp、POP3、SMTP 等，提供透明的安全服务。
c) 部署与实施灵活性。支持路由、网桥等网络互联模式。
d) 兼容性。应与其他安全系统兼容，避免影响其工作效率，进而影响电子政务系统的正常运转。
e) 平滑迁移。宜支持平滑迁移能力，支持系统的容灾备份，防止单点失效，保证电子政务系统的正常运行。

6.3 接入认证

6.3.1 用户接入认证策略

按照电子政务系统各安全域的功能及其安全需求，宜明确各安全域的用户接入策略，以限定不同类型用户的接入访问区域，防止非授权访问。用户接入策略如下：

a) 互联网公众可接入访问公开数据处理区域。
b) 仅允许政府单位办公人员和其他授权用户接入访问内部数据处理区。
c) 仅允许电子政务系统安全管理人员接入访问安全管理区域。
d) 仅允许政府单位办公人员、注册用户接入访问安全服务区。
e) 宜禁止接入用户的越权访问、跨区域访问，防止内部数据的泄漏与破坏。

6.3.2 用户接入平台

接入平台是用户安全接入政务网络所依托的终端设备，其安全性也是保证用户安全接入的关键。为防止外部风险传递到电子政务网络，用户接入平台须满足以下要求：

a) 接入平台环境安全。不论接入平台是 PC 机，还是智能终端，其系统环境宜是安全可信的，未被木马、病毒等感染。
b) 接入进程合法性验证。当用户接入访问政务内部网络时，接入进程可进行合法性验证，防止接入进程被木马注入，保证接入进程的可信性。
c) 便携式终端安全接入。当采用便携式终端进行安全接入时，则须与不可信环境及其平台进行系统的有效隔离，防止风险的交叉传递。

6.3.3 用户接入认证

接入认证是接入控制的前提，用于验证用户的合法性。用户在接入政务网络时，宜满足以下接入认证要求：

a) 电子政务系统宜支持多种接入鉴别方式，以适应于不同类别的接入用户。如口令认证、数字证书认证、多认证方式组合等。
b) 接入认证的时机。在用户联网成功以后，当访问政务网络时触发接入认证。
c) 接入认证的撤销。为保证接入认证的时效性及系统的安全，宜在用户完成访问，或在一段时间内用户未进行访问时，撤销其认证。
d) 个人终端接入项。当接入平台为PC机、笔记本、IPAD时，接入认证项宜为用户ID、数字证书以及随机数R，接入认证数据格式如图3所示，即 K_s(Protocol Head，UserID，Certificate，R)。通过认证服务器AS验证数字证书的合法性，裁决用户是否可以进行接入。

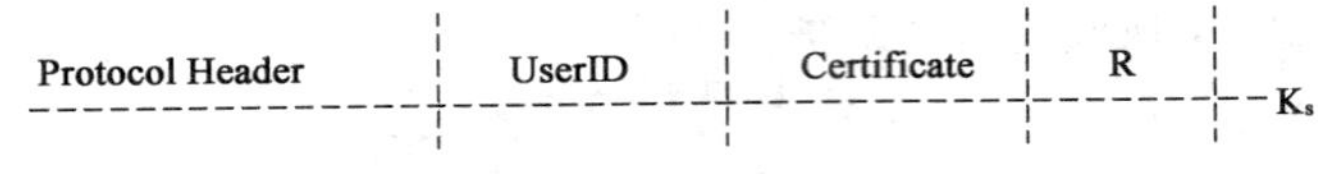

图3 个人终端接入认证数据格式

e) 智能终端接入项。当接入平台为智能手机时，接入认证项宜为用户ID、手机号码、SIM卡号以及随机数R，接入认证数据格式如图4所示，即 K_s(Protocol Head，UserID，Phonenum，SIM num，R)。通过手机号码、SIM卡号，获取用户数字证书，AS验证数字证书的合法性，裁决用户是否可以进行接入。

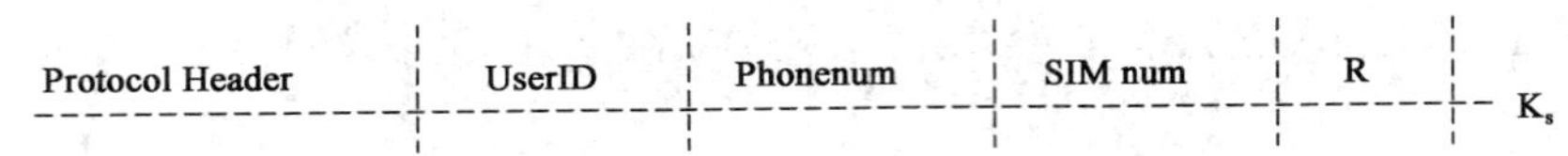

图4 智能终端接入认证项

6.4 接入控制规则

6.4.1 用户接入控制规则

在基于互联网电子政务系统中，用户的接入控制规则满足以下要求：

a) 当为网络互联模式时，用户接入控制规则的格式可包括用户IP地址、服务IP地址、协议、端口号、接入安全区域标识、策略等，控制粒度限定在IP地址和端口，可实现粗粒度的接入控制。
b) 当为移动安全接入时，用户接入控制规则的格式可包括用户对象名、权限、资源、接入安全区域标识、策略等，控制的粒度限定在资源，可实现细粒度访问控制。
c) 当接入用户的IP地址动态变化时，宜依据用户数字证书判定其合法身份，动态生成用户接入控制规则。若接入用户身份无法得到确认，仅允许接入到公开数据处理区。
d) 支持用户接入控制规则的动态变化。当用户可信度降低，或接入平台可信性较差时，可适当调整用户的接入控制规则。

6.4.2 分组接入控制规则

在电子政务系统中，宜支持组、子网的接入控制，以降低接入控制规则管理的复杂度。分组接入控制规则满足以下要求：

a) 子网接入控制规则的格式可包括IP地址、子网掩码、接入的安全区域标识、服务IP地址、策略等；或为子网对象名、接入的安全区域标识、服务IP地址、策略等。
b) 组的接入控制规则的格式可包括接入主体组对象名、接入的安全区域标识、服务IP地址、策略等。

6.4.3 终端隔离与补救规则

终端隔离与补救规则满足以下要求：

a) 当终端接入政务网络时，检测其是否已遭受木马病毒的攻击，若遭受，则禁止其接入政务网络，并将其接入补救区域，进行病毒库的升级，强制要求病毒查杀。

b) 当终端接入政务网络时，检测其是否存在严重的系统漏洞，若存在，则将其接入补救区，进行在线的系统补丁下载与更新。

c) 当接入终端无法进行病毒、木马的查杀，以及系统漏洞无法修复时，宜禁止其接入政务网络。

d) 当终端接入政务网络时，宜对接入进程进行认证，防止非授权进程的接入。

6.5 接入控制管理

6.5.1 统一接入安全管理

在互联网电子政务系统中，安全管理要求如下：

a) 统一安全管理要求。支持接入安全设备、接入用户的集中、统一化管理。

b) 可视化安全管理要求。对电子政务系统中的接入安全设备、接入用户、网络状态等进行可视化的管理，更加直观、形象地进行管理。

c) 远程安全管理要求。统一接入安全管理宜支持远程安全管理，使得管理用户无须亲临现场就能进行接入安全设备的管理与调试。

d) 统一接入安全管理宜包括安全策略管理、安全通道管理、系统管理、网络管理以及安全审计管理等。

e) 安全管理宜支持三权分离，即安全管理、系统管理、审计管理的相互隔离。

6.5.2 接入用户管理

接入用户管理要求如下：

a) 用户注册。接入到电子政务系统的用户，宜在统一接入安全管理系统中进行注册。注册用户具有唯一的标识。

b) 用户撤销。支持用户的撤销功能，防止失效用户的非法接入访问。

c) 用户接入策略模板。支持用户接入策略模板，可实现安全策略的生成、下载、编辑、删除等功能。

6.5.3 安全策略管理

接入控制安全策略管理要求如下：

a) 支持安全策略的添加、删除与修改。依据电子政务系统的安全需求，可灵活地对安全策略进行调整。

b) 支持安全策略的下发。对接入用户、接入安全设备的安全策略进行分发、加载。

c) 支持组策略管理。主要包括组的管理、组策略的添加、删除与修改等。

d) 支持安全策略的一致性检测。通过检测安全策略的一致性，保证安全策略的可用性。

e) 支持策略冲突与消解。检测并消除安全策略间的冲突，防止由于策略冲突而引起的安全隐患。

6.5.4 安全审计管理

6.5.4.1 基于数据流的安全审计

基于数据流的安全审计，主要依据数据报文信息，对过往接入安全设备的数据流进行日志记录。其实施与管理要求如下：

a) 安全审计格式。审计格式可为序号、源IP地址、目标IP地址、源端口号、目标端口号、协议、策略以及审计时间等。
b) 审计转存。支持审计日志的转储功能，实现审计数据的长期保存。
c) 审计操作。具有审计日志存储、查询、删除等功能。
d) 审计分析。支持基于IP地址的访问行为分析功能，依据分析结果，可评估电子政务系统存在的安全风险。

6.5.4.2 基于用户的安全审计

基于用户的安全审计，主要依据用户身份与数据流的关联，对过往接入安全设备的数据流进行安全审计，以防止IP地址假冒攻击。其实施与管理要求如下：

a) 用户身份与数据流绑定。将用户身份标识与数据安全处理进行关联绑定，依据绑定关系，审计到用户。
b) 审计格式。审计格式主要为序号、用户、访问服务信息、策略以及审计时间等。
c) 审计操作。具有审计日志存储、查询、删除等功能。
d) 审计分析。支持基于用户的访问行为分析功能，依据分析结果，可评估用户访问行为对电子政务系统的安全威胁。

7 信息安全交换

7.1 信息安全交换需求

7.1.1 信息安全隔离需求

根据信息的重要程度和不同类别，采取不同的保护措施，实施分类防护；根据系统和数据的重要程度和敏感程度不同，进行分域存储。按照电子政务应用系统信息和应用分类的安全需求，划分为内部数据处理区域和公开数据处理区域；根据安全系统的功能不同，划分为安全管理区域和安全服务区域。要求对不同区域实施安全隔离，应能够实施各安全域间的信息流控制，防止域间信息的非授权流动。

7.1.2 信息安全共享需求

根据基于互联网电子政务信息分域控制的要求，互联网电子政务安全域划分为内部数据处理区域、公开数据处理区域、安全管理区域和安全服务区域。其中公开数据处理区域用来承载处理公开信息的电子政务应用系统及其数据库，处理对公众和企业开放的服务，如政策发布、政府网站或便民服务等，这些都是提供给公众访问的公开数据。内部数据处理区用来承载处理内部信息的电子政务应用系统及其数据库，处理政府内部和部门之间的业务，这些是仅允许系统内部人员访问的内部数据。依据基于互联网的电子政务办公需求，需要内部数据处理区域和公开数据处理区域进行信息共享。

7.1.3 交换策略定制需求

为了保证内部数据处理区域和公开数据处理区域之间信息的安全隔离和共享，需要在内部数据处理区和公开数据处理区之间实现信息的安全交换。由于内部数据处理区和公开数据处理区属于不同的安全域，在互联网环境下除了要应对来自互联网的攻击，还要防止内部数据处理区的敏感信息泄露到公开数据处理区。因此需要对内部数据处理区域和公开数据处理区之间交换的行为和信息进行控制，需要根据交换任务和安全需求，制定安全交换策略并实现对安全交换策略的动态管理。

7.1.4 交换数据安全性需求

在域间进行信息安全交换时，需要保证交换数据的安全性。交换数据的安全性主要包括交换数据源可信、交换信息保密、交换信息完整及交换内容过滤等。交换数据源可信应支持交换数据生成者对交换数据的数字签名，确保交换数据源的真实性和不可否认性。交换信息保密宜支持对交换信息的加密存储和传输，确保交换信息的保密性。交换信息完整宜支持对交换信息的完整性验证，防止交换过程中的木马夹带攻击与信息非法篡改。交换内容过滤应支持对交换信息实施基于安全交换策略的内容过滤。

7.1.5 交换行为监管需求

为了防范木马夹带攻击和敏感信息的泄漏，要求在安全策略控制下实施受控交换，要求使用专用的交换进程，要求对交换进程行为进行全周期管控，保证交换行为的可管可控。

7.2 信息安全交换模式

7.2.1 定制数据安全交换模式

基于互联网电子政务信息安全交换模式宜支持定制交换及流交换两种交换模式。定制数据交换模式是指基于交换策略对特定格式的、静态的异构数据进行统一适配、转换、过滤、传输与加载的处理过程。这种模式的特点是一般面向特定的交换对象，对信息安全交换行为的控制能力较强，主要适合于交换信息固定、交换行为可预定义的跨域交换，如文件交换、数据库同步等。

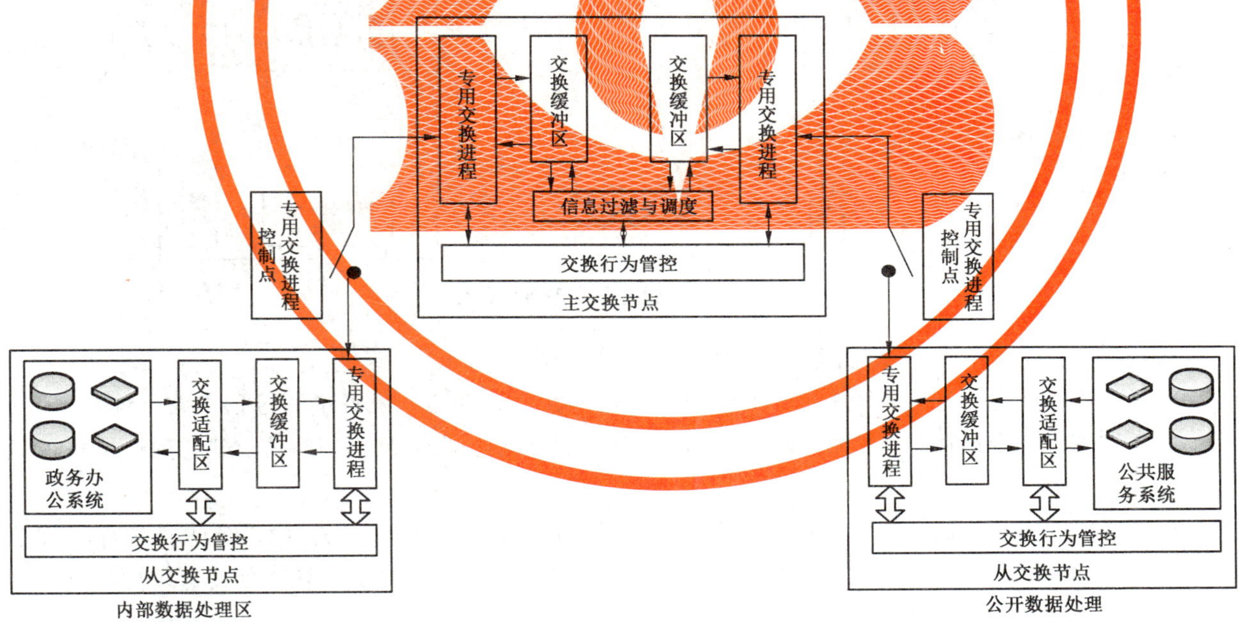

图 5 定制数据安全交换模式

定制数据安全交换模式的示意图如图 5 所示，分别在内部数据处理区和公开数据处理区部署从交换节点，在网关处部署主交换节点和交换管理平台，具体交换步骤如下：

a) 交换数据生成过程。内部数据处理区中的交换适配区根据定制的交换策略从政务办公系统中提取交换信息，将交换信息转换为统一的格式，放入交换缓冲区。
b) 交换数据传递过程。合闭专用进程控制点，启动内部处理区和交换主节点的专用进程将信息从内部处理区的缓冲区交换到主节点的缓冲区中，任务完成后打开专用进程控制点。

c) 交换数据过滤过程。对缓冲区中的信息进行过滤并依据定制的交换任务将过滤后的信息调度到相应的接收缓冲区中。

d) 交换数据加载过程。交换主节点和公开数据处理区的专用交换进程控制点合闭,启动专用进程将信息交换到公开数据处理区的交换缓冲区中,经过适配区的转换发送给公共服务系统。

整个交换过程均在交换行为的管控下进行,当出现异常行为时立即终止信息交换。

7.2.2 数据流安全交换模式

一种连续的、无限的、不可预测的流进行跨域请求与响应的过程。这种模式的特点是一般面向不可知的交换对象,对信息安全交换行为的控制能力较弱,主要适合于交换实时性高、交互性强、交换终端计算能力较弱的跨域交换,如视频会议、实时监控等。

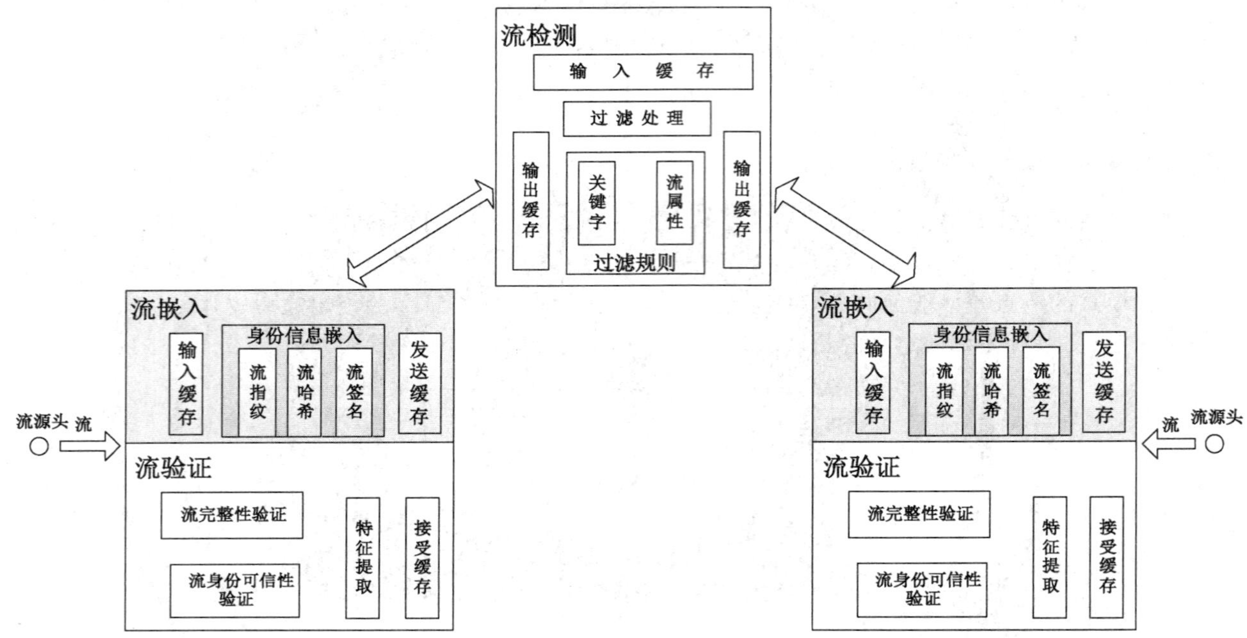

图 6 数据流安全交换模式

数据流安全交换模式的示意图如图 6 所示,具体工作步骤如下:

a) 流连接建立过程。在流交换开始之前进行的会话连接建立。发送端通过请求建立连接,接收端基于安全连接检测机制,依据制定的策略对请求进行检测,从而判断请求建立的连接是否安全可信。

b) 流嵌入过程。流从流源头产生后进入输入缓存,在流身份信息嵌入器中对流进行处理将流指纹、流摘要等流身份相关的信息嵌入到流中,并将嵌入身份信息的流转移到发送缓存。流指纹是指具有一定长度和特定结构的流身份序列。

c) 流检测过程。嵌入身份信息的流传输到边界网关处首先进入输入缓存,待过滤的流基于流交换策略对流进行过滤检测,只有符合策略的流才能通过过滤并流入输出缓存中。

d) 流验证过程。经过流过滤后流入接收缓存。从流的包头、包时间间隔等载体中提取流指纹或流散列等流身份相关的信息进行流身份可信性验证。同时利用流签名、流认证等技术进行流完整性验证。最终通过验证的流传送到接收端进行数据处理。

7.3 定制数据安全交换模式技术要求

7.3.1 定制交换策略

定制交换模式的策略制定应包括以下几个方面：

a) 从公开到内部的策略。允许通过制定交换流向、交换任务和交换方式等将数据从公开处理数据区交换到内部数据处理区。

b) 从内部到公开的策略。允许通过制定交换流向、交换任务和交换方式等将不涉及政务办公敏感信息的数据从内部数据处理区交换到公开数据处理区。

c) 交换任务的制定。允许制定交换任务的交换目录。

d) 交换内容的制定。允许制定交换的内容，如对交换信息的属性、粒度等进行定制。

e) 交换方式的制定。允许制定交换的方式，如一次交换、周期交换、定时交换、自动交换、手动交换等。

7.3.2 定制数据安全交换适配

交换数据适配要求应包括以下几个方面：

a) 交换数据源提取。应支持 Java、.Net、C、C++等多种语言开发业务系统；应支持办公自动化系统、文件传输系统、数据库同步系统、公共服务等多种类型应用的业务系统；应支持文件级、数据库级、表单级、字段/域级等不同粒度数据的提取。

b) 交换数据转换。应支持不同业务应用系统的数据结构按照不同业务数据格式的要求，遵循统一的数据规范、数据字典和数据编码，进行统一转换，传给底层网络传输接口。

c) 交换数据传输。应支持不同类型的底层网路传输接口，如：Socket 接口、SSL 接口、IPSec 接口与消息中间件接口等。

7.3.3 交换数据内容安全

定制交换数据安全性要求应包括以下几个方面：

a) 定制交换数据源可信。应支持基于密码技术的对数据源生成者的身份认证，确保交换数据源的真实性和不可否认性。

b) 定制交换数据完整。应支持对交换信息的完整性验证，防止交换过程中的木马夹带攻击与信息非法篡改。

c) 定制交换数据保密。应支持对交换信息的加密存储和传输，确保交换信息的保密性。

d) 定制交换数据过滤。应支持基于域间信息安全交换策略的信息过滤；应支持不同粒度的信息过滤；应支持基于黑/白名单的过滤规则的过滤管理。

7.3.4 交换进程安全

交换进程安全要求应该包含以下几个方面：

a) 在信息交换中，专用交换进程的交换行为应该是可预知、可控制的。专用交换进程的交换行为应受到安全策略的约束、其轨迹应是平稳有序的。

b) 专用交换进程的任何行为都是经过授权和认证的，一切未经授权或认证的行为都是非法并且被禁止的。其中包括专用交换进程对于数据、网络等客体的操作。

c) 在交换进行过程中，宜对交换行为进行实时地评估，保证其符合正常行为。

d） 应在安全的环境下，收集正常的交换行为序列，在该行为序列上建立交换行为评估模型。交换行为评估应具有良好的完备性和精确性。

e） 交换进程行为评估应具有高效的行为收集方法，使行为的收集对交换进程透明，不影响交换的正常进行及效率。

7.3.5 交换网络连接安全

交换网络连接安全主要用于保证交换网络连接的可信性，应包括以下几个方面：

a） 应保证接入到交换网络的专用交换进程的可信性，防止木马等恶意程序接入到交换网络中，在网络中传输数据。

b） 专用交换进程运行环境安全。应保证专用交换进程执行时所依赖的软件包可信；应保证进程运行所依赖的内核环境可信，内核环境主要包括内核代码段、内核只读数据段、系统调用表、中断描述符表、全局描述符表以及内核模块。

c） 专用交换进程运行时安全。应保证专用交换进程的关键段的可信，如防止代码段篡改、栈溢出、堆溢出。

7.3.6 交换行为审计

交换行为审计应支持对所执行的交换任务进行记录，记录每次交换任务的源节点/目的节点的 IP 地址、端口号、交换时间、交换文件的 hash 值等信息，当出现违规交换时应能记录下相应的违规事件，以便日后审查。

7.4 数据流安全交换模式技术要求

7.4.1 数据流源认证

在流交换中，宜基于流签名、流指纹等鉴别技术从不同方式主动认证流源头信息，保证流源头信息的真实性和不可否认性。

方式 1：基于流签名的数据流源认证要求应该包括以下几个方面：

a） 采用流签名算法应符合国家商用密码管理规定，建议优先采用 SM2 算法。

b） 采用的流签名算法应对数据流进行高效的签名和验证。具有高效性、实时性、所需计算资源少等特点。

c） 采用的流签名算法应能够容忍包丢失、包延时，实现对数据包实时验证。

d） 采用的流签名算法应支持流分片签名功能，无需预先缓存整个流数据。

e） 采用的流签名算法应支持在适应性选择消息攻击下是不可伪造的。

方式 2：基于流指纹的数据流源头可信性验证要求应该包括以下几个方面：

a） 应不受到通信系统异构性的影响，适应电子政务系统对时延敏感、多流交汇和资源有限的特点。应不依靠系统间的通信协议和流数据的内容获取流身份等相关信息。应将系统作为“黑盒”处理，具有不受加密影响的特点。

b） 流指纹信息编码与解码应具有保密性、可信性和可用性。宜采用 SM3 等基于国产摘要算法实现流指纹信息机密性保护；宜采用绑定算法、引入随机数等方式，防止流指纹信息的篡改，实现流指纹信息的可信性；宜采用门限方案、双重或多重指纹的技术，保证流指纹信息在遭到一定程度的流变换后的可用性。

c） 流指纹嵌入与提取过程：应满足鲁棒性、隐蔽性和大容量。应通过选择鲁棒性强的载体，或者通过量化索引、直序扩频等辅助技术，实现在一定程度上抵御流变换问题的能力；应选用容量大的载体，或通过组合载体提高载体容量，从而保证嵌入流身份信息的载体容量应该足够大；流指纹信息应具有良好的隐蔽性。通过 K-S 实验、EN 测试和 CCE 测试等方法，对嵌入指纹前后的载体差异控制在阈值范围内，以保证嵌入的信息应该对正常用户是透明的、让攻击者很难辨别。

d) 流指纹算法应该具有高正确性。能从理论上证明指纹信息编码解码、调制解调算法的正确性，并且在实际条件下具有较高的正确率和低误报率和漏报率。

e) 宜支持多种流身份鉴别功能。如：基于包序列的流身份鉴别功能、基于直接序列扩频的流身份鉴别功能、基于时隙间隔重心的流身份鉴别功能。

7.4.2 数据流完整性验证

在流交换中，应采用流摘要、流水印等技术，保证流的完整性，防止流夹带与非授权篡改。数据流完整性检测要求应该包括以下几个方面：

a) 宜支持基于 hash 函数或流水印的数据流完整性验证功能。

b) 宜能够容忍网络拥塞、网络抖动等问题。

c) 宜能够容忍流间变换问题，如流混杂、流分离和流合并等问题。

d) 宜能够容忍流内变换问题，如虚假数据包添加、包丢失、包重组、包乱序等问题。

e) 宜能够抵御恶意网络攻击，如多流攻击、统计检测攻击等。

7.4.3 数据流内容检测

数据流内容过滤要求应该包括以下几个方面：

a) 宜支持 XML 流、数据流等多种不同类型的流检测功能。

b) 宜支持基于协议的流检测功能。如：IP 协议、IPx 协议、ICMP 协议、HTTP 协议等。

c) 宜支持基于流属性的流检测功能。如：基于字段的流检测、基于时间的流检测、基于包长度的流检测等。

ICS 35.040
L 80

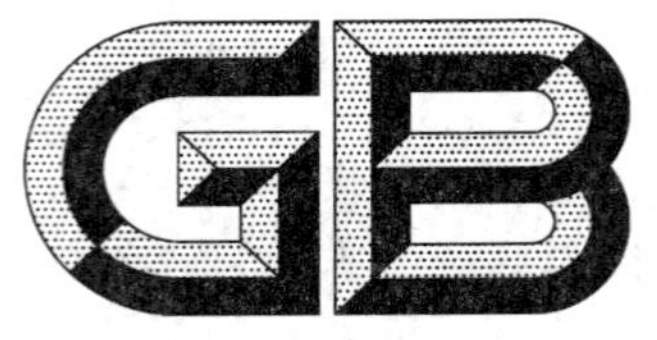

中华人民共和国国家标准化指导性技术文件

GB/Z 24294.3—2017
部分代替 GB/Z 24294—2009

信息安全技术 基于互联网电子政务信息安全实施指南 第3部分:身份认证与授权管理

Information security technology—Guide of implementation for Internet-based e-government information security—Part 3:Identity authentication and authorization

2017-05-31 发布 2017-12-01 实施

中华人民共和国国家质量监督检验检疫总局
中国国家标准化管理委员会 发布

前　　言

GB/Z 24294《信息安全技术　基于互联网电子政务信息安全实施指南》分为4个部分：

——第1部分：总则；

——第2部分：接入控制与安全交换；

——第3部分：身份认证与授权管理；

——第4部分：终端安全防护。

本部分为GB/Z 24294的第3部分。

本部分按照GB/T 1.1—2009给出的规则起草。

本部分部分代替GB/Z 24294—2009《信息安全技术　基于互联网电子政务信息安全实施指南》，与GB/Z 24294—2009相比，主要技术变化如下：

——新增了统一身份认证与授权管理的安全功能；

——新增了统一身份认证技术要求；

——新增了统一授权管理技术要求；

——针对信任体系建设，补充了身份认证与授权管理系统的部署示例。

本部分由全国信息安全标准化技术委员会（SAC/TC 260）提出并归口。

本部分起草单位：解放军信息工程大学、中国电子技术标准化研究所、北京天融信科技有限公司、郑州信大捷安信息技术股份有限公司。

本部分主要起草人：陈性元、杜学绘、孙奕、夏春涛、曹利峰、张东巍、任志宇、罗锋盈、上官晓丽、董国华。

本部分所代替标准的历次版本发布情况为：

——GB/Z 24294—2009。

引　言

由于基于互联网电子政务具有网络开放性的特点，电子政务系统面临着身份假冒、信息泄漏、非授权访问等安全威胁，利用身份认证、授权管理等技术可有效提高互联网电子政务系统的安全性。

为推进互联网在我国电子政务中的应用，指导基于互联网电子政务身份认证与授权管理技术规范工作，特制定本部分内容。

本部分首先对互联网电子政务中身份认证与授权管理的安全功能进行规范，之后分别针对身份认证和授权管理实施过程中的技术规范进行详细描述，并对互联网电子政务安全接口进行规范。

本部分主要规范在基于互联网电子政务系统中实施身份认证和授权管理所进行的技术活动及其相关的管理活动。

信息安全技术
基于互联网电子政务信息安全实施指南
第3部分：身份认证与授权管理

1 范围

GB/Z 24294 的本部分给出了互联网电子政务中身份认证与授权管理的实施指南，明确其功能要求和安装部署要求，定义身份认证与授权管理技术规范。以依托互联网构建可信政务服务平台为目标，为建立可信、可管、可控的基于互联网电子政务信息系统提供技术指导。

本部分适用于基于互联网电子政务系统中身份认证与授权管理系统的设计、研发与建设，为管理人员、工程技术人员、信息安全产品提供者构建统一身份认证与授权管理系统提供管理和技术参考。涉及国家秘密，或所存储、处理、传输信息汇聚后可能涉及国家秘密的，按照国家保密规定和标准执行。

2 规范性引用文件

下列文件对于本文件的应用是必不可少的。凡是注日期的引用文件，仅注日期的版本适用于本文件。凡是不注日期的引用文件，其最新版本(包括所有的修改单)适用于本文件。

GM/T 0015—2012 基于 SM2 密码算法的数字证书格式规范

3 术语和定义

下列术语和定义适用于本文件。

3.1

属性授权机构 attribute authority

通过发布属性证书来分配权限的认证机构，也称属性管理机构。

3.2

属性证书 attribute certificate

属性授权机构进行数字签名的数据结构，把持有者的身份信息与一些属性值绑定。

3.3

特定权限管理基础设施 privilege management infrastructure

支持授权服务的综合基础设施，与公钥基础设施有着密切的联系。

4 缩略语

下列缩略语适用于本文件。

LDAP 轻量级目录访问协议(Lightweight Directory Access Protocol)

PMS 授权管理系统(Privilege Management System)

5 统一身份认证与授权管理安全功能

5.1 统一身份认证功能

统一身份认证系统要求域内统一部署，为多种应用系统提供认证服务：

a) 支持单点登录功能，避免重复认证，减少认证服务负担；

b) 根据应用的不同安全需求可采用不同的认证凭证以及多种凭证的组合，凭证的类型可分为口令、数字证书、生物特征等；

c) 对用户身份信息进行安全存储，能够有效防止用户敏感信息泄漏；

d) 认证协议安全，能够有效防止篡改、重放、假冒等攻击；

e) 支持统一的身份认证服务接口，便于与不同种类应用系统集成或二次开发。

5.2 授权管理功能

授权管理在用户管理的基础之上，对用户访问资源的权限进行统一的标识与管理，是基于互联网电子政务系统的必选配置。授权管理系统主要功能如下：

a) 授权管理系统支持物理分级部署，既可实现分布式授权管理，还可支持单域环境内集中式的授权管理；

b) 支持 PMS 内部的多管理员管理，通过为管理员划分管理范围，实现授权管理系统内部的分级管理；

c) 采用基于角色的授权管理方式，支持跨域授权，可通过推荐角色的方式，也可通过用户跨域申请授权的方式来实现跨域授权；

d) 为用户授权支持无属性证书方式，或属性证书方式，若采用属性证书方式，则提供属性证书的生成、更新、撤销、恢复等操作功能；

e) 提供人员信息同步接口、用户授权接口、角色授权接口等外部接口。

5.3 系统部署要求

统一身份认证系统由统一身份认证服务器和统一用户管理系统组成，统一身份认证服务器部署于互联网电子政务系统中的安全服务区域，统一用户管理系统部署于安全管理区域。统一授权管理系统作为安全管理中心的一部分，与统一用户管理系统一起部署于安全管理区域。系统的部署示例和工作流程参见附录 A。

5.4 存储安全要求

对统一用户管理系统中的用户的认证信息进行安全存储与管理，禁止明文存储，采用加密或哈希运算后存储，并使用数据库权限安全限制。统一授权管理系统中的授权信息存储于授权管理数据库中，与统一授权管理系统一起部署于安全管理区域，除管理员登录信息需加密或哈希后存放以外，其余信息可明文存放。

6 统一身份认证技术规范

6.1 统一用户标识

6.1.1 统一用户身份信息

基于互联网电子政务系统需要根据政府部门的实际情况将用户信息进行统一管理。统一用户身份信息是指采用统一的用户身份信息规范，以记录、存储和描述每一个用户的身份信息。用户身份信息包括统一用户编码、用户名称、用户基本信息、用户身份认证信息、用户身份扩展信息等。

6.1.2 统一用户编码

统一用户编码根据政府部门、人员编制情况，通过为每一个用户、部门进行统一编码，使其在互联网电子政务的身份认证系统中具有唯一的标识。

系统利用树形结构组织部门与用户信息，对其进行分级管理。人员管理系统是树的根节点，下设的各一级部门是根节点的子节点；一级部门管理的用户和下级部门是其子节点；下级部门又可继续下设用户及子部门；以此类推，所有的部门节点与用户节点构成“用户树”，该树的非叶子节点(用户节点不能建立下级节点)构成“部门树”。

依据上述树形结构，将信任域内的部门、人员身份按照统一的编码方案进行编码，树中每一节点由根开始编码。

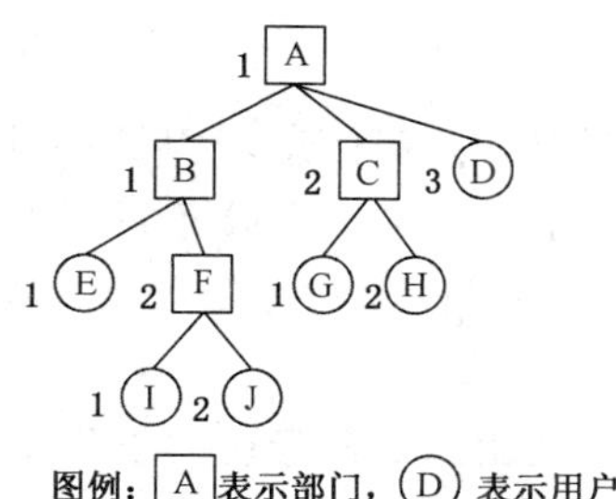

图 1 统一用户编码方式

统一用户编码方式的示意图如图 1 所示的树形结构中，节点编号是由一个整数序列组成，代表部门或用户身份，整数之间以圆点分割，整数的个数决定了该节点的深度。例如根结点 1 代表用户管理中心 A，1.1 代表 A 下设的一级部门 B，1.1.2 代表 B 的下级部门 F，1.1.2.1 代表部门 F 的负责人，而 1.1.2.2 可表示该部门的第一副职领导。根据编码也可解析出对应节点的编号。

在添加部门或用户时，编码由系统根据当前编码情况自动生成，编码一经生成，不能再修改，删除的编码不再重用。当编码空间加入到其他编码空间中时，为该编码空间加上统一前缀以实现扩展。

6.1.3 用户名称

用户名称表示此用户在互联网电子政务系统中的唯一名称。

6.1.4 用户基本信息

用户基本信息表示用户个人基本情况信息。用户基本信息主要包括用户姓名、性别、年龄、民族、籍贯、出生日期、工作日期、政治面貌、入党(团)时间、职务、级别、职称、类别、证件类别、证件号码、住址、电话号码、邮箱等。

6.1.5 用户身份认证信息

用户身份认证信息表示此用户在互联网电子政务系统中用于身份认证的相关特征信息。用户身份认证信息主要包括此用户的认证方式和每种认证方式对应的特征信息。认证方式包括口令认证、证书认证、指纹认证、人脸影像认证等多种认证方式，其中，口令认证、证书认证是较常用的认证方式，指纹认证、人脸影像认证等方式属于生物特征认证方式，用于安全级别较高的应用场景。认证方式对应的特征信息包括用户口令、证书信息、生物特征值等信息。

6.1.6 用户身份扩展信息

用户身份扩展信息表示此用户在互联网电子政务系统中与身份相关的扩展信息。用户身份扩展信息包括用户简历、工作履历、奖惩情况等信息。

6.2 身份认证方式

6.2.1 口令认证

口令认证适用于基于互联网电子政务系统中政务服务应用。口令认证的基本过程是认证系统通过比较用户输入的口令与系统内部存储的口令是否一致来判断用户的身份。

口令不能以明文形式传输和存储，必须以口令的散列值或加密后的密文传输和存储。用户进行口令方式认证时，除需要输入用户名和口令之外，还要输入校验码进行登录。

6.2.2 数字证书认证

数字证书认证通过数字证书获取用户的公钥信息，并利用公钥验证用户提交的消息签名值是否合法以鉴别用户身份。数字证书认证适用于互联网电子政务系统中政务办公应用。

6.2.3 生物特征识别

生物特征认证利用人类本身所拥有且能标识其身份的生物特征进行身份认证。生物特征认证方式主要包括指纹鉴别、虹膜兼备、影像鉴别等，用于互联网电子政务系统中政务办公应用。

6.2.4 面向信息分类防护的认证方式选择

用户在进行访问时，认证服务器需根据用户所访问的资源类型，强制用户采用与其资源类别相适应的认证方式。

6.3 密码算法

密码安全产品的使用以及产品所使用的密码算法应符合国家密码管理的有关规定。

6.4 认证协议

认证协议是通信参与者为完成相互的身份认证或识别而采用的规程、约定、约束和交换信息的总和。在认证系统对用户、终端、设备、装置等进行身份认证的过程中，应选用安全的认证协议，为其提供机密性、完整性、不可否认性保护，抵御消息重放、第三方假冒等攻击。

7 统一授权管理技术规范

7.1 角色管理

7.1.1 角色的层次结构

互联网电子政务系统中，角色可根据组织结构中的岗位职责进行定义，也可根据应用系统中的功能划分来进行定义。角色层次组织成树形结构，允许一个角色拥有多个子角色和至多一个父角色。

7.1.2 角色的编码原则

根据角色的层次关系，授权管理系统对角色进行统一的编码。角色的编码应遵循以下原则：

a） 在角色层次中，每一个角色的编码都是唯一的；

b) 子角色的编码应以其父角色的编码为前缀，体现角色的层次结构；

c) 根据角色的编码，能求出其父角色及所有祖先角色的编码。

7.1.3 基于信息分类防护的角色分类

按照信息分类防护要求，将角色分为公开角色、内部共享角色和内部受控角色 3 种类型。

7.1.4 角色的权限类型

角色的权限可分为公开权限、私有权限和继承权限：

a) 公开权限：直接分配给角色的可被上级角色继承的权限；

b) 私有权限：直接分配给角色的但不可被任何角色继承的权限；

c) 继承权限：从下级角色继承而来的可继续被上级角色继承的权限。

角色之间的权限继承关系是可选的。当角色之间没有权限继承关系时，上级角色不继承下级角色的权限，角色的所有权限均为私有权限。

当角色之间存在权限继承关系时，上下级角色之间的权限继承仅限于在一个授权管理系统内部，不允许跨授权管理系统的权限继承。

7.2 资源管理

7.2.1 资源分类

资源分类是互联网电子政务系统中资源种类的划分，主要包括：网页、文件系统、数据库、功能模块，其中网页中包含了 HTML 代码段和脚本程序段，通常在脚本程序段中会包含应用组件，HTML 代码段中可嵌套 HTML 代码段和脚本程序段，并使用相关控件资源，控件之间有时也存在嵌套关系；文件系统中通常包含文件和文件夹，文件夹中又包含文件资源；数据库资源由数据表组成，数据表由数据字段构成。

根据信息分类防护要求，基于互联网电子政务系统中的信息资源可按其重要程度将其分为：敏感信息、内部公开信息和公开信息 3 种类型。

7.2.2 资源操作

互联网电子政务系统中资源操作是指用户对系统中资源的操作权限，根据资源的类型不同，操作种类也不相同。网页资源操作包括：读、写、本级读、本级写、遍历、拥有。文件系统操作包括：读、写、本级读、本级写、遍历、拥有。数据库操作包括：数据库的创建、修改、删除，数据表的创建、修改、删除，数据项查询、修改、删除、添加。功能模块操作包括：加载、删除、调用接口等操作。

7.2.3 资源编码

互联网电子政务系统中所有资源均有一个唯一编码，编码由系统自动生成，不能重复使用、重复分配和修改。

7.3 权限管理操作

7.3.1 角色操作流程

7.3.1.1 添加下级角色

添加下级角色操作流程如下：

a) 获得当前进行操作的角色节点位置；

b) 添加角色信息，包括角色名称、限制用户数、角色类型，并自动为新添加角色生成角色编号、建立日期、子角色数、是否授权等信息，更新对应父角色的子角色个数。

7.3.1.2 修改角色

修改角色的流程如下：

a) 获得当前进行操作的角色节点位置；

b) 对角色名称、限制用户数进行修改。

本操作仅允许对角色名称、限制用户数进行修改，其余角色信息不允许修改。

7.3.1.3 删除角色

删除角色的流程如下：

a) 获得当前进行操作的角色节点位置，若为根节点，则退出，否则进行下一步；

b) 删除该角色及其所有子角色，以及它们所对应的所有权限，同时删除所有上级角色中从该角色处继承的权限，更新对应父角色的子角色个数，并从相关用户的权限中删除该角色，从相关互斥角色集中删除该角色。

7.3.2 互斥角色集管理流程

7.3.2.1 新建互斥角色集

新建互斥角色集流程如下：

a) 为新建互斥角色集自动生成编号；

b) 在角色树中选择角色，添加到互斥角色集，查看已有互斥角色集，若已存在与新建互斥角色集中的角色完全相同的互斥角色集，则退出，否则进行下一步；

c) 设置互斥角色集的基数；

d) 检查所有已授权用户，如存在违反新建互斥角色集的授权，则自动撤销用户角色集中存在互斥关系的角色，并提示授权管理员调整用户授权。

7.3.2.2 修改互斥角色集

修改互斥角色集流程如下：

a) 获得需进行修改操作的互斥角色集；

b) 对互斥角色集中的角色进行添加或删除，若修改后的互斥角色集中的角色个数为0，则删除该互斥角色集并退出；

c) 修改互斥角色集的基数；

d) 检查所有已授权用户，如存在违反当前互斥角色集的授权，则自动撤销用户角色集中存在互斥关系的角色，并提示授权管理员调整用户授权。

7.3.2.3 删除互斥角色集

删除互斥角色集流程如下：

a) 获得需进行删除操作的互斥角色集；

b) 删除互斥角色集。

7.3.3 角色权限管理流程

7.3.3.1 为角色分配权限

为角色分配权限的流程如下：

a) 获得当前角色，按照信息分类保护要求，为其授予相应的权限集合，公开角色可被授予公开的信息资源，内部共享角色可被授予内部共享和公开的信息资源，内部受控角色可被授予公开、内部共享、内部受控的信息资源；
b) 指定所授权限的类别为公开权限或私有权限；
c) 权限继承深度策略所允许的上级角色可继承该角色的公开权限，并标记这些权限为继承权限。

7.3.3.2 撤销角色权限

撤销角色权限的流程如下：

a) 获得当前角色和要撤销的权限，从当前角色的权限集中删除要撤销的权限；
b) 若要撤销的权限已被上级角色继承，则从上级角色的继承权限中删除这些权限。

7.3.4 用户角色管理流程

7.3.4.1 为用户分配角色

为用户分配角色的流程如下：

a) 获得当前用户和将分配的角色；
b) 获得当前用户的已有角色集，若该角色已存在于用户的已有角色集中，则退出；
c) 将该角色与用户已有角色集形成并集，若该并集与某一互斥角色集相交，并且交集的元素个数大于该互斥角色集的基数，则退出；
d) 若该角色的用户数已达到最大值，则退出；
e) 将该角色加入当前用户的角色集中。

7.3.4.2 撤销用户已有角色

撤销用户已有角色的流程如下：

a) 获得当前用户及其要撤销的角色，更新该角色对应的用户数；
b) 从当前用户的角色集中删除该角色。

7.4 授权管理系统服务模式

7.4.1 用户授权服务方式

授权管理系统对用户的授权可提供两种服务方式，对未包含在下列内容中的服务方式，是否可以开启，应根据实际网络环境和服务的功能、性质进行处理：

a) 属性证书方式：以属性证书作为用户的权限载体，授权管理系统将用户的权限即角色信息写入属性证书中。属性证书可上传至 LDAP 服务器，认证服务器或应用系统通过拉模式获得属性证书；也可直接交给用户，用户在进行访问时通过推模式提交给认证服务器或应用系统。
b) 在线查询方式：由授权管理系统向认证服务器提供在线权限查询服务，授权管理系统权限策略的表示方式参见附录 B。无须生成属性证书，认证服务器在验证用户身份后，由认证服务器向授权管理系统查询用户的权限，生成票据后交给用户，作为访问应用系统的凭证。

7.4.2 角色授权服务方式

授权管理系统对角色的授权可提供两种服务方式，对未包含在下列内容中的服务方式，是否可以开

启,应根据实际网络环境和服务的功能、性质进行处理:

a) 权限裁决服务方式:由授权管理系统向应用服务器提供在线的权限裁决服务,当用户进行访问时,应用系统获得用户的角色和访问目标等信息,向授权管理系统发起权限裁决请求,授权管理系统根据请求信息和角色权限作出裁决,将裁决结果返回给应用系统。

b) 应用系统自主裁决方式:授权管理系统将角色的权限信息实时同步给应用系统,由应用系统进行访问控制的裁决。

附　录　A
（资料性附录）
身份认证与授权管理系统应用示例

A.1　身份认证与授权管理系统的示例部署

身份认证与授权管理系统的应用部署示例如图 A.1 所示。

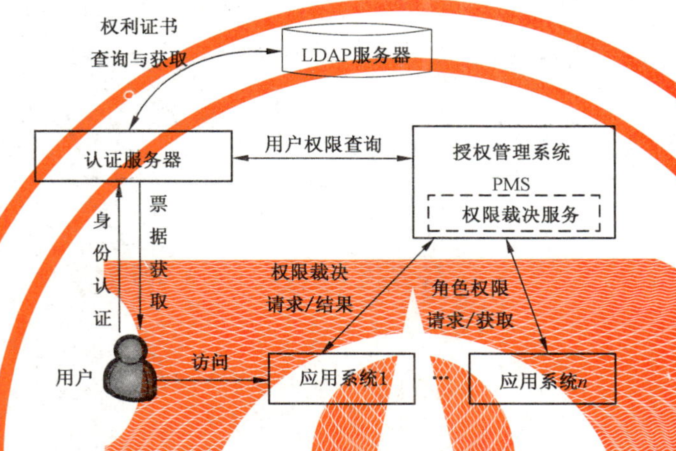

图 A.1　身份认证与授权管理系统的应用部署示例

在图 A.1 中包含以下实体：

a）用户：对应用系统进行访问的实体；
b）认证服务器：负责对用户的身份进行鉴别，保证对应用系统进行访问的用户均是合法用户；
c）授权管理系统：在本例中，PMS 负责用户的授权和角色的授权，以及用户属性证书的管理；
d）LDAP 服务器：证书目录服务器，可提供属性证书的在线查询服务；
e）应用系统：用户访问的目标。

A.2　身份认证与授权管理系统工作流程示例

如图 A.1，基于角色的权限管理应用流程如下：

a）PMS 为用户分配角色，并为角色分配访问应用系统资源的权限；也可根据用户角色信息为用户签发属性证书并发布到目录服务器中；
b）PMS 启动权限裁决服务；
c）用户访问应用系统，若用户未登录，则自动跳转到用户登录页面；
d）用户在客户端登录，认证服务器验证用户身份，验证通过进行下一步，验证失败则中止用户访问；
e）若采用属性证书方式，认证服务器从 LDAP 上获得用户属性证书，或由用户直接提交属性证书，验证属性证书的合法有效性，并从属性证书中获得用户角色信息；若不采用属性证书方式，直接根据用户身份信息向 PMS 查询用户角色信息；
f）用户访问应用系统资源时，应用系统根据步骤 g）和 h）对用户访问进行控制；
g）对每个访问请求，应用系统根据用户角色和对目标资源的访问需求，生成权限裁决请求，向

PMS 发出权限裁决请求，PMS 根据角色权限信息对请求进行判断，角色的类型与资源的类型应满足信息分类防护要求，PMS 将判决结果返回应用系统，应用系统根据判决结果决定是否允许用户的访问；

h) 应用系统根据用户的访问请求从 PMS 得到的同步授权信息，进行访问控制裁决，由应用系统自行决定是否允许用户对目标资源的访问，用户访问请求中的角色类型与目标资源类型应满足信息分类防护要求。

附　录　B
（资料性附录）
授权管理系统策略表示方式

策略表示方式需采用标准格式进行定义，建议采用 XML 文件格式表示。

用户权限查询结果格式定义方法如下：

```
<? xml version = "1.0" encoding = "utf-8"?>
<xs:schema id = "XMLSchema" targetNamespace = http://tempuri.org/XMLSchema.xsd
elementFormDefault = "qualified"
xmlns = "http://tempuri.org/XMLSchema.xsd"
xmlns: mstns = http://tempuri. org/XMLSchema. xsd xmlns: xs = " http://www. w3. org/2001/
XMLSchema">
    <xs:simpleType name = "char">
      <xs:restriction base = "xs:string">
        <xs:length value = "1" />
      </xs:restriction>
    </xs:simpleType>
    <xs:element name = "用户标识" type = "xs:string" />
    <xs:element name = "资源根" type = "xs:string" />
    <xs:element name = "搜索深度" type = "xs:int" />
    <xs:element name = "操作名称" type = "xs:string" />
    <xs:element name = "资源">
      <xs:complexType>
        <xs:sequence>
          <xs:element name = "资源编码" type = "xs:ID" />
          <xs:element name = "资源名称" type = "xs:string" />
          <xs:element name = "资源" type = "xs:string" />
          <xs:element name = "资源属性" type = "xs:string" />
          <xs:element name = "资源类型" type = "xs:string" />
        </xs:sequence>
      </xs:complexType>
    </xs:element>
    <xs:element name = "资源-操作列表" minOccurs = "0" maxOccurs = "unbounded">
      <xs:complexType>
        <xs:sequence>
          <xs:element ref = "资源" />
          <xs:element ref = "操作名称" minOccurs = "0" maxOccurs = "unbounded"/>
        </xs:sequence>
      </xs:complexType>
    </xs:element>
    <xs:element name = "用户权限集">
      <xs:complexType>
```

```
        〈xs:sequence〉
          〈xs:element ref = "用户标识" /〉
          〈xs:element ref = "资源根" /〉
          〈xs:element ref = "搜索深度" /〉
          〈xs:element ref = "资源-操作列表" /〉
        〈/xs:sequence〉
      〈/xs:complexType〉
    〈/xs:element〉
    〈/xs:schema〉
```

角色权限查询结果格式定义方法如下：

```
〈? xml version = "1.0" encoding = "utf-8"?〉
〈xs:schema id = "XMLSchema" targetNamespace = http://tempuri.org/XMLSchema.xsd
elementFormDefault = "qualified"
xmlns = "http://tempuri.org/XMLSchema.xsd"
xmlns: mstns = http://tempuri. org/XMLSchema. xsd xmlns: xs = " http://www. w3. org/2001/
XMLSchema"〉
    〈xs:simpleType name = "char"〉
      〈xs:restriction base = "xs:string"〉
        〈xs:length value = "1" /〉
      〈/xs:restriction〉
    〈/xs:simpleType〉
    〈xs:element name = "角色编码" type = "xs:string" /〉
    〈xs:element name = "资源根" type = "xs:string" /〉
    〈xs:element name = "搜索深度" type = "xs:int" /〉
    〈xs:element name = "操作名称" type = "xs:string" /〉
    〈xs:element name = "资源"〉
      〈xs:complexType〉
        〈xs:sequence〉
          〈xs:element name = "资源编码" type = "xs:ID" /〉
          〈xs:element name = "资源名称" type = "xs:string" /〉
            〈xs:element name = "资源" type = "xs:string" /〉
            〈xs:element name = "资源属性" type = "xs:string" /〉
            〈xs:element name = "资源类型" type = "xs:string" /〉
          〈/xs:sequence〉
      〈/xs:complexType〉
    〈/xs:element〉
    〈xs:element name = "资源-操作列表" minOccurs = "0" maxOccurs = "unbounded"〉
      〈xs:complexType〉
        〈xs:sequence〉
          〈xs:element ref = "资源"/〉
          〈xs:element ref = "操作名称" minOccurs = "0" maxOccurs = "unbounded"/〉
        〈/xs:sequence〉
      〈/xs:complexType〉
```

```
    </xs:element>
    <xs:element name="角色权限集">
      <xs:complexType>
        <xs:sequence>
          <xs:element ref="角色编码"/>
          <xs:element ref="资源根"/>
          <xs:element ref="搜索深度"/>
          <xs:element ref="资源-操作列表"/>
        </xs:sequence>
      </xs:complexType>
    </xs:element>
  </xs:schema>
```

ICS 35.040
L 80

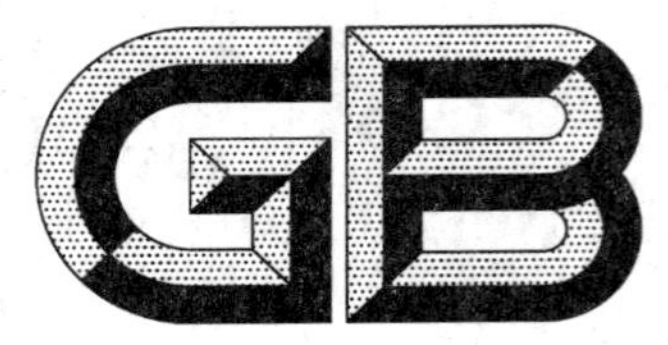

中华人民共和国国家标准化指导性技术文件

GB/Z 24294.4—2017
部分代替 GB/Z 24294—2009

信息安全技术 基于互联网电子政务信息安全实施指南 第4部分：终端安全防护

Information security technology—Guide of implementation for Internet-based e-government information security—Part 4：Defense for terminal security

2017-05-12 发布　　2017-12-01 实施

中华人民共和国国家质量监督检验检疫总局
中国国家标准化管理委员会　发布

前　　言

GB/Z 24294《信息安全技术　基于互联网电子政务信息安全实施指南》分为4个部分：

——第1部分：总则；

——第2部分：接入控制与安全交换；

——第3部分：身份认证与授权管理；

——第4部分：终端安全防护。

本部分为GB/Z 24294的第4部分。

本部分按照GB/T 1.1—2009给出的规则起草。

本部分部分代替GB/Z 24294—2009《信息安全技术　基于互联网电子政务信息安全实施指南》。与GB/Z 24294—2009相比，主要技术变化如下：

——新增了基于互联网电子政务终端的脆弱点和面临的主要威胁；

——补充明确了基于互联网电子政务终端的安全防护功能和实施原则；

——补充了划分基于互联网电子政务终端安全防护的主要应用模式；

——补充规范了基于互联网电子政务终端在三种应用模式下的安全防护要求。

本部分由全国信息安全标准化技术委员会(SAC/TC 260)提出并归口。

本部分起草单位：解放军信息工程大学、中国电子技术标准化研究所、北京天融信科技有限公司、郑州信大捷安信息技术股份有限公司。

本部分主要起草人：陈性元、杜学绘、孙奕、夏春涛、曹利峰、张东巍、任志宇、罗锋盈、上官晓丽、董国华。

本部分所代替标准的历次版本发布情况为：

——GB/Z 24294—2009。

引　言

互联网已成为重要的信息基础设施，积极利用互联网进行我国电子政务建设，既能提高效率、扩大服务的覆盖面，又能节约资源、降低成本。利用开放的互联网开展电子政务建设，计算机终端在电子政务系统中承担和参与政务信息的处理、存储和传输等重要工作，面临着恶意代码、网络攻击、信息泄漏和身份假冒等安全威胁和风险。为推进互联网在我国电子政务中的应用，指导基于互联网电子政务终端安全防护工作，特制定本部分。

本部分主要适用于没有电子政务外网专线或没有租用通信网络专线条件的组织机构，开展非涉及国家秘密的电子政务建设，当建设需要时，可根据安全策略与电子政务外网进行安全对接。

信息安全技术 基于互联网电子政务信息安全实施指南 第4部分:终端安全防护

1 范围

GB/Z 24294 的本部分按照终端安全防护策略,明确了基于互联网电子政务终端的安全防护技术要求。

本部分适用于没有电子政务外网专线或没有租用通信网络专线条件的组织机构,基于互联网开展不涉及国家秘密的电子政务信息安全建设,为管理人员、工程技术人员、信息安全产品提供者进行信息安全建设提供管理和技术参考。涉及国家秘密,或所存储、处理、传输信息汇聚后可能涉及国家秘密的,按照国家保密规定和标准执行。

2 规范性引用文件

下列文件对于本文件的应用是必不可少的。凡是注日期的引用文件,仅注日期的版本适用于本文件。凡是不注日期的引用文件,其最新版本(包括所有的修改单)适用于本文件。

GB/T 30278—2013 信息安全技术 政务计算机终端核心配置规范

3 术语和定义

下列术语和定义适用于本文件。

3.1

安全政务终端 terminal for secure government affairs

满足政务办公安全防护技术要求,能够开展政务办公与业务应用的计算机终端和手持式终端。

4 缩略语

下列缩略语适用于本文件。

FTP 文件传输协议(File Transfer Protocol)

IIS 互联网信息服务(Internet Information Services)

IP 互联网协议(Internet Protocol)

WWW 万维网(World Wide Web)

5 终端安全功能与实施原则

5.1 安全脆弱点

计算机终端作为基于互联网电子政务系统的基本工作单元,承担和参与政务信息的加工、处理、存储和传输等重要工作,主要安全威胁和脆弱点包括:

a) 互联网恶意攻击——基于互联网电子政务终端极易遭受来自互联网的病毒、木马等恶意代码攻击,将会导致政务终端产生信息泄漏、身份假冒、虚假消息发布和工作效率降低等安全风险。
b) 补丁升级滞后——操作系统、应用软件漏洞补丁不能及时更新,将会给病毒和木马等恶意代码带来可乘之机,进而威胁整个应用系统。
c) 终端非法接入——当非授权终端接入电子政务系统进行政务办公访问网络资源时,会对政务网络、合法终端以及应用系统带来安全隐患。
d) 系统安全配置不合理——操作系统安全配置项如果不能进行合理的选择和部署,不仅消弱系统自身的防护能力,降低防范的实施效率,同时造成维护成本的增加。

5.2 安全功能

基于互联网电子政务终端围绕统一安全策略,需实现核心安全配置、状态实时监测、系统补丁升级、恶意代码查杀和用户操作审计等功能,构建安全政务终端。主要功能包括:

a) 核心安全配置——核心安全配置适用于使用 windows 操作系统的终端,对终端的账户密码策略、账户锁定策略、本地审核策略、本地用户权限指派、事件日志、IE 安全配置和系统服务等项进行配置,加固操作系统。
b) 状态实时监测——管理员可以实时监测到终端运行状态,实现对接入政务网络终端的实时管理和维护,终端状态包括运行进程、启动服务和网络连接等信息。
c) 系统软件升级——计算机终端系统软件和主要应用软件的升级宜及时和安全,通过监测终端的漏洞和补丁等信息,由统一的补丁漏洞管理平台自动下发给终端。
d) 恶意代码查杀——为防范恶意代码,宜采用杀毒引擎阻断未知病毒和网络入侵。恶意代码查杀包括有效清除木马、蠕虫、后门、流氓软件、间谍软件、广告程序、ARP 病毒和网页挂马等威胁。
e) 用户操作审计——对终端用户和管理员用户的行为进行识别、记录、存储和分析,为安全管理人员和决策者提供有效数据,同时具有告警功能,便于事件分析调查、适时调整安全策略。

5.3 实施原则

基于互联网电子政务终端安全防护的实施原则包括:

a) 适度安全——政务终端应根据不同的安全应用模式采用适度的安全防护措施,合理配置和部署,进行有效管理和实施。
b) 操作方便——充分考虑到我国信息安全技术发展和应用现状,基于互联网电子政务终端安全防护措施应易于实施,操作方便。
c) 兼容性——终端安全防护产品与电子政务办公系统应具有兼容性,避免因终端安全防护措施导致政务办公无法实施的现象发生。

6 终端安全应用模式

6.1 终端基本安全应用模式

大多数计算机终端在政务办公时终端所处的物理环境相对固定,终端处理的信息主要是公开信息,不涉及或很少涉及政务办公中的内部受控信息。这部分终端宜采用基本安全应用模式。该模式提供政务办公所需的基本安全防护功能,满足 GB/T 30278—2013 的要求,是基于互联网电子政务终端安全防护的基础。

6.2 终端增强安全应用模式

部分计算机终端在政务办公中需要处理或涉及大量敏感信息，这类终端的防护，除了具备基本安全防护外，还需要实施终端增强安全防护，只有安全性评估合格的终端才允许接入政务网络。该应用模式提供了政务办公的增强安全防护。

6.3 移动终端安全应用模式

当政务人员在移动环境中使用便携式终端或手持式终端进行政务办公时，适宜采用移动终端安全应用模式。便携式终端通过构建独立于宿主机的操作系统和办公应用软件，以及隔离于宿主机硬盘的安全存储区来实现终端安全防护；手持式终端通过终端安全模块在数据安全、用户身份鉴别和设备控制等方面来实现终端安全防护。

7 终端基本安全防护要求

7.1 系统服务配置

主要内容包括：

a) 禁用 Alerter 服务。终端用户不需要接受来自计算机系统管理级警报(AdministrativeAlerts)。
b) 禁用 ClipBook 服务。禁止与远程电脑共享剪贴板内容。
c) 禁用 FTP Publishing Service。禁止开启 FTP 服务。
d) 禁用 IIS Admin Service。禁用 IIS 管理。
e) 禁用 Messenger 。禁用信使服务。
f) 禁用 NetMeeting Remote Desktop Sharing 。禁用 netmeeting 远程桌面共享
g) 禁用 Routing and Remote Access 。禁用软件路由器功能
h) 禁用 SSDP Discovery Service 。禁用简易服务发现协议 SSDP 的服务，该服务用于家庭网络中的 UPnP 设备的发现。
i) 禁用 Telnet 。禁用 Telnet 服务。
j) 禁用 World Wide Web Publishing Services。禁用 WWW 服务。

7.2 账户策略配置

7.2.1 账户口令策略

主要内容包括：

a) 口令符合复杂性要求宜启用；
b) 口令长度最小值宜设置为不小于 8 位；
c) 强制口令历史的次数宜设置为不小于 6。

7.2.2 账户锁定策略

主要内容包括：

a) 账户锁定阈值，即用户账户被锁定的登录尝试失败的次数不大于 5；
b) 账户锁定时间，即锁定账户在自动解锁之前保持锁定的分钟数不小于 15。

7.3 日志与审核策略配置

7.3.1 事件日志

主要内容包括：

a) 设置系统日志、安全日志和应用日志的最大字节分别不小于16 384 KB、81 920 KB和16 384 KB；
b) 禁止本地 Guests 组访问系统日志、安全日志和应用日志；
c) 设置系统日志、安全日志和应用日志的保留方法为按需要覆盖事件，且不能定义日志的保留天数。

7.3.2 本地审核

主要内容包括：
a) 审核账户登录事件，即在本地账户登录成功时和失败时生成审核项。
b) 审核特权使用，即在用户权限执行失败时生成审核项。
c) 审核策略更改，即在成功更改用户权限分配策略、审核策略或信任策略时生成审核项。
d) 审核系统事件，即在系统事件执行成功时生成审核项。系统事件包括用户重新启动或关闭计算机时或者在发生影响系统安全或安全日志的事件等。
e) 审核账户管理，即审核计算机上的每个账户管理事件的成功和失败操作。

7.4 浏览器安全配置

对管理模板中 windows 组件中的 Internet Explorer 进行安全配置，主要内容包括：
a) 禁止 Internet Explorer 自动安装组件。
b) 禁止 Internet Explorer 检查是否有新版本。
c) 禁用程序启动时的软件更新通知。如果启用该策略，则在使用软件分发频道更新程序时，用户将不会被通知而程序自动进行更新操作。如果禁用该策略或不对其进行配置，则在更新程序之前用户将收到通知。
d) 禁止用户启用或禁用加载项。
e) 关闭故障检测。
f) 启用 IE 进程的限制 ActiveX 功能，阻止 Internet Explorer 进程的 ActiveX 控件安装提示。

7.5 恶意代码防范

终端宜安装和运行恶意代码防范系统并及时更新病毒库，定期进行恶意代码扫描和清除，防范恶意代码的扩散。

7.6 个人防火墙

终端宜安装并运行个人防火墙系统，依据安全策略，实现对进出计算机的数据包进行安全过滤，同时支持用户策略的统一配置。

7.7 系统漏洞补丁升级

终端在首次安装时不含恶意软件，在使用过程中确保及时安装已发布的系统漏洞补丁。漏洞补丁包含：
a) 操作系统关键补丁。对微软发布的 winXP、Vista 和 win7 等操作系统的漏洞补丁宜及时安装。
b) 主要软件关键补丁。对浏览器和办公软件等主要应用软件的漏洞补丁宜及时安装。

8 终端增强安全防护要求

8.1 安全性检测

8.1.1 检测目标

终端安全性检测的目标是通过检查终端安全防护措施和安全配置，阻止防护措施不符合规范的终端接入政务办公应用系统，降低基于互联网电子政务系统所受的安全风险。同时为安全管理员提升终端安全防护能力提供整改依据。

8.1.2 检测指标

检测指标包括：终端的操作系统漏洞补丁、防火墙启动状态、杀毒软件病毒库更新日期以及windows终端核心安全配置等信息。检测按照执行时段包括：在终端操作系统启动之后至政务办公之前的初始检测，以及在政务办公过程之中的实时检测。

8.1.3 检测处理

主要内容包括：

a) 安全性检测结果为合格或不合格。合格者允许接入政务办公系统进行通信，否则不允许接入政务办公系统，同时将检测结果及时提交给安全管理员以便整改。

b) 终端宜设置安全系统恢复区域，当终端检测不合格时，可以使系统自动恢复到安全状态。

8.2 程序运行授权

依据业务需要和安全策略，终端办公使用的政务办公应用程序和安全防护软件如office编辑软件、电子邮件软件、个人防火墙、恶意代码防范软件等宜提交给管理系统进行授权，形成终端程序白名单，经过授权的白名单中的终端应用程序才可以运行。

8.3 安全电子邮件

主要内容包括：

a) 传输安全。支持邮件传输的保密性、完整性和可鉴别性等安全服务，防止政务邮件在传输过程中的泄密、伪造和篡改等；

b) 邮件互发。支持同一安全域内安全邮件的群发，支持基于公钥技术的点对点邮件互发；

c) 密钥管理。支持密钥及用户证书的更新、撤销、恢复、同步等功能。

8.4 安全公文包

主要内容包括：

a) 加密存储要求。支持信息的加密存储保护，支持对安全公文包访问的身份认证，以及数据文件、数据目录的机密性、完整性和数字签名保护；支持与微软Windows系列操作系统的无缝集成。

b) 算法要求。支持国产密码SM1、SM3算法，符合国家商用密码管理条例。

c) 密钥管理。支持密钥的更新、撤销、恢复、同步等密钥管理功能。

8.5 安全审计

主要内容包括：

a) 行为审计。支持对终端用户操作行为事件的审计，如用户上网行为和政务信息处理行为等，与基本安全防护要求中日志与审核策略保持一致。

b) 配置审计。支持对终端安全配置信息更改事件的审计，与基本安全防护要求中日志与审核策略保持一致。

c) 评估审计。支持对终端可信评估结果为不合格事件的审计。

d) 审计数据安全。支持审计数据免遭未经授权的删除或修改。支持审计数据的集中管理。

9 移动终端安全防护要求

9.1 便携式终端安全

9.1.1 系统组成

主要内容包括：

a) 以移动存储介质为载体的操作系统和办公应用软件。这是政务办公的软件环境，宜根据业务需要和安全需求定制。软件环境包含了定制的操作系统、办公应用软件、特定加密存储区域以及相关密码算法；移动存储介质通过 USB 接口与宿主机连接。

b) 宿主机。这是政务办公的硬件环境，它是终端安全防护能力未经验证的不安全终端硬件设备。

c) 安全防护管理平台。主要完成移动存储介质注册与管理、操作系统定制、办公软件定制等功能。

9.1.2 系统隔离

主要内容包括：

a) 操作系统隔离。在宿主机硬件支撑下，移动存储介质上定制的嵌入式操作系统启动后，宜独立于宿主机操作系统，不与宿主机上的系统软件与应用软件通信。

b) 存储系统隔离。移动终端安全应用模式中产生和接收的政务信息宜存储在移动存储介质中的特定加密存储区域，存储过程不受宿主机干扰。

9.1.3 系统功能

9.1.3.1 自身安全

便携式终端安全防护中所使用的自定制系统宜具有嵌入式操作系统漏洞补丁更新、恶意代码特征库升级、系统安全核心配置等功能，支持自定制操作系统安全加固。

9.1.3.2 加密存储

主要内容包括：

a) 算法要求。按照国家规定的商密算法进行安全存储区域中数据的加解密。

b) 效率要求。数据存储在 USB 安全存储区，为不影响正常的办公效率，数据的加解密速率宜不低于 7.0 Mbit/s。

c) 电气特性。支持 USB2.0 及其以上。

9.1.3.3 安全审计

主要内容包括：

a) 进程审计。包含终端执行的主要程序和进程事件。

b) 网络审计。包含终端访问的网络地址事件。

c) 外设审计。包含终端通过 USB 接口使用的外部设备事件。

d) 登录审计。支持基于用户的登录事件。

9.1.3.4 办公软件定制

根据终端政务办公需要，宜支持安装或卸载政务办公所需的各类应用软件，及其相关功能配置。

9.2 手持式终端安全

9.2.1 系统安全

手持式终端宜采用国内具有自主知识产权的终端操作系统，提升系统自身安全，宜支持沙箱等功能实现计算环境隔离。

9.2.2 数据安全

主要内容包括：

a) 密码服务。终端宜提供数字证书管理、数据加解密、数字签名和消息完整性检验等密码服务。

b) 算法要求。按照国家密码管理局批准的密码算法提供密码服务。

9.2.3 身份鉴别

用户身份宜采用双因子强认证，并进行弱口令检测及告警。

9.2.4 设备控制

主要内容包括：

a) 接口控制。宜对 WiFi、蓝牙和 USB 调试等接口进行控制。

b) 外设控制。宜对摄像头和麦克风等接口进行控制。

9.2.5 异常处理

终端宜支持设备异常时的应急处理，包括远程锁定、远程擦除设备数据。

9.2.6 安全审计

审计信息包括操作系统登录/退出、软件安装、程序调用、网络资源访问、通信资源使用和外设使用等。

参　考　文　献

[1]　GB/T 20269　信息安全技术　信息系统安全管理要求
[2]　GB/T 20984　信息安全技术　信息安全风险评估规范
[3]　GB/T 22081　信息技术　安全技术　信息安全管理实用规则

ICS 29.140.30
K 71

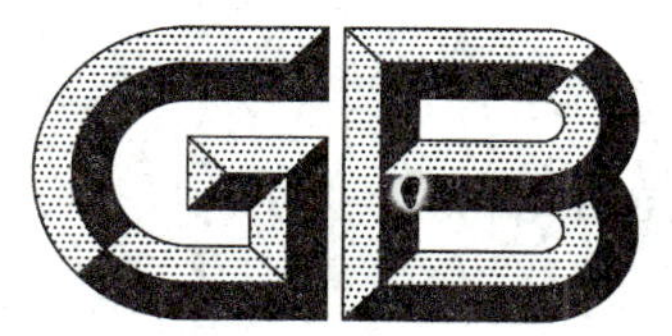

中华人民共和国国家标准

GB/T 24333—2017
代替 GB/T 24333—2009

金属卤化物灯(钠铊铟系列)性能要求

Metal halide lamps (NaI-TlI-InI_3 series)—Performance requirements

(IEC 61167:2015,NEQ)

2017-11-01 发布　　2018-05-01 实施

中华人民共和国国家质量监督检验检疫总局
中国国家标准化管理委员会　发布

前　言

本标准按照 GB/T 1.1—2009 给出的规则起草。

本标准代替 GB/T 24333—2009《金属卤化物灯(钠铊铟系列)　性能要求》,与 GB/T 24333—2009 相比,主要变化如下:

——增加 TT 系列产品;

——增加 TT 型玻壳示意图;

——调整部分产品的性能要求;

——修正标准中的书写错误。

本标准使用重新起草法参考 IEC 61167:2015《金属卤化物灯　性能要求》编制,与IEC 61167:2015 的一致性程度为非等效。

本标准由中国轻工业联合会提出。

本标准由全国照明电器技术标准化技术委员会电光源及其附件分技术委员会(SAC/TC 224/SC 1)归口。

本标准起草单位:国家电光源质量监督检验中心(北京)、飞利浦照明(中国)投资有限公司、合肥本山电子科技有限公司。

本标准主要起草人:华树明、虞玥姣、郭剑峰、陈香琳。

本标准所代替标准的历次版本发布情况为:

——GB/T 24333—2009。

金属卤化物灯(钠铊铟系列)性能要求

1 范围

本标准规定了钠铊铟系列金属卤化物灯的产品型号、主要尺寸、技术要求、试验方法、检验规则、标志、包装、运输和贮存。

本标准适用于功率为250 W～2 000 W钠铊铟系列金属卤化物灯(以下简称灯)。

2 规范性引用文件

下列文件对于本文件的应用是必不可少的。凡是注日期的引用文件,仅注日期的版本适用于本文件。凡是不注日期的引用文件,其最新版本(包括所有的修改单)适用于本文件。

GB/T 191 包装储运图示标志(ISO 780)

GB/T 2828.1 计数抽样检验程序 第1部分:按接收质量限(AQL)检索的逐批检验抽样计划(ISO 2859-1)

GB/T 2829 周期检验计数抽样程序及表(适用于对过程稳定性的检验)

GB/T 2900.65 电工术语 照明[IEC 60050(845)]

GB/T 13434—2008 放电灯(荧光灯除外)特性测量方法

GB/T 15042 灯用附件 放电灯(管形荧光灯除外)用镇流器 性能要求(IEC 60923)

GB 19652—2005 放电灯(荧光灯除外)安全要求(IEC 62035)

GB/T 21093—2007 高压汞灯 性能要求(IEC 60188)

QB/T 2274—2013 电光源产品的分类和型号命名方法

3 术语和定义

GB/T 2900.65界定的以及下列术语和定义适用于本文件。

3.1

标称值 nominal value

用于指定或识别灯的近似量值。

3.2

额定值 rated value

由制造商或销售商宣称的或由本标准规定的在规定条件下工作时灯特性的量值。

3.3

初始值 initial readings

灯老炼前的启动特性,老炼100 h后所测得的光电特性值。

3.4

光通维持率 lumen maintenance

灯在其寿命期间一给定时间的光通量与其初始光通量之比,此期间灯在规定的条件下燃点。

注：此比率通常用百分比表示。

3.5

基准镇流器　reference ballast

符合 GB/T 15042 标准的一种专用镇流器。为检验镇流器提供比较标准，为筛选基准灯及检验在标准化条件下正常生产的灯而设计的专用电感镇流器。

3.6

校准电流　calibration current

用来校准基准镇流器的电流值。

3.7

有效紫外辐射功率比　specific effective radiant UV power

灯的相对于其光通量的紫外辐射的有效功率。

注：单位：mW/klm。

3.8

初始光效　initial luminous efficacy

初始光通量与初始功率之比。

3.9

温升时间　warm-up time

经老炼 100 h 后的灯，在额定电压下通电达到稳定光通量 90％时所允许的最大时间。

3.10

平均寿命　average life

灯的光通维持率达到本标准要求并能继续燃点至 50％的灯达到单只灯寿命时的累计时间。

3.11

脉冲宽度　pulse width

脉冲宽度是指触发脉冲在其峰值 90％高度处的宽度。

4　分类与命名

4.1　分类

按玻壳形式分为 ED 型、T 型、TT 型。

4.2　规格系列

灯按功率分为 250 W、400 W、1 000 W 和 2 000 W。

4.3　型号

4.3.1　一般要求

灯的型号应符合 QB/T 2274—2013 的规定。

4.3.2　型号表示规则

灯的型号由四部分组成：型号第一部分表示灯的代号（JLZ 代表金属卤化物灯），第二部分表示灯的功率，第三部分表示钠铊铟系列，第四部分为补充部分，可以采用玻壳的型号（如 ED 型、T 型）或灯的燃点位置（如“BU”表示灯头在上燃点，“U”代表任意燃点，如水平燃点可省略）或触发（如“S”表示不必外接触发器；如外接触发器可省略）等其他信息，各生产厂家可自行选择和取舍，如果有二种或者多种内容同时出现，中间用符号隔开。

4.3.3 型号示例

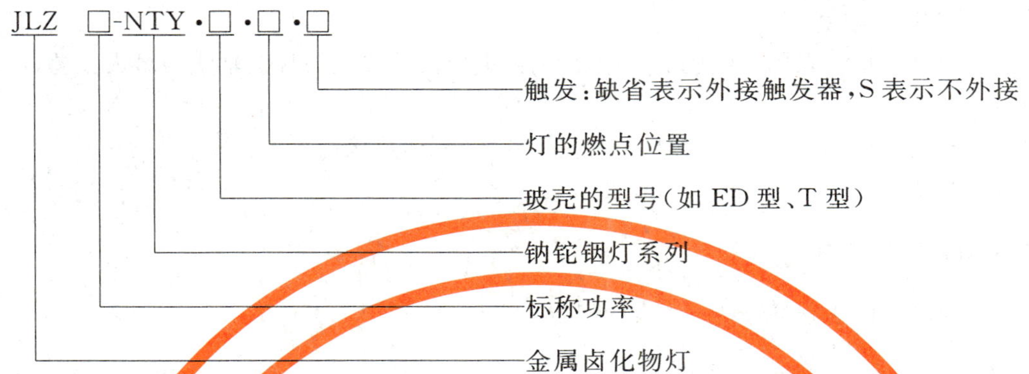

示例：JLZ 400W -NYT·T （T型玻壳钠铊铟系列金属卤化物灯）

JLZ 400W -NYT·D·BU （ED型玻壳钠铊铟系列金属卤化物灯，灯头垂直朝上燃点）

JLZ 400W -NYT·ED·BU·S （ED型玻壳内触发钠铊铟系列金属卤化物灯，灯头垂直朝上燃点）

4.4 灯的规格、外形尺寸

应符合图1～图3及9.2相应规格灯的参数表的要求。

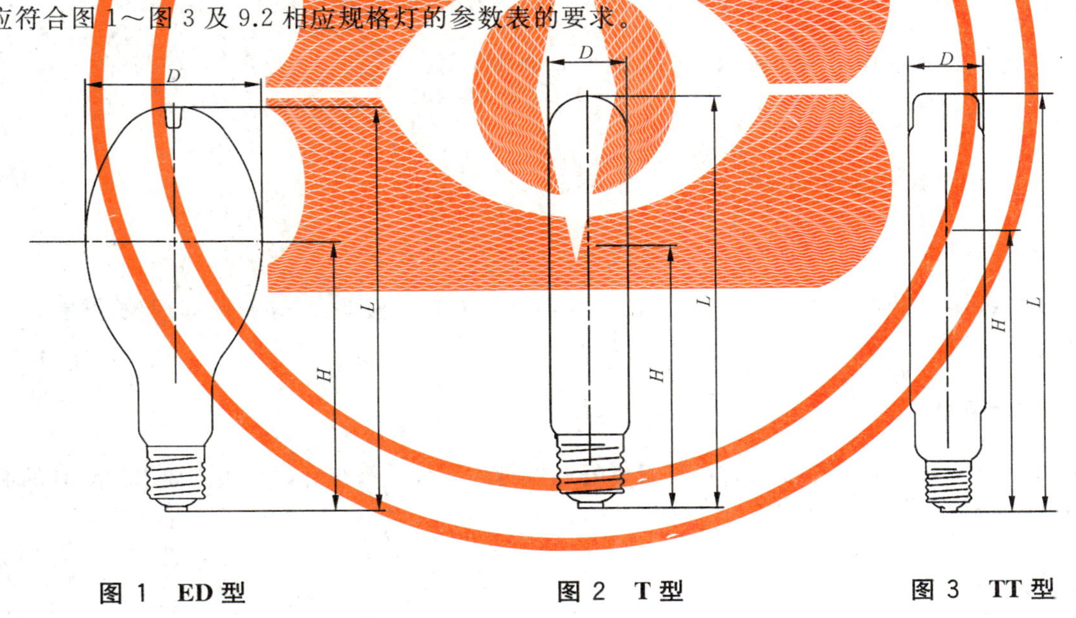

图1 ED型　　图2 T型　　图3 TT型

5 要求

5.1 一般要求

符合本标准的灯同时也应符合GB 19652—2005，当采用符合本标准中规定要求的镇流器和触发器时，在额定电源电压的92%～106%、环境温度为－20 ℃～40 ℃的范围内能正常启动和燃点。灯泡的燃点位置见灯参数表的规定。

5.2 灯的外观、尺寸和灯头

5.2.1 灯的玻壳应洁净、透明，无影响使用的缺陷。

5.2.2 灯的引出线与灯头焊接应牢固光滑，焊点不应明显破坏灯头的防锈层，且不应妨碍灯旋入相应型号的符合标准的灯座内。

5.2.3 灯头与电弧管应处在同一轴线上，电弧管内两电极尖端连线与灯头轴线的最大偏差（同轴度）不超过3°。

5.2.4 灯应具有完好的结构，不应有影响正常使用的装配上的缺陷。

5.2.5 尺寸和灯头要求应符合灯的参数表要求。

5.3 灯的启动和温升特性

灯的启动和温升特性应符合灯参数表的规定。

5.4 灯的光电特性

5.4.1 灯的电参数应符合灯参数表给出的要求。

5.4.2 灯初始光效应符合9.2中相应灯的参数表的要求，极限值为额定值的90%。

灯的初始光通量可由制造商或销售商标称，但其实测值应不低于标称值的90%。

5.5 灯的颜色特性

灯的显色指数不应比相应灯参数表规定值低3个数量值。

5.6 灯的寿命要求

灯的光通维持率和寿命应符合灯参数表的要求。

5.7 灯的耐振要求

灯应具有良好的耐振性能。经振动试验后，内部结构不应有松动、脱焊及损坏现象，并能正常启动和燃点。

5.8 灯的其他要求

为确保可靠启动和正常工作，镇流器、触发器和灯具的参数应符合灯参数表的要求。灯具的额外的要求参见附录A。

6 试验方法

6.1 除另有规定外，所有试验都应在规定条件下进行，即温度(25±5)℃、相对湿度小于65%、无对流风的环境。试验时，若无特殊说明，灯应按参数表中的规定燃点。

6.2 灯的尺寸和灯头(5.2.5)用通用量具和量规进行测量。

6.3 玻壳质量(5.2.1)用目测法检验。

6.4 引出线与灯头焊接质量(5.2.2)用目测法检验。

6.5 同轴度(5.2.3)用专用仪器或实样对比法检验。

6.6 灯的装配质量(5.2.4)用目测法和专用装置进行检验。

6.7 灯的启动和温升特性(5.3)，其测试线路和方法见GB/T 13434—2008。

6.8 灯的光电特性(5.4.2)和颜色(5.5)测试方法见 GB/T 13434—2008。

6.9 灯的光通维持率和寿命(5.5)测试方法见 GB/T 13434—2008。采用工作镇流器和 50 Hz 交流电源,其电压波动应不大于±2%。寿命试验中,灯应按规定燃点,电源每昼夜应关闭两次,每次不少于 1 h。电源关闭的时间不计入燃点寿命内。在光通维持率试验中,因偶然机械损坏和错误燃点损坏的灯不应计算在试验结果内。试验进行到规定时间时再测量光通量,并计算光通维持率。

6.10 灯的标志质量(8.1),按照 GB 19652—2005 中 4.2.1 的方法进行检查。

7 检验规则

7.1 规则

为了检验灯是否符合本标准的规定,应由制造商对灯进行出厂检验和型式检验。

7.2 出厂检验

7.2.1 出厂检验的灯是从合格的提交批中均匀抽取,检验按 GB/T 2828.1 的规定进行,其检验项目、检查水平及合格质量水平应符合表 1 的规定。

表 1 出厂检验的项目及合格判定条件

<table>
<tr><th rowspan="2">序号</th><th rowspan="2">试验项目</th><th rowspan="2">技术要求</th><th rowspan="2">试验方法</th><th rowspan="2">检查水平</th><th colspan="2">AQL</th></tr>
<tr><th>单项要求</th><th>全部项要求</th></tr>
<tr><td>1</td><td>标志</td><td>8.1</td><td>6.10</td><td rowspan="4">S-2</td><td>2.5</td><td rowspan="6">6.5</td></tr>
<tr><td>2</td><td>玻壳质量</td><td>5.2.1</td><td>6.3</td><td rowspan="5">—</td></tr>
<tr><td>3</td><td>引出线与灯头的焊接牢固度</td><td>5.2.2</td><td>6.4</td></tr>
<tr><td>4</td><td>装配质量</td><td>5.2.4</td><td>6.6</td></tr>
<tr><td>5</td><td>灯主要尺寸</td><td>5.2.5</td><td>6.2</td><td rowspan="7">S-1</td></tr>
<tr><td>6</td><td>同轴度</td><td>5.2.3</td><td>6.5</td></tr>
<tr><td>7</td><td>灯电压</td><td rowspan="2">5.4</td><td rowspan="3">6.8</td><td rowspan="5">6.5</td><td rowspan="5">—</td></tr>
<tr><td>8</td><td>初始光效/光通量</td></tr>
<tr><td>9</td><td>显色指数</td><td>5.5</td></tr>
<tr><td>10</td><td>启动特性</td><td rowspan="2">5.3</td><td rowspan="2">6.7</td></tr>
<tr><td>11</td><td>温升要求</td></tr>
</table>

7.2.2 若出厂检验不合格,则该批产品应由生产者隔离后进行 100% 的检验。剔除不合格品后可再次提交验收,再次出厂检验只允许进行一次,并附有该批产品挑剔后不合格品的数量及原因的简要说明。若再次提交批经检验后仍不合格,则应停止交收,此时,应分析原因,提出改进措施和处理该批产品的办法。

7.3 型式检验

7.3.1 型式检验周期应为每年一次。当灯的结构、工艺过程或材料的变更可能影响到灯的性能,或当灯生产中断了三个月以上而又恢复生产时,都要进行型式检验。

7.3.2 型式检验的产品应按 GB/T 2829 的要求,从出厂检验合格的灯中均匀的抽取。型式检验前,所有样本单位应按出厂检验项进行100%检查。若发现不合格品，则以合格品换取，同时应分析原因，记入型式检验报告中，但不作为型式检验结果的鉴定依据。

7.3.3 型式检验的项目及判别水平应符合表2的规定。

7.3.4 型式检验若不合格，则认为该批灯不合格，此时应分析原因，提出处理办法和采取有效措施后，方可恢复生产与验收。

表2 型式检验的项目与合格判定条件

<table>
<tr><th rowspan="2">序号</th><th rowspan="2">检验项目</th><th rowspan="2">技术要求</th><th rowspan="2">试验方法</th><th rowspan="2">抽样方案</th><th rowspan="2">判别水平</th><th rowspan="2">RQL</th><th rowspan="2">n</th><th colspan="2">判定数值</th></tr>
<tr><th>A_c</th><th>R_e</th></tr>
<tr><td>1</td><td>耐振性能</td><td>5.7</td><td>6.11</td><td>按GB/T 2829
二次抽样方案</td><td>Ⅱ</td><td>65</td><td>3
3</td><td>0
1</td><td>2
2</td></tr>
<tr><td>2</td><td>光通维持率</td><td rowspan="2">5.6</td><td rowspan="2">6.9</td><td>按GB/T 2829
一次抽样方案</td><td>Ⅱ</td><td>65</td><td>5</td><td>1</td><td>2</td></tr>
<tr><td>3</td><td>平均寿命</td><td colspan="6">每个规格不少于三个样本，按照定义判别。</td></tr>
</table>

8 标志、包装、运输和贮存

8.1 在每个灯上应有下列清晰和牢固的标志

a) 来源标志，可以是商标、制造商标志或销售商的名称等；

b) 灯的型号或功率及灯的有关光电和颜色特性；

c) 制造日期(年、季或月)。

灯的包装应牢固并具有良好的耐振性能。每只包装盒应附有产品说明书和合格证或盖合格印章。

8.2 每个包装盒表面应注明：

a) 制造商商标及名称、地址；

b) 灯的名称和型号；

c) 灯头型号；

d) 产品标准号。

8.3 在外包装箱上，除应符合8.2的规定外，还应注明：

a) 灯数量；

b) 包装日期；

c) 符合GB/T 191规定的包装储运图示标志。

8.4 运输和储存要求如下：

a) 灯运输时，应防止挤压、雨雪淋湿和强烈的振动；

b) 灯应贮存在相对湿度不超过85%的干燥通风且没有腐蚀性气体的室内。

9 灯的参数表

9.1 灯参数表的编号方法

第一组数字表示本标准的编号，即GB/T 24333。

第二组数字表示相应灯规格代号。

第三组数字表示灯参数表的版次。第一次发布时数字为 1,其后参数表每次修改,数字增加 1。例如:灯的参数表 GB/T 24333-××-1 已作修改,那么新的编号为 GB/T 24333-××-2。

9.2 灯参数表

见表 3。

表 3 灯参数表清单

技术参数表活页号	标称功率	玻壳类型	灯头类型	触发类型
GB/T 24333-250T-2	250 W	T 型	E40	外触发
GB/T 24333-250BU-1	250 W	ED 型	E40	外触发
GB/T 24333-400T-1	400 W	T 型	E40	外触发
GB/T 24333-400BU-1	400 W	ED 型	E40	外触发
GB/T 24333-400BU · S-1	400 W	ED 型	E40	内触发
GB/T 24333-1000T-2	1 000 W	T 型	E40/80X50	外触发
GB/T 24333-1000TT-1	1 000 W	TT 型	E40	外触发
GB/T 24333-1000T · E40-1	1 000 W	T 型	E40	外触发
GB/T 24333-1000T76-1	1 000 W	T 型	E40	外触发
GB/T 24333-1000BU-1	1 000 W	ED 型	E40	外触发
GB/T 24333-2000T · S-1	2 000 W	T 型	E40	内触发
GB/T 24333-2000T-2	2 000 W	T 型	E40	外触发
GB/T 24333-2000TT-1	2 000 W	TT 型	E40	外触发
GB/T 24333-2000TT · 380V-1	2 000 W	TT 型	E40	外触发

钠铊铟系列金属卤化物灯参数表

标称功率	灯头	玻壳	触发类型
250 W	E40	T46	外触发

尺寸 mm			
总长 L(max)	外径 D(max)	光中心高度 H[a]	有效弧长[a]
257	47	155±5	31±3

启动和温升特性				
		额定值	最小值	最大值
启动电压	V	—	—	198
启动时间	s	—	—	10
温升时间	min	—	—	3

电特性				
		额定值	最小值	最大值
功率	W	250	—	—
灯电压	V	128	113	143
电流	A	2.15	—	—

基准镇流器特性				
频率 Hz	额定电压 V	校准电流 A	电压电流比 Ω	功率因数
50	220	2.15	71±0.355	0.075±0.005

镇流器设计参数	
最大短路电流 A	最小开路电压 V
4.26	198

触发器参数			
脉冲幅值 kV	波形	脉冲宽度 μs	脉冲频率 Hz
0.56～0.75	正弦波	≥260	≥50

GB/T 24333-250T-2

钠铊铟系列金属卤化物灯参数表

灯具设计参数		
玻壳允许最大温度	℃	550
灯头允许最大温度	℃	250
燃点位置		水平
灯允许的最大特定有效紫外线辐射功率	mW/klm	2

光特性和寿命参数					
初始光效额定值 lm/W	相关色温[a] K	显色指数 R_a	2 000 h 光通维持率 %	5 000 h 光通维持率 %	平均寿命 h
78	4 500	60	90	80	20 000

[a] 为参考值。

GB/T 24333-250T-2

钠铊铟系列金属卤化物灯参数表

标称功率	灯头	玻壳	触发类型
250 W	E40	ED90	外触发

尺寸 mm			
总长 L(max)	外径 D(max)	光中心高度 H[a]	有效弧长[a]
228	91	—	34±3

启动和温升特性				
		额定值	最小值	最大值
启动电压	V	—	—	198
启动时间	s	—	—	10
温升时间	min	—	—	3

电特性				
		额定值	最小值	最大值
功率	W	253	—	—
灯电压	V	128	113	143
电流	A	2.15	—	—

基准镇流器特性				
频率 Hz	额定电压 V	校准电流 A	电压电流比 Ω	功率因数
50	220	2.15	71±0.355	0.075±0.005

镇流器设计参数	
最大短路电流 A	最小开路电压 V
4.26	198

触发器参数			
脉冲幅值 kV	波形	脉冲宽度 μs	脉冲频率 Hz
0.56～0.75	正弦波	≥260	≥50

GB/T 24333-250BU-1

钠铊铟系列金属卤化物灯参数表	

灯具设计参数	
玻壳允许最大温度　℃	350
灯头允许最大温度　℃	250
燃点位置	垂直灯头朝上
灯允许的最大特定有效紫外线辐射功率　mW/klm	2

光特性和寿命参数					
初始光效额定值 lm/W	相关色温[a] K	显色指数 R_a	2 000 h 光通维持率 %	5 000 h 光通维持率 %	平均寿命 h
68	4 500	65	90	80	20 000

[a] 为参考值。

GB/T 24333-250BU-1

钠铊铟系列金属卤化物灯参数表

标称功率	灯头	玻壳	触发类型
400 W	E40	T46	外触发

尺寸 mm			
总长 L(max)	外径 D(max)	光中心高度 H[a]	有效弧长[a]
286	47	168±5	35±5

启动和温升特性			
	额定值	最小值	最大值
启动电压 V	—	—	198
启动时间 s	—	—	10
温升时间 min	—	—	3

电特性			
	额定值	最小值	最大值
功率 W	390	—	—
灯电压 V	125	110	140
电流 A	3.4	—	—

基准镇流器特性				
频率 Hz	额定电压 V	校准电流 A	电压电流比 Ω	功率因数
50	220	3.25	45±0.225	0.075±0.005

镇流器设计参数	
最大短路电流 A	最小开路电压 V
6.83	198

触发器参数			
脉冲幅值 kV	波形	脉冲宽度 μs	脉冲频率 Hz
0.56～0.75	正弦波	≥260	≥50

GB/T 24333-400T-1

钠铊铟系列金属卤化物灯参数表

灯具设计参数		
玻壳允许最大温度	℃	600
灯头允许最大温度	℃	250
燃点位置		水平
灯允许的最大特定有效紫外线辐射功率	mW/klm	2

光特性和寿命参数					
初始光效额定值 lm/W	相关色温[a] K	显色指数 R_a	2 000 h 光通维持率 %	5 000 h 光通维持率 %	平均寿命 h
85	4 500	65	90	80	20 000

[a] 为参考值。

GB/T 24333-400T-1

钠铊铟系列金属卤化物灯参数表

标称功率	灯头	玻壳	触发类型
400 W	E40	ED120	外触发

尺寸 mm			
总长 L(max)	外径 D(max)	光中心高度 H[a]	有效弧长[a]
292	122	—	42±5

启动和温升特性				
		额定值	最小值	最大值
启动电压	V	—	—	198
启动时间	s	—	—	10
温升时间	min	—	—	3

电特性				
		额定值	最小值	最大值
功率	W	390	—	—
灯电压	V	125	110	140
电流	A	3.4	—	—

基准镇流器特性				
频率 Hz	额定电压 V	校准电流 A	电压电流比 Ω	功率因数
50	220	3.25	45±0.225	0.075±0.005

镇流器设计参数	
最大短路电流 A	最小开路电压 V
6.83	198

触发器参数			
脉冲幅值 kV	波形	脉冲宽度 μs	脉冲频率 Hz
0.56～0.75	正弦波	≥260	≥50

GB/T 24333-400BU-1

钠铊铟系列金属卤化物灯参数表

灯具设计参数	
玻壳允许最大温度　℃	350
灯头允许最大温度　℃	250
燃点位置	垂直灯头朝上
灯允许的最大特定有效紫外线辐射功率　mW/klm	2

光特性和寿命参数					
初始光效额定值 lm/W	相关色温[a] K	显色指数 R_a	2 000 h 光通维持率 %	5 000 h 光通维持率 %	平均寿命 h
78	4 500	65	90	80	20 000

[a] 为参考值。

GB/T 24333-400BU-1

钠铊铟系列金属卤化物灯参数表

标称功率	灯头	玻壳	触发类型
400 W	E40	ED120	内触发

尺寸 mm			
总长 L(max)	外径 D(max)	光中心高度 H[a]	有效弧长[a]
292	122	—	42±5

启动和温升特性				
		额定值	最小值	最大值
启动电压	V	—	—	198
启动时间	s	—	—	10
温升时间	min	—	—	3

电特性				
		额定值	最小值	最大值
功率	W	390	—	—
灯电压	V	125	110	140
电流	A	3.4	—	—

基准镇流器特性				
频率 Hz	额定电压 V	校准电流 A	电压电流比 Ω	功率因数
50	220	3.25	45±0.225	0.075±0.005

镇流器设计参数	
最大短路电流 A	最小开路电压 V
6.83	198

灯具设计参数		
玻壳允许最大温度	℃	350
灯头允许最大温度	℃	250
燃点位置		垂直灯头朝上
灯允许的最大特定有效紫外线辐射功率	mW/klm	2

GB/T 24333-400BU • S-1

钠铊铟系列金属卤化物灯参数表

光特性和寿命参数					
初始光效额定值 lm/W	相关色温[a] K	显色指数 R_a	2 000 h 光通维持率 %	5 000 h 光通维持率 %	平均寿命 h
78	4 500	65	90	80	20 000

[a] 为参考值。

GB/T 24333-400BU · S-1

钠铊铟系列金属卤化物灯参数表

标称功率	灯头	玻壳	触发类型
1 000 W	E40/80×50	T65	外触发

尺寸 mm			
总长 L(max)	外径 D(max)	光中心高度 H[a]	有效弧长[a]
382	66	240±8	80±6

启动和温升特性				
		额定值	最小值	最大值
启动电压	V	—	—	198
启动时间	s	—	—	30
温升时间	min	—	—	3

电特性				
		额定值	最小值	最大值
功率	W	985	—	—
灯电压	V	130	115	145
电流	A	8.25	—	—

基准镇流器特性				
频率 Hz	额定电压 V	校准电流 A	电压电流比 Ω	功率因数
50	220	7.5	18.5±0.092 5	0.04±0.002

镇流器设计参数	
最大短路电流 A	最小开路电压 V
15.75	198

触发器参数			
脉冲幅值 kV	波形	脉冲宽度 μs	脉冲频率 Hz
0.56～0.75	正弦波	≥140	≥50

GB/T 24333-1000T-2

钠铊铟系列金属卤化物灯参数表

灯具设计参数		
玻壳允许最大温度	℃	600
灯头允许最大温度	℃	300
燃点位置		水平
灯允许的最大特定有效紫外线辐射功率	mW/klm	2

光特性和寿命参数					
初始光效额定值 lm/W	相关色温[a] K	显色指数 R_a	2 000 h 光通维持率 %	5 000 h 光通维持率 %	平均寿命 h
82	4 500	57	85	75	10 000

[a] 为参考值。

GB/T 24333-1000T-2

钠铊铟系列金属卤化物灯参数表

标称功率	灯头	玻壳	触发类型
1 000 W	E40	TT65	外触发

尺寸 mm			
总长 L(max)	外径 D(max)	光中心高度 H[a]	有效弧长[a]
382	66	240±8	80±6

启动和温升特性				
		额定值	最小值	最大值
启动电压	V	—	—	198
启动时间	s	—	—	30
温升时间	min	—	—	3

电特性				
		额定值	最小值	最大值
功率	W	985	—	—
灯电压	V	130	115	145
电流	A	8.25	—	—

基准镇流器特性				
频率 Hz	额定电压 V	校准电流 A	电压电流比 Ω	功率因数
50	220	7.5	18.5±0.092 5	0.04±0.002

镇流器设计参数	
最大短路电流 A	最小开路电压 V
15.75	198

触发器参数			
脉冲幅值 kV	波形	脉冲宽度 μs	脉冲频率 Hz
0.56～0.75	正弦波	≥140	≥50

GB/T 24333-1000TT-1

钠铊铟系列金属卤化物灯参数表

灯具设计参数		
玻壳允许最大温度	℃	600
灯头允许最大温度	℃	250
燃点位置		水平
灯允许的最大特定有效紫外线辐射功率	mW/klm	2

光特性和寿命参数					
初始光效额定值 lm/W	相关色温[a] K	显色指数 R_a	2 000 h 光通维持率 %	5 000 h 光通维持率 %	平均寿命 h
82	4 500	57	85	75	10 000

[a] 为参考值。

GB/T 24333-1000TT-1

钠铊铟系列金属卤化物灯参数表

标称功率	灯头	玻壳	触发类型
1 000 W	E40	T65	外触发

尺寸 mm			
总长 L(max)	外径 D(max)	光中心高度 H[a]	有效弧长[a]
382	66	240±8	80±6

启动和温升特性				
		额定值	最小值	最大值
启动电压	V	—	—	198
启动时间	s	—	—	30
温升时间	min	—	—	3

电特性				
		额定值	最小值	最大值
功率	W	985	—	—
灯电压	V	130	115	145
电流	A	8.25	—	—

基准镇流器特性				
频率 Hz	额定电压 V	校准电流 A	电压电流比 Ω	功率因数
50	220	7.5	18.5±0.092 5	0.04±0.002

镇流器设计参数	
最大短路电流 A	最小开路电压 V
15.75	198

触发器参数			
脉冲幅值 kV	波形	脉冲宽度 μs	脉冲频率 Hz
0.56～0.75	正弦波	≥140	≥50

GB/T 24333-1000T・E40-1

钠铊铟系列金属卤化物灯参数表

灯具设计参数		
玻壳允许最大温度	℃	600
灯头允许最大温度	℃	250
燃点位置		水平
灯允许的最大特定有效紫外线辐射功率	mW/klm	2

光特性和寿命参数					
初始光效额定值 lm/W	相关色温[a] K	显色指数 R_a	2 000 h 光通维持率 %	5 000 h 光通维持率 %	平均寿命 h
82	4 500	57	85	75	10 000

[a] 为参考值。

GB/T 24333-1000T • E40-1

钠铊铟系列金属卤化物灯参数表

标称功率	灯头	玻壳	触发类型
1 000 W	E40	T76	外触发

尺寸 mm			
总长 L(max)	外径 D(max)	光中心高度 H[a]	有效弧长[a]
345	77	220±5	47±7

启动和温升特性				
		额定值	最小值	最大值
启动电压	V	—	—	198
启动时间	s	—	—	10
温升时间	min	—	—	3

电特性				
		额定值	最小值	最大值
功率	W	1 050	—	—
灯电压	V	125	115	145
电流	A	9.1	—	—

基准镇流器特性				
频率 Hz	额定电压 V	校准电流 A	电压电流比 Ω	功率因数
50	220	10.3	16.8±0.084	0.060±0.002

镇流器设计参数	
最大短路电流 A	最小开路电压 V
—	198

触发器参数			
脉冲幅值 kV	波形	脉冲宽度 μs	脉冲频率 Hz
4～5	正弦波	≥1	≥100

GB/T 24333-1000T76-1

钠铊铟系列金属卤化物灯参数表

灯具设计参数		
玻壳允许最大温度	℃	550
灯头允许最大温度	℃	250
燃点位置		水平±30°
灯允许的最大特定有效紫外线辐射功率	mW/klm	2

光特性和寿命参数					
初始光效额定值 lm/W	相关色温[a] K	显色指数 R_a	2 000 h 光通维持率 %	5 000 h 光通维持率 %	平均寿命 h
92	3 500	60	85	80	9 000

[a] 为参考值。

GB/T 24333-1000T76-1

钠铊铟系列金属卤化物灯参数表

标称功率	灯头	玻壳	触发类型
1 000 W	E40	ED165	外触发

尺寸 mm			
总长 L(max)	外径 D(max)	光中心高度 H[a]	有效弧长[a]
380	167	—	47±7

启动和温升特性				
		额定值	最小值	最大值
启动电压	V	—	—	198
启动时间	s	—	—	10
温升时间	min	—	—	3

电特性				
		额定值	最小值	最大值
功率	W	1 050	—	—
灯电压	V	125	110	140
电流	A	9.5	—	—

基准镇流器特性				
频率 Hz	额定电压 V	校准电流 A	电压电流比 Ω	功率因数
50	220	10.3	16.8±0.084	0.060±0.002

镇流器设计参数	
最大短路电流 A	最小开路电压 V
—	198

触发器参数			
脉冲幅值 kV	波形	脉冲宽度 μs	脉冲频率 Hz
4～5	正弦波	≥1	≥100

GB/T 24333-1000BU-1

钠铊铟系列金属卤化物灯参数表

灯具设计参数		
玻壳允许最大温度	℃	400
灯头允许最大温度	℃	250
燃点位置		垂直灯头朝上±45°
灯允许的最大特定有效紫外线辐射功率	mW/klm	2

光特性和寿命参数					
初始光效额定值 lm/W	相关色温[a] K	显色指数 R_a	2 000 h 光通维持率 %	5 000 h 光通维持率 %	平均寿命 h
88	3 800	60	85	80	9 000

[a] 为参考值。

GB/T 24333-1000BU-1

钠铊铟系列金属卤化物灯参数表

标称功率	灯头	玻壳	触发类型
2 000 W	E40	T100	内触发

尺寸 mm			
总长 L(max)	外径 D(max)	光中心高度 H[a]	有效弧长[a]
430	102	265±6	112±12

启动和温升特性				
		额定值	最小值	最大值
启动电压	V	—	—	310
启动时间	s	—	—	10
温升时间	min	—	—	3

电特性				
		额定值	最小值	最大值
功率	W	2 000	—	—
灯电压	V	240	215	265
电流	A	9	—	—

基准镇流器特性				
频率 Hz	额定电压 V	校准电流 A	电压电流比 Ω	功率因数
50	380	8.0	28±0.14	0.040±0.002

镇流器设计参数	
最大短路电流 A	最小开路电压 V
16.8[a]	342

灯具设计参数		
玻壳允许最大温度	℃	550
灯头允许最大温度	℃	250
燃点位置		水平±60°
灯允许的最大特定有效紫外线辐射功率	mW/klm	2

GB/T 24333-2000T • S-1

钠铊铟系列金属卤化物灯参数表

光特性和寿命参数					
初始光效额定值 lm/W	相关色温[a] K	显色指数 R_a	2 000 h 光通维持率 %	5 000 h 光通维持率 %	平均寿命 h
95	4 000	60	85	80	9 000

[a] 为参考值。

GB/T 24333-2000T・S-1

钠铊铟系列金属卤化物灯参数表

标称功率	灯头	玻壳	触发类型
2 000 W	E40	T100	外触发

尺寸 mm			
总长 L(max)	外径 D(max)	光中心高度 H[a]	有效弧长[a]
430	102	265±6	102±22

启动和温升特性				
		额定值	最小值	最大值
启动电压	V	—	—	198
启动时间	s	—	—	10
温升时间	min	—	—	3

电特性				
		额定值	最小值	最大值
功率	W	2 000	—	—
灯电压	V	120	105	135
电流	A	19	—	—

基准镇流器特性				
频率 Hz	额定电压 V	校准电流 A	电压电流比 Ω	功率因数
50	220	15.0[b]	9.25±0.046 4[b]	0.040±0.002

镇流器设计参数	
最大短路电流 A	最小开路电压 V
15.75[a]	198

触发器参数			
脉冲幅值 kV	波形	脉冲宽度 μs	脉冲频率 Hz
0.56～0.75	正弦波	≥140	≥50

GB/T 24333-2000T-2

钠铊铟系列金属卤化物灯参数表

灯具设计参数		
玻壳允许最大温度	℃	550
灯头允许最大温度	℃	250
燃点位置		水平±30°
灯允许的最大特定有效紫外线辐射功率	mW/klm	2

光特性和寿命参数					
初始光效额定值 lm/W	相关色温[a] K	显色指数 R_a	2 000 h 光通维持率 %	5 000 h 光通维持率 %	平均寿命 h
86	4 400	60	85	80	9 000

[a] 为参考值。

[b] 使用两个 1 000 W 高压汞灯的基准镇流器并联，参见 IEC 60188：2001 中数据页 60188-IEC-170-1 或 GB/T 21093—2007 中数据页 21093-GB/T-170-1。

GB/T 24333-2000T-2

钠铊铟系列金属卤化物灯参数表

标称功率	灯头	玻壳	触发类型
2 000 W	E40/80×50	TT100	外触发

尺寸 mm			
总长 L(max)	外径 D(max)	光中心高度 H[a]	有效弧长[a]
430	102	290±7	86±7

启动和温升特性				
		额定值	最小值	最大值
启动电压	V	—	—	198
启动时间	s	—	—	30
温升时间	min	—	—	3

电特性				
		额定值	最小值	最大值
功率	W	1 960	—	—
灯电压	V	130	115	145
电流	A	16.5	—	—

基准镇流器特性				
频率 Hz	额定电压 V	校准电流 A	电压电流比 Ω	功率因数
50	220	15.0	9.25±0.046 4[b]	0.040±0.002

镇流器设计参数	
最大短路电流 A	最小开路电压 V
15.75[a]	198

触发器参数			
脉冲幅值 kV	波形	脉冲宽度 μs	脉冲频率 Hz
0.56～0.75	正弦波	≥80	≥50

GB/T 24333-2000TT-1

钠铊铟系列金属卤化物灯参数表

灯具设计参数		
玻壳允许最大温度	℃	600
灯头允许最大温度	℃	300
燃点位置		135°±20°
灯允许的最大特定有效紫外线辐射功率	mW/klm	2

光特性和寿命参数					
初始光效额定值 lm/W	相关色温[a] K	显色指数 R_a	2 000 h 光通维持率 %	5 000 h 光通维持率 %	平均寿命 h
95	4 200	60	75	65	10 000

[a] 为参考值。

[b] 使用两个 1 000 W 高压汞灯的基准镇流器并联，参见 IEC 60188:2001 中数据页 60188-IEC-170-1 或 GB/T 21093—2007 中数据页 21093-GB/T-170-1。

GB/T 24333-2000TT-1

钠铊铟系列金属卤化物灯参数表

标称功率	灯头	玻壳	触发类型
2 000 W	E40/80×50	TT100	外触发

尺寸 mm			
总长 L(max)	外径 D(max)	光中心高度 H[a]	有效弧长[a]
430	102	267±8	120±8

启动和温升特性				
		额定值	最小值	最大值
启动电压	V	—	—	342
启动时间	s	—	—	30
温升时间	min	—	—	4

电特性				
		额定值	最小值	最大值
功率	W	1 955	—	—
灯电压	V	232	217	247
电流	A	9.10	—	—

基准镇流器特性				
频率 Hz	额定电压 V	校准电流 A	电压电流比 Ω	功率因数
50	380	8.0	28±0.14	0.040±0.002

镇流器设计参数	
最大短路电流 A	最小开路电压 V
16.8	342

触发器参数			
脉冲幅值 kV	波形	脉冲宽度 μs	脉冲频率 Hz
0.9～1.5	正弦波	≥160	≥50

GB/T 24333-2000TT・380V-1

钠铊铟系列金属卤化物灯参数表

灯具设计参数		
玻壳允许最大温度	℃	600
灯头允许最大温度	℃	300
燃点位置		水平±30°
灯允许的最大特定有效紫外线辐射功率	mW/klm	2

光特性和寿命参数					
初始光效额定值 lm/W	相关色温[a] K	显色指数 R_a	2 000 h 光通维持率 %	5 000 h 光通维持率 %	平均寿命 h
100	3 800	57	85	80	12 000

[a] 为参考值。

GB/T 24333-2000TT・380V-1

附　录　A
（资料性附录）
灯具设计资料

A.1　灯的最大外形

根据灯的最大外形要求来指导灯具的设计。同时灯的机械性能应符合本标准。

A.2　灯的替换

灯具设计应确保能正确地替换灯管,也需考虑到紫外线辐射因素。

ICS 17.220.20
N 04

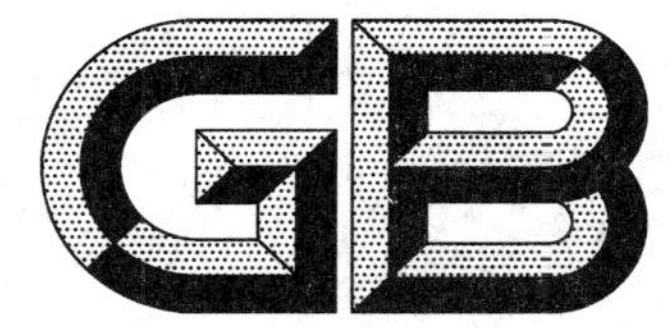

中华人民共和国国家标准

GB/T 24369.3—2017

金纳米棒表征
第3部分:表面电荷密度测量方法

**Characterization of gold nanorods—
Part 3: Measurement method of surface charge density**

2017-07-31 发布 2018-02-01 实施

中华人民共和国国家质量监督检验检疫总局
中国国家标准化管理委员会 发布

前　言

GB/T 24369《金纳米棒表征》分为三个部分：

——第1部分：紫外/可见/近红外吸收光谱方法；

——第2部分：光学性质测量方法；

——第3部分：表面电荷密度测量方法。

本部分为GB/T 24369的第3部分。

本部分按照GB/T 1.1—2009给出的规则起草。

本部分由中国科学院提出。

本部分由全国纳米技术标准化技术委员会(SAC/TC 279)归口。

本部分起草单位：国家纳米科学中心。

本部分主要起草人：吴晓春、纪英露、侯帅。

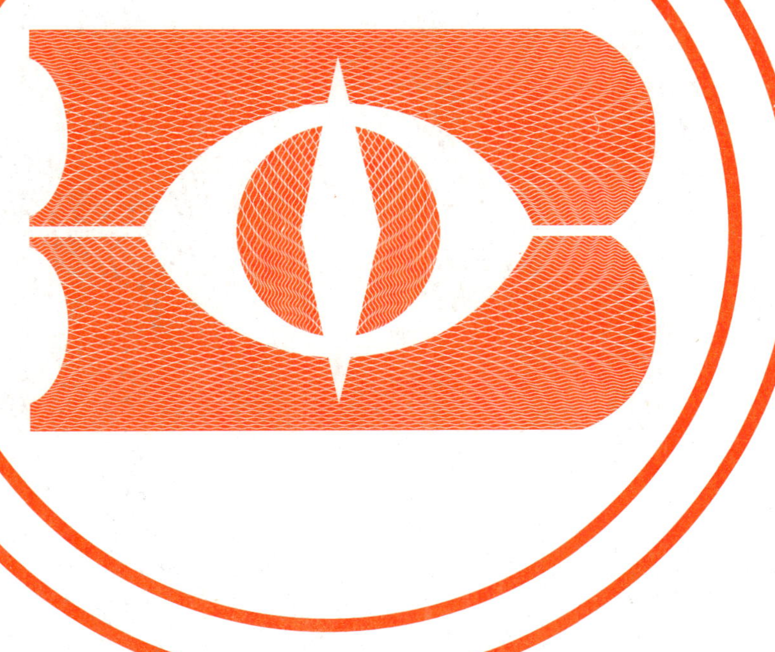

引　言

金纳米棒是一种棒状金纳米颗粒，在生物检测、生物成像、疾病诊断与治疗等领域具有潜在的应用价值。根据国际标准化组织纳米技术委员会发布的技术报告 ISO/TR 13014：2012《纳米科技 工程纳米材料毒性评价的物理化学参数表征导则》，需要对与毒性评价密切相关的八个关键物化参数，即尺寸及尺寸分布、团聚/聚集状态、形状、表面积/比表面积、组分、表面化学、表面电荷、溶解性/分散性进行表征。本部分与表面电荷的表征相对应。

zeta 电位是表征表面电荷的一个重要参数。本部分规定了通过 zeta 电位计算金纳米棒表面电荷密度的方法，为评价金纳米棒胶体溶液的稳定性和与其他物质的相互作用提供依据。

金纳米棒表征
第3部分:表面电荷密度测量方法

1 范围

GB/T 24369的本部分规定了用zeta电位测量金纳米棒表面电荷密度的方法。

本部分适用于溶胶体系中直径大于10 nm、长径比介于1～4的金纳米棒表面电荷密度测量,其他纳米颗粒在溶胶体系中表面电荷密度的测量亦可参照本部分执行。

2 规范性引用文件

下列文件对于本文件的应用是必不可少的。凡是注日期的引用文件,仅注日期的版本适用于本文件。凡是不注日期的引用文件,其最新版本(包括所有的修改单)适用于本文件。

GB/T 32269—2015 纳米科技 纳米物体的术语和定义 纳米颗粒、纳米纤维和纳米片

GB/T 32668—2016 胶体颗粒zeta电位分析 电泳法通则

3 术语和定义

GB/T 32269—2015和GB/T 32668—2016界定的术语和定义适用于本文件。为了便于使用,以下重复列出了GB/T 32269—2015和GB/T 32668—2016中的某些术语和定义。

3.1

表面电荷密度 electric surface charge density

由于液体体相离子的特异性吸附或表面基团的解离而在单位面积界面上所产生的电荷量。

注:单位是库仑每平方米($C\cdot m^{-2}$)。

[GB/T 32668—2016,定义3.1.1]

3.2

纳米纤维 nanofibre

两个维度外部尺寸相近且处于纳米尺度,剩余一个维度外部尺寸明显大于其他两个维度尺寸的纳米物体。

注1:纳米纤维可以是柔性的,也可以是刚性的。

注2:对尺寸相近的两个维度,其外部尺寸差异应小于3倍,而最长的外部尺寸应比其他两个尺寸大3倍以上。

注3:最长的外部尺寸可不在纳米尺度。

[GB/T 32269—2015,定义4.3]

3.3

纳米棒 nanorod

实心纳米纤维。

[GB/T 32269—2015,定义4.5]

3.4

表面电位 electric surface potential

粒子表面到均匀液相内部的电势差。

注:单位为伏特(V)。

[GB/T 32668—2016,定义3.1.2]

3.5

滑移面　slipping plane

剪切面　shear plane

颗粒在电场中发生泳动时，在剪切应力的作用下，固-液界面附近的液体相对于表面发生滑移的抽象面。

[GB/T 32668—2016，定义 3.1.3]

3.6

zeta 电位　zeta potential

悬浮在液体介质中的胶体颗粒双电层的滑动面与溶液体相之间的电位差。

注：单位为伏特(V)[通常用毫伏(mV)表示]。

[GB/T 32668—2016，定义 3.1.9]

4 原理

胶体颗粒表面的带电状态由离子在其周围的空间分布决定，这种电荷分布称之为双电层。经典双电层模型是斯特恩(Stern)扩散双电层模型：第一层为紧密层，又称斯特恩层，由牢固吸附于固体表面的离子和参与部分溶剂化的水分子组成。第二层称为扩散层，由过量的反离子(与表面电荷符号相反的离子)和少量的共离子(与表面电荷符号相同的离子)组成。古埃-查普曼-斯特恩(Gouy-Chapman-Stern)模型扩散双电层模型见示意图 1[1]。胶体粒子在外加电场的作用下，斯特恩层与扩散层发生相对移动时的面称为滑移面或剪切面。滑移面处的电位即为 zeta 电位，见图 1。

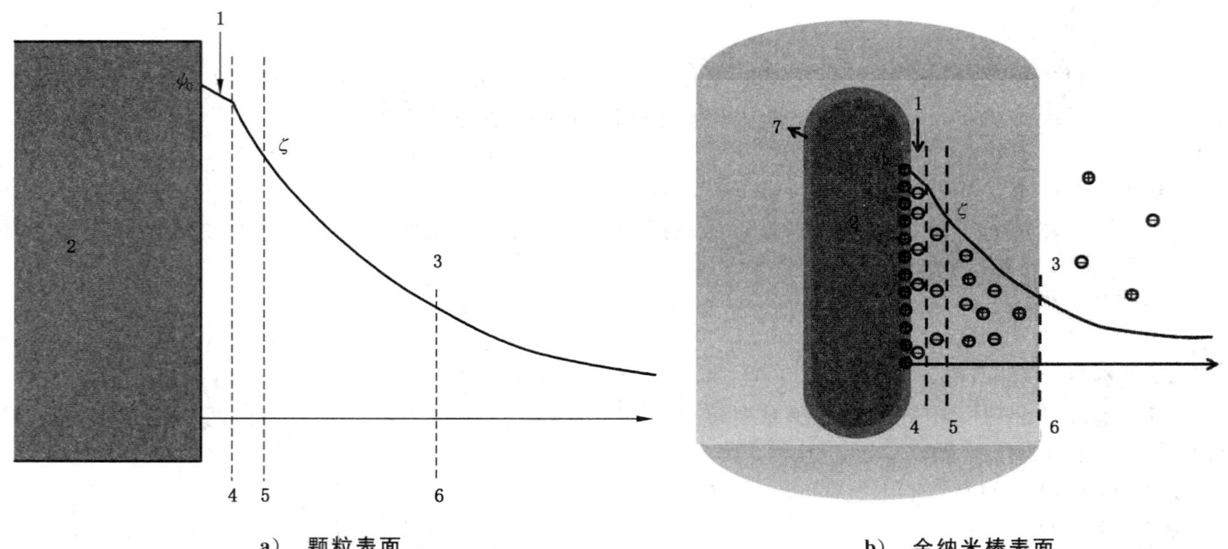

a)　颗粒表面　　　　b)　金纳米棒表面

说明：

1 ——斯特恩层；

2 ——带电的颗粒 a)或带正电的金纳米棒 b)；

3 ——带相反电荷的扩散层；

4 ——斯特恩面；

5 ——滑移面；

6 ——德拜长度；

7 ——表面活性剂层/表面配体层；

ψ_0——表面电位；

ζ ——zeta 电位。

图 1　基于古埃-查普曼-斯特恩模型的双电层结构示意图

5 仪器

zeta 电位仪。

6 测试样品前处理

使用与测试样品溶液体系相同的液体作为稀释剂，将测试样品稀释至合适倍数后进行测试。样品浓度应位于仪器所规定的测试浓度范围内。

7 测量步骤

7.1 打开仪器，预热至仪器稳定。

7.2 采用 zeta 电位标准物质对 zeta 电位仪进行校准。

7.3 设定材料类型、温度、平衡时间、样品池类型和扫描次数等测量参数。

7.4 用移液器将制备好的样品加入样品池中。

7.5 将含待测试样的样品池置于样品槽中，开始扫描。

7.6 将仪器所测谱图或图像保存，并记录仪器状态和测量数据。

7.7 推荐取 3 个试样，每个试样测试 3 次。

8 德拜长度计算

离子强度计算见式(1)：

$$I=\frac{\sum c_i Z_i^2}{2} \qquad \cdots\cdots(1)$$

式中，

I ——离子强度，单位为摩尔每升($mol \cdot L^{-1}$)；

c_i ——第 i 种离子浓度，单位为摩尔每升($mol \cdot L^{-1}$)；

Z_i ——第 i 种离子价态。

德拜长度为双电层的厚度，计算见式(2)和式(3)：

$$\kappa^{-1}=\sqrt{\frac{\varepsilon\varepsilon_0 kT}{2\ 000 e_0^2 I N_A}} \qquad \cdots\cdots(2)$$

当水相温度为 298 K 时，

$$\kappa^{-1}=\frac{0.304}{\sqrt{I}} \qquad \cdots\cdots(3)$$

其中，

κ^{-1}——德拜长度，单位为纳米(nm)；

ε ——介质相对介电常数，无量纲；

ε_0 ——真空介电常数，单位为法拉每米($F \cdot m^{-1}$)；

k ——玻尔兹曼常数，单位为焦耳每开尔文($J \cdot K^{-1}$)；

T ——绝对温度，单位为开尔文(K)；

e_0 ——电子电量，单位为库仑(C)；

N_A——阿佛伽德罗常数，单位为每摩尔(mol^{-1})。

9 表面电荷密度计算

颗粒表面电荷密度计算的近似公式见式(4)[2-3]：

$$\sigma=\frac{2\kappa\varepsilon\varepsilon_0 kT}{ze_0}\left[\sinh\left(\frac{ze_0\psi_0}{2kT}\right)+\frac{2}{\kappa a_1}\tanh\left(\frac{ze_0\psi_0}{4kT}\right)\right] \qquad\cdots\cdots(4)$$

当颗粒表面曲率忽略不计时，表面电荷密度可根据古埃-查普曼方程计算见式(5)[4]：

$$\sigma=\sqrt{8kT\varepsilon\varepsilon_0 n}\sinh\left(\frac{ze_0\psi_0}{2kT}\right) \qquad\cdots\cdots(5)$$

其中，对于相对较小的 zeta 电位值($\psi_0<50\ \mathrm{mV}$)近似有式(6)[5-7]：

$$\psi_0=\zeta(1+D/a_1)e^{\kappa D} \qquad\cdots\cdots(6)$$

式中：

σ ——表面电荷密度，单位为库仑每平方米($\mathrm{C\cdot m^{-2}}$)；

z ——电解质价态，无量纲；

ψ_0——表面电位，单位为伏特(V)；

a_1——颗粒斯托克斯半径，即体积等效半径，单位为米(m)[5-7]；若金纳米棒长度为 L，直径为 d，以圆柱模型计算，则 $a_1=\sqrt[3]{\frac{3d^2L}{16}}$[8]；

n ——液相中单位体积内电解质个数，单位为每立方米($\mathrm{m^{-3}}$)；

ζ ——zeta 电位，单位为伏特(V)；

D——滑动层到颗粒表面的距离，通常取 0.5 nm[5-7]。

注 1：当 $\kappa a_1\geqslant 0.5$ 时，式(4)计算所得表面电荷密度的误差在 5%以内[2-3]。

注 2：在低离子强度，德拜长度小于颗粒半径的 1/50 时($\kappa a_1>50$)，式(4)中颗粒表面曲率影响可以忽略[9]。

注 3：当表面电位 $\psi_0<50\ \mathrm{mV}$，电解质浓度位于 $10^{-5}\ \mathrm{mol\cdot L^{-1}}$ 至 $10^{-4}\ \mathrm{mol\cdot L^{-1}}$ 区间，表面电势近似等于 zeta 电位[10]。

注 4：对于存在着尺寸和形状分布的多分散溶胶体系，目前唯一简便的近似方法是采用“等效球”的概念用球形颗粒理论来计算 zeta 电位[11]。

10 测量结果

10.1 金纳米棒表面电荷密度计算实例参见附录 A。

10.2 金纳米棒长径比和浓度对 zeta 电位的影响参见附录 B。

10.3 表面电荷密度测试报告格式参见附录 C。

附 录 A
(资料性附录)
金纳米棒表面电荷密度计算实例

A.1 实验样品

十六烷基三甲基溴化铵(CTAB)包覆金纳米棒水溶胶([NaCl]=10 mmol/L)。

A.2 实验内容

通过 zeta 电位计算金纳米棒表面电荷密度。

A.3 实验分析方法

电泳光散射法。

A.4 测试条件

zeta 电位仪:Zetasizer Nano ZS;平衡时间:2 min;温度:25 ℃;样品池:DTS1070C 一次性毛细管样品池;金纳米棒浓度(Au720):0.25 nmol/L;盐(NaCl)浓度:10 mmol/L;CTAB 浓度:0.1 mmol/L。

A.5 分析结果

对 CTAB 包覆的金纳米棒([CTAB]=0.1 mmol/L,[NaCl]=10 mmol/L)水溶胶进行 zeta 电位测试,取 3 个样品,每个样品测试 3 次,共测试 9 次,测试数据见表 A.1。由于所测的 zeta 电位相对较小,采用式(6)计算表面电势。将式(4)中已知量带入,计算获得 $\sigma=0.117\sqrt{c}[\sinh(58.4\psi_0)+0.419\tanh(29.2\psi_0)]$(注:式中 c 单位为 $mol \cdot L^{-1}$,其他参数单位采用国际单位制),表面电荷密度计算结果表示为 $(51.7\pm3.4)mC \cdot m^{-2}$(平均值±不确定度,置信区间为 95%时,$k_{0.95}=2.26$),具体计算情况请见表 A.2。此外,利用式(5)计算了表面电荷密度,与式(4)相比,表面电荷密度无明显差异,可以忽略颗粒曲率对表面电荷密度的贡献。

表 A.1 金纳米棒 zeta 电位的测量数据表

取样次数	zeta 电位 ζ 的测试值/mV
第一次取样	27.9
	28.4
	30.0
第二次取样	29.9
	28.2
	30.4

表 A.1（续）

取样次数	zeta 电位 ζ 的测试值/mV
第三次取样	31.6
	30.6
	29.8
平均值	29.6±1.2

表 A.2　金纳米棒表面电荷密度计算数据表

参数	计算数据	
	式(4)	式(5)
离子强度 I/(mol/L)	0.01	
德拜长度 κ^{-1}/nm	3.04	
TEM 测量的颗粒尺寸 $d \times L$/(nm×nm)	17×56	
颗粒等效半径 a_1/nm	14.5	
滑动层到颗粒表面的距离 D/nm	0.5	
$(1+D/a_1)e^{\kappa D}$	1.22	
表面电势 ψ_0/mV	34.0、34.6、36.6 36.5、34.4、37.1 38.6、37.3、36.4	
表面电荷密度 σ/(mC·m^{-2})	45.5、47.1、52.8 52.5、46.6、54.3 59.1、54.9、52.2	41.8、43.4、48.9 48.6、42.8、50.4 55.1、51.0、48.3
平均值±不确定度/(mC·m^{-2})($k_{0.95}$=2.26)	51.7±3.4	47.8±3.3

附 录 B
（资料性附录）
金纳米棒长径比和浓度对zeta电位的影响

B.1 实验样品

CTAB包覆金纳米棒水溶胶（[NaCl]=10 mmol/L）。

B.2 实验内容

金纳米棒长径比和浓度对zeta电位的影响。

B.3 实验分析方法

电泳光散射法。

B.4 测试条件

zeta电位仪：Zetasizer Nano ZS；平衡时间：2 min；温度：25 ℃；样品池：DTS1070C一次性毛细管样品池；金纳米棒浓度：0.25 nmol/L；盐(NaCl)浓度：10 mmol/L；CTAB浓度：0.1 mmol/L。

B.5 分析结果

B.5.1 金纳米棒长径比对zeta电位的影响

CTAB在金纳米棒表面形成双层结构使后者带有正电荷。理论计算表明CTAB在Au(100)和Au(110)面的填充密度分别为1.417/nm^2和1.336/nm^2，因而对于具有相似表面积、不同长径比的金纳米棒，在相同的棒颗粒浓度和CTAB浓度，其CTAB表面覆盖度相似，即相似的表面电荷密度[12,13]。其他条件不变的情况，测量等效半径相似的金球和不同长径比金纳米棒的zeta电位，见表B.1，其中金球Au530和金纳米棒Au720典型的zeta电位分布图见图B.1。将表B.1的金纳米棒长径比对测量所获得的zeta电位平均值作图，见图B.2。由图B.2可以看出，金球和长径比介于1.6至3.8之间的金纳米棒zeta电位基本无差别；当金纳米棒的长径比为4.7时，其zeta电位有所增大。以上实验表明长径比在1至3.8之间的金纳米棒，其zeta电位与相似等效半径的球形颗粒具有相似的zeta电位值，可以用式(4)和式(5)计算特定长径比(1～4)金纳米棒的表面电荷密度。

表B.1 不同长径比金纳米棒zeta电位测试结果

金纳米颗粒编号（标准样品编号）	Au530	Au560（GSB 02-3282—2016）	Au640（GSB 02-2993—2013）	Au720	Au800（GSB 02-2629—2016）	Au880（GSB 02-3283—2016）
TEM尺寸 $d \times L$/(nm×nm)	30.9×30.9	23.3×36.8	21×46	17×56	16.7×60.5	12.6×57.6

表 B.1（续）

金纳米颗粒编号（标准样品编号）	Au530	Au560（GSB 02-3282—2016）	Au640（GSB 02-2993—2013）	Au720	Au800（GSB 02-2629—2016）	Au880（GSB 02-3283—2016）
长径比	1.0	1.6	2.3	3.3	3.8	4.7
颗粒等效半径 a_1/nm	15.5	15.5	15.6	14.5	14.7	12.0
zeta 电位/mV	27.6、29.8、28.6	29.2、27.1、25.5	27.0、27.6、28.3	28.7、29.1、28.7	32.2、26.9、29.2	35.0、30.8、33.7
平均值±标准偏差/mV	28.7±1.1	27.3±1.9	27.6±0.7	28.8±0.2	29.4±2.6	33.1±2.2

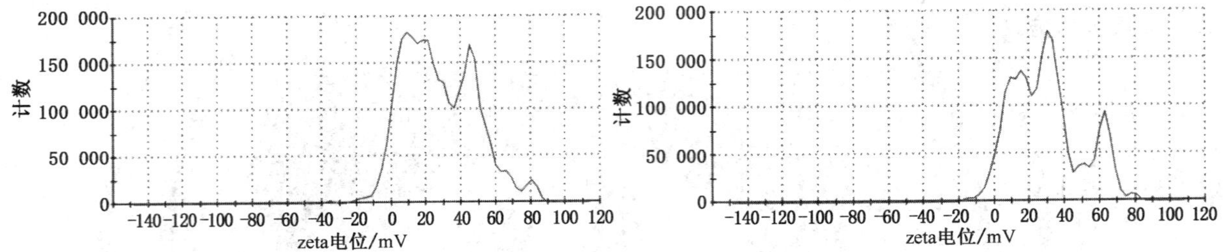

图 B.1 金球 Au530（左）和金纳米棒 Au720（右）典型的 zeta 电位分布图

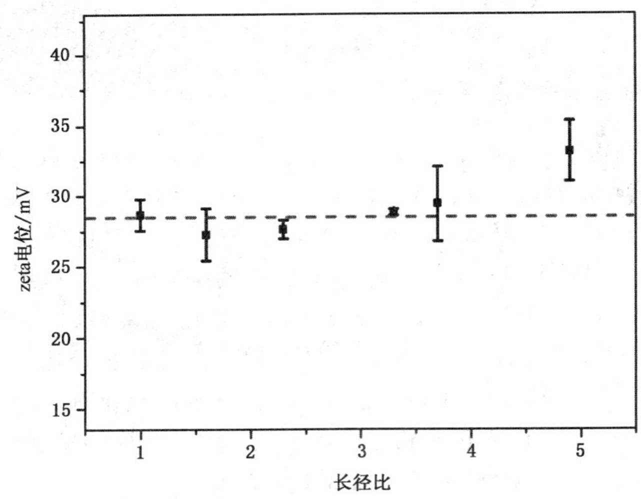

图 B.2 金纳米棒长径比与 zeta 电位的关系图

B.5.2 金纳米棒浓度对 zeta 电位的影响

其他条件不变，测试金纳米棒在不同浓度下的 zeta 电位，见表 B.2 和图 B.3。由图 B.3 可以看出，在金纳米棒浓度为 0.031 3 nmol/L 至 0.375 nmol/L，zeta 电位值基本不随金纳米棒浓度改变而变化。

表 B.2 不同长径比金纳米棒的 zeta 电位测试

金纳米棒浓度/(nmol/L)	zeta 电位/mV	平均值±标准偏差/mV
0.375	35.4、31.7、34.0	33.7±1.9
0.25	29.1、34.0、31.6	31.6±2.5
0.125	32.3、29.1、29.5	30.3±1.7
0.062 5	28.6、32.0、30.9	30.5±1.7
0.031 3	33.9、29.6、29.3	30.9±2.6

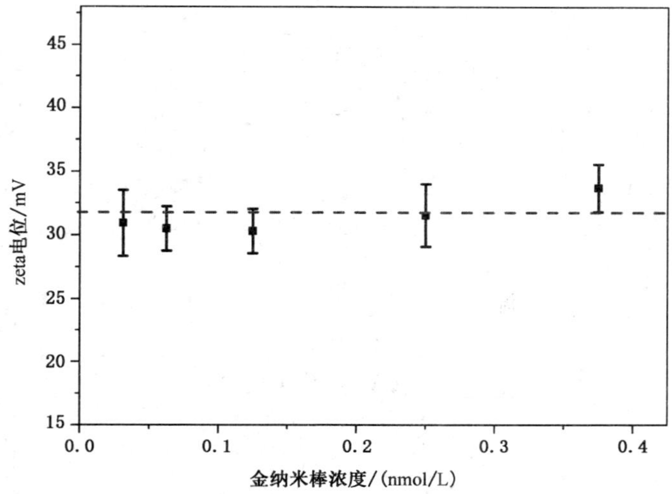

图 B.3 金纳米棒浓度与 zeta 电位的关系图

附　录　C
（资料性附录）
表面电荷密度测试报告格式

表面电荷密度测试报告

报告编号：____________________

1　委托者

名称：______________________________　地址：______________________________

联系方式：____________________________________

2　测试样品

名称：______________________________　编号：______________________________

3　测试依据：______________________________

4　zeta 电位仪

制造单位：________________　型号：________________　编号：________________

仪器检定/校准证书编号：__________________　检定/校准结果：________________

5　样品测试条件

样品池型号：________________温度：________________平衡时间：________________

溶剂及其黏度：________________________分析模型：__________________________

测试次数：________________________每次测量累计次数：______________________

6　测试结果

原始谱图：____

盐浓度：________________离子强度：________________德拜长度：________________

金纳米棒尺寸：________________________等效半径：__________________________

zeta 电位：____________________________表面电势：__________________________

表面电荷密度：____

7　测试机构

测试人员：________________校验人员：________________测试日期：________________

机构名称：____________________________地址：______________________________

8　授权机构：___________________________授权证书编号：____________________

参 考 文 献

[1] GB/T 32671.1—2016 胶体体系 zeta电位测量方法 第1部分:电声和电动现象

[2] RUSSEL W B,SAVILLE D A,SCHOWALTER W R.Colloidal dispersions [M].Cambridge monographs on mechanics and applied mathematics Cambridge University press,Cambridge,1st edition,1989.

[3] BEHRENS S H,GRIER D G.The charge of glass and silica surfaces [J].J.Chem.Phys.2001,115:6716-6721.

[4] SHAW D J.Introduction to colloid and surface chemistry [M].Butterworth-Heinemann Ltd,4th revised edition,1992:177-180.

[5] WU W.Baseline studies of the clay minerals society source clays:colloid and surface phenomena [J].Clays and Clay Minerals,2001,49(5):446-452.

[6] VAN OSS C J,GIESE R F,COSTANZO P M.DLVO and non-DLVO interactions in hectorite [J].Clays and Clay Minerals,1990,38:151-159.

[7] GIESE R F,VAN OSS C J.Colloid and surface properties of clays and related minerals [M].Marcel Dekken Inc,1st edition,2002:130-131.

[8] PARK S,SINHA N,HAMAD-SCHIFFERLI K.Effective size and zeta potential of nanorods by Ferguson analysis [J].Langmuir 2010,26(16):13071-13075.

[9] IRIGOYEN J,MOYA S E,ITURRI J J,et al.Specific ξ-potential response of layer-by-layer coated colloidal particles triggered by polyelectrolyte ion interactions [J]. Langmuir 2009, 25:3374-3380.

[10] JACHOWICZ J,BERTHIAUME M,GARCIA M.The effect of the amphiprotic nature of human hair keratin on the adsorption of high charge density cationic polyelectrolytes [J]. Colloid Polym.Sci.1985,263:847-858.

[11] Delgado A V,GONZALEZ-CABALLERO F,HUNTER R J,et al.Measurement and interpretation of electrokinetic phenomena [J].J Colloid Inter Sci.2007,309:194-224.

[12] HU Z J,JI Y L,HOU S,et al.Minimizing the effect of near-distance dielectric sensitivity on retrieving average aspect ratio of gold nanorod by optical extinction spectroscopy:in the case of CTAB adsorption [J].Chin.Sci.Bull.2014,59(16):1822-1831.

[13] XIE Y,GUO S M,GUO C F,et al.Controllable two-stage droplet evaporation method and its nanoparticle self-assembly mechanism [J].Langmuir 2013,29:6232-6241.

ICS 29.140.30
K 71

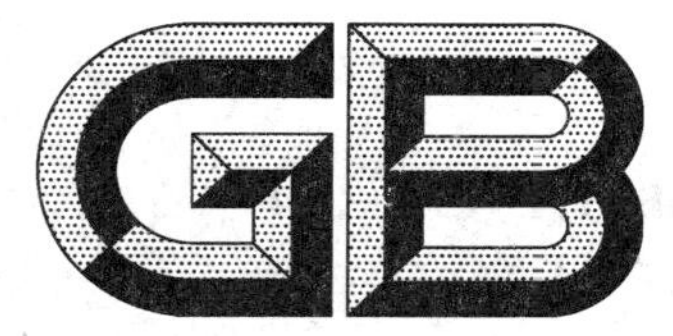

中华人民共和国国家标准

GB/T 24458—2017
代替 GB/T 24458—2009

陶瓷金属卤化物灯　性能要求

Ceramic metal halide lamps—Performance specification

(IEC 61167:2015, Metal halide lamps—Performance specification, NEQ)

2017-11-01 发布　　2018-05-01 实施

中华人民共和国国家质量监督检验检疫总局
中国国家标准化管理委员会　发布

前　言

本标准按照 GB/T 1.1—2009 给出的规则起草。

本标准代替 GB/T 24458—2009《陶瓷金属卤化物灯　性能要求》，与 GB/T 24458—2009 相比主要技术变化如下：

——对于单端陶瓷金属卤化物灯，删除了 25 W 和 100 W 规格、20 W 灯头 G12 规格、35 W 灯头 E27 规格和 250 W 灯头 G22 规格以及相应的参数表；增加了 45 W、60 W、90 W 和 140 W 的 2 800 K色温和 PGZ12 灯头规格，140 W 和 150 W 灯头为 E40 的规格，210 W 和 315 W 灯头 PGZ18 和 PGZX18 的规格，增加 140 W、150 W 和 210 W 灯头为 E40 的单端灯规格，250 W 和 400 W 色温为 3 000 K 的规格以及上述规格相应的参数表；

——对于反射型单端陶瓷金属卤化物灯，删除了 25 W、100 W 和 150 W 规格以及相应的参数表；增加 35 W 和 70 W 的 R111 型和灯头 GX8.5 的规格以及相应的参数表；

——对于双端陶瓷金属卤化物灯，删除了 100 W 规格及其相应的参数表；

——增加了灯头为 PGZ12、PGZ18/PGZX18 和 GX8.5 的灯外形尺寸图(见 9.2)；

——将表 1070-1 的玻壳温度(max)改为 350 ℃；表 1216、1218、1319 和 1321 的玻壳温度(max)改为 700 ℃；

——将各表中的显色指数 R_a 值 93 改为 90、83 改为 80、88 改为 85；

——删除了 5.8“灯的耐振性能”和 6.7“灯的振动试验”；

——本标准结合我国近年来金属卤化物灯的实际发展情况，参考国内主要陶瓷金属卤化物灯生产厂家的企业标准、产品实际水平和实测数据，修订了光参数和寿命等各项技术指标值。

本标准使用重新起草法参考 IEC 61167:2015《金属卤化物灯　性能要求》(3.0 版)编制，与 IEC 61167:2015 的一致性程度为非等效。

本标准由中国轻工业联合会提出。

本标准由全国照明电器标准化技术委员会电光源及其附件分技术委员会(SAC/TC 224/SC 1)归口。

本标准起草单位：杭州汉光照明有限公司、飞利浦照明(中国)投资有限公司、合肥本山电子科技有限公司、浙江新光阳照明股份有限公司、杭州时代照明电器有限公司、江苏凯凯电气科技有限公司、浙江宇光照明科技有限公司、江西省铨盛稀土之光科技有限责任公司、沈阳明煜光源科技有限公司。

本标准主要起草人：吴永强、韩强、陈香琳、翟建跃、杨建虎、连其坤、李原弟、林春雷、李岩。

本标准所代替标准的历次版本发布情况为：

——GB/T 24458—2009。

陶瓷金属卤化物灯　性能要求

1　范围

本标准规定了陶瓷金属卤化物灯的分类与命名、主要尺寸、基本参数、技术要求、试验方法、检验规则、标志、包装、运输和贮存等。

本标准适用于功率为20 W～400 W的单端和双端陶瓷金属卤化物灯。

注：在本标准中出现的"灯"代表"陶瓷金属卤化物灯"，除非特别指明是其他类型的灯。

符合本标准和GB 19652的陶瓷金属卤化物灯，当采用符合附录A和附录B要求的镇流器、触发器和灯具时，在额定电源电压的92%～106%范围内，可以正常启动和燃点。

2　规范性引用文件

下列文件对于本文件的应用是必不可少的。凡是注日期的引用文件，仅注日期的版本适用于本文件。凡是不注日期的引用文件，其最新版本(包括所有的修改单)适用于本文件。

GB/T 191　包装储运图示标志(ISO 780)

GB/T 1406.1　灯头的型式和尺寸　第1部分：螺口式灯头(IEC 60061-1)

GB/T 1406.2　灯头的型式和尺寸　第2部分：插脚式灯头(IEC 60061-1)

GB/T 1406.4　灯头的型式和尺寸　第4部分：杂类灯头(IEC 60061-1)

GB/T 2828.1　计数抽样检验程序　第1部分：按接收质量限(AQL)检索的逐批检验抽样计划(ISO 2859-1)

GB/T 2829　周期检验计数抽样程序及表(适用于对过程稳定性的检验)

GB/T 2900.65　电工术语　照明[IEC 60050(845)]

GB 7000.1　灯具　第1部分：一般要求与试验(IEC 60598-1)

GB/T 13434　放电灯(荧光灯除外)特性测量方法

GB/T 15042　灯用附件　放电灯(管形荧光灯除外)用镇流器　性能要求(IEC 60923)

GB/T 18661—2008　金属卤化物灯(钪钠系列)

GB 19510.2　灯的控制装置　第2部分：启动装置(辉光启动器除外)的特殊要求(IEC 61347-2-1)

GB 19510.10　灯的控制装置　第10部分：放电灯(荧光灯除外)用镇流器的特殊要求(IEC 61347-2-9)

GB 19652—2005　放电灯(荧光灯除外)安全要求(IEC 62035:1999,IDT)

GB/T 19655　灯用附件　启动装置(辉光启动器除外)性能要求(IEC 60927)

GB/T 20145　灯和灯系统的光生物安全性(CIE S 009/E)

QB/T 2274　电光源产品的分类和型号命名方法

3　术语和定义

GB/T 2900.65和GB/T 18661界定的以及下述术语和定义适用于本文件。

3.1

额定值　rated value

由制造商或销售商宣称的或由本标准规定的在规定条件下工作时灯特性的量值。

3.2

初始值 initial readings

灯老炼前的启动特性，老炼 100 h 后所测得的光电特性值。

3.3

陶瓷金属卤化物灯 ceramic metal halide lamp

电弧管管体是由陶瓷材料制成的金属卤化物灯。

3.4

温升电流 warm-up current

在启动阶段后，较高的灯电流，原因是此时灯端电压低。此电流的上限是灯额定电流的两倍，下限是对应于最高允许灯电压对应的电流。

3.5

温升时间 run-up time

在额定电压下经老炼 100 h 后的灯在通电后达到稳定时光通量的 90%所允许的最大时间。

注：温升时间也可依据 GB/T 18661 定义为在额定电压下经老炼 100 h 后的灯在通电后，端电压应达到灯规定最小工作电压的某一百分比数所需要的最大时间。

4 分类与命名

4.1 分类

灯的分类分别按灯头的数量、色温和玻壳形式分类如下：

a) 按灯头的数量分为单端(单灯头)和双端(双灯头)；

b) 按色温分为 2 800 K、3 000 K 和 4 200 K；

c) 按玻壳形式分为 ED 型、T 型和反射型等。

4.2 规格系列

按功率分为 20 W、35 W、45 W、60 W、70 W、90 W、140 W、150 W、210 W、250 W、315 W 和 400 W。

4.3 型号

4.3.1 一般要求

灯的型号应符合 QB/T 2274 的规定。

4.3.2 型号表示规则

灯的型号由四部分组成：第一部分表示灯的代号(JLT 代表陶瓷金属卤化物灯)，第二部分表示灯的额定功率，第三部分表示玻壳型号，第四部分为补充部分，可表示灯的颜色特征，采用显色指数代码(一般显色指数不低于 80 的代码为“8”、高显色指数代码为“9”)和色调代码(色温值的前二位)的组合表示，如 830 代表显色指数为 80、色温 3 000 K；也可采用灯头型号(如 G12、E27、R7s 等)和/或其他信息，各制造商可自行选择和取舍，如果上述两种或者多种内容同时出现，中间用符号隔开。

4.3.3 型号示例

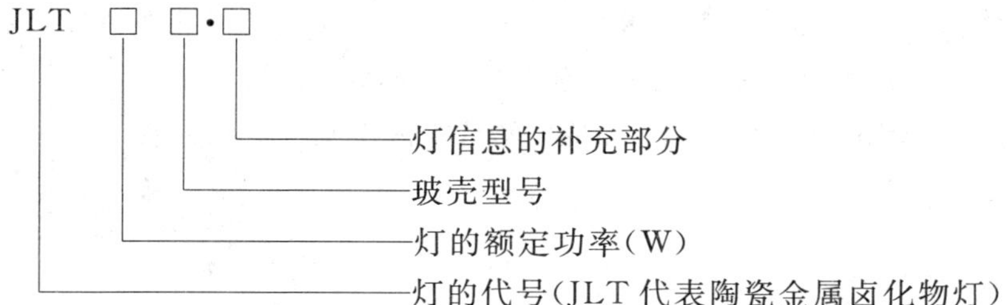

示例1:

功率为150 W ED54型玻壳、E27灯头的单端陶瓷金属卤化物灯的型号表示为:JLT150 ED54·E27。

示例2:

功率为35 W反射型显色指数为80、色温为3 000 K的单端陶瓷金属卤化物灯的型号表示为:JLT35 PAR30·830。

示例3:

功率为70 W T型玻壳的双端陶瓷金属卤化物灯的型号表示为:JLT70 T·R7s。

5 要求

5.1 安全要求

灯应符合GB 19652的安全要求。

5.2 外形尺寸

灯的外形尺寸应符合相关灯外形尺寸图和相应规格灯的参数表中规定的要求。

5.3 外观质量

5.3.1 灯的玻壳应无影响使用的缺陷。

5.3.2 螺口灯的引出线与灯头焊接应牢固光滑,焊点不应明显破坏灯头的防锈层,且不应妨碍灯旋入相应型号的符合标准的灯座内。

5.3.3 灯头与电弧管应处在同一轴线上,电弧管轴线与灯头轴线的最大偏差(同轴度)应符合灯的参数表要求。

5.3.4 灯应具有完好的结构,不应有影响正常使用的装配上的缺陷。

5.4 启动和温升特性

5.4.1 灯应在相关灯参数表规定的温升时间内达到光通量90%并维持燃点。

5.4.2 灯在A.1.3规定的最小温升电流下,在相关灯参数表规定的温升时间内,灯的电压应达到灯规定最小工作电压的百分比数。

5.4.3 灯的温升电流值应在表A.2给出的最小值和最大值之间。

注:关于温升特性,制造商可选择光通量上升(5.4.1)和端电压上升(5.4.2)两种方法之一,并比较和验证两种方法的等效性。

5.5 电气特性

灯燃点100 h后的端电压应符合相应灯的参数表的要求。

5.6 光特性

灯的初始光效额定值应符合相应灯的参数表的要求，极限值为额定值的90%；涂粉灯的初始光效为透明玻壳灯的90%，防爆型灯的初始光效为透明玻壳灯的92%。

灯的初始光通量可由制造商标称，但实测值应不低于标称值的90%。

5.7 颜色特性

5.7.1 色品坐标

对于标称相关色温为2 800 K、3 000 K和4 200 K的灯，建议采用表1规定的标准颜色色品坐标目标值，但制造商也可以生产色品坐标与表1不同的灯。制造商也可根据用户的要求制造非标准颜色的灯。无论何种情形，制造商应同时给出目标颜色相关色温值和该颜色色品坐标的目标值。色度坐标 x 和 y 的初始读数距离目标值应在7SDCM(色品配标准偏差)之内。

表1 目标颜色标准色品坐标

序号	T_c/K	x	y
1	2 800	0.447	0.400
2	3 000	0.434	0.398
3	4 200	0.371	0.366

5.7.2 显色指数

灯的一般显色指数 R_a 初始值不应比灯参数表中的额定值低三个数值。

5.8 灯的寿命特性

5.8.1 灯的平均寿命应符合相应参数表的规定。

5.8.2 灯的2 000 h光通维持率应不低于相应参数表中规定值。

5.8.3 灯的色度坐标 x 和 y 在2 000 h的读数距离目标值应在10SDCM之内。

6 试验方法

6.1 除另有规定的外，所有试验都应在规定的正常大气条件下进行，即：温度25 ℃±5 ℃、相对湿度小于65%，无对流风的环境。试验时，若无特殊说明，灯应按规定燃点，其中ED型、反射型以及T型灯头为G12、G8.5、PGZ18和PGZX18的单端灯均为垂直燃点，灯头在上；T型螺口灯头的单端灯以及双端灯应为水平燃点。

6.2 灯的标志(8.1)，按照GB 19652—2005中4.2.1的方法进行检查。

6.3 灯的外形尺寸(5.2)用通用量具进行测量。

6.4 灯的玻壳质量(5.3.1)和引出线与灯头焊接质量(5.3.2)用目视法检验，同轴度(5.3.3)用专用仪器或实样对比法检验，装配质量(5.3.4)用目测法和专用装置进行检验。

6.5 灯的光通量上升温升时间(5.4.1)、端电压上升时间(5.4.2)和温升电流(5.4.3)的试验方法按照

GB/T 13434 的规定进行。

6.6 灯的端电压(5.5)、初始光效/初始光通量(5.6)、色品坐标和显色指数(5.7)应按 GB/T 13434 的规定进行测量。初始光效通过计算得出。对于双端陶瓷金属卤化物灯的光电特性测试,应按照附录 C 进行。

对于声称只能采用低频方波电子镇流器的灯,测试时应采用符合灯参数表中设计参数要求的低频方波基准镇流器。

6.7 灯的平均寿命、光通维持率和色偏差试验(5.8)在额定电压下进行,采用工作镇流器(见附录 A)和 50 Hz 交流电源,其电压波动应不大于±2%。寿命试验中,灯应按规定燃点。燃点时,电源每昼夜应关闭两次,每次不少于 1 h。电源关闭的时间不计入燃点寿命内。在光通维持率试验中,因偶然机械损坏和错误燃点损坏的灯应不计算在试验结果内。试验进行到规定时间时再测量光通量和色坐标值,并计算光通维持率和色偏差。

7 检验规则

7.1 出厂检验

7.1.1 出厂检验的灯是从合格的提交批中均匀抽取,检验按 GB/T 2828.1 的规定进行,其检验项目、检查水平及合格质量水平应符合表 2 的规定。

表 2 出厂检验的项目及合格判定条件

序号	试验项目	技术要求	试验方法	检查水平	AQL/%	
					单项要求	全部项要求
1	标志	8.1	6.2	S-2	2.5	6.5
2	玻壳质量	5.3.1	6.4		—	
3	引出线与灯头的焊接牢固度	5.3.2				
4	装配质量	5.3.4				
5	灯主要尺寸	5.2	6.3	S-1		
6	同轴度	5.3.3	6.4			
7	端电压	5.5	6.6		6.5	—
8	初始光效/初始光通量	5.6				
9	色坐标/显色指数	5.7				
10	温升时间/端电压上升时间	5.4.1 5.4.2	6.5			
11	温升电流	5.4.3				

7.1.2 若出厂检验不合格,则该批产品应由生产者隔离后进行 100% 的检验。剔除不合格品后可再次提交验收。若再次提交批经检验后仍不合格,则应停止交收,此时,应分析原因,提出改进措施和处理该批产品的办法。

7.2 型式检验

7.2.1 型式检验周期应为每年一次。当灯的结构、工艺过程或材料的变更可能影响到灯的性能,或当灯生产中断了三个月以上而又恢复生产时，都要进行型式检验。

7.2.2 型式检验的产品应按 GB/T 2829 的要求，从出厂检验合格的灯中均匀的抽取。型式检验前，所有样本单位应按出厂检验项进行 100％检查。若发现不合格品，则以合格品换取，同时应分析原因，记入型式检验报告中，但不作为型式检验结果的鉴定依据。

7.2.3 型式检验的项目及判别水平应符合表 3 的规定。

表 3 型式检验的项目与判别水平

序号	检验项目	技术要求	试验方法	抽样方案	判别水平	RQL /％	n	判定数值	
								A_c	R_e
1	2 000 h 光通维持率	5.8.2	6.7	按 GB/T 2829 一次抽样方案	Ⅱ	65	5	1	2
2	2 000 h 色度偏差	5.8.3	6.7						
3	平均寿命	5.8.1	6.7	每个规格不少于 3 个，按照定义判别。					

7.2.4 型式检验若不合格，则认为该批灯不合格，此时应分析原因，提出处理办法和采取有效措施后，方可恢复生产与验收。

8 标志、包装、运输和贮存

8.1 标志

在每个灯上应有下列清晰和牢固的标志。

a) 来源标志，可以是商标、生产者标志或销售商的名称等；

b) 灯的型号或功率及灯的有关光电色特性；

c) 制造日期(年、季或月)。

8.2 包装

8.2.1 灯的包装应牢固并具有良好的耐振性能。每只包装盒应附有产品说明书和合格证或合格印章。

8.2.2 每个包装盒表面应注明：

a) 生产者商标及名称、地址；

b) 灯的名称和型号；

c) 灯头型号；

d) 产品标准号。

8.2.3 在外包装箱上，除应符合 8.2.1 的规定外，还应注明：

a) 灯数量；

b) 包装日期；

c) 符合 GB/T 191 规定的包装储运图示标志。

8.3 运输

灯运输时，应防止挤压、雨雪淋湿和强烈的振动。

8.4 贮存

灯应贮存在相对湿度不超过 85％的干燥通风且没有腐蚀性气体的室内。

9 灯外形尺寸图

9.1 灯外形尺寸图清单

见表4。

表4 灯外形尺寸图清单

图表编号	类型	灯头等信息
GB/T 24458—0010	单端	E27/E40,T型
GB/T 24458—0015	单端	E27/E40,ED型
GB/T 24458—0025	单端	G8.5
GB/T 24458—0035	单端	G12
GB/T 24458—0040	单端	PGZ12
GB/T 24458—0045	单端	PGZ18/PGZX18
GB/T 24458—0210	反射型单端	E27
GB/T 24458—0215	反射型单端	GX8.5
GB/T 24458—0110	双端	R7s/RX7s

9.2 灯外形尺寸图

	单端陶瓷金属卤化物灯尺寸定位图	第 1 页

灯头：E27/E40，T 型

基准面是灯头下缘。

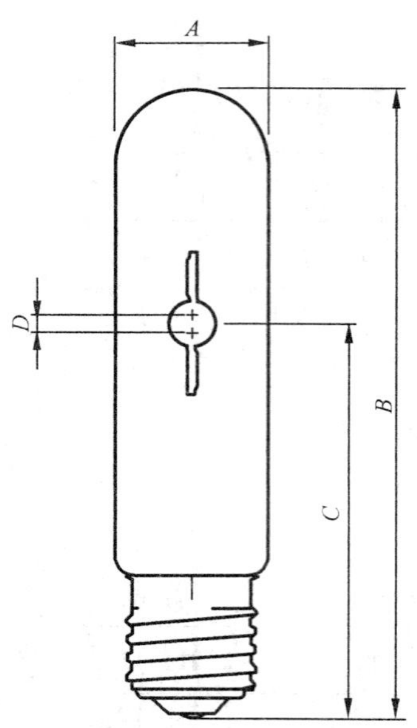

A ——直径；

B ——灯总长(灯顶部对基准面的距离)；

C ——光中心高度；

D ——电弧长度。

灯头见 GB/T 1406.1-7004-21 和 GB/T 1406.1-7004-24。

GB/T 24458-0010-1

	单端陶瓷金属卤化物灯尺寸定位图	第 1 页

灯头：E27/E40，ED 型

基准面是灯头下缘。

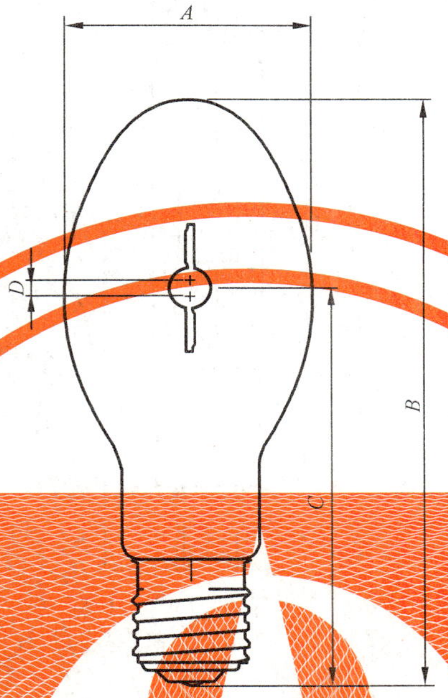

A——直径；
B——灯总长(灯顶部对基准面的距离)；
C——光中心高度；
D——电弧长度。

灯头见 GB/T 1406.1-7004-21 和 GB/T 1406.1-7004-24。

GB/T 24458-0015-1

	单端陶瓷金属卤化物灯外形尺寸图	第 1 页

灯头:G8.5

基准面是灯头插脚的下缘。

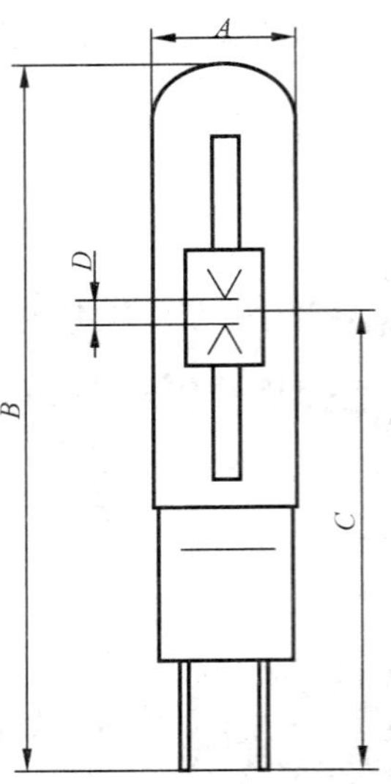

A——直径;

B——灯总长(灯顶部对基准面的距离);

C——光中心高度;

D——电弧长度。

灯头见 GB/T 1406.2-7004-122。

GB/T 24458-0025-1

	单端陶瓷金属卤化物灯外形尺寸图	第 1 页

灯头：G12

基准面是灯头的下缘。

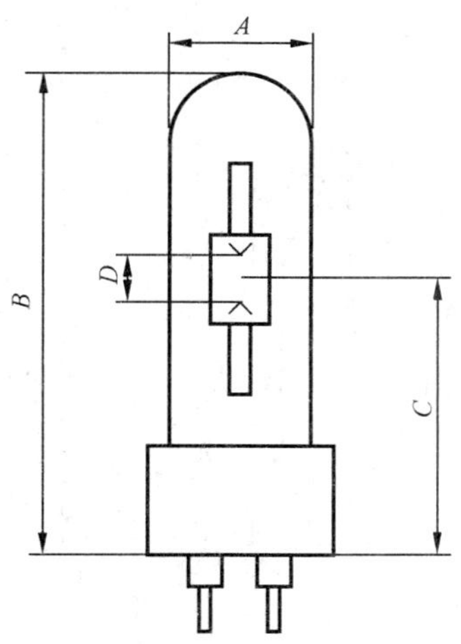

A ——直径；

B ——灯总长(灯顶部对基准面的距离)；

C ——光中心高度；

D ——电弧长度。

灯头见 GB/T 1406.2-7004-63。

GB/T 24458-0035-1

	单端陶瓷金属卤化物灯外形尺寸图	第 1 页

灯头:PGZ12

基准面是灯头的下缘。

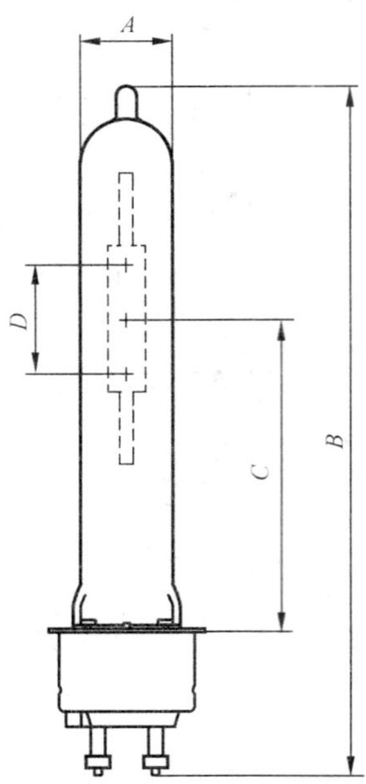

A ——直径;

B ——灯总长(灯顶部对基准面的距离);

C ——光中心高度;

D ——电弧长度。

灯头见 GB/T 1406.2-7004-163-1。

GB/T 24458-0040-1

	单端陶瓷金属卤化物灯外形尺寸图	第 1 页

灯头:PGZ18/PGZX18

基准面是灯头的下缘。

a) (PGZ18)　　b) (PGZX18)

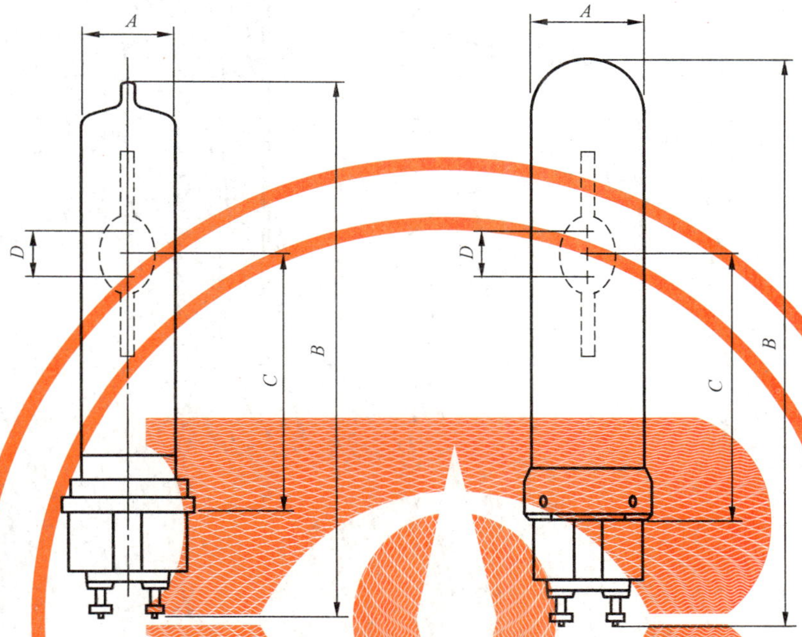

A ——直径;

B ——灯总长(灯顶部对基准面的距离);

C ——光中心高度;

D ——电弧长度。

灯头见 GB/T 1406.2-7004-163-1。

GB/T 24458-0045-1

	反射型单端陶瓷金属卤化物灯外形尺寸图	第 1 页

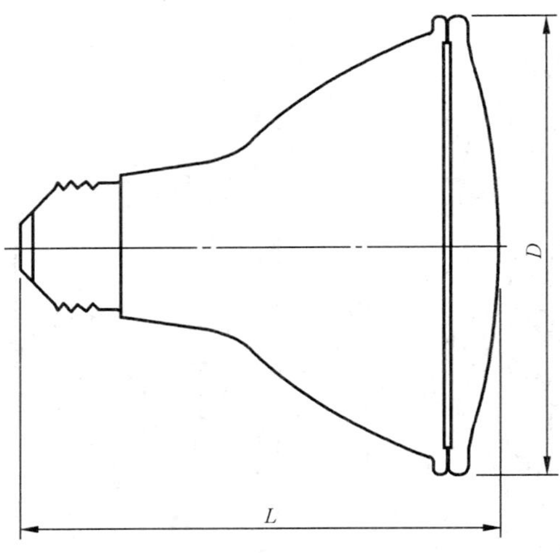

D ——直径；

L ——总长。

灯头见 GB/T 1406.1-7004-21。

GB/T 24458-0210-1

	反射型单端陶瓷金属卤化物灯外形尺寸图	第 1 页

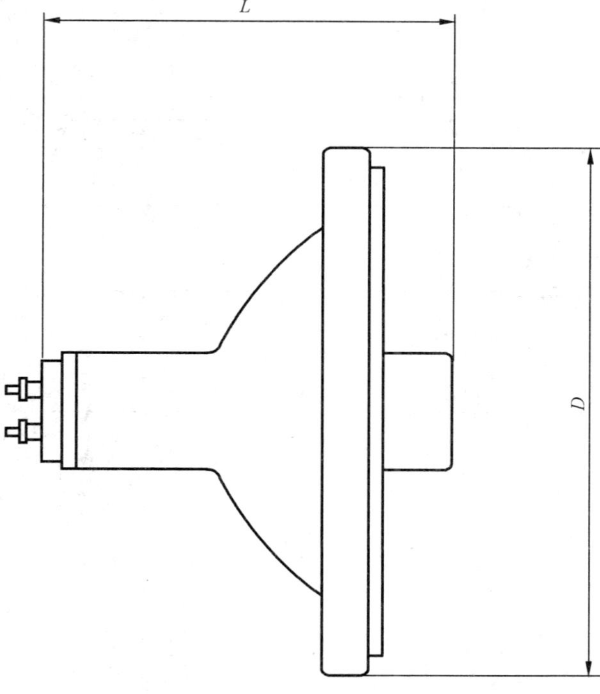

D ——直径；

L ——总长。

灯头见 GB/T 1406.1-7004-143。

GB/T 24458-0215-1

	双端陶瓷金属卤化物灯尺寸定位图	第1页

灯头：R7s/RX7s

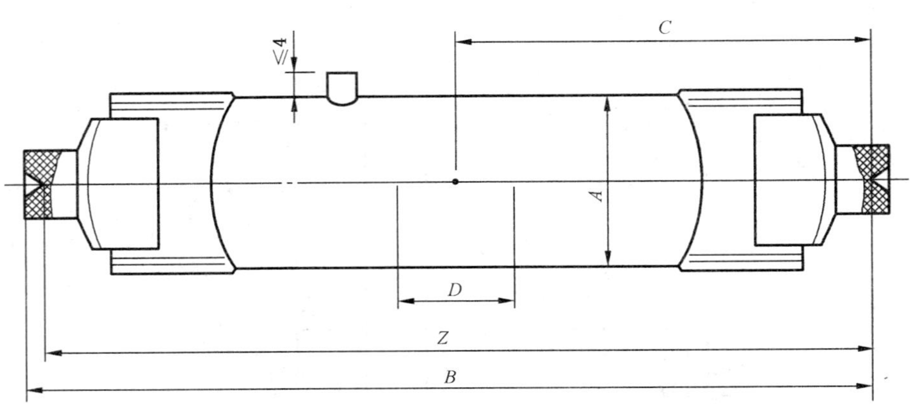

A ——直径；

B ——总长；

C ——光中心高度；

D ——电弧长度；

Z ——两触点之间的长度。

注：排气口的位置未作规定。

灯头见 GB/T 1406.4-7004-92A。

GB/T 24458-0110-1

10 灯的参数表

10.1 灯参数表的编号方法

第一组数字表示本标准的编号,即 GB/T 24458。

第二组数字表示相应灯规格代号。

第三组数字表示灯参数表的版次。第 1 次发布时参数表的版次为 1、每次修订后版次依次增加。

例如:灯的参数表 GB/T 24458-1035-1 已作修改,则新的编号为 GB/T 24458-1030-2。

10.2 灯参数表清单和参数表

见表 5。

表 5 灯参数表清单

技术参数表活页号	额定功率	玻壳类型	色温	灯头类型
单端陶瓷金属卤化物灯				
GB/T 24458-1025-1	20 W	T14	3 000 K	G8.5
GB/T 24458-1035-1	35 W	T14	3 000 K	G8.5
GB/T 24458-1037-1	35 W	T14	4 200 K	G8.5
GB/T 24458-1043-1	35 W	T19	3 000 K	G12
GB/T 24458-1045-1	35 W	T19	4 200 K	G12
GB/T 24458-1050-1	45 W	T20	2 800 K	PGZ12
GB/T 24458-1060-1	60 W	T20	2 800 K	PGZ12
GB/T 24458-1070-1	70 W	T38	3 000 K	E27
GB/T 24458-1072-1	70 W	ED54	3 000 K	E27
GB/T 24458-1074-1	70 W	ED54	4 200 K	E27
GB/T 24458-1076-1	70 W	T14	3 000 K	G8.5
GB/T 24458-1078-1	70 W	T14	4 200 K	G8.5
GB/T 24458-1084-1	70 W	T19	3 000 K	G12
GB/T 24458-1086-1	70 W	T19	4 200 K	G12
GB/T 24458-1090-1	90 W	T20	2 800 K	PGZ12
GB/T 24458-1140-1	140 W	T46	3 000 K	E40
GB/T 24458-1142-1	140 W	T46	4 200 K	E40
GB/T 24458-1145-1	140 W	T20	2 800 K	PGZ12
GB/T 24458-1150-1	150 W	ED54	3 000 K	E27
GB/T 24458-1152-1	150 W	ED54	4 200 K	E27
GB/T 24458-1154-1	150 W	T46	3 000 K	E40
GB/T 24458-1156-1	150 W	T19	3 000 K	G12
GB/T 24458-1158-1	150 W	T19	4 200 K	G12
GB/T 24458-1206-1	210 W	T46	3 000 K	E40

表 5（续）

技术参数表活页号	额定功率	玻壳类型	色温	灯头类型
单端陶瓷金属卤化物灯				
GB/T 24458-1208-1	210 W	T46	4 200 K	E40
GB/T 24458-1210-1	210 W	T36 防爆	3 000 K	PGZX18
GB/T 24458-1212-1	210 W	T36 防爆	4 200 K	PGZX18
GB/T 24458-1216-1	210 W	T28	3 000 K	PGZ18
GB/T 24458-1218-1	210 W	T28	4 200 K	PGZ18
GB/T 24458-1250-1	250 W	ED90	4 200 K	E40
GB/T 24458-1252-1	250 W	T46	3 000 K	E40
GB/T 24458-1254-1	250 W	T46	4 200 K	E40
GB/T 24458-1315-1	315 W	T36 防爆	3 000 K	PGZX18
GB/T 24458-1317-1	315 W	T36 防爆	4 200 K	PGZX18
GB/T 24458-1319-1	315 W	T28	3 000 K	PGZ18
GB/T 24458-1321-1	315 W	T28	4 200 K	PGZ18
GB/T 24458-1400-1	400 W	ED90	4 200 K	E40
GB/T 24458-1402-1	400 W	ED120	4 200 K	E40
GB/T 24458-1404-1	400 W	T46	3 000 K	E40
GB/T 24458-1406-1	400 W	T46	4 200 K	E40
反射型单端陶瓷金属卤化物灯				
GB/T 24458-2015-1	20 W	PAR20	3 000 K	E27
GB/T 24458-2035-1	35 W	PAR20	3 000 K	E27
GB/T 24458-2037-1	35 W	PAR30	3 000 K	E27
GB/T 24458-2039-1	35 W	PAR20	4 200 K	E27
GB/T 24458-2040-1	35 W	PAR30	4 200 K	E27
GB/T 24458-2041-1	35 W	R111	3 000 K	GX8.5
GB/T 24458-2043-1	35 W	R111	4 200 K	GX8.5
GB/T 24458-2070-1	70 W	PAR30	3 000 K	E27
GB/T 24458-2072-1	70 W	PAR30	4 200 K	E27
GB/T 24458-2074-1	70 W	R111	3 000 K	GX8.5
GB/T 24458-2076-1	70 W	R111	4 200 K	GX8.5
双端陶瓷金属卤化物灯				
GB/T 24458-3070-1	70 W	T20	3 000 K	R7s、RX7s
GB/T 24458-3075-1	70 W	T20	4 200 K	R7s、RX7s
GB/T 24458-3150-1	150 W	T24	3 000 K	R7s、RX7s
GB/T 24458-3155-1	150 W	T24	4 200 K	R7s、RX7s

	20 W 单端陶瓷金属卤化物灯	第 1 页

1　灯的尺寸和物理特性

玻壳类型	灯头型号	玻壳直径 A (max) mm	总长度 B (max) mm	光中心高度 C[a] mm	同轴度 (°)	工作位置限制	玻壳温度 (max) ℃	夹板温度 (max) ℃	图表编号
T14	G8.5	17	85	52±2	3	任意	待定	280[a]	0025

2　灯在额定电源电压下的启动特性

达到光通量的 90%时所需的时间	min	3(max)
灯端电压达到最小灯工作电压的 90%时所需要的时间	min	3(max)

3　额定电压下配用基准镇流器时灯的电特性

		目标值	最大值	最小值
灯端电压	V(r.m.s)	95	110	75
电流[a]	A	0.21	—	—
功率[a]	W	20	—	—

4　额定电压下配用基准镇流器时灯的光特性和寿命参数

初始光效 lm/W	相关色温[a] K	显色指数 R_a	2 000 h 光通维持率 %	平均寿命 h
78	3 000	80	75	10 000

5　基准镇流器特性

配用电子镇流器的灯的光特性参数测试用的低频方波基准镇流器设计参数见下表：

串联电阻	Ω	680
其他设计参数正在考虑中。		

[a] 为参考值。

GB/T 24458-1025-1

	35 W 单端陶瓷金属卤化物灯	第 1 页

1 灯的尺寸和物理特性

玻壳类型	灯头型号	玻壳直径 A (max) mm	总长度 B (max) mm	光中心高度 C[a] mm	同轴度 (°)	工作位置限制	玻壳温度 (max) ℃	夹板温度 (max) ℃	图表编号
T14	G8.5	17	85	52±2	3	任意	待定	250[a]	0025

2 灯在额定电源电压下的启动特性

达到光通量的 90%时所需的时间	min	3(max)
灯端电压达到最小灯工作电压的 90%时所需要的时间	min	3(max)

3 额定电压下配用基准镇流器时灯的电特性

		目标值	最大值	最小值
灯端电压	V(r.m.s)	90	105	80
电流[a]	A	0.53	—	—
功率[a]	W	39	—	—

4 额定电压下配用基准镇流器时灯的光特性和寿命参数

初始光效 lm/W	相关色温[a] K	显色指数 R_a	2 000 h 光通维持率 %	平均寿命 h
78	3 000	80	75	10 000
70	3 000	90	75	10 000

5 基准镇流器特性

额定频率	Hz	50
额定电压	V	220
校准电流	A	0.53
电压电流比	Ω	350
功率因数		0.075±0.005
基准镇流器的其他要求应符合 GB/T 15042 和 GB 19510.10 中的规定。		

对于配用电子镇流器的灯，其光特性参数测试用的低频方波基准镇流器设计参数见下表：

串联电阻	Ω	340
其他设计参数正在考虑中。		

[a] 为参考值。

GB/T 24458-1035-1

	35 W 单端陶瓷金属卤化物灯	第 1 页

1 灯的尺寸和物理特性

玻壳类型	灯头型号	玻壳直径 A (max) mm	总长度 B (max) mm	光中心高度 C[a] mm	同轴度 (°)	工作位置限制	玻壳温度 (max) ℃	夹板温度 (max) ℃	图表编号
T14	G8.5	17	85	52±2	3	任意	待定	300[a]	0025

2 灯在额定电源电压下的启动特性

达到光通量的 90%时所需的时间	min	3(max)
灯端电压达到最小灯工作电压的 90%时所需要的时间	min	3(max)

3 额定电压下配用基准镇流器时灯的电特性

		目标值	最大值	最小值
灯端电压	V(r.m.s)	90	105	80
电流[a]	A	0.53	—	—
功率[a]	W	38	—	—

4 额定电压下配用基准镇流器时灯的光特性和寿命参数

初始光效 lm/W	相关色温[a] K	显色指数 R_a	2 000 h 光通维持率 %	平均寿命 h
78	4 200	85	75	10 000

5 基准镇流器特性

额定频率	Hz	50
额定电压	V	220
校准电流	A	0.53
电压电流比	Ω	350
功率因数		0.075±0.005
基准镇流器的其他要求应符合 GB/T 15042 和 GB 19510.10 中的规定。		

对于配用电子镇流器的灯，其光特性参数测试用的低频方波基准镇流器设计参数见下表：

串联电阻	Ω	340
其他设计参数正在考虑中。		

[a] 为参考值。

GB/T 24458-1037-1

	35 W 单端陶瓷金属卤化物灯	第 1 页

1 灯的尺寸和物理特性

玻壳类型	灯头型号	玻壳直径 A (max) mm	总长度 B (max) mm	光中心高度 C[a] mm	同轴度 (°)	工作位置限制	玻壳温度 (max) ℃	夹板温度 (max) ℃	图表编号
T19	G12	20	90	56±2	3	任意	待定	280[a]	0035

2 灯在额定电源电压下的启动特性

达到光通量的 90%时所需的时间	min	3(max)
灯端电压达到最小灯工作电压的 90%时所需要的时间	min	3(max)

3 额定电压下配用基准镇流器时灯的电特性

		目标值	最大值	最小值
灯端电压	V(r.m.s)	90	105	80
电流[a]	A	0.53	—	—
功率[a]	W	39	—	—

4 额定电压下配用基准镇流器时灯的光特性和寿命参数

初始光效 lm/W	相关色温[a] K	显色指数 R_a	2 000 h 光通维持率 %	平均寿命 h
78	3 000	80	75	10 000
70	3 000	90	75	10 000

5 基准镇流器特性

额定频率	Hz	50
额定电压	V	220
校准电流	A	0.53
电压电流比	Ω	350
功率因数		0.075±0.005
基准镇流器的其他要求应符合 GB/T 15042 和 GB 19510.10 中的规定。		

对于配用电子镇流器的灯，其光特性参数测试用的低频方波基准镇流器设计参数见下表：

串联电阻	Ω	340
其他设计参数正在考虑中。		

[a] 为参考值。

GB/T 24458-1043-1

	35 W 单端陶瓷金属卤化物灯	第 1 页

1 灯的尺寸和物理特性

玻壳类型	灯头型号	玻壳直径 A (max) mm	总长度 B (max) mm	光中心高度 C[a] mm	同轴度 (°)	工作位置限制	玻壳温度 (max) ℃	夹板温度 (max) ℃	图表编号
T19	G12	20	90	56±2	3	任意	待定	300[a]	0035

2 灯在额定电源电压下的启动特性

达到光通量的 90%时所需的时间	min	3(max)
灯端电压达到最小灯工作电压的 90%时所需要的时间	min	3(max)

3 额定电压下配用基准镇流器时灯的电特性

		目标值	最大值	最小值
灯端电压	V(r.m.s)	90	105	80
电流[a]	A	0.53	—	—
功率[a]	W	38	—	—

4 额定电压下配用基准镇流器时灯的光特性和寿命参数

初始光效 lm/W	相关色温[a] K	显色指数 R_a	2 000 h 光通维持率 %	平均寿命 h
78	4 200	85	75	10 000

5 基准镇流器特性

额定频率	Hz	50
额定电压	V	220
校准电流	A	0.53
电压电流比	Ω	350
功率因数		0.075±0.005
基准镇流器的其他要求应符合 GB/T 15042 和 GB 19510.10 中的规定。		

对于配用电子镇流器的灯，其光特性参数测试用的低频方波基准镇流器设计参数见下表：

串联电阻	Ω	340
其他设计参数正在考虑中。		

[a] 为参考值。

GB/T 24458-1045-1

	45 W 单端陶瓷金属卤化物灯	第 1 页

1 灯的尺寸和物理特性

玻壳类型	灯头型号	玻壳直径 A (max) mm	总长度 B (max) mm	光中心高度 C[a] mm	同轴度 (°)	工作位置限制	玻壳温度 (max) ℃	灯头温度 (max) ℃	图表编号
T20	PGZ12	20	132	59±1	3	任意	380	300	0040

2 灯在额定电源电压下的启动特性

达到光通量的 90%时所需的时间	min	4(max)
灯端电压达到最小灯工作电压的 95%时所需要的时间	min	4(max)

3 额定电压下配用基准镇流器时灯的电特性

		目标值	最大值	最小值
灯端电压	V(r.m.s)	90	115	80
电流[a]	A	0.5	—	—
功率[a]	W	45	—	—

4 额定电压下配用基准镇流器时灯的光特性和寿命参数

初始光效 lm/W	相关色温[a] K	显色指数 R_a	2 000 h 光通维持率 %	平均寿命 h
105	2 800	65	80	20 000

5 基准镇流器特性

额定频率	Hz	待定
额定电压	V	待定
校准电流	A	待定
电压电流比	Ω	待定
功率因数		待定
基准镇流器的其他要求应符合 GB/T 15042 和 GB 19510.10 中的规定。		

对于配用电子镇流器的灯，其光特性参数测试用的低频方波基准镇流器设计参数见下表：

串联电阻	Ω	340
其他设计参数正在考虑中。		

[a] 为参考值。

GB/T 24458-1050-1

	60 W 单端陶瓷金属卤化物灯	第 1 页

1 灯的尺寸和物理特性

玻壳类型	灯头型号	玻壳直径 A (max) mm	总长度 B (max) mm	光中心高度 C[a] mm	同轴度 (°)	工作位置限制	玻壳温度 (max) ℃	灯头温度 (max) ℃	图表编号
T20	PGZ12	20	132	59±1	3	任意	380	300	0040

2 灯在额定电源电压下的启动特性

达到光通量的 90%时所需的时间	min	4(max)
灯端电压达到最小灯工作电压的 95%时所需要的时间	min	4(max)

3 额定电压下配用基准镇流器时灯的电特性

		目标值	最大值	最小值
灯端电压	V(r.m.s)	90	115	80
电流[a]	A	0.67	—	—
功率[a]	W	60	—	—

4 额定电压下配用基准镇流器时灯的光特性和寿命参数

初始光效 lm/W	相关色温[a] K	显色指数 R_a	2 000 h 光通维持率 %	平均寿命 h
115	2 800	65	80	20 000

5 基准镇流器特性

额定频率	Hz	待定
额定电压	V	待定
校准电流	A	待定
电压电流比	Ω	待定
功率因数		待定
基准镇流器的其他要求应符合 GB/T 15042 和 GB 19510.10 中的规定。		

对于配用电子镇流器的灯，其光特性参数测试用的低频方波基准镇流器设计参数见下表：

串联电阻	Ω	227
其他设计参数正在考虑中。		

[a] 为参考值。

GB/T 24458-1060-1

	70 W 单端陶瓷金属卤化物灯	第 1 页

1 灯的尺寸和物理特性

玻壳类型	灯头型号	玻壳直径 A (max) mm	总长度 B (max) mm	光中心高度 C[a] mm	同轴度 (°)	工作位置限制	玻壳温度 (max) ℃	灯头温度 (max) ℃	图表编号
T38	E27	39	156	102±3	3	任意	350[a]	210	0010

2 灯在额定电源电压下的启动特性

达到光通量的 90%时所需的时间	min	3(max)
灯端电压达到最小灯工作电压的 95%时所需要的时间	min	3(max)

3 额定电压下配用基准镇流器时灯的电特性

		目标值	最大值	最小值
灯端电压	V(r.m.s)	90	105	80
电流[a]	A	0.98	—	—
功率[a]	W	73	—	—

4 额定电压下配用基准镇流器时灯的光特性和寿命参数

初始光效 lm/W	相关色温[a] K	显色指数 R_a	2 000 h 光通维持率 %	平均寿命 h
85	3 000	80	80	10 000
75	3 000	90	80	10 000

5 基准镇流器特性

额定频率	Hz	50
额定电压	V	220
校准电流	A	0.98
电压电流比	Ω	188
功率因数		0.075±0.005
基准镇流器的其他要求应符合 GB/T 15042 和 GB 19510.10 中的规定。		

对于配用电子镇流器的灯，其光特性参数测试用的低频方波基准镇流器设计参数见下表：

串联电阻	Ω	170
其他设计参数正在考虑中。		

[a] 为参考值。

GB/T 24458-1070-1

	70 W 单端陶瓷金属卤化物灯	第 1 页

1　灯的尺寸和物理特性

玻壳类型	灯头型号	玻壳直径 A (max) mm	总长度 B (max) mm	光中心高度 C[a] mm	同轴度 (°)	工作位置限制	玻壳温度 (max) ℃	灯头温度 (max) ℃	图表编号
ED54	E27	56	144	89±3	3	任意	待定	210	0015

2　灯在额定电源电压下的启动特性

达到光通量的 90%时所需的时间	min	3(max)
灯端电压达到最小灯工作电压的 95%时所需要的时间	min	3(max)

3　额定电压下配用基准镇流器时灯的电特性

		目标值	最大值	最小值
灯端电压	V(r.m.s)	90	105	80
电流[a]	A	0.98	—	—
功率[a]	W	75	—	—

4　额定电压下配用基准镇流器时灯的光特性和寿命参数

初始光效 lm/W	相关色温[a] K	显色指数 R_a	2 000 h 光通维持率 %	平均寿命 h
85	3 000	80	80	10 000
75	3 000	90	80	10 000

5　基准镇流器特性

额定频率	Hz	50
额定电压	V	220
校准电流	A	0.98
电压电流比	Ω	188
功率因数		0.075±0.005
基准镇流器的其他要求应符合 GB/T 15042 和 GB 19510.10 中的规定。		

对于配用电子镇流器的灯，其光特性参数测试用的低频方波基准镇流器设计参数见下表：

串联电阻	Ω	170
其他设计参数正在考虑中。		

[a] 为参考值。

GB/T 24458-1072-1

	70 W 单端陶瓷金属卤化物灯	第 1 页

1 灯的尺寸和物理特性

玻壳类型	灯头型号	玻壳直径 A (max) mm	总长度 B (max) mm	光中心高度 C[a] mm	同轴度 (°)	工作位置限制	玻壳温度 (max) ℃	灯头温度 (max) ℃	图表编号
ED54	E27	56	144	89±3	3	任意	待定	210	0015

2 灯在额定电源电压下的启动特性

达到光通量的 90%时所需的时间	min	3(max)
灯端电压达到最小灯工作电压的 95%时所需要的时间	min	3(max)

3 额定电压下配用基准镇流器时灯的电特性

		目标值	最大值	最小值
灯端电压	V(r.m.s)	90	105	80
电流[a]	A	0.98	—	—
功率[a]	W	75	—	—

4 额定电压下配用基准镇流器时灯的光特性和寿命参数

初始光效 lm/W	相关色温[a] K	显色指数 R_a	2 000 h 光通维持率 %	平均寿命 h
80	4 200	90	80	10 000

5 基准镇流器特性

额定频率	Hz	50
额定电压	V	220
校准电流	A	0.98
电压电流比	Ω	188
功率因数		0.075±0.005
基准镇流器的其他要求应符合 GB/T 15042 和 GB 19510.10 中的规定。		

对于配用电子镇流器的灯，其光特性参数测试用的低频方波基准镇流器设计参数见下表：

串联电阻	Ω	170
其他设计参数正在考虑中。		

[a] 为参考值。

GB/T 24458-1074-1

	70 W 单端陶瓷金属卤化物灯	第 1 页

1 灯的尺寸和物理特性

玻壳类型	灯头型号	玻壳直径 A (max) mm	总长度 B (max) mm	光中心高度 C[a] mm	同轴度 (°)	工作位置限制	玻壳温度 (max) ℃	夹板温度 (max) ℃	图表编号
T14	G8.5	17	85	52±2	3	任意	待定	300[a]	0025

2 灯在额定电源电压下的启动特性

达到光通量的 90%时所需的时间	min	3(max)
灯端电压达到最小灯工作电压的 95%时所需要的时间	min	3(max)

3 额定电压下配用基准镇流器时灯的电特性

		目标值	最大值	最小值
灯端电压	V(r.m.s)	90	105	80
电流[a]	A	0.98	—	—
功率[a]	W	73	—	—

4 额定电压下配用基准镇流器时灯的光特性和寿命参数

初始光效 lm/W	相关色温[a] K	显色指数 R_a	2 000 h 光通维持率 %	平均寿命 h
85	3 000	80	80	10 000
75	3 000	90	80	10 000

5 基准镇流器特性

额定频率	Hz	50/60
额定电压	V	220
校准电流	A	0.98
电压电流比	Ω	188
功率因数		0.075±0.005
基准镇流器的其他要求应符合 GB/T 15042 和 GB 19510.10 中的规定。		

对于配用电子镇流器的灯，其光特性参数测试用的低频方波基准镇流器设计参数见下表：

串联电阻	Ω	170
其他设计参数正在考虑中。		

[a] 为参考值。

GB/T 24458-1076-1

	70 W 单端陶瓷金属卤化物灯	第 1 页

1 灯的尺寸和物理特性

玻壳类型	灯头型号	玻壳直径 A (max) mm	总长度 B (max) mm	光中心高度 C[a] mm	同轴度 (°)	工作位置限制	玻壳温度 (max) ℃	夹板温度 (max) ℃	图表编号
T14	G8.5	17	85	52±2	3	任意	待定	300[a]	0025

2 灯在额定电源电压下的启动特性

达到光通量的 90%时所需的时间	min	3(max)
灯端电压达到最小灯工作电压的 95%时所需要的时间	min	3(max)

3 额定电压下配用基准镇流器时灯的电特性

		目标值	最大值	最小值
灯端电压	V(r.m.s)	90	105	80
电流[a]	A	0.98	—	—
功率[a]	W	73	—	—

4 额定电压下配用基准镇流器时灯的光特性和寿命参数

初始光效 lm/W	相关色温[a] K	显色指数 R_a	2 000 h 光通维持率 %	平均寿命 h
80	4 200	90	80	10 000

5 基准镇流器特性

额定频率	Hz	50
额定电压	V	220
校准电流	A	0.98
电压电流比	Ω	188
功率因数		0.075±0.005
基准镇流器的其他要求应符合 GB/T 15042 和 GB 19510.10 中的规定。		

对于配用电子镇流器的灯，其光特性参数测试用的低频方波基准镇流器设计参数见下表：

串联电阻	Ω	170
其他设计参数正在考虑中。		

[a] 为参考值。

GB/T 24458-1078-1

	70 W 单端陶瓷金属卤化物灯	第 1 页

1 灯的尺寸和物理特性

玻壳类型	灯头型号	玻壳直径 A (max) mm	总长度 B (max) mm	光中心高度 C[a] mm	同轴度 (°)	工作位置限制	玻壳温度 (max) ℃	夹板温度 (max) ℃	图表编号
T19	G12	26	100	56±2	3	任意	待定	280[a]	0035

2 灯在额定电源电压下的启动特性

达到光通量的 90%时所需的时间	min	3(max)
灯端电压达到最小灯工作电压的 95%时所需要的时间	min	3(max)

3 额定电压下配用基准镇流器时灯的电特性

		目标值	最大值	最小值
灯端电压	V(r.m.s)	90	105	80
电流[a]	A	0.98	—	—
功率[a]	W	75	—	—

4 额定电压下配用基准镇流器时灯的光特性和寿命参数

初始光效 lm/W	相关色温[a] K	显色指数 R_a	2 000 h 光通维持率 %	平均寿命 h
85	3 000	80	80	10 000
75	3 000	90	80	10 000

5 基准镇流器特性

额定频率	Hz	50
额定电压	V	220
校准电流	A	0.98
电压电流比	Ω	188
功率因数		0.075±0.005
基准镇流器的其他要求应符合 GB/T 15042 和 GB 19510.10 中的规定。		

对于配用电子镇流器的灯，其光特性参数测试用的低频方波基准镇流器设计参数见下表：

串联电阻	Ω	170
其他设计参数正在考虑中。		

[a] 为参考值。

GB/T 24458-1084-1

	70 W 单端陶瓷金属卤化物灯	第 1 页

1 灯的尺寸和物理特性

玻壳类型	灯头型号	玻壳直径 A (max) mm	总长度 B (max) mm	光中心高度 C[a] mm	同轴度 (°)	工作位置限制	玻壳温度 (max) ℃	夹板温度 (max) ℃	图表编号
T19	G12	26	100	56±2	3	任意	待定	280[a]	0035

2 灯在额定电源电压下的启动特性

达到光通量的 90%时所需的时间	min	3(max)
灯端电压达到最小灯工作电压的 95%时所需要的时间	min	3(max)

3 额定电压下配用基准镇流器时灯的电特性

		目标值	最大值	最小值
灯端电压	V(r.m.s)	90	105	80
电流[a]	A	0.98	—	—
功率[a]	W	75	—	—

4 额定电压下配用基准镇流器时灯的光特性和寿命参数

初始光效 lm/W	相关色温[a] K	显色指数 R_a	2 000 h 光通维持率 %	平均寿命 h
80	4 200	80	80	10 000

5 基准镇流器特性

额定频率	Hz	50
额定电压	V	220
校准电流	A	0.98
电压电流比	Ω	188
功率因数		0.075±0.005
基准镇流器的其他要求应符合 GB/T 15042 和 GB 19510.10 中的规定。		

对于配用电子镇流器的灯，其光特性参数测试用的低频方波基准镇流器设计参数见下表：

串联电阻	Ω	170
其他设计参数正在考虑中。		

[a] 为参考值。

GB/T 24458-1086-1

	90 W单端陶瓷金属卤化物灯	第1页

1　灯的尺寸和物理特性

玻壳类型	灯头型号	玻壳直径 A (max) mm	总长度 B (max) mm	光中心高度 C[a] mm	同轴度 (°)	工作位置限制	玻壳温度 (max) ℃	灯头温度 (max) ℃	图表编号
T20	PGZ12	20	143	66±1	3	任意	470	300	0040

2　灯在额定电源电压下的启动特性

达到光通量的90%时所需的时间	min	4(max)
灯端电压达到最小灯工作电压的95%时所需要的时间	min	4(max)

3　额定电压下配用基准镇流器时灯的电特性

		目标值	最大值	最小值
灯端电压	V(r.m.s)	90	115	80
电流[a]	A	1.00	—	—
功率[a]	W	90	—	—

4　额定电压下配用基准镇流器时灯的光特性和寿命参数

初始光效 lm/W	相关色温[a] K	显色指数 R_a	2 000 h 光通维持率 %	平均寿命 h
115	2 800	65	80	20 000

5　基准镇流器特性

额定频率	Hz	待定
额定电压	V	待定
校准电流	A	待定
电压电流比	Ω	待定
功率因数		待定
基准镇流器的其他要求应符合 GB/T 15042 和 GB 19510.10 中的规定。		

对于配用电子镇流器的灯，其光特性参数测试用的低频方波基准镇流器设计参数见下表：

串联电阻	Ω	151
其他设计参数正在考虑中。		

[a] 为参考值。

GB/T 24458-1090-1

	140 W 单端陶瓷金属卤化物灯	第 1 页

1 灯的尺寸和物理特性

玻壳类型	灯头型号	玻壳直径 A (max) mm	总长度 B (max) mm	光中心高度 C[a] mm	同轴度 (°)	工作位置限制	玻壳温度 (max) ℃	灯头温度 (max) ℃	图表编号
T46	E40	48	238	132±5	3	水平	500	250	0010

2 灯在额定电源电压下的启动特性

达到光通量的 90%时所需的时间	min	3(max)
灯端电压达到最小灯工作电压的 95%时所需要的时间	min	3(max)

3 额定电压下配用基准镇流器时灯的电特性

		目标值	最大值	最小值
灯端电压	V(r.m.s)	95	115	80
电流[a]	A	1.56	—	—
功率[a]	W	140	—	—

4 额定电压下配用基准镇流器时灯的光特性和寿命参数

初始光效 lm/W	相关色温[a] K	显色指数 R_a	2 000 h 光通维持率 %	平均寿命 h
110	3 000	65	80	10 000

5 基准镇流器特性

额定频率	Hz	50
额定电压	V	220
校准电流	A	1.5
电压电流比	Ω	110
功率因数		0.060±0.005
基准镇流器的其他要求应符合 GB/T 15042 和 GB 19510.10 中的规定。		

对于配用电子镇流器的灯，其光特性参数测试用的低频方波基准镇流器设计参数见下表：

串联电阻	Ω	108
其他设计参数正在考虑中。		

[a] 为参考值。

GB/T 24458-1140-1

	140 W 单端陶瓷金属卤化物灯	第 1 页

1 灯的尺寸和物理特性

玻壳类型	灯头型号	玻壳直径 *A* (max) mm	总长度 *B* (max) mm	光中心高度 *C*[a] mm	同轴度 (°)	工作位置限制	玻壳温度 (max) ℃	灯头温度 (max) ℃	图表编号
T46	E40	48	238	132±5	3	水平	500	250	0010

2 灯在额定电源电压下的启动特性

达到光通量的 90%时所需的时间	min	4(max)
灯端电压达到最小灯工作电压的 95%时所需要的时间	min	4(max)

3 额定电压下配用基准镇流器时灯的电特性

		目标值	最大值	最小值
灯端电压	V(r.m.s)	90	115	80
电流[a]	A	1.56	—	—
功率[a]	W	140	—	—

4 额定电压下配用基准镇流器时灯的光特性和寿命参数

初始光效 lm/W	相关色温[a] K	显色指数 R_a	2 000 h 光通维持率 %	平均寿命 h
112	4 200	75	80	20 000

5 基准镇流器特性

额定频率	Hz	50
额定电压	V	220
校准电流	A	1.5
电压电流比	Ω	110
功率因数		0.060±0.005
基准镇流器的其他要求应符合 GB/T 15042 和 GB 19510.10 中的规定。		

对于配用电子镇流器的灯，其光特性参数测试用的低频方波基准镇流器设计参数见下表：

串联电阻	Ω	97
其他设计参数正在考虑中。		

[a] 为参考值。

GB/T 24458-1142-1

	140 W 单端陶瓷金属卤化物灯	第 1 页

1 灯的尺寸和物理特性

玻壳类型	灯头型号	玻壳直径 A (max) mm	总长度 B (max) mm	光中心高度 C[a] mm	同轴度 (°)	工作位置限制	玻壳温度 (max) ℃	灯头温度 (max) ℃	图表编号
T20	PGZ12	20	150	66±1	3	任意	550	300	0040

2 灯在额定电源电压下的启动特性

达到光通量的 90%时所需的时间	min	4(max)
灯端电压达到最小灯工作电压的 95%时所需要的时间	min	4(max)

3 额定电压下配用基准镇流器时灯的电特性

		目标值	最大值	最小值
灯端电压	V(r.m.s)	90	115	80
电流[a]	A	1.56	—	—
功率[a]	W	140	—	—

4 额定电压下配用基准镇流器时灯的光特性和寿命参数

初始光效 lm/W	相关色温[a] K	显色指数 R_a	2 000 h 光通维持率 %	平均寿命 h
120	2 800	65	80	20 000

5 基准镇流器特性

额定频率	Hz	50
额定电压	V	220
校准电流	A	1.5
电压电流比	Ω	110
功率因数		0.060±0.005
基准镇流器的其他要求应符合 GB/T 15042 和 GB 19510.10 中的规定。		

对于配用电子镇流器的灯，其光特性参数测试用的低频方波基准镇流器设计参数见下表：

串联电阻	Ω	97
其他设计参数正在考虑中。		

[a] 为参考值。

GB/T 24458-1145-1

	150 W 单端陶瓷金属卤化物灯	第 1 页

1 灯的尺寸和物理特性

玻壳类型	灯头型号	玻壳直径 *A* (max) mm	总长度 *B* (max) mm	光中心高度 *C*[a] mm	同轴度 (°)	工作位置限制	玻壳温度 (max) ℃	灯头温度 (max) ℃	图表编号
ED54	E27	56	144	89±3	3	任意	待定	210	0015

2 灯在额定电源电压下的启动特性

达到光通量的 90%时所需的时间	min	3(max)
灯端电压达到最小灯工作电压的 95%时所需要的时间	min	3(max)

3 额定电压下配用基准镇流器时灯的电特性

		目标值	最大值	最小值
灯端电压	V(r.m.s)	95	110	80
电流[a]	A	1.8	—	—
功率[a]	W	148	—	—

4 额定电压下配用基准镇流器时灯的光特性和寿命参数

初始光效 lm/W	相关色温[a] K	显色指数 R_a	2 000 h 光通维持率 %	平均寿命 h
90	3 000	80	80	10 000

5 基准镇流器特性

额定频率	Hz	50/60
额定电压	V	220
校准电流	A	1.8
电压电流比	Ω	99/97
功率因数		0.060/0.075±0.005
基准镇流器的其他要求应符合 GB/T 15042 和 GB 19510.10 中的规定。		

对于配用电子镇流器的灯，其光特性参数测试用的低频方波基准镇流器设计参数见下表：

串联电阻	Ω	97
其他设计参数正在考虑中。		

[a] 为参考值。

GB/T 24458-1150-1

	150 W 单端陶瓷金属卤化物灯	第 1 页

1 灯的尺寸和物理特性

玻壳类型	灯头型号	玻壳直径 A (max) mm	总长度 B (max) mm	光中心高度 C[a] mm	同轴度 (°)	工作位置限制	玻壳温度 (max) ℃	灯头温度 (max) ℃	图表编号
ED54	E27	56	144	89±3	3	任意	待定	210	0015

2 灯在额定电源电压下的启动特性

达到光通量的 90%时所需的时间	min	3(max)
灯端电压达到最小灯工作电压的 95%时所需要的时间	min	3(max)

3 额定电压下配用基准镇流器时灯的电特性

		目标值	最大值	最小值
灯端电压	V(r.m.s)	95	110	80
电流[a]	A	1.8	—	—
功率[a]	W	148	—	—

4 额定电压下配用基准镇流器时灯的光特性和寿命参数

初始光效 lm/W	相关色温[a] K	显色指数 R_a	2 000 h 光通维持率 %	平均寿命 h
85	4 200	90	80	10 000

5 基准镇流器特性

额定频率	Hz	50
额定电压	V	220
校准电流	A	1.8
电压电流比	Ω	99
功率因数		0.060± 0.005
基准镇流器的其他要求应符合 GB/T 15042 和 GB 19510.10 中的规定。		

对于配用电子镇流器的灯，其光特性参数测试用的低频方波基准镇流器设计参数见下表：

串联电阻	Ω	97
其他设计参数正在考虑中。		

[a] 为参考值。

GB/T 24458-1152-1

	150 W 单端陶瓷金属卤化物灯	第 1 页

1 灯的尺寸和物理特性

玻壳类型	灯头型号	玻壳直径 A (max) mm	总长度 B (max) mm	光中心高度 C[a] mm	同轴度 (°)	工作位置限制	玻壳温度 (max) ℃	灯头温度 (max) ℃	图表编号
T46	E40	47	211	132±5	3	任意	400	250	0010

2 灯在额定电源电压下的启动特性

达到光通量的 90%时所需的时间	min	3(max)
灯端电压达到最小灯工作电压的 95%时所需要的时间	min	3(max)

3 额定电压下配用基准镇流器时灯的电特性

		目标值	最大值	最小值
灯端电压	V(r.m.s)	95	110	80
电流[a]	A	1.8	—	—
功率[a]	W	148	—	—

4 额定电压下配用基准镇流器时灯的光特性和寿命参数

初始光效 lm/W	相关色温[a] K	显色指数 R_a	2 000 h 光通维持率 %	平均寿命 h
90	3 000	80	80	10 000

5 基准镇流器特性

额定频率	Hz	50
额定电压	V	220
校准电流	A	1.8
电压电流比	Ω	99
功率因数		0.060 ± 0.005
基准镇流器的其他要求应符合 GB/T 15042 和 GB 19510.10 中的规定。		

对于配用电子镇流器的灯,其光特性参数测试用的低频方波基准镇流器设计参数见下表:

串联电阻	Ω	97
其他设计参数正在考虑中。		

[a] 为参考值。

GB/T 24458-1154-1

	150 W 单端陶瓷金属卤化物灯	第 1 页

1 灯的尺寸和物理特性

玻壳类型	灯头型号	玻壳直径 A (max) mm	总长度 B (max) mm	光中心高度 C[a] mm	同轴度 (°)	工作位置限制	玻壳温度 (max) ℃	夹板温度 (max) ℃	图表编号
T19	G12	26	110	56±2	3	任意	待定	280[a]	0035

2 灯在额定电源电压下的启动特性

达到光通量的 90%时所需的时间	min	3(max)
灯端电压达到最小灯工作电压的 95%时所需要的时间	min	3(max)

3 额定电压下配用基准镇流器时灯的电特性

		目标值	最大值	最小值
灯端电压	V(r.m.s)	95	110	80
电流[a]	A	1.82	—	—
功率[a]	W	146	—	—

4 额定电压下配用基准镇流器时灯的光特性和寿命参数

初始光效 lm/W	相关色温[a] K	显色指数 R_a	2 000 h 光通维持率 %	平均寿命 h
90	3 000	80	80	10 000

5 基准镇流器特性

额定频率	Hz	50
额定电压	V	220
校准电流	A	1.8
电压电流比	Ω	97
功率因数		0.075 ± 0.005
基准镇流器的其他要求应符合 GB/T 15042 和 GB 19510.10 中的规定。		

对于配用电子镇流器的灯，其光特性参数测试用的低频方波基准镇流器设计参数见下表：

串联电阻	Ω	97
其他设计参数正在考虑中。		

[a] 为参考值。

GB/T 24458-1156-1

	150 W 单端陶瓷金属卤化物灯	第 1 页

1　灯的尺寸和物理特性

玻壳类型	灯头型号	玻壳直径 A (max) mm	总长度 B (max) mm	光中心高度 C[a] mm	同轴度 (°)	工作位置限制	玻壳温度 (max) ℃	夹板温度 (max) ℃	图表编号
T19	G12	26	110	56±2	3	任意	待定	280[a]	0035

2　灯在额定电源电压下的启动特性

达到光通量的 90%时所需的时间	min	3(max)
灯端电压达到最小灯工作电压的 95%时所需要的时间	min	3(max)

3　额定电压下配用基准镇流器时灯的电特性

		目标值	最大值	最小值
灯端电压	V(r.m.s)	95	110	80
电流[a]	A	1.82	—	—
功率[a]	W	146	—	—

4　额定电压下配用基准镇流器时灯的光特性和寿命参数

初始光效 lm/W	相关色温 K	显色指数 R_a	2 000 h 光通维持率 %	平均寿命 h
85	4 200	90	80	10 000

5　基准镇流器特性

额定频率	Hz	50
额定电压	V	220
校准电流	A	1.8
电压电流比	Ω	99
功率因数		0.060 ± 0.005
基准镇流器的其他要求应符合 GB/T 15042 和 GB 19510.10 中的规定。		

对于配用电子镇流器的灯，其光特性参数测试用的低频方波基准镇流器设计参数见下表：

串联电阻	Ω	97
其他设计参数正在考虑中。		

[a] 为参考值。

GB/T 24458-1158-1

	210 W 单端陶瓷金属卤化物灯	第 1 页

1 灯的尺寸和物理特性

玻壳类型	灯头型号	玻壳直径 A (max) mm	总长度 B (max) mm	光中心高度 C[a] mm	同轴度 (°)	工作位置限制	玻壳温度 (max) ℃	灯头温度 (max) ℃	图表编号
T46	E40	48	260	157±5	3	任意	450	250	0010

2 灯在额定电源电压下的启动特性

达到光通量的 90%时所需的时间	min	3(max)
灯端电压达到最小灯工作电压的 95%时所需要的时间	min	3(max)

3 额定电压下配用基准镇流器时灯的电特性

		目标值	最大值	最小值
灯端电压	V(r.m.s)	100	115	90
电流[a]	A	2.1	—	—
功率[a]	W	210	—	—

4 额定电压下配用基准镇流器时灯的光特性和寿命参数

初始光效 lm/W	相关色温[a] K	显色指数 R_a	2 000 h 光通维持率 %	平均寿命 h
105	3 000	80	80	20 000

5 基准镇流器特性

额定频率	Hz	50
额定电压	V	220
校准电流	A	2.1
电压电流比	Ω	待定
功率因数		0.060 ± 0.005
基准镇流器的其他要求应符合 GB/T 15042 和 GB 19510.10 中的规定。		

对于配用电子镇流器的灯，其光特性参数测试用的低频方波基准镇流器设计参数见下表：

串联电阻	Ω	97
其他设计参数正在考虑中。		

[a] 为参考值。

GB/T 24458-1206-1

	210 W 单端陶瓷金属卤化物灯	第 1 页

1　灯的尺寸和物理特性

玻壳类型	灯头型号	玻壳直径 A (max) mm	总长度 B (max) mm	光中心高度 C[a] mm	同轴度 (°)	工作位置限制	玻壳温度 (max) ℃	灯头温度 (max) ℃	图表编号
T46	E40	48	260	157±5	3	任意	450	250	6010

2　灯在额定电源电压下的启动特性

达到光通量的 90%时所需的时间	min	3(max)
灯端电压达到最小灯工作电压的 95%时所需要的时间	min	3(max)

3　额定电压下配用基准镇流器时灯的电特性

		目标值	最大值	最小值
灯端电压	V(r.m.s)	100	115	90
电流[a]	A	2.1	—	—
功率[a]	W	210	—	—

4　额定电压下配用基准镇流器时灯的光特性和寿命参数

初始光效 lm/W	相关色温[a] K	显色指数 R_a	2 000 h 光通维持率 %	平均寿命 h
100	4 200	85	80	20 000

5　基准镇流器特性

额定频率	Hz	50
额定电压	V	220
校准电流	A	2.1
电压电流比	Ω	待定
功率因数		0.060 ± 0.005
基准镇流器的其他要求应符合 GB/T 15042 和 GB 19510.10 中的规定。		

对于配用电子镇流器的灯，其光特性参数测试用的低频方波基准镇流器设计参数见下表：

串联电阻	Ω	97
其他设计参数正在考虑中。		

[a] 为参考值。

GB/T 24458-1208-1

	210 W 单端陶瓷金属卤化物灯	第 1 页

1 灯的尺寸和物理特性

玻壳类型	灯头型号	玻壳直径 A (max) mm	总长度 B (max) mm	光中心高度 C[a] mm	同轴度 (°)	工作位置限制	玻壳温度 (max) ℃	灯头温度 (max) ℃	图表编号
T36 防爆	PGZX18	38	193	90±2	3	任意	550	250	0045

2 灯在额定电源电压下的启动特性

达到光通量的 90%时所需的时间	min	3(max)
灯端电压达到最小灯工作电压的 95%时所需要的时间	min	3(max)

3 额定电压下配用基准镇流器时灯的电特性

		目标值	最大值	最小值
灯端电压	V(r.m.s)	100	115	90
电流[a]	A	2.1	—	—
功率[a]	W	210	—	—

4 额定电压下配用基准镇流器时灯的光特性和寿命参数

初始光效 lm/W	相关色温[a] K	显色指数 R_a	2 000 h 光通维持率 %	平均寿命 h
85	3 000	90	80	10 000

5 基准镇流器特性

额定频率	Hz	50
额定电压	V	220
校准电流	A	2.1[a]
电压电流比	Ω	待定
功率因数		0.060 ± 0.005
基准镇流器的其他要求应符合 GB/T 15042 和 GB 19510.10 中的规定。		

对于配用电子镇流器的灯，其光特性参数测试用的低频方波基准镇流器设计参数见下表：

串联电阻	Ω	68[a]
其他设计参数正在考虑中。		

[a] 为参考值。

GB/T 24458-1210-1

	210 W 单端陶瓷金属卤化物灯	第 1 页

1　灯的尺寸和物理特性

玻壳类型	灯头型号	玻壳直径 A (max) mm	总长度 B (max) mm	光中心高度 C[a] mm	同轴度 (°)	工作位置限制	玻壳温度 (max) ℃	灯头温度 (max) ℃	图表编号
T36 防爆	PGZX18	38	193	90±2	3	任意	550	250	0045

2　灯在额定电源电压下的启动特性

达到光通量的 90%时所需的时间	min	3(max)
灯端电压达到最小灯工作电压的 95%时所需要的时间	min	3(max)

3　额定电压下配用基准镇流器时灯的电特性

		目标值	最大值	最小值
灯端电压	V(r.m.s)	100	115	90
电流[a]	A	2.1	—	—
功率[a]	W	210	—	—

4　额定电压下配用基准镇流器时灯的光特性和寿命参数

初始光效 lm/W	相关色温[a] K	显色指数 R_a	2 000 h 光通维持率 %	平均寿命 h
85	4 200	90	80	10 000

5　基准镇流器特性

额定频率	Hz	50
额定电压	V	220
校准电流	A	2.1[a]
电压电流比	Ω	待定
功率因数		0.060 ± 0.005
基准镇流器的其他要求应符合 GB/T 15042 和 GB 19510.10 中的规定。		

对于配用电子镇流器的灯，其光特性参数测试用的低频方波基准镇流器设计参数见下表：

串联电阻	Ω	68[a]
其他设计参数正在考虑中。		

[a] 为参考值。

GB/T 24458-1212-1

	210 W 单端陶瓷金属卤化物灯	第 1 页

1 灯的尺寸和物理特性

玻壳类型	灯头型号	玻壳直径 A (max) mm	总长度 B (max) mm	光中心高度 C[a] mm	同轴度 (°)	工作位置限制	玻壳温度 (max) ℃	灯头温度 (max) ℃	图表编号
T28	PGZ18	28.5	188	90±2	3	任意	700	250	0045

2 灯在额定电源电压下的启动特性

达到光通量的 90%时所需的时间	min	3(max)
灯端电压达到最小灯工作电压的 95%时所需要的时间	min	3(max)

3 额定电压下配用基准镇流器时灯的电特性

		目标值	最大值	最小值
灯端电压	V(r.m.s)	100	115	90
电流[a]	A	2.1	—	—
功率[a]	W	210	—	—

4 额定电压下配用基准镇流器时灯的光特性和寿命参数

初始光效 lm/W	相关色温[a] K	显色指数 R_a	2 000 h 光通维持率 %	平均寿命 h
85	3 000	90	80	10 000

5 基准镇流器特性

额定频率	Hz	50
额定电压	V	220
校准电流	A	2.1[a]
电压电流比	Ω	待定
功率因数		0.060 ± 0.005
基准镇流器的其他要求应符合 GB/T 15042 和 GB 19510.10 中的规定。		

对于配用电子镇流器的灯，其光特性参数测试用的低频方波基准镇流器设计参数见下表：

串联电阻	Ω	68[a]
其他设计参数正在考虑中。		

[a] 为参考值。

GB/T 24458-1216-1

	210 W 单端陶瓷金属卤化物灯	第 1 页

1 灯的尺寸和物理特性

玻壳类型	灯头型号	玻壳直径 A (max) mm	总长度 B (max) mm	光中心高度 C[a] mm	同轴度 (°)	工作位置限制	玻壳温度 (max) ℃	灯头温度 (max) ℃	图表编号
T28	PGZ18	28.5	188	90±2	3	任意	700	250	0045

2 灯在额定电源电压下的启动特性

达到光通量的 90%时所需的时间	min	3(max)
灯端电压达到最小灯工作电压的 95%时所需要的时间	min	3(max)

3 额定电压下配用基准镇流器时灯的电特性

		目标值	最大值	最小值
灯端电压	V(r.m.s)	100	115	90
电流[a]	A	2.1	—	—
功率[a]	W	210	—	—

4 额定电压下配用基准镇流器时灯的光特性和寿命参数

初始光效 lm/W	相关色温[a] K	显色指数 R_a	2 000 h 光通维持率 %	平均寿命 h
85	4 200	90	80	10 000

5 基准镇流器特性

额定频率	Hz	50
额定电压	V	220
校准电流	A	2.1
电压电流比	Ω	待定
功率因数		0.060 ± 0.005
基准镇流器的其他要求应符合 GB/T 15042 和 GB 19510.10 中的规定。		

对于配用电子镇流器的灯，其光特性参数测试用的低频方波基准镇流器设计参数见下表：

串联电阻	Ω	68[a]
其他设计参数正在考虑中。		

[a] 为参考值。

GB/T 24458-1218-1

	250 W 单端陶瓷金属卤化物灯	第 1 页

1 灯的尺寸和物理特性

玻壳类型	灯头型号	玻壳直径 A (max) mm	总长度 B (max) mm	光中心高度 C[a] mm	同轴度 (°)	工作位置限制	玻壳温度 (max) ℃	灯头温度 (max) ℃	图表编号
ED90	E40	91	228	130±5	—	任意	400	250	0015

2 灯在额定电源电压下的启动特性

达到光通量的 90%时所需的时间	min	6(max)
灯端电压达到最小灯工作电压的 95%时所需要的时间	min	6(max)

3 额定电压下配用基准镇流器时灯的电特性

		目标值	最大值	最小值
灯端电压	V(r.m.s)	100	115	85
电流[a]	A	3.0	—	—
功率[a]	W	250	—	—

4 额定电压下配用基准镇流器时灯的光特性和寿命参数

初始光效 lm/W	相关色温[a] K	显色指数 R_a	2 000 h 光通维持率 %	平均寿命 h
83	4 200	85	85	12 000

5 基准镇流器特性

额定频率	Hz	50
额定电压	V	220
校准电流	A	3.0
电压电流比	Ω	60
功率因数		0.060 ± 0.005
基准镇流器的其他要求应符合 GB/T 15042 和 GB 19510.10 中的规定。		

[a] 为参考值。

GB/T 24458-1250-1

	250 W 单端陶瓷金属卤化物灯	第 1 页

1 灯的尺寸和物理特性

玻壳类型	灯头型号	玻壳直径 *A* (max) mm	总长度 *B* (max) mm	光中心高度 *C*[a] mm	同轴度 (°)	工作位置限制	玻壳温度 (max) ℃	灯头温度 (max) ℃	图表编号
T46	E40	48	260	158±5	3	任意	500	250	0010

2 灯在额定电源电压下的启动特性

达到光通量的 90%时所需的时间	min	6(max)
灯端电压达到最小灯工作电压的 95%时所需要的时间	min	6(max)

3 额定电压下配用基准镇流器时灯的电特性

		目标值	最大值	最小值
灯端电压	V(r.m.s)	100	115	85
电流[a]	A	3.0	—	—
功率[a]	W	250	—	—

4 额定电压下配用基准镇流器时灯的光特性和寿命参数

初始光效 lm/W	相关色温[a] K	显色指数 R_a	2 000 h 光通维持率 %	平均寿命 h
98	3 000	85	85	12 000

5 基准镇流器特性

额定频率	Hz	50
额定电压	V	220
校准电流	A	3.0
电压电流比	Ω	60
功率因数		0.060 ± 0.005
基准镇流器的其他要求应符合 GB/T 15042 和 GB 19510.10 中的规定。		

[a] 为参考值。

GB/T 24458-1252-1

	250 W 单端陶瓷金属卤化物灯	第 1 页

1　灯的尺寸和物理特性

玻壳类型	灯头型号	玻壳直径 A (max) mm	总长度 B (max) mm	光中心高度 C[a] mm	同轴度 (°)	工作位置限制	玻壳温度 (max) ℃	灯头温度 (max) ℃	图表编号
T46	E40	48	260	158±5	3	任意	500	250	0010

2　灯在额定电源电压下的启动特性

达到光通量的 90%时所需的时间	min	6(max)
灯端电压达到最小灯工作电压的 95%时所需要的时间	min	6(max)

3　额定电压下配用基准镇流器时灯的电特性

		目标值	最大值	最小值
灯端电压	V(r.m.s)	100	115	85
电流[a]	A	3.0	—	—
功率[a]	W	250	—	—

4　额定电压下配用基准镇流器时灯的光特性和寿命参数

初始光效 lm/W	相关色温[a] K	显色指数 R_a	2 000 h 光通维持率 %	平均寿命 h
83	4 200	85	85	12 000

5　基准镇流器特性

额定频率	Hz	50
额定电压	V	220
校准电流	A	3.0
电压电流比	Ω	60
功率因数		0.060 ± 0.005
基准镇流器的其他要求应符合 GB/T 15042 和 GB 19510.10 中的规定。		

[a] 为参考值。

GB/T 24458-1254-1

	315 W 单端陶瓷金属卤化物灯	第 1 页

1 灯的尺寸和物理特性

玻壳类型	灯头型号	玻壳直径 A (max) mm	总长度 B (max) mm	光中心高度 C[a] mm	同轴度 (°)	工作位置限制	玻壳温度 (max) ℃	灯头温度 (max) ℃	图表编号
T36 防爆	PGZX18	38	93	90±2	3	任意	550	250	0045

2 灯在额定电源电压下的启动特性

达到光通量的 90%时所需的时间	min	3(max)
灯端电压达到最小灯工作电压的 95%时所需要的时间	min	6(max)

3 额定电压下配用基准镇流器时灯的电特性

		目标值	最大值	最小值
灯端电压	V(r.m.s)	100	115	90
电流[a]	A	3.15	—	—
功率[a]	W	315	—	—

4 额定电压下配用基准镇流器时灯的光特性和寿命参数

初始光效 lm/W	相关色温[a] K	显色指数 R_a	2 000 h 光通维持率 %	平均寿命 h
98	3 000	90	85	12 000

5 基准镇流器特性

额定频率	Hz	50
额定电压	V	220
校准电流	A	3.15[a]
电压电流比	Ω	待定
功率因数		0.060 ± 0.005
基准镇流器的其他要求应符合 GB/T 15042 和 GB 19510.10 中的规定。		

对于配用电子镇流器的灯，其光特性参数测试用的低频方波基准镇流器设计参数见下表：

串联电阻	Ω	47[a]
其他设计参数正在考虑中。		

[a] 为参考值。

GB/T 24458-1315-1

	315 W 单端陶瓷金属卤化物灯	第 1 页

1 灯的尺寸和物理特性

玻壳类型	灯头型号	玻壳直径 A (max) mm	总长度 B (max) mm	光中心高度 C[a] mm	同轴度 (°)	工作位置限制	玻壳温度 (max) ℃	灯头温度 (max) ℃	图表编号
T36 防爆	PGZX18	38	93	90±2	3	任意	550	250	0045

2 灯在额定电源电压下的启动特性

达到光通量的 90%时所需的时间	min	3(max)
灯端电压达到最小灯工作电压的 95%时所需要的时间	min	6(max)

3 额定电压下配用基准镇流器时灯的电特性

		目标值	最大值	最小值
灯端电压	V(r.m.s)	100	115	90
电流[a]	A	3.15	—	—
功率[a]	W	315	—	—

4 额定电压下配用基准镇流器时灯的光特性和寿命参数

初始光效 lm/W	相关色温[a] K	显色指数 R_a	2 000 h 光通维持率 %	平均寿命 h
83	4 200	90	85	12 000

5 基准镇流器特性

额定频率	Hz	50
额定电压	V	220
校准电流	A	3.15[a]
电压电流比	Ω	待定
功率因数		0.060 ± 0.005
基准镇流器的其他要求应符合 GB/T 15042 和 GB 19510.10 中的规定。		

对于配用电子镇流器的灯，其光特性参数测试用的低频方波基准镇流器设计参数见下表：

串联电阻	Ω	47[a]
其他设计参数正在考虑中。		

[a] 为参考值。

GB/T 24458-1317-1

	315 W 单端陶瓷金属卤化物灯	第 1 页

1 灯的尺寸和物理特性

玻壳类型	灯头型号	玻壳直径 *A* (max) mm	总长度 *B* (max) mm	光中心高度 C^a mm	同轴度 (°)	工作位置限制	玻壳温度 (max) ℃	灯头温度 (max) ℃	图表编号
T28	PGZ18	28.5	188	90±2	3	任意	700	250	0045

2 灯在额定电源电压下的启动特性

达到光通量的 90%时所需的时间	min	3(max)
灯端电压达到最小灯工作电压的 95%时所需要的时间	min	6(max)

3 额定电压下配用基准镇流器时灯的电特性

		目标值	最大值	最小值
灯端电压	V(r.m.s)	100	115	90
电流[a]	A	3.15	—	—
功率[a]	W	315	—	—

4 额定电压下配用基准镇流器时灯的光特性和寿命参数

初始光效 lm/W	相关色温[a] K	显色指数 R_a	2 000 h 光通维持率 %	平均寿命 h
83	3 000	90	85	12 000

5 基准镇流器特性

额定频率	Hz	50
额定电压	V	220
校准电流	A	3.15[a]
电压电流比	Ω	待定
功率因数		0.060 ± 0.005
基准镇流器的其他要求应符合 GB/T 15042 和 GB 19510.10 中的规定。		

对于配用电子镇流器的灯，其光特性参数测试用的低频方波基准镇流器设计参数见下表：

串联电阻	Ω	47[a]
其他设计参数正在考虑中。		

[a] 为参考值。

GB/T 24458-1319-1

	315 W 单端陶瓷金属卤化物灯	第 1 页

1 灯的尺寸和物理特性

玻壳类型	灯头型号	玻壳直径 A (max) mm	总长度 B (max) mm	光中心高度 C[a] mm	同轴度 (°)	工作位置限制	玻壳温度 (max) ℃	灯头温度 (max) ℃	图表编号
T28	PGZ18	28.5	188	90±2	3	任意	700	250	0045

2 灯在额定电源电压下的启动特性

达到光通量的 90%时所需的时间	min	6(max)
灯端电压达到最小灯工作电压的 95%时所需要的时间	min	6(max)

3 额定电压下配用基准镇流器时灯的电特性

		目标值	最大值	最小值
灯端电压	V(r.m.s)	100	115	90
电流[a]	A	3.15	—	—
功率[a]	W	315	—	—

4 额定电压下配用基准镇流器时灯的光特性和寿命参数

初始光效 lm/W	相关色温[a] K	显色指数 R_a	2 000 h 光通维持率 %	平均寿命 h
83	4 200	90	85	12 000

5 基准镇流器特性

额定频率	Hz	50
额定电压	V	220
校准电流	A	3.15[a]
电压电流比	Ω	待定
功率因数		0.060 ± 0.005
基准镇流器的其他要求应符合 GB/T 15042 和 GB 19510.10 中的规定。		

对于配用电子镇流器的灯,其光特性参数测试用的低频方波基准镇流器设计参数见下表:

串联电阻	Ω	47[a]
其他设计参数正在考虑中。		

[a] 为参考值。

GB/T 24458-1321-1

	400 W 单端陶瓷金属卤化物灯	第 1 页

1 灯的尺寸和物理特性

玻壳类型	灯头型号	玻壳直径 A (max) mm	总长度 B (max) mm	光中心高度 C[a] mm	同轴度 (°)	工作位置限制	玻壳温度 (max) ℃	灯头温度 (max) ℃	图表编号
ED90	E40	91	228	130±5	3	任意	500	250	0015

2 灯在额定电源电压下的启动特性

达到光通量的 90%时所需的时间	min	6(max)
灯端电压达到最小灯工作电压的 95%时所需要的时间	min	6(max)

3 额定电压下配用基准镇流器时灯的电特性

		目标值	最大值	最小值
灯端电压	V(r.m.s)	100	115	85
电流[a]	A	4.6	—	—
功率[a]	W	400	—	—

4 额定电压下配用基准镇流器时灯的光特性和寿命参数

初始光效 lm/W	相关色温[a] K	显色指数 R_a	2 000 h 光通维持率 %	平均寿命 h
90	4 200	85	85	12 000

5 基准镇流器特性

额定频率	Hz	50
额定电压	V	220
校准电流	A	4.6
电压电流比	Ω	39
功率因数		0.060 ± 0.005
基准镇流器的其他要求应符合 GB/T 15042 和 GB 19510.10 中的规定。		

[a] 为参考值。

GB/T 24458-1400-1

	400 W 单端陶瓷金属卤化物灯	第 1 页

1 灯的尺寸和物理特性

玻壳类型	灯头型号	玻壳直径 A (max) mm	总长度 B (max) mm	光中心高度 C[a] mm	同轴度 (°)	工作位置限制	玻壳温度 (max) ℃	灯头温度 (max) ℃	图表编号
ED120	E40	122	292	180±6	3	任意	400	250	0015

2 灯在额定电源电压下的启动特性

达到光通量的 90%时所需的时间	min	6(max)
灯端电压达到最小灯工作电压的 95%时所需要的时间	min	6(max)

3 额定电压下配用基准镇流器时灯的电特性

		目标值	最大值	最小值
灯端电压	V(r.m.s)	100	115	85
电流[a]	A	4.6	—	—
功率[a]	W	400	—	—

4 额定电压下配用基准镇流器时灯的光特性和寿命参数

初始光效 lm/W	相关色温[a] K	显色指数 R_a	2 000 h 光通维持率 %	平均寿命 h
90	4 200	85	85	12 000

5 基准镇流器特性

额定频率	Hz	50
额定电压	V	220
校准电流	A	4.6
电压电流比	Ω	39
功率因数		0.060 ± 0.005
基准镇流器的其他要求应符合 GB/T 15042 和 GB 19510.10 中的规定。		

[a] 为参考值。

GB/T 24458-1402-1

	400 W 单端陶瓷金属卤化物灯	第 1 页

1　灯的尺寸和物理特性

玻壳类型	灯头型号	玻壳直径 A (max) mm	总长度 B (max) mm	光中心高度 C[a] mm	同轴度 (°)	工作位置限制	玻壳温度 (max) ℃	灯头温度 (max) ℃	图表编号
T46	E40	48	292	175±5	3	任意	500	250	0010

2　灯在额定电源电压下的启动特性

达到光通量的 90%时所需的时间	min	6(max)
灯端电压达到最小灯工作电压的 95%时所需要的时间	min	6(max)

3　额定电压下配用基准镇流器时灯的电特性

		目标值	最大值	最小值
灯端电压	V(r.m.s)	95	110	80
电流[a]	A	4.6	—	—
功率[a]	W	385	—	—

4　额定电压下配用基准镇流器时灯的光特性和寿命参数

初始光效 lm/W	相关色温[a] K	显色指数 R_a	2 000 h 光通维持率 %	平均寿命 h
90	3 000	80	85	12 000

5　基准镇流器特性

额定频率	Hz	50
额定电压	V	220
校准电流	A	4.6
电压电流比	Ω	39
功率因数		0.060 ± 0.005
基准镇流器的其他要求应符合 GB/T 15042 和 GB 19510.10 中的规定。		

[a] 为参考值。

GB/T 24458-1404-1

	400 W 单端陶瓷金属卤化物灯	第 1 页

1 灯的尺寸和物理特性

玻壳类型	灯头型号	玻壳直径 A (max) mm	总长度 B (max) mm	光中心高度 C[a] mm	同轴度 (°)	工作位置限制	玻壳温度 (max) ℃	灯头温度 (max) ℃	图表编号
T46	E40	48	292	175±5	3	任意	500	250	0010

2 灯在额定电源电压下的启动特性

达到光通量的 90%时所需的时间	min	6(max)
灯端电压达到最小灯工作电压的 95%时所需要的时间	min	6(max)

3 额定电压下配用基准镇流器时灯的电特性

		目标值	最大值	最小值
灯端电压	V(r.m.s)	95	110	80
电流[a]	A	4.6	—	—
功率[a]	W	250	—	—

4 额定电压下配用基准镇流器时灯的光特性和寿命参数

初始光效 lm/W	相关色温[a] K	显色指数 R_a	2 000 h 光通维持率 %	平均寿命 h
90	4 200	85	85	12 000

5 基准镇流器特性

额定频率	Hz	50
额定电压	V	220
校准电流	A	4.6
电压电流比	Ω	39
功率因数		0.060 ± 0.005
基准镇流器的其他要求应符合 GB/T 15042 和 GB 19510.10 中的规定。		

[a] 为参考值。

GB/T 24458-1406-1

	20 W 反射型单端陶瓷金属卤化物灯	第 1 页

1　灯的尺寸和物理特性

玻壳类型	灯头型号	玻壳直径 D (max) mm	总长度 L (max) mm	光中心高度 C[a] mm	同轴度 (°)	工作位置限制	玻壳温度 (max) ℃	灯头温度 (max) ℃	图表编号
PAR20	E27	65	96	—	3	任意	300	210	①210

2　灯在额定电源电压下的启动特性

达到光通量的 90%时所需的时间	min	3(max)
灯端电压达到最小灯工作电压的 90%时所需要的时间	min	3(max)

3　额定电压下配用基准镇流器时灯的电特性

		目标值	最大值	最小值
灯端电压	V(r.m.s)	95	110	75
电流[a]	A	0.21	—	—
功率[a]	W	20	—	—

4　额定电压下配用基准镇流器时灯的光特性和寿命参数

初始光效 lm/W	相关色温[a] K	显色指数 R_a	2 000 h 光通维持率 %	平均寿命 h
—	3 000	80	—	8 000

5　基准镇流器特性

对于配用电子镇流器的灯，其光特性参数测试用的低频方波基准镇流器设计参数见下表：

串联电阻	Ω	680
其他设计参数正在考虑中。		

[a] 为参考值。

GB/T 24458-2015-1

	35 W 反射型单端陶瓷金属卤化物灯	第 1 页

1 灯的尺寸和物理特性

玻壳类型	灯头型号	玻壳直径 D (max) mm	总长度 L (max) mm	光中心高度 C[a] mm	同轴度 (°)	工作位置限制	玻壳温度 (max) ℃	灯头温度 (max) ℃	图表编号
PAR20	E27	65	96	—	3	任意	300	210	0210

2 灯在额定电源电压下的启动特性

达到光通量的 90%时所需的时间	min	3(max)
灯端电压达到最小灯工作电压的 90%时所需要的时间	min	3(max)

3 额定电压下配用基准镇流器时灯的电特性

		目标值	最大值	最小值
灯端电压	V(r.m.s)	90	105	80
电流[a]	A	0.53	—	—
功率[a]	W	39	—	—

4 额定电压下配用基准镇流器时灯的光特性和寿命参数

初始光效 lm/W	相关色温[a] K	显色指数 R_a	2 000 h 光通维持率 %	平均寿命 h
—	3 000	80	—	8 000

5 基准镇流器特性

额定频率	Hz	50
额定电压	V	220
校准电流	A	0.53
电压电流比	Ω	350
功率因数		0.075 ± 0.005
基准镇流器的其他要求应符合 GB/T 15042 和 GB 19510.10 中的规定。		

对于配用电子镇流器的灯，其光特性参数测试用的低频方波基准镇流器设计参数见下表：

串联电阻	Ω	340
其他设计参数正在考虑中。		

[a] 为参考值。

GB/T 24458-2035-1

	35 W 反射型单端陶瓷金属卤化物灯	第 1 页

1 灯的尺寸和物理特性

玻壳类型	灯头型号	玻壳直径 D (max) mm	总长度 L (max) mm	光中心高度 C[a] mm	同轴度 (°)	工作位置限制	玻壳温度 (max) ℃	灯头温度 (max) ℃	图表编号
PAR30	E27	95	125	—	3	任意	300	210	C210

2 灯在额定电源电压下的启动特性

达到光通量的 90%时所需的时间	min	3(max)
灯端电压达到最小灯工作电压的 90%时所需要的时间	min	3(max)

3 额定电压下配用基准镇流器时灯的电特性

		目标值	最大值	最小值
灯端电压	V(r.m.s)	90	105	80
电流[a]	A	0.53	—	—
功率[a]	W	39	—	—

4 额定电压下配用基准镇流器时灯的光特性和寿命参数

初始光效 lm/W	相关色温[a] K	显色指数 R_a	2 000 h 光通维持率 %	平均寿命 h
—	3 000	80	—	8 000

5 基准镇流器特性

额定频率	Hz	50
额定电压	V	220
校准电流	A	0.53
电压电流比	Ω	350
功率因数		0.075 ± 0.005
基准镇流器的其他要求应符合 GB/T 15042 和 GB 19510.10 中的规定。		

对于配用电子镇流器的灯，其光特性参数测试用的低频方波基准镇流器设计参数见下表：

串联电阻	Ω	340
其他设计参数正在考虑中。		

[a] 为参考值。

GB/T 24458-2037-1

	35 W 反射型单端陶瓷金属卤化物灯	第 1 页

1　灯的尺寸和物理特性

玻壳类型	灯头型号	玻壳直径 D (max) mm	总长度 L (max) mm	光中心高度 C[a] mm	同轴度 (°)	工作位置限制	玻壳温度 (max) ℃	灯头温度 (max) ℃	图表编号
PAR20	E27	65	96	—	3	任意	300	210	0210

2　灯在额定电源电压下的启动特性

达到光通量的 90%时所需的时间	min	3(max)
灯端电压达到最小灯工作电压的 90%时所需要的时间	min	3(max)

3　额定电压下配用基准镇流器时灯的电特性

		目标值	最大值	最小值
灯端电压	V(r.m.s)	90	105	80
电流[a]	A	0.53	—	—
功率[a]	W	39	—	—

4　额定电压下配用基准镇流器时灯的光特性和寿命参数

初始光效 lm/W	相关色温[a] K	显色指数 R_a	2 000 h 光通维持率 %	平均寿命 h
—	4 200	85	—	8 000

5　基准镇流器特性

额定频率	Hz	50
额定电压	V	220
校准电流	A	0.53
电压电流比	Ω	350
功率因数		0.075 ± 0.005
基准镇流器的其他要求应符合 GB/T 15042 和 GB 19510.10 中的规定。		

对于配用电子镇流器的灯，其光特性参数测试用的低频方波基准镇流器设计参数见下表：

串联电阻	Ω	340
其他设计参数正在考虑中。		

[a] 为参考值。

GB/T 24458-2039-1

	35 W 反射型单端陶瓷金属卤化物灯	第 1 页

1 灯的尺寸和物理特性

玻壳类型	灯头型号	玻壳直径 D (max) mm	总长度 L (max) mm	光中心高度 C[a] mm	同轴度 (°)	工作位置限制	玻壳温度 (max) ℃	灯头温度 (max) ℃	图表编号
PAR30	E27	97	125	—	3	任意	300	210	0210

2 灯在额定电源电压下的启动特性

达到光通量的 90%时所需的时间	min	3(max)
灯端电压达到最小灯工作电压的 90%时所需要的时间	min	3(max)

3 额定电压下配用基准镇流器时灯的电特性

		目标值	最大值	最小值
灯端电压	V(r.m.s)	90	105	80
电流[a]	A	0.53	—	—
功率[a]	W	39	—	—

4 额定电压下配用基准镇流器时灯的光特性和寿命参数

初始光效 lm/W	相关色温[a] K	显色指数 R_a	2 000 h 光通维持率 %	平均寿命 h
—	4 200	85	—	8 000

5 基准镇流器特性

额定频率	Hz	50
额定电压	V	220
校准电流	A	0.53
电压电流比	Ω	350
功率因数		0.075 ± 0.005
基准镇流器的其他要求应符合 GB/T 15042 和 GB 19510.10 中的规定。		

对于配用电子镇流器的灯，其光特性参数测试用的低频方波基准镇流器设计参数见下表：

串联电阻	Ω	340
其他设计参数正在考虑中。		

[a] 为参考值。

GB/T 24458-2040-1

	35 W 反射型单端陶瓷金属卤化物灯	第 1 页

1　灯的尺寸和物理特性

玻壳类型	灯头型号	玻壳直径 D (max) mm	总长度 L (max) mm	光中心高度 C[a] mm	同轴度 (°)	工作位置限制	玻壳温度 (max) ℃	灯头温度 (max) ℃	图表编号
R111	GX8.5	113	88	—	3	任意	300	210	0215

2　灯在额定电源电压下的启动特性

达到光通量的 90%时所需的时间	min	3(max)
灯端电压达到最小灯工作电压的 90%时所需要的时间	min	3(max)

3　额定电压下配用基准镇流器时灯的电特性

		目标值	最大值	最小值
灯端电压	V(r.m.s)	90	105	80
电流[a]	A	0.53	—	—
功率[a]	W	39	—	—

4　额定电压下配用基准镇流器时灯的光特性和寿命参数

初始光效 lm/W	相关色温[a] K	显色指数 R_a	2 000 h 光通维持率 %	平均寿命 h
—	3 000	80	—	8 000

5　基准镇流器特性

额定频率	Hz	50
额定电压	V	220
校准电流	A	0.53
电压电流比	Ω	350
功率因数		0.075 ± 0.005
基准镇流器的其他要求应符合 GB/T 15042 和 GB 19510.10 中的规定。		

对于配用电子镇流器的灯，其光特性参数测试用的低频方波基准镇流器设计参数见下表：

串联电阻	Ω	340
其他设计参数正在考虑中。		

[a] 为参考值。

GB/T 24458-2041-1

	35 W 反射型单端陶瓷金属卤化物灯	第 1 页

1 灯的尺寸和物理特性

玻壳类型	灯头型号	玻壳直径 D (max) mm	总长度 L (max) mm	光中心高度 C[a] mm	同轴度 (°)	工作位置限制	玻壳温度 (max) ℃	灯头温度 (max) ℃	图表编号
R111	GX8.5	113	88	—	3	任意	300	210	0215

2 灯在额定电源电压下的启动特性

达到光通量的 90%时所需的时间	min	3(max)
灯端电压达到最小灯工作电压的 90%时所需要的时间	min	3(max)

3 额定电压下配用基准镇流器时灯的电特性

		目标值	最大值	最小值
灯端电压	V(r.m.s)	90	105	80
电流[a]	A	0.53	—	—
功率[a]	W	39	—	—

4 额定电压下配用基准镇流器时灯的光特性和寿命参数

初始光效 lm/W	相关色温[a] K	显色指数 R_a	2 000 h 光通维持率 %	平均寿命 h
—	4 200	85	—	8 000

5 基准镇流器特性

额定频率	Hz	50
额定电压	V	220
校准电流	A	0.53
电压电流比	Ω	350
功率因数		0.075 ± 0.005
基准镇流器的其他要求应符合 GB/T 15042 和 GB 19510.10 中的规定。		

对于配用电子镇流器的灯，其测试用的低频方波基准镇流器设计参数见下表：

串联电阻	Ω	340
其他设计参数正在考虑中。		

[a] 为参考值。

GB/T 24458-2043-1

	70 W 反射型单端陶瓷金属卤化物灯	第 1 页

1 灯的尺寸和物理特性

玻壳类型	灯头型号	玻壳直径 D (max) mm	总长度 L (max) mm	光中心高度 C[a] mm	同轴度 (°)	工作位置限制	玻壳温度 (max) ℃	灯头温度 (max) ℃	图表编号
PAR30	E27	97	125	—	3	任意	300	210	0210

2 灯在额定电源电压下的启动特性

达到光通量的 90%时所需的时间	min	3(max)
灯端电压达到最小灯工作电压的 95%时所需要的时间	min	3(max)

3 额定电压下配用基准镇流器时灯的电特性

		目标值	最大值	最小值
灯端电压	V(r.m.s)	90	105	80
电流[a]	A	0.98	—	—
功率[a]	W	72	—	—

4 额定电压下配用基准镇流器时灯的光特性和寿命参数

初始光效 lm/W	相关色温[a] K	显色指数 R_a	2 000 h 光通维持率 %	平均寿命 h
—	3 000	80	—	8 000

5 基准镇流器特性

额定频率	Hz	50
额定电压	V	220
校准电流	A	0.98
电压电流比	Ω	188
功率因数		0.075 ± 0.005
基准镇流器的其他要求应符合 GB/T 15042 和 GB 19510.10 中的规定。		

对于配用电子镇流器的灯，其测试用的低频方波基准镇流器设计参数见下表：

串联电阻	Ω	170
其他设计参数正在考虑中。		

[a] 为参考值。

	70 W 反射型单端陶瓷金属卤化物灯	第 1 页

1 灯的尺寸和物理特性

玻壳类型	灯头型号	玻壳直径 D (max) mm	总长度 L (max) mm	光中心高度 C[a] mm	同轴度 (°)	工作位置限制	玻壳温度 (max) ℃	灯头温度 (max) ℃	图表编号
PAR30	E27	97	125	—	3	任意	300	210	0210

2 灯在额定电源电压下的启动特性

达到光通量的 90%时所需的时间	min	3(max)
灯端电压达到最小灯工作电压的 95%时所需要的时间	min	3(max)

3 额定电压下配用基准镇流器时灯的电特性

		目标值	最大值	最小值
灯端电压	V(r.m.s)	90	105	80
电流[a]	A	0.98	—	—
功率[a]	W	72	—	—

4 额定电压下配用基准镇流器时灯的光特性和寿命参数

初始光效 lm/W	相关色温[a] K	显色指数 R_a	2 000 h 光通维持率 %	平均寿命 h
—	4 200	90	—	8 000

5 基准镇流器特性

额定频率	Hz	50
额定电压	V	220
校准电流	A	0.98
电压电流比	Ω	188
功率因数		0.075 ± 0.005
基准镇流器的其他要求应符合 GB/T 15042 和 GB 19510.10 中的规定。		

对于配用电子镇流器的灯，其测试用的低频方波基准镇流器设计参数见下表：

串联电阻	Ω	170
其他设计参数正在考虑中。		

[a] 为参考值。

GB/T 24458-2072-1

	70 W 反射型单端陶瓷金属卤化物灯	第 1 页

1 灯的尺寸和物理特性

玻壳类型	灯头型号	玻壳直径 D (max) mm	总长度 L (max) mm	光中心高度 C[a] mm	同轴度 (°)	工作位置限制	玻壳温度 (max) ℃	灯头温度 (max) ℃	图表编号
R111	GX8.5	111	88	—	3	任意	300	210	0215

2 灯在额定电源电压下的启动特性

达到光通量的 90%时所需的时间	min	3(max)
灯端电压达到最小灯工作电压的 95%时所需要的时间	min	3(max)

3 额定电压下配用基准镇流器时灯的电特性

		目标值	最大值	最小值
灯端电压	V(r.m.s)	90	105	80
电流[a]	A	0.98	—	—
功率[a]	W	75	—	—

4 额定电压下配用基准镇流器时灯的光特性和寿命参数

初始光效 lm/W	相关色温[a] K	显色指数 R_a	2 000 h 光通维持率 %	平均寿命 h
—	3 000	80	—	8 000

5 基准镇流器特性

额定频率	Hz	50
额定电压	V	220
校准电流	A	0.98
电压电流比	Ω	188
功率因数		0.075 ± 0.005
基准镇流器的其他要求应符合 GB/T 15042 和 GB 19510.10 中的规定。		

对于配用电子镇流器的灯，其测试用的低频方波基准镇流器设计参数见下表：

串联电阻	Ω	170
其他设计参数正在考虑中。		

[a] 为参考值。

GB/T 24458-2074-1

	70 W 反射型单端陶瓷金属卤化物灯	第 1 页

1 灯的尺寸和物理特性

玻壳类型	灯头型号	玻壳直径 D (max) mm	总长度 L (max) mm	光中心高度 C[a] mm	同轴度 (°)	工作位置限制	玻壳温度 (max) ℃	灯头温度 (max) ℃	图表编号
R111	GX8.5	111	88	—	3	任意	300	210	0215

2 灯在额定电源电压下的启动特性

达到光通量的 90%时所需的时间	min	3(max)
灯端电压达到最小灯工作电压的 95%时所需要的时间	min	3(max)

3 额定电压下配用基准镇流器时灯的电特性

		目标值	最大值	最小值
灯端电压	V(r.m.s)	90	105	80
电流[a]	A	0.98	—	—
功率[a]	W	75	—	—

4 额定电压下配用基准镇流器时灯的光特性和寿命参数

初始光效 lm/W	相关色温[a] K	显色指数 R_a	2 000 h 光通维持率 %	平均寿命 h
—	4 200	90	—	8 000

5 基准镇流器特性

额定频率	Hz	50
额定电压	V	220
校准电流	A	0.98
电压电流比	Ω	188
功率因数		0.075 ± 0.005
基准镇流器的其他要求应符合 GB/T 15042 和 GB 19510.10 中的规定。		

对于配用电子镇流器的灯，其测试用的低频方波基准镇流器设计参数见下表：

串联电阻	Ω	170
其他设计参数正在考虑中。		

[a] 为参考值。

GB/T 24458-2076-1

	70 W 双端陶瓷金属卤化物灯	第 1 页

1 灯的尺寸和物理特性

玻壳类型	灯头型号	玻壳直径 A (max) mm	灯头至触点长度 (max) mm	触点间距 Z mm	管体长度 T[a] (max) mm	工作位置限制	玻壳温度 (max) ℃	夹板温度 (max) ℃	图表编号
T20	R7s RX7s	22	117.6	114.2±1.6	73	水平 ±45°	待定	280[a]	0110

2 灯在额定电源电压下的启动特性

达到光通量的 90%时所需的时间	min	4(max)
灯端电压达到最小灯工作电压的 95%时所需要的时间	min	5(max)

3 额定电压下配用基准镇流器时灯的电特性

		目标值	最大值	最小值
灯端电压	V(r.m.s)	90	105	80
电流[a]	A	0.98	—	—
功率[a]	W	75	—	—

4 额定电压下配用基准镇流器时灯的光特性和寿命参数

初始光效 lm/W	相关色温[a] K	显色指数 R_a	2 000 h 光通维持率 %	平均寿命 h
82	3 000	80	80	10 000

5 基准镇流器特性

额定频率	Hz	50
额定电压	V	220
校准电流	A	0.98
电压电流比	Ω	188
功率因数		0.075 ± 0.005
基准镇流器的其他要求应符合 GB/T 15042 和 GB 19510.10 中的规定。		

[a] 为参考值。

GB/T 24458-3070-1

	70 W 双端陶瓷金属卤化物灯	第 1 页

1 灯的尺寸和物理特性

玻壳类型	灯头型号	玻壳直径 A (max) mm	灯头至触点长度 (max) mm	触点间距 Z mm	管体长度 T[a] (max) mm	工作位置限制	玻壳温度 (max) ℃	夹板温度 (max) ℃	图表编号
T20	R7s RX7s	22	117.6	114.2±1.6	73	水平 ±45°	待定	280[a]	0110

2 灯在额定电源电压下的启动特性

达到光通量的 90%时所需的时间	min	4(max)
灯端电压达到最小灯工作电压的 95%时所需要的时间	min	5(max)

3 额定电压下配用基准镇流器时灯的电特性

		目标值	最大值	最小值
灯端电压	V(r.m.s)	90	105	80
电流[a]	A	0.98	—	—
功率[a]	W	75	—	—

4 额定电压下配用基准镇流器时灯的光特性和寿命参数

初始光效 lm/W	相关色温[a] K	显色指数 R_a	2 000 h 光通维持率 %	平均寿命 h
78	4 200	80	80	10 000

5 基准镇流器特性

额定频率	Hz	50
额定电压	V	220
校准电流	A	0.98
电压电流比	Ω	188
功率因数		0.075 ± 0.005
基准镇流器的其他要求应符合 GB/T 15042 和 GB 19510.10 中的规定。		

[a] 为参考值。

GB/T 24458-3075-1

	150 W 双端陶瓷金属卤化物灯	第 1 页

1 灯的尺寸和物理特性

玻壳类型	灯头型号	玻壳直径 A (max) mm	灯头至触点长度 (max) mm	触点间距 Z mm	管体长度 T[a] (max) mm	工作位置限制	玻壳温度 (max) ℃	夹板温度 (max) ℃	图表编号
T24	R7s RX7s	25	135.4	132.0±1.6	92	水平 ±45°	待定	280[a]	0110

2 灯在额定电源电压下的启动特性

达到光通量的 90%时所需的时间	min	4(max)
灯端电压达到最小灯工作电压的 95%时所需要的时间	min	5(max)

3 额定电压下配用基准镇流器时灯的电特性

		目标值	最大值	最小值
灯端电压	V(r.m.s)	95	110	80
电流[a]	A	1.8	—	—
功率[a]	W	150	—	—

4 额定电压下配用基准镇流器时灯的光特性和寿命参数

初始光效 lm/W	相关色温[a] K	显色指数 R_a	2 000 h 光通维持率 %	平均寿命 h
87	3 000	80	80	10 000

5 基准镇流器特性

额定频率	Hz	50
额定电压	V	220
校准电流	A	1.8
电压电流比	Ω	99
功率因数		0.060 ± 0.005
基准镇流器的其他要求应符合 GB/T 15042 和 GB 19510.10 中的规定。		

[a] 为参考值。

GB/T 24458-3150-1

	150 W 双端陶瓷金属卤化物灯	第 1 页

1 灯的尺寸和物理特性

玻壳类型	灯头型号	玻壳直径 A (max) mm	灯头至触点长度 (max) mm	触点间距 Z mm	管体长度 T[a] (max) mm	工作位置限制	玻壳温度 (max) ℃	夹板温度 (max) ℃	图表编号
T24	R7s RX7s	25	135.4	132.0±1.6	92	水平 ±45°	待定	280[a]	0110

2 灯在额定电源电压下的启动特性

达到光通量的 90%时所需的时间	min	4(max)
灯端电压达到最小灯工作电压的 95%时所需要的时间	min	5(max)

3 额定电压下配用基准镇流器时灯的电特性

		目标值	最大值	最小值
灯端电压	V(r.m.s)	95	110	80
电流[a]	A	1.8	—	—
功率[a]	W	150	—	—

4 额定电压下配用基准镇流器时灯的光特性和寿命参数

初始光效 lm/W	相关色温[a] K	显色指数 R_a	2 000 h 光通维持率 %	平均寿命 h
82	4 200	90	80	10 000

5 基准镇流器特性

额定频率	Hz	50
额定电压	V	220
校准电流	A	1.8
电压电流比	Ω	99
功率因数		0.060 ± 0.005
基准镇流器的其他要求应符合 GB/T 15042 和 GB 19510.10 中的规定。		

[a] 为参考值。

GB/T 24458-3155-1

附 录 A
（规范性附录）
工作镇流器和触发器的要求

A.1 滞后式工作镇流器要求

A.1.1 总则

为使灯能可靠启动并正常工作，配套用滞后式工作镇流器的性能和安全要求应符合 GB/T 15042 和 GB 19510.10 中的规定，其设计参数在其额定输入电压范围内应满足 A.1.2～A.1.6 的要求。

A.1.2 镇流器的启动要求

灯对镇流器的设计要求在规定的最小开路测试电压、最小启动脉冲和指定的温度条件下，灯应在表 A.1 中规定时间内启动。触发器的启动脉冲要求见 A.3.2。

表 A.1 开路电压 OCV

OCV 有效值/V	198
OCV 峰值/V	280
10 ℃±1 ℃下的时间/s	10
−30 ℃±1 ℃下的时间/s	120
注：0 h 灯在 10 ℃±1 ℃下启动概率不小于 98%，燃点 100 h 灯在−30 ℃±1 ℃下启动概率不小于 90%。	

A.1.3 温升电流要求

温升电流应符合表 A.2 要求。

表 A.2 温升电流（有效值）

单位为安培

规格	镇流器类型	最小值	最大值
20 W	滞后式	0.21	0.42
35 W		0.53	1.06
45 W		0.50	1.00
60 W		0.67	1.34
70 W		0.98	1.96
90 W		1.00	2.00
140 W		1.5	2.6
150 W		1.8	3.2
210 W		2.1	3.6
250 W		3.0	5.2
315 W		3.15	5.4
400 W		4.6	7.5

A.1.4 电流波峰系数

在任何额定输入电压范围之内，基准灯在温升及工作期间其电流波峰系数均应不大于1.8。

A.1.5 灯两端的最大电压

镇流器输入到灯两端的电压不应超过表A.3的值。

表 A.3 灯两端的最大电压

单位为伏特

灯类型	规格	输入电压		
		有效值	峰值	峰值脉冲
单端灯	20 W、35 W、45 W、60 W、70 W、90 W、140 W、150 W	305	548	5 000
	210 W、250 W、315 W、400 W	528	1 100	5 000
双端灯	70 W、150 W	—	—	5 000

A.1.6 灯的工作功率

裸灯的工作功率是在温度为25 ℃± 5 ℃，无对流风的环境中，在规定的燃点位置条件下与镇流器连接，在额定电源电压范围内进行测试。表A.4是灯燃点100 h的功率极限值。

表 A.4 灯的工作功率

单位为瓦特

规格	设计中心值	最小值	最大值
20 W	20	16	24
35 W	39	31	46
45 W	45	36	54
60 W	60	48	72
70 W	72	58	86
90 W	90	72	108
140 W	140	112	168
150 W	147	118	176
210 W	210	168	252
250 W	250	200	300
315 W	315	252	378
400 W	400	320	480
注：规定的功率极限是以灯电压、镇流器调整和电源电压的标称公差分布为基础的。如果这些公差为最大且在同一方向上，所规定的功率极限会超出。			

功率极限值是依照灯的功率对初始光通量、光通维持率、灯寿命、灯的温升等性能指标考虑后选择的。为了满足以上功率极限值的要求，处于100%额定输入电压的工作镇流器在使基准灯工作时，应使该灯的功率与该灯处于同一工作位置并使用基准镇流器工作时的功率相差保持在±5%之内。同样，当该工作镇流器在其整个输入电压范围内使基准灯工作时，应使该灯的功率与该灯采用基准镇流器并处

于其额定电压下工作的功率的差值保持在±15%以内。

A.2 电子式工作镇流器要求

灯工作配用的低频方波电子镇流器技术要求正在考虑中。

A.3 触发器要求

A.3.1 触发器应能使符合规定的启动试验要求的灯启动。触发器的技术参数要求见表A.5,其他要求应符合GB/T 19655和GB 19510.2的技术要求。

A.3.2 在设计触发器时应考虑到由电缆引起的脉冲衰减。镇流器标准中应规定与之相配的触发器要求。

表A.5 触发器技术参数要求

规　格	单端灯			双端灯
	20 W～150 W		210 W～400 W	70 W～150 W
	1	2		
最小脉冲高度/kV	3.5	3.5	3.5	3.5
最大脉冲高度/kV	5.0	5.0	5.0	5.0
最小脉冲宽度/μs @ kV	1.9 @ 2.7	1.0 @ 2.7	1.3 @ 2.7	2.0 @ 3.6
每半周最小脉冲重复率	1次	2次	1次	1次
输出脉冲位置（电角度）	60°～90° 240°～270°	64°～110° 244°～290°		60°～90° 240°～270°

附 录 B
（规范性附录）
有关灯具的设计资料

B.1 灯玻壳及灯头的温度限值和灯的最大尺寸等与灯具设计的相关参数应作为检查灯具的依据，这样可确保符合本标准的灯泡在灯具内不会产生早期失效。这些检查内容不构成对灯泡的要求。

B.2 灯具影响灯端电压上升的限制值见表 B.1 要求。

表 B.1 灯端电压变化

功率 W	有效值 V
≤400	5

B.3 在灯玻壳和灯头的任一点上测得的温度不应超过灯的参数表中规定的最大值，这些极限值可能受到灯的材料的影响，但是，在通常情况下，如果灯具致使灯达到这些温度，则灯很可能超过表 B.1 所述灯端电压上升的限制值。玻壳和灯头最高温度的测量，按照 GB/T 13434 的规定方法进行。

B.4 许多灯在其寿命结束时会产生一种危险的整流效应，这会导致镇流器、变压器或启动装置过载，应采取适当的保护措施来确保这种情况下的安全性。

B.5 为确保灯的热工作、紫外保护及非被动爆炸保护符合要求，灯具应按照灯的制造商在使用方面所提出的建议进行设计，应有防止灯的爆裂及其紫外线辐射造成危害的防护罩，相关要求见 GB 7000.1 和 GB 19652—2005 附录 F 的要求。为评估紫外线的光化危险，按 GB/T 20145 测量 200 nm～400 nm 的紫外光谱。在测量紫外特性时，应采取适当的人员防护措施。

B.6 为了灯具能容纳符合本标准的灯，灯具制造商应根据相关灯参数表中规定的灯最大尺寸设计灯具，在灯具中留有一定的自由空间。

B.7 关于灯具的结构要求，见 GB 7000.1。

附　录　C
（规范性附录）
双端陶瓷金属卤化物灯的光电特性测试特别要求

由于其与温度相关的特性，双端灯应在灯具中燃点。因此，为了测量灯的电、光、颜色特性，灯应在一灯具模拟装置（见图 C.1）内燃点。对光通量（需要时）、色坐标和紫外特性，由于使用灯具模拟装置而发生变化，应该进行修正。

在测量紫外线时，模拟装置包括有一石英管，两端用带哑光表面的铝片封闭。在测量其他光特性时，模拟装置的壁应采用石英或硬质玻璃。

测量过程中灯应保持水平。对于放电管带有排气尖的灯，应避免排气尖向下。

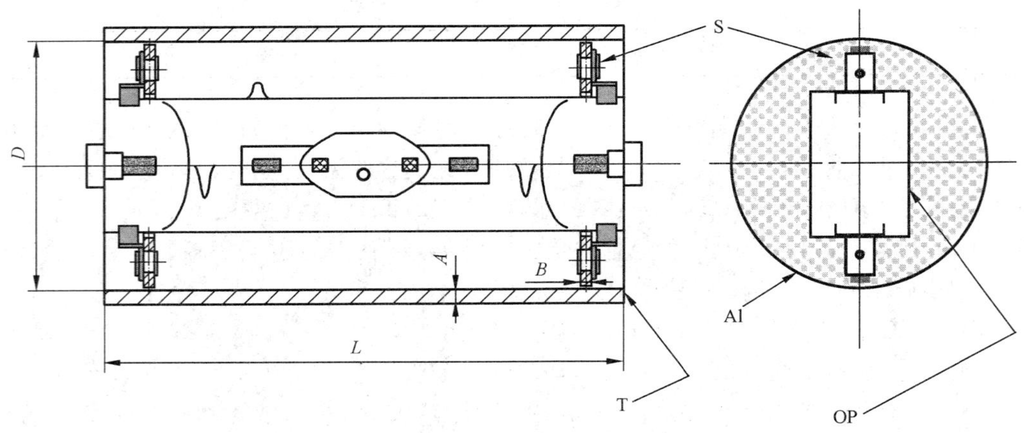

说明：

T ——硬质玻璃或石英玻璃管（测量紫外线时只能用石英玻璃）；

D ——管内径，50 mm～51.5 mm；

L ——管长度，70 W 灯：100 mm，150 W 灯：120 mm，250 W 灯：140 mm±1 mm，400 W 灯：182 mm；

A ——管壁厚度，2.5 mm～3.5 mm；

Al ——铝片；

B ——铝片厚度，2 mm；

OP——开口，与灯的夹封位相匹配；

S ——带弹簧的灯的悬挂装置或支承灯夹封部位的支架。

图 C.1　灯具模拟装置

ICS 91.140.90
Q 78

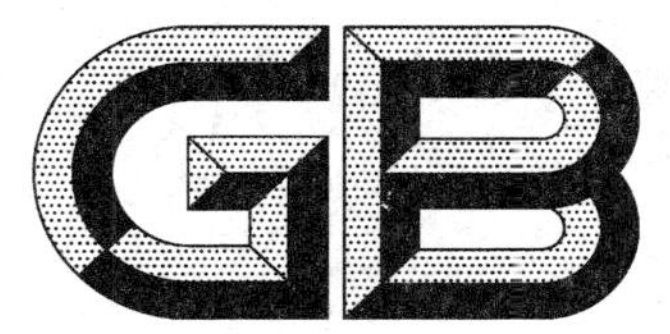

中华人民共和国国家标准

GB/T 24476—2017
代替 GB/T 24476—2009

电梯、自动扶梯和自动人行道物联网的技术规范

Specification for internet of things for lifts, escalators and moving walks

2017-07-12 发布　　2018-02-01 实施

中华人民共和国国家质量监督检验检疫总局
中国国家标准化管理委员会　发布

前　言

本标准按照GB/T 1.1—2009给出的规则起草。

本标准代替GB/T 24476—2009《电梯、自动扶梯和自动人行道数据监视和记录规范》。本标准与GB/T 24476—2009相比,除编辑性修改外主要技术内容变化如下:

——在规范性引用文件中,增加了GB/T 26465—2011、GB/T 24479—2009、GB/T 15127—2008、ISO 16484-5:2012、IETF RFC 2616、IETF RFC 6749和IETF RFC 5246;

——在术语和定义中,增加了企业应用平台、电梯运行安全监管平台、协议转换装置、采集传输装置、监测终端、设备注册代码,删除了监视装置、现场通信装置,修改了设备的定义,以适应我国国情和便于本标准的实施;

——增加了第4章"符号和缩略语",引入数据通信接口和协议;

——增加了第5章"总体要求",其中包括了对"系统架构"和"设备和监测终端"的具体要求;

——增加了第6章"企业应用平台基本功能要求",以便于统一格式向"电梯运行安全监管平台"发送数据;

——增加了第7章"设备识别代码与格式"、第8章"设备基础信息与格式"、第9章"设备实时运行状态信息与格式"、第10章"设备统计信息与格式"、第11章"故障、事件和报警数据与格式",以便于数据以统一的格式进行保存和传输;

——删除了GB/T24476—2009中第4章"数据记录"、第5章"监视及报告"和第6章"硬件";

——按照电梯运行安全监管的要求,修改了附录A(规范性附录)代码表中的故障、事件代码;

——增加了附录B(规范性性附录)公共输出端口的BACnet数据通信协议,以规范设备端数据输出格式;

——增加附录C(资料性附录)RESTful Web API含状态传输Web服务,以便规范平台间数据交换格式。

本标准由全国电梯标准化技术委员会(SAC/TC 196)提出和归口。

本标准起草单位:迅达(中国)电梯有限公司、江南嘉捷电梯股份有限公司、上海新时达电气股份有限公司、苏州默纳克控制技术有限公司、中国建筑科学研究院建筑机械化研究分院、上海三菱电梯有限公司、奥的斯高速电梯(上海)有限公司、日立电梯(中国)有限公司、通力电梯有限公司、广东省特种设备检测研究院、华升富士达电梯有限公司、东芝电梯(中国)有限公司、康力电梯股份有限公司、永大电梯设备(中国)有限公司、西子奥的斯电梯有限公司、巨人通力电梯有限公司、广州日滨科技发展有限公司、深圳市特种设备安全检验研究院、上海市特种设备监督检验技术研究院、江苏省特种设备安全监督检验研究院苏州分院、北京市特种设备检测中心、沈阳蓝光集团、蒂森电梯有限公司、菱王电梯股份有限公司、沈阳博林特电梯集团股份有限公司、东南电梯股份有限公司、森赫电梯股份有限公司、苏州巨立电梯有限公司、日立电梯(广州)自动扶梯有限公司、昆山通祐电梯有限公司、河北蒙特费罗导轨有限公司。

本标准主要起草人:张晓松、卜灵伟、赵碧涛、王鹏、徐忆平、陈凤旺、刘文、吴庆奇、郭志海、浦承东、李明阳、张蕾、刘世君、黄维纲、李龙、李山、杨红江、张永生、庄小雄、蒋涛、程哲、邱志梅、王宏剑、张伟杰、尹建峰、黄征、林文舵、茹晓英、王春光、李淼、王明福、李维平。

本标准所代替标准的历次版本发布情况为:

——GB/T 24476—2009。

引　言

0.1　物联网作为构建经济社会发展新模式和重塑国家长期竞争力的先导领域，已被我国确立为国家重点发展的战略性新兴产业，推动物联网的应用和发展，有利于促进生产、生活和社会管理方式向智能化、精细化、网络化方向转变，对于提高国民经济和社会生活信息化水平，推动产业结构调整和发展方式转变具有重要意义。

0.2　对电梯、自动扶梯和自动人行道物联网的技术规范进行统一有利于企业提高产品及服务质量，提高监管效率，增强社会监督的透明度，提高乘客的使用满意度，具体表现为：

a）通过对电梯各种故障、运行、统计信息进行采集、分析，不断提高产品质量和服务质量；

b）电梯维护保养单位和使用单位及时掌握电梯的故障信息，及时通知专业技术人员到现场解救被困乘客、排除故障；

c）电梯维护保养单位可远程对现场维保人员进行监督和技术支持，以确保其及时准确地完成维保工作及应急救援；

d）便于组建统一的监管平台，提高监管效率；

e）统一的标准可以减少行业整体投入，节约社会成本，有利于各个电梯公司研发自己的电梯运行安全监管系统，提高监管系统的可靠性、实用性和一致性；

f）统一标准能够有利于电梯物联网技术在国内推行，作为在国际上率先使用电梯物联网技术的国家，也有利于提升我国电梯行业的国际地位。

电梯、自动扶梯和自动人行道物联网的技术规范

1 范围

本标准规定了电梯、自动扶梯和自动人行道物联网的设备运行安全监管系统的基本构成，监测终端和企业应用平台的公共输出接口与协议，设备数据的代码、格式及输出要求等。

本标准适用于电梯、自动扶梯和自动人行道物联网的设备运行安全监测系统的新建、改建和扩建。本标准不适用于涉及音频、视频、图像等信号的采集与传输。

2 规范性引用文件

下列文件对于本文件的应用是必不可少的。凡是注日期的引用文件，仅注日期的版本适用于本文件。凡是不注日期的引用文件，其最新版本(包括所有的修改单)适用于本文件。

GB 7588—2003 电梯制造与安装安全规范

GB/T 15127—2008 信息技术 系统间远程通信和信息交换 双扭线多点互连(ISO/IEC 8482:1993,IDT)

GB 16899—2011 自动扶梯和自动人行道的制造与安装安全规范

GB 21240—2007 液压电梯制造与安装安全规范

GB/T 24479—2009 火灾情况下的电梯特性

GB/T 26465—2011 消防电梯制造与安装安全规范

ISO 16484-5:2012 建筑自动化和控制系统 第5部分:数据通信协议(Building automation and control systems—Part 5: Data communication protocol)

IETF RFC 2616 超文本传输协议-HTTP/1.1(Hypertext Transfer Protocol HTTP/1.1)

IETF RFC 5246 传输层安全协议-1.2版[The Transport Layer Security (TLS) Protocol Version 1.2]

IETF RFC 6749 开放授权协议-OAuth 2.0(Open Authorization 2.0)

3 术语和定义

GB 7588—2003、GB 16899—2011、GB 21240—2007、GB/T 26465—2011 界定的以及下列术语和定义适用于本文件。

3.1

设备 installation

安装完毕并已注册登记的电梯、自动扶梯或自动人行道。

3.2

企业应用平台 enterprises application platform

设备远程安全监测应用平台，用于接收设备的故障、事件、报警数据或查询设备实时运行状态、统计信息等。

3.3

电梯运行安全监管平台　installation running safety monitoring platform

以保障公共安全为目的所设立的对设备进行安全监督管理的应用平台，通过企业应用平台接收或查询本标准规定的数据信息。

3.4

故障　fault

可能影响或中断设备正常运行的状态。

3.5

事件　event

设计中预计的在设备运行过程中发生的状态变化。

3.6

报警　alarm

对 GB 7588—2003 和 GB 21240—2007 中规定的紧急报警装置的操作。

3.7

协议转换装置　protocol conversion device

将设备实时运行状态、故障、事件或报警等信息采用本标准规定的协议格式输出的装置。

3.8

采集传输装置　acquisition and transmission device

与设备、协议转换装置或外加的传感器连接，采集、处理、储存和传输设备故障、事件或报警等信息，接收企业应用平台发送的访问、同步指令，使应用平台与设备间通过网络实现交互的装置。

3.9

监测终端　monitoring terminal

协议转换装置、外加的传感器、采集传输装置的统称。监测终端可以集成在设备中。

3.10

电梯运行安全监管系统　installation running safety monitoring system

由设备、监测终端、企业应用平台、电梯运行安全监管平台通过网络连接组成的综合系统。

3.11

设备注册代码　registration number

设备注册登记时由管理部门给出的设备使用登记编号。

4　符号和缩略语

4.1　符号

符号在相应的图表中解释。

4.2　缩略语

下列缩略语适用于本文件。

BACnet：建筑自动化与控制网络(Building Automation and Control networking)

RS-485：一种串行通信接口，RS(Recommended Standard)代表推荐标准，485 是标识号

BIBB：建筑自动化与控制网络互操作基本块(BACnet Interoperability Building Block)

RESTful Web API：含状态传输的互联网服务应用编程接口(Representational State Transfer Web Application Programming Interface)

5 总体要求

5.1 系统架构

5.1.1 电梯运行安全监管系统的组网架构见图1。

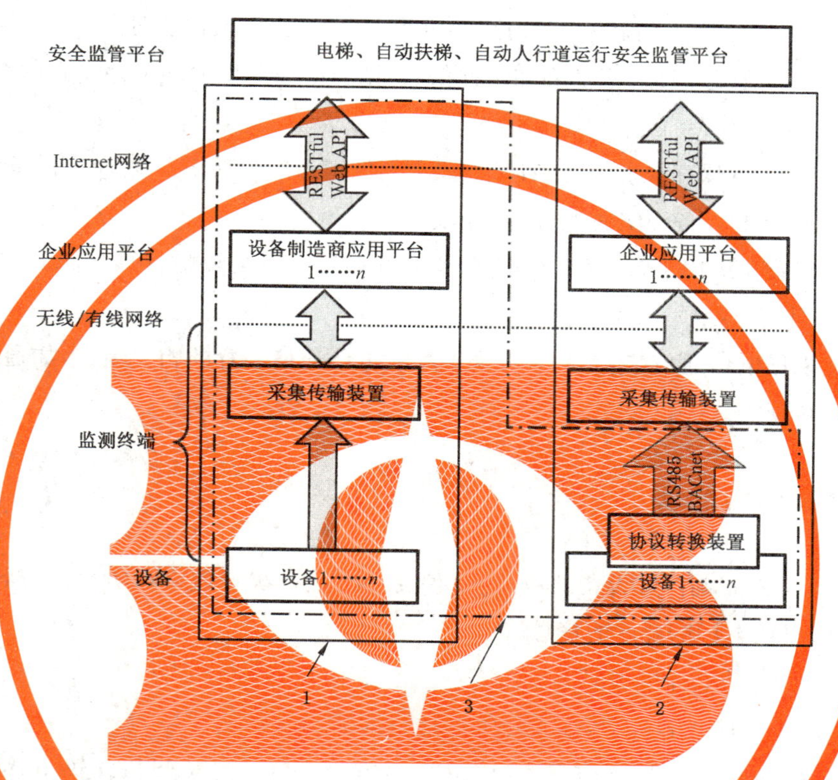

说明：

1——方式1：通过设备制造商应用平台输出数据的方式；

2——方式2：通过设备制造商提供的RS-485公共输出端口输出数据的方式；

3——界限：设备制造商数据输出的界限。

图1 电梯运行安全监管系统组网架构

5.1.2 设备应能通过监测终端向企业应用平台提供附录A所列设备的故障、事件、报警信息及其发生的时间和设备的实时运行状态信息。

5.1.3 企业应用平台应能向电梯运行安全监管平台提供本标准规定的信息。

5.1.4 设备制造商应通过设备制造商应用平台向电梯运行安全监管平台提供本标准规定的信息，或者设置符合5.2规定的类型为RS-485的公共输出端口。

5.2 设备和监测终端

5.2.1 监测终端应与设备之间采取隔离措施，监测终端不能影响设备的正常运行。

5.2.2 RS-485（见GB/T 15127—2008）公共输出端口应输出附录B规定的数据，不接受任何外部对设备的控制指令。

5.2.3 如果为非设备制造商提供的监测终端，其电源应取自设备供电电源开关的前端。

5.2.4 当采用外加的传感器时应与设备本身的电气线路无任何连接。外加的传感器不应影响设备原有的功能及运行安全。外加的传感器应符合该设备应用场合对传感器的要求(如消防电梯、防爆电梯等)。

5.2.5 设备实时运行状态信息、统计信息和故障、事件、报警记录的时间和日期应以企业应用平台为基准。监测终端的内部时钟应定期与企业应用平台的时钟进行同步,企业应用平台输出至电梯运行安全监管平台的时间以北京时间为准。

5.2.6 监测终端应配备备用电源,在其正常供电电源断电的情况下,应保证能正常工作至少 1 h。

5.2.7 设备的故障、事件、报警信息应实时向企业应用平台发送,发出信息时间不大于 1 s。

5.2.8 设备的实时运行状态信息(见表 3)和统计信息(见表 4)仅接受企业应用平台的查询,实时运行状态信息的发送间隔不大于 1 s。

5.2.9 监测终端应能至少保存最近 100 条记录,所存储的记录应包括附录 A 所列设备的故障、事件、报警信息及其发生的时间和设备的实时运行状态信息。

5.2.10 监测终端与企业应用平台之间的数据传输和存储宜有安全策略,对数据进行加密,对数据的远程读取应有权限管理等。

5.2.11 监测终端采用电信通信装置时,应符合国家对电信通信装置的相关规定,如通信单元等须取得进网许可证、CCC 认证等。

6 企业应用平台基本功能要求

6.1 企业应用平台应能正确接收设备的故障、事件、报警信息、统计信息和实时运行状态信息,向电梯运行安全监管平台提供本标准规定的信息。

6.2 企业应用平台应能查询本标准规定的设备信息。

6.3 企业应用平台应能对设备基础信息(见表 2)进行维护。

6.4 企业应用平台与电梯运行安全监管平台之间的数据交换应采用 RESTful Web API(参见附录 C)。

6.5 企业应用平台应能及时监测设备的在线状态。

6.6 企业应用平台可随时接受电梯运行安全监管平台的访问,提供本标准规定的信息。

6.7 企业应用平台与电梯运行安全监管平台之间的数据传输和存储应有安全策略,如对数据进行加密、对数据的远程读取应有权限管理等。

7 设备识别码与格式

企业应用平台应通过设备识别码对每台设备进行识别。此唯一识别码由企业自定义且应与设备注册代码关联,见表 1。

表 1　设备识别代码

属性标识符	属性数据类型	特征	数据范围/单位	备注
设备识别码 Identification Number	String	R	设备识别码，最多20个字符	为企业定义的设备的唯一识别码
注：R 表示属性必需，且服务可读。				

8　设备基础信息与格式

企业应用平台应在后台配置设备基础信息并与设备识别码进行关联。设备基础信息及其定义见表 2。

表 2　设备基础信息与格式

属性标识符		定义	数据范围/单位/示例
设备出厂编号		设备产品合格证上标示的设备编号	—
设备注册代码		设备注册登记时由管理部门给出的设备使用登记编号	字符串，最多 20 个字符
设备品种		设备按照其基本属性对应的分类所列代码进行编码 注：编码参见质检总局关于修订《特种设备目录》的公告(2014 年第 114 号)	3110：曳引驱动乘客电梯 3310：自动扶梯 3420：消防员电梯 ……
设备型号		由设备制造商定义的产品型号	—
设备安装地址		设备实际安装地址	某市某路某号某幢某单元
设备内部编号		由设备使用单位赋予设备的编号	如：1 号梯、3 号楼 2 号梯……
设备制造商		设备制造商的名称	—
进口设备代理商		进口设备在中国境内的代理机构(如有)	—
设备出厂日期		设备产品合格证上标示的日期	YYYY.MM.DD
设备改造单位		设备改造单位的名称	—
设备改造日期		设备的监督检验报告上的检验日期	YYYY.MM.DD
设备安装单位		设备安装单位的名称	—
设备安装日期		设备的监督检验报告上的检验日期	YYYY.MM.DD
维护保养单位名称		设备日常维护保养单位的名称	—
应急救援电话		设备使用单位或维保单位应急救援的值班电话	—
使用单位名称		设备使用单位的名称	—
电梯	层站数	电梯物理层站数	层/站
	额定速度	电梯设计所规定的轿厢运行速度	m/s
	额定载重量	电梯设计所规定的轿厢载重量	kg
	显示楼层	电梯的物理楼层在轿厢内的显示楼层	—

表 2（续）

属性标识符		定义	数据范围/单位/示例
自动扶梯	名义速度	由制造商设计确定的，自动扶梯的梯级在空载情况下的运行速度	m/s
	提升高度	自动扶梯进出口两楼层板之间的垂直距离	m
	倾斜角	梯级运行方向与水平面构成的最大角度	度
	名义宽度	对于自动扶梯设定的一个理论上的宽度值。一般指自动扶梯梯级安装后横向测量的踏面长度	m
自动人行道	名义速度	由制造商设计确定的，自动人行道的踏板或胶带在空载情况下的运行速度	m/s
	使用区段长度	指沿自动人行道梯路方向，从桁架首端至末端之间的折线距离	m
	倾斜角	踏板或胶带运行方向与水平面构成的最大角度	度
	名义宽度	对于自动人行道设定的一个理论上的宽度值。一般指自动人行道踏板安装后横向测量的踏面长度	m

9 设备实时运行状态信息与格式

9.1 设备实时运行状态信息应包含：设备识别码和设备实时运行状态信息。

9.2 设备实时运行状态信息的具体内容和符合 ISO 16484-5:2012 规定的 BACnet 协议的数据类型、特征、数据范围等见表 3。

表 3 设备实时运行状态信息与格式

属性标识符		属性数据类型	特征	数据范围/单位	备注
数据生成时间 Time_Stamps		BACnetDateTime	W	YYYY.MM.DD HH.MM.SS	监测终端的当前时间
电梯	当前服务模式 Service_Mode	BACnetLiftService-Mode	R	0:停止服务 1:正常运行 2:检修 3:消防返回 4:消防员运行 5:应急电源运行 6:地震模式 7:未知	检修的优先级最高，电梯在检修状态中，应不输出所有故障、事件和报警
	轿厢运行状态 Car_Status	Multi state	R	0:停止 1:运行	轿厢实际状态，停止即待机或断电
	轿厢运行方向 Car_Direction	Multi state	R	0:无方向 1:上行 2:下行	轿厢实际运行状态，非轿厢内指示方向

表 3（续）

属性标识符		属性数据类型	特征	数据范围/单位	备注
电梯	开锁区域 Door_Zone	Boolean	R	True:轿厢在开锁区域 False:轿厢在非开锁区域	轿厢是否在开锁区域，仅电梯停止时有效
	电梯当前楼层 Car_Position	Unsigned	R	—	电梯物理楼层位置
	关门到位 Door_Status	Boolean	R	True:关门到位 False:无关门到位信号	关门:关门到位 开门:无关门到位信号
	轿内是否有人 Passenger_Status	Boolean	R	True:有人 False:无人	判断轿厢内是否有人的方式由厂家自定义
自动扶梯和自动人行道	当前服务模式 Service_Mode	BACnetEscalatorServiceMode	R	0:停止运行 1:正常运行 2:检修 3:未知	进入检修状态后，所有故障不报
	运行状态 Operation_Status	Multi state	R	0:停止 1:运行	实际状态，停止指待机或停止运行
	运行方向 Operation_Direction	Multi state	R	0:无方向 1:上行 2:下行	实际状态
注：R 表示属性必需，且服务可读； W 表示属性必需，且服务可读、可写。					

10 设备统计信息与格式

10.1 设备统计信息应包含:设备识别码和设备统计信息。

10.2 设备统计信息的具体内容和符合 ISO 16484-5:2012 规定的 BACnet 协议的数据类型、特征、数据范围等见表 4。

表 4 设备统计信息与格式

属性标识符	属性数据类型	特征	数据范围/单位	备注
设备累计运行时间 Total_Running_Time	Unsigned32	R	小时	设备处于运动状态的时间，为设备累计值
设备累计运行次数 Present_Counter_Value	Unsigned32	R	—	设备由停止状态变为运动状态的次数，为设备累计值
注：R 表示属性必需，且服务可读。				

11 故障、事件和报警数据与格式

11.1 设备故障、事件和报警信息应包含：设备实时运行状态信息和故障、事件、报警信息。

11.2 应根据表 A.1～表 A.6 所列的相应代码和发生的日期、时间识别监测终端记录的设备实时运行状态信息和故障、事件和报警信息。设备的一个故障或事件可能导致多个代码被记录，见表 5。

11.3 设备在进入检修状态后，监测终端应不输出故障、事件和报警。

表 5 设备故障、事件和报警信息与格式

属性标识符	属性数据类型	特征	数据范围/单位	备注
信息代码 Message_Code	BACnetARRAY [N] of BACnetMessageCode	R	[00～99]*	可同时发送多个信息代码
注：R 表示属性必需，且服务可读。				

附　录　A
（规范性附录）
代码表

A.1　代码分配见表 A.1。

表 A.1　代码分配

	电梯				自动扶梯和自动人行道			
	表编号	已用[a]	保留[b]	可选[c]	表编号	已用[a]	保留[b]	可选[c]
故障	表 A.2	00～08	09～24	25～39	表 A.5	60～65	66～69	70～74
报警	表 A.4	90	91～94	95～99	—	—	—	—
事件	表 A.3	40～47	48～54	55～59	表 A.6	75～76	77～84	85～89

[a] 本标准表 A.2～表 A.6 中指定的代码。
[b] 保留用于以后增加至本标准的代码。
[c] 本标准中已用代码和保留代码以外的可供自由选用的代码。

A.2　电梯故障代码见表 A.2。

表 A.2　电梯故障代码

代码	故障	说明
00	电梯无故障	电梯由故障状态进入正常状态
01	电梯运行时安全回路断路	轿厢运行时安全回路中任何安全装置动作
02	关门故障	同样的故障只上报一次，直至关门到位后消除
03	开门故障	同样的故障只上报一次，直至开门到位后消除
04	轿厢在开锁区域外停止	轿厢意外停止在开锁区域以外的位置
05	轿厢意外移动	在开锁区域内且开门状态下，轿厢无指令离开层站的移动，不包含装卸操作引起的移动
06	电动机运转时间限制器动作	动作时间见 GB 7588—2003 的 12.10 和 GB 21240—2007 的 12.12
07	楼层位置丢失	控制系统丢失电梯位置信息后执行复位运行
08	其他阻止电梯再启动的故障	其他上面未述及的阻止电梯启动运行的故障

A.3　电梯事件代码见表 A.3。

表 A.3　电梯事件代码

代码	事件	说明
40	电梯恢复自动运行模式	电梯由其他模式进入自动运行模式
41	主电源断电	电梯无电输入

表 A.3（续）

代码	事件	说明
42	进入停止服务	符合 GB 7588—2003 和 GB 21240—2007 中 14.2.2 的停止装置被触发后的电梯状态
43	进入检修运行模式	电梯进入 GB 7588—2003 和 GB 21240—2007 中 14.2.1.3 的检修运行控制模式
44	进入消防返回模式	符合 GB/T 24479—2009 中 3.6 或 3.11 的火灾报警系统被触发后电梯返回指定层的模式
45	进入消防员运行模式	符合 GB/T 26465—2011 中 5.7 要求的消防电梯开关被触发，并在消防员控制下的运行模式
46	进入应急电源运行	主电源断电后，电梯自动切换到应急电源运行并就近平层开门放人
47	进入地震运行模式	地震传感器被触发后的运行模式

A.4 电梯报警代码见表 A.4。

表 A.4 电梯报警代码

代码	报警	说明
90	报警按钮动作	对 GB 7588—2003 和 GB 21240—2007 中 14.2.3 规定的紧急报警装置操作的监视

A.5 自动扶梯和自动人行道故障代码见表 A.5。

表 A.5 自动扶梯和自动人行道故障代码

代码	故障	说明
60	无故障	由故障状态进入正常状态
61	安全回路断路	运行过程中安全回路中任何安全装置动作
62	超速保护	GB 16899—2011，5.4.2.3.1 定义的装置动作
63	非操纵逆转保护	GB 16899—2011，5.4.2.3.2 定义的装置动作
64	梯级或踏板的缺失保护	GB 16899—2011，5.3.6 定义的装置动作
65	其他阻止自动扶梯和自动人行道再启动的故障	其他上面未述及的阻止自动扶梯和自动人行道启动运行的故障

A.6 自动扶梯和自动人行道事件代码见表 A.6。

表 A.6 自动扶梯和自动人行道事件代码

代码	事件	说明
75	恢复自动运行模式	由其他模式进入自动运行模式
76	进入检修运行模式	GB 16899—2011，5.12.2.5 定义的检修开关被激活后的运行模式

附　录　B
（规范性附录）
公共输出端口的 BACnet 数据通信协议

B.1　通信分层体系结构

通信分层体系结构见图 B.1。

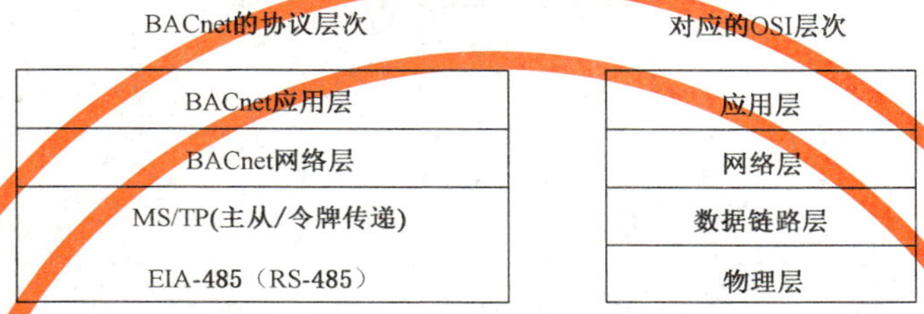

图 B.1　通信分层体系结构

B.2　BACnet 协议扩展

在 BACnet 标准中，对象与应用服务是实现设备间数据通信和交互的两个基本要素。因此，扩展 BACnet 对象及其应用服务是扩展 BACnet 标准的基本方法。从扩展的形式来看，BACnet 标准的扩展可分为两种情况：一种是专有扩展，允许通过一定的扩展以容纳各个生产商的专有信息；另一种是标准扩展，即对 BACnet 协议在某一方面进行扩展，所用到的资源（如对象类编号，服务类型编号）是 BACnet 的保留资源。这种扩展实质上是 BACnet 的一种升级行为，本标准的扩展形式属于此种类型。

B.3　电梯对象的属性和特征

电梯对象定义见表 B.1，在此省略了与其他 BACnet 对象的共同属性，仅列出与电梯对象设备自身特点有关的功能属性。

表 B.1　电梯对象的属性和特征

属性标识符	属性数据类型	特征
设备识别码 Identification_Number	String	R
数据生成时间 Time_Stamps	BACnetDateTime	W
当前服务状态 Service_Mode	BACnetLiftServiceMode	R

表 B.1（续）

属性标识符	属性数据类型	特征
轿厢运行状态 Car_Status	Multi state	R
轿厢运行方向 Car_Direction	Multi state	R
开锁区域 Door_Zone	Boolean	R
电梯当前楼层 Car_Position	Unsigned	R
关门到位 Door_Status	Boolean	R
轿内是否有人 Passenger_Status	Boolean	R
设备累计运行时间 Total_Running_Time	Unsigned32	R
设备当前运行次数 Present_Counter_Value	Unsigned32	R
信息代码 Message_Code	BACnetARRAY[N]of BACnetMessageCode	R

B.4 自动扶梯和自动人行道对象的属性和特征

自动扶梯和自动人行道对象的属性和特征见表 B.2。

表 B.2 自动扶梯和自动人行道对象的属性和特征

属性标识符	属性数据类型	特征
设备识别码 Identification_Number	String	R
数据生成时间 Time_Stamps	BACnetDateTime	W
当前服务状态 Service_Mode	BACnetEscalatorServiceMode	R
运行状态 Operation_Status	Multi state	R
运行方向 Operation_Direction	Multi state	R

表 B.2（续）

属性标识符	属性数据类型	特征
设备累计运行时间 Total_Running_Time	Unsigned32	R
信息代码 Message_Code	BACnetARRAY［N］ of BACnetMessage-Code	R

B.5 BACnet 用 APDU（Application Protocol Data Units）定义

```
BACnetPropertyIdentifier ::=ENUMERATED{
    Identification_Number          (513),
    Time_Stamps                    (514),
    Service_Mode                   (515),
    Car_Status                     (516),
    Car_Direction                  (517),
    Door_Zone                      (518),
    Car_Position                   (519),
    Door_Status                    (520),
    Passenger_Status               (521),
    Total_Running_Time             (522),
    Present_Counter_Value          (523),
    Operation_Status               (524),
    Operation_Direction            (525)
    }
BACnetLiftServiceMode ::=ENUMERATED{
    停止服务        (0),
    正常运行        (1),
    检修            (2),
    消防返回        (3),
    消防员运行      (4),
    应急电源运行    (5),
    地震模式        (6),
    未知            (7)
    }
BACnetEscalatorServiceMode ::=ENUMERATED{
    停止运行        (0),
    正常运行        (1),
    检修            (2),
    未知            (3)
    }
```

B.6 BACnet 互操作基本块 BIBBs(BACnet Interoperability Building Blocks)

BACnet 互操作基本块见表 B.3。

表 B.3 BACnet 互操作基本块

	BACnet 服务		应用
数据分享 Data Sharing	ReadProperty-B	DS-RP-B	表 1 中数据
	COV-B	DS-COV-B	表 3、表 A.2、表 A.3、表 A.5、表 A.6 中数据
	ReadPropertyMultiple-B	DS-RPM-B	表 4 中数据
报警及事件管理 Alarm and Event	Notification Internal-B	AE-N-I-B	表 A.4 中数据

附 录 C
（资料性附录）
RESTful Web API 含状态传输 Web 服务

C.1 API 设计

数据的提供方式采用 RESTful(Representational State Transfer/表现层状态转化)风格的 HTTP API,使用符合 IETF RFC 2616 的 HTTP 协议中的动词来对资源执行不同的操作:GET 用来获取资源,POST 用来新建资源(也可以用于更新资源),PUT 用来更新资源,DELETE 用来删除资源,如表 C.1。

表 C.1 HTTP API 应用示例

URI	操作	说明
https://api.b.com/gb2015/lift/{设备注册代码}	GET	获取该电梯所有信息
https://api.b.com/gb2015/lift/{设备注册代码}	POST	新增电梯
https://api.b.com/gb2015/lift/{设备注册代码}	DELETE	报废电梯
https://api.b.com/gb2015/lift/{设备注册代码}/info	GET	获取该电梯基础信息
https://api.b.com/gb2015/lift/{设备注册代码}/info	PUT	更新该电梯基础信息
https://api.b.com/gb2015/lift/{设备注册代码}/fault	GET	获取该电梯故障信息
https://api.b.com/gb2015/lift/{设备注册代码}/event	GET	获取该电梯事件信息
https://api.b.com/gb2015/lift/{设备注册代码}/alarm	GET	获取该电梯报警信息
https://api.b.com/gb2015/lift/{设备注册代码}/status	GET	获取该电梯实时运行状态信息
https://api.b.com/gb2015/lift/{设备注册代码}/statistic	GET	获取该电梯统计信息
https://api.b.com/gb2015/escalator/{设备注册代码}	GET	获取该自动扶梯所有信息
https://api.b.com/gb2015/escalator/{设备注册代码}	POST	新增自动扶梯
https://api.b.com/gb2015/escalator/{设备注册代码}	DELETE	报废自动扶梯
https://api.b.com/gb2015/escalator/{设备注册代码}/info	GET	获取该自动扶梯基础信息
https://api.b.com/gb2015/escalator/{设备注册代码}/info	PUT	更新该自动扶梯基础信息
https://api.b.com/gb2015/escalator/{设备注册代码}/fault	GET	获取该自动扶梯故障信息
https://api.b.com/gb2015/escalator/{设备注册代码}/event	GET	获取该自动扶梯事件信息
https://api.b.com/gb2015/escalator/{设备注册代码}/status	GET	获取该自动扶梯实时运行状态信息
https://api.b.com/gb2015/escalator/{设备注册代码}/statistic	GET	获取该自动扶梯统计信息
https://api.b.com/gb2015/movingwalk/{设备注册代码}	GET	获取该自动人行道所有信息
https://api.b.com/gb2015/movingwalk/{设备注册代码}	POST	新增自动人行道
https://api.b.com/gb2015/movingwalk/{设备注册代码}	DELETE	报废自动人行道
https://api.b.com/gb2015/movingwalk/{设备注册代码}/info	GET	获取该自动人行道基础信息
https://api.b.com/gb2015/movingwalk/{设备注册代码}/info	PUT	更新该自动人行道基础信息

表 C.1（续）

URI	操作	说明
https://api.b.com/gb2015/movingwalk/{设备注册代码}/fault	GET	获取该自动人行道故障信息
https://api.b.com/gb2015/movingwalk/{设备注册代码}/event	GET	获取该自动人行道事件信息
https://api.b.com/gb2015/movingwalk/{设备注册代码}/status	GET	获取该自动人行道实时运行状态信息
https://api.b.com/gb2015/movingwalk/{设备注册代码}/statistic	GET	获取该自动人行道统计信息
https://api.b.com/gb2015/fault	GET	获取所有设备的故障信息
https://api.b.com/gb2015/event	GET	获取所有设备的事件信息
https://api.b.com/gb2015/statistic	GET	获取所有设备的统计信息
https://api.b.com/gb2015/alarm/{设备注册代码}	POST	该设备报警信息生成
https://api.b.com/gb2015/alarm/{设备注册代码}	PUT	主动推送该设备报警信息
https://api.b.com/gb2015/alarm/{设备注册代码}	DELETE	该设备报警信息消除

C.2 安全性

API的范围权限采用符合 IETF RFC 6749 的 OAuth 2.0 进行身份认证和授权，在使用 API 访问资源之前，应先获得访问令牌(Access Token)，此令牌表示客户端在一定时间(有效期)内可以访问一个或多个 API(scopes)。访问令牌的有效性可以随时被用户撤销，一旦访问令牌到期或者被撤销，客户端需要重新获取一个访问令牌。访问令牌的使用方式如下：

HTTP 请求头

```
GET /gb2015/lift/{设备注册代码} HTTP/1.1
Host: api.b.com
Connection: keep-alive
Accept: application/json
User-Agent: Mozilla/5.0 (Windows NT 6.3; WOW64) AppleWebKit/537.36 (KHTML, like Gecko) Chrome/34.0.1847.131 Safari/537.36
Accept-Encoding: gzip,deflate,sdch
Accept-Language: en-US,en;q=0.8
Authorization: Bearer 29a62e16573c13c4d0e6977af2a5206c
```

为客户端的请求添加一个 Authorization 头部，内容为“ Bearer<空格><访问令牌>”

如果访问令牌无效则会返回 S401 Unauthorized 状态码。

同时客户端与服务器之间的连接采用符合 IETF RFC 5246 的 256 位 TLS 加密技术，确保数据不会被第三方窃取。

C.3 资源表现(Representation)

所有 API 提供的数据提供了 JSON 和 XML 两种表现，下面举例说明如何获取同一资源的不同表现。

C.3.1 当需要获取某台设备基础信息时,考虑如下资源:

https://api.b.com/gb2015/lift/{设备注册代码}/info

要获取这个资源的JSON表现,则需要把请求中的Accept头的值设置为application/json,如下举例所示:

HTTP请求头

```
GET /gb2015/lift/{设备注册代码}/info HTTP/1.1
Host: api.b.com
Connection: keep-alive
Accept: application/json
User-Agent: Mozilla/5.0 (Windows NT 6.3; WOW64) AppleWebKit/537.36 (KHTML, like Gecko) Chrome/34.0.1847.131 Safari/537.36
Accept-Encoding: gzip,deflate,sdch
Accept-Language: en-US,en;q=0.8
Authorization: Bearer 29a62e16573c13c4d0e6977af2a5206c
```

HTTP响应为JSON格式


```
{"product_id":"设备出厂编码",
"id_nr":"设备注册代码",
"inst_type":"《特种设备目录》的分类代码,如:3110",
"product_name":"设备型号",
"inst_addr":"设备安装地址,如:某市某路某号某幢某单元",
"unit_id":"设备内部编号,如:3号楼2号梯",
"vendor":"设备制造商的名称,如:XX公司",
"import_dealer":"进口设备代理商(如有),如:XX公司",
"production_date":"设备产品合格证上标示的日期,如:2014.10.10",
"mod_company":"设备改造单位的名称,如:XX公司",
"mod_date":"设备改造日期,如:2015.10.10",
"inst_comp":"设备安装单位的名称,如:XX公司",
"inst_date":"设备安装日期,如:2014.11.10",
"maint_comp":"维护保养单位的名称,如:XX公司",
"emergency_tel":"应急救援电话,如:400-XXX-XXXX",
"user":"使用单位的名称,如:XX公司"}
{"lift":[
{"lift_floor_nr":"电梯物理层站数(单位:层/站),如:18层/18站"},
{"lift_rated_speed":"电梯额定速度(单位:m/s),如:1.75"},
{"lift_rated_load":"电梯额定载重量(单位:Kg),如:800"}]}
{"escalator":[
{"escal_speed":"自动扶梯名义速度(单位:m/s),如:0.5"},
{"escal_rise":"自动扶梯提升高度(单位:m),如:5.35"},
{"escal_angle":"自动扶梯倾斜角(单位:度),如:30"},
{"escal_width":"自动扶梯名义宽度(单位:m),如:1"}]}
{"moving_walk":[
{"mw_speed":"自动人行道名义速度(单位:m/s),如:0.5"},
```

```
{"mw_length":"自动人行道使用区段长度(单位:m),如:18"},
{"mw_angle":"自动人行道倾斜角(单位:度),如:0"},
{"mw_width":"自动人行道名义宽度(单位:m),如:1"}]}
```

同样,要获取这个资源的XML表现,则需要把请求中的Accept头的值设置为application/xml,如下举例所示:

HTTP 请求头

```
GET /gb2015/lift/{设备注册代码}/info HTTP/1.1
Host: api.b.com
Connection: keep-alive
Cache-Control: max-age=0
Accept: application/xml
User-Agent: Mozilla/5.0 (Windows NT 6.3; WOW64) AppleWebKit/537.36 (KHTML, like Gecko) Chrome/34.0.1847.131 Safari/537.36
Accept-Encoding: gzip,deflate,sdch
Accept-Language: en-US,en;q=0.8
Authorization: Bearer 29a62e16573c13c4d0e6977af2a5206c
```

HTTP 响应为 XML 格式

```
〈? xml version="1.0" encoding="UTF-8" standalone="yes"?〉
〈common product_id="设备出厂编码"
Id_nr="设备注册代码"
inst_type="《特种设备目录》的分类代码,如:3110"
product_name="设备型号"
inst_addr="设备安装地址,如:某市某路某号某幢某单元"
unit_id="设备内部编号,如:3号楼2号梯"
vendor="设备制造商的名称,如:XX公司"
import_dealer="进口设备代理商(如有),如:XX公司"
production_date="设备产品合格证上标示的日期,如:2014.10.10"
mod_company="设备改造单位的名称,如:XX公司"
mod_date="设备改造日期,如:2015.10.10"
inst_comp="设备安装单位的名称,如:XX公司"
inst_date="设备安装日期,如:2014.11.10"
maint_comp="维护保养单位的名称,如:XX公司"
emergency_tel="应急救援电话,如:400-XXX-XXXX"
user="使用单位的名称,如:XX公司"
/common〉
〈lift_floor_nr="电梯物理层站数(单位:层/站),如:18层/18站"
lift_rated_speed="电梯额定速度(单位:m/s),如:1.75"
lift_rated_load="电梯额定载重量(单位:Kg),如:800"
/lift〉
〈escalator escal_speed="自动扶梯名义速度(单位:m/s),如:0.5"
escal_rise="自动扶梯提升高度(单位:m),如:5.35"
escal_angle="自动扶梯倾斜角(单位:度),如:30"
```

```
escal_width":"自动扶梯名义宽度(单位:m),如:1"
/escalator〉
〈moving_walkmw_speed="自动人行道名义速度(单位:m/s),如:0.5"
mw_length="自动人行道使用区段长度(单位:m),如:18"
mw_angle="自动人行道倾斜角(单位:度),如:0"
mw_width="自动人行道名义宽度(单位:m),如:1"
/moving_walk〉
```

C.3.2 当需要获取某台设备的实时运行状态信息,则可以通过请求如下资源获取:

https://api.b.com/gb2015/lift/{设备注册代码}/status

要获取这个资源的 JSON 表现,则需要把请求中的 Accept 头的值设置为 application/json,如下举例所示:

HTTP 请求头

```
GET /gb2015/lift/{设备注册代码}/status HTTP/1.1
Host: api.b.com
Connection: keep-alive
Accept: application/json
User-Agent: Mozilla/5.0 (Windows NT 6.3; WOW64) AppleWebKit/537.36 (KHTML, like Gecko) Chrome/34.0.1847.131 Safari/537.36
Accept-Encoding: gzip,deflate,sdch
Accept-Language: en-US,en;q=0.8
Authorization: Bearer 29a62e16573c13c4d0e6977af2a5206c
```

HTTP 响应为 JSON 格式

```
{"date_dev":"数据生成时间,如:2014-10-0815:43:00",
{"lift_real_time":[
{"service_mode":"当前服务模式,如:3"},
{"car_status":"轿厢运行状态,如:1"},
{"car_direction":"轿厢运行方向,如:1"},
{"door_zone":"开锁区域,如:true"},
{"car_position":"电梯当前楼层(物理楼层),如:8"},
{"door_status":"关门到位,如:false"},
{"passenger_status":"轿内是否有人,如:false"}]}
{"escal_mw_real_time":[
{"service_mode":"当前服务模式,如:2"},
{"operation_status":"运行状态,如:1"},
{"operation_direction":"运行方向,如:0"}]}
```

同样,要获取这个资源的 XML 表现,则需要把请求中的 Accept 头的值设置为 application/xml,如下举例所示:

HTTP 请求头

```
GET /gb2015/lift/{设备注册代码}/status HTTP/1.1
Host: api.b.com
Connection: keep-alive
Accept: application/xml
```

```
User-Agent: Mozilla/5.0 (Windows NT 6.3; WOW64) AppleWebKit/537.36 (KHTML, like Gecko) Chrome/34.0.1847.131 Safari/537.36
Accept-Encoding: gzip,deflate,sdch
Accept-Language: en-US,en;q=0.8
Authorization: Bearer 29a62e16573c13c4d0e6977af2a5206c
```

HTTP 响应为 XML 格式


```
〈? xml version="1.0" encoding="UTF-8" standalone="yes" ?〉
〈status〉
〈common
date_dev="数据生成时间,如:2014-10-0815:43:00"
/common〉
〈lift
service_mode="当前服务模式,如:3"
car_status="轿厢运行状态,如:1"
car_direction="轿厢运行方向,如:1"
door_zone="开锁区域,如:true"
car_position="电梯当前楼层(物理楼层),如:8"
door_status="关门到位,如:false"
passenger_status="轿内是否有人,如:false"
/lift〉
〈escal_mw
service_mode="当前服务模式,如:2"
operation_status="运行状态,如:1"
operation_direction="运行方向,如:0"
/escal_mw〉
```

参　考　文　献

［1］ 质检总局关于修订《特种设备目录》的公告(2014年第114号)

ICS 77.140.50
H 46

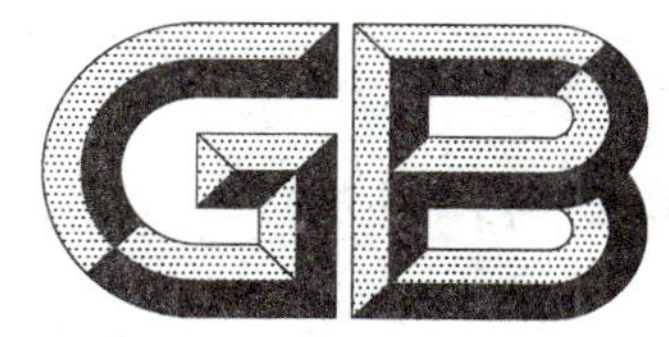

中华人民共和国国家标准

GB/T 24510—2017
代替 GB/T 24510—2009

低温压力容器用镍合金钢板

Nickel alloy steel plates for low temperature pressure vessels

2017-12-29 发布　　　　2018-09-01 实施

中华人民共和国国家质量监督检验检疫总局
中国国家标准化管理委员会　发布

前　言

本标准按照 GB/T 1.1—2009 给出的规则起草。

本标准代替 GB/T 24510—2009《低温压力容器用 9%Ni 钢板》。

本标准与 GB/T 24510—2009 标准相比，主要技术变化如下：

——标准名称改为《低温压力容器用镍合金钢板》；

——增加 1.5Ni、3.5Ni 和 5Ni 钢牌号及其化学成分、力学性能等要求（见表 1、表 2）；

——加严了钢中残余元素 P、S 的含量（见表 1）；

——提高了钢板的冲击吸收能量要求（见表 2）。

本标准由中国钢铁工业协会提出。

本标准由全国钢标准化技术委员会（SAC/TC 183）归口。

本标准主要起草单位：鞍钢股份有限公司、江阴兴澄特种钢铁有限公司、冶金工业信息标准研究院、首钢集团有限公司。

本标准主要起草人：刘徐源、朱莹光、李国忠、张维旭、沈钦义、齐兵、于雄、侯家平、徐光琴。

本标准所代替标准的历次版本发布情况为：

——GB/T 24510—2009。

低温压力容器用镍合金钢板

1 范围

本标准规定了低温压力容器用镍合金钢板的订货内容、尺寸、外形、重量及允许偏差、技术要求、试验方法、检验规则、包装、标志和质量证明书及运输。

本标准适用于液化气体储运装置用厚度不大于150 mm的镍合金钢板(以下简称钢板)。

2 规范性引用文件

下列文件对于本文件的应用是必不可少的。凡是注日期的引用文件,仅注日期的版本适用于本文件。凡是不注日期的引用文件,其最新版本(包括所有的修改单)适用于本文件。

GB/T 222 钢的成品化学成分允许偏差

GB/T 223.5 钢铁 酸溶硅和全硅含量的测定 还原型硅钼酸盐分光光度法

GB/T 223.12 钢铁及合金化学分析方法 碳酸钠分离-二苯碳酰二肼光度法测定铬量

GB/T 223.14 钢铁及合金化学分析方法 钽试剂萃取光度法测定钒含量

GB/T 223.19 钢铁及合金化学分析方法 新亚铜灵-三氯甲烷萃取光度法测定铜量

GB/T 223.23 钢铁及合金 镍含量的测定 丁二铜肟分光光度法

GB/T 223.25 钢铁及合金化学分析方法 丁二铜肟重量法测定镍量

GB/T 223.26 钢铁及合金 钼含量的测定 硫氰酸盐分光光度法

GB/T 223.62 钢铁及合金化学分析方法 乙酸丁酯萃取光度法测定磷量

GB/T 223.63 钢铁及合金化学分析方法 高碘酸钠(钾)光度法测定锰量

GB/T 223.64 钢铁及合金 锰含量的测定 火焰原子吸收光谱法

GB/T 223.72 钢铁及合金 硫含量的测定 重量法

GB/T 223.78 钢铁及合金化学分析方法 姜黄素直接光度法测定硼含量

GB/T 223.79 钢铁 多元素含量的测定 X-射线荧光光谱法(常规法)

GB/T 223.81 钢铁及合金 总铝和总硼含量的测定 微波消解-电感耦合等离子体质谱法

GB/T 223.84 钢铁及合金 钛含量的测定 二安替比林甲烷分光光度法

GB/T 223.85 钢铁及合金 硫含量的测定 感应炉燃烧后红外吸收法

GB/T 223.86 钢铁及合金 总碳含量的测定 感应炉燃烧后红外吸收法

GB/T 228.1 金属材料 拉伸试验 第1部分:室温试验方法

GB/T 229 金属材料 夏比摆锤冲击试验方法

GB/T 232 金属材料 弯曲试验方法

GB/T 247 钢板和钢带包装、标志及质量证明书的一般规定

GB/T 709—2006 热轧钢板和钢带的尺寸、外形、重量及允许偏差

GB/T 2975 钢及钢产品 力学性能试验取样位置及试样制备

GB/T 4336 碳素钢和中低合金钢 火花源原子发射光谱分析方法(常规法)

GB/T 5313 厚度方向性能钢板

GB/T 6803 铁素体钢的无塑性转变温度落锤试验方法

GB/T 8170 数值修约规则与极限数值的表示和判定

GB/T 13239 金属材料 低温拉伸试验方法
GB/T 17505 钢及钢产品 交货一般技术要求
GB/T 20066 钢和铁 化学成分测定用试样的取样和制样方法
GB/T 20123 钢铁 总碳硫含量的测定 高频感应炉燃烧后红外吸收法(常规方法)
GB/T 20124 钢铁 氮含量的测定 惰性气体熔融热导法(常规方法)
GB/T 20125 低合金钢 多元素含量的测定 电感耦合等离子体原子发射光谱法
NB/T 47013.3—2015 承压设备无损检测 第3部分:超声检测

3 订货内容

按本标准订货的合同或订单应包括下列内容:

a) 标准编号;
b) 产品名称;
c) 牌号;
d) 规格尺寸;
e) 重量(数量);
f) 表面状态;
g) 交货状态;
h) 特殊要求。

4 尺寸、外形、重量及允许偏差

4.1 钢板厚度允许偏差应符合 GB/T 709—2006 中 B 类偏差的规定。
4.2 如需方对钢板的厚度允许偏差有特殊要求时,供需双方应协商并在合同中注明。
4.3 钢板的其他尺寸、外形、重量及允许偏差应符合 GB/T 709—2006 的规定。
4.4 9Ni 钢的密度按 7.89 g/cm^3 执行。

5 技术要求

5.1 牌号和化学成分

5.1.1 钢的牌号和化学成分(熔炼分析)应符合表 1 的规定,相关标准牌号对照参见附录 A。

表 1

<table>
<tr><th rowspan="3">牌号</th><th colspan="12">化学成分(质量分数)[a,b]/%</th></tr>
<tr><th>C</th><th rowspan="2">Si</th><th rowspan="2">Mn</th><th rowspan="2">Ni</th><th>P</th><th>S</th><th>Cr</th><th>Cu</th><th>Mo</th><th>V</th><th>Nb</th><th>Als</th></tr>
<tr><th>不大于</th><th colspan="7">不大于</th><th>不小于</th></tr>
<tr><td>1.5Ni</td><td>0.14</td><td rowspan="4">0.10
～
0.35</td><td>0.80～1.50</td><td>1.30～1.70</td><td>0.020</td><td>0.008</td><td rowspan="4">0.25</td><td rowspan="4">0.35</td><td>0.08</td><td rowspan="3">0.05</td><td rowspan="4">0.08</td><td rowspan="4">0.015</td></tr>
<tr><td>3.5Ni</td><td rowspan="2">0.12</td><td>0.30～0.80</td><td>3.25～3.75</td><td>0.015</td><td>0.005</td><td>0.12</td></tr>
<tr><td>5Ni</td><td>0.30～0.90</td><td>4.75～5.25</td><td>0.015</td><td>0.005</td><td rowspan="2">0.08</td></tr>
<tr><td>9Ni</td><td>0.10</td><td>0.30～0.80</td><td>8.50～9.50</td><td>0.010</td><td>0.003</td><td>0.01</td></tr>
<tr><td colspan="13">[a] N≤0.012%。
[b] (Cr+Mo+Cu)≤0.50%。</td></tr>
</table>

5.1.2 为改善钢的性能，可添加表 1 规定之外的其他微合金元素，并在质量证明书中注明。

5.1.3 成品钢板的化学成分允许偏差应符合 GB/T 222 的规定。

5.2 冶炼方法

钢由氧气转炉或电炉冶炼，并应进行炉外精炼。

5.3 交货状态

5.3.1 钢板以调质状态交货。

5.3.2 经需方同意，厚度不大于 12 mm 的 9Ni 钢板可以采用正火＋正火＋回火状态交货；1.5Ni、3.5Ni、5Ni 钢板可以采用正火、正火＋回火状态交货。

5.4 力学性能和工艺性能

5.4.1 钢板的力学性能和工艺性能应符合表 2 的规定。

表 2

牌号	拉伸试验[a]						冲击试验[a]		弯曲试验[c]	
	上屈服强度[b] R_{eH}/MPa				抗拉强度 R_m/MPa	断后伸长率 A/% 不小于	温度 ℃	冲击吸收能量 KV_2/J 不小于	180° $b=2a$	
	钢板厚度/mm								钢板厚度/mm	
	≤30	>30～50	>50～100	>100～150					≤19	>19
	不小于									
1.5Ni	355	345	335	—	490～640	22	−65	80	—	
3.5Ni	355	345	335	325	490～640	22	−100	80	—	
5Ni	390	380	—	—	530～710	20	−120	80	—	
9Ni	585	575	—	—	680～820	18	−196	80	$D=2a$	$D=3a$

注：b 为试样宽度；a 为钢板厚度；D 为弯曲压头直径。

[a] 拉伸及冲击试验取横向试样。

[b] 当屈服不明显时，可用 $R_{p0.2}$ 代替上屈服强度。

[c] 弯曲试验取横向试样；试样宽度为 2 倍板厚，并保证最小宽度不小于 20 mm。

5.4.2 对厚度小于 12 mm 钢板的夏比（V 型缺口）冲击试验应采用辅助试样。>8 mm～<12 mm 钢板的辅助试样尺寸为 10 mm×7.5 mm×55 mm，其试验结果应不小于表 2 规定值的 75%；6 mm～8 mm 钢板的辅助试样尺寸为 10 mm×5 mm×55 mm，其试验结果应不小于表 2 规定值的 50%；厚度小于 6 mm 的钢板也可做冲击试验。

5.4.3 夏比（V 型缺口）冲击吸收能量，按 3 个试样的算术平均值进行计算，允许其中有 1 个试样的单个值比表 2 规定值低，但不得低于规定值的 70%。

5.4.4 9Ni 钢板夏比（V 型缺口）冲击试样应检验侧膨胀值，侧膨胀值应不小于 0.64 mm。

5.4.5 每张钢板在标记端取弯曲试样做常温弯曲试验。弯曲试验后，弯曲试样外侧表面不应有裂纹。

5.5 表面质量

5.5.1 钢板表面不应有裂纹、气泡、结疤、夹杂、折叠和压入氧化铁皮等对使用有害的缺陷。钢板不应有分层。

5.5.2 钢板表面允许存在不妨碍检查表面缺陷的薄层氧化铁皮、铁锈、由压入氧化铁皮脱落所引起的不显著的粗糙、划痕等局部缺陷，深度应不大于钢板厚度公差之半，并应保证钢板厚度的最小值。

5.5.3 钢板表面存在有害缺陷时，允许用修磨方法清除，修磨处应平滑过渡，并应保证钢板厚度的最小值。

5.6 超声检测

钢板应逐张进行超声检测，检测方法及合格级别由供需双方协议确定。未明确时，应符合NB/T 47013.3—2015 中Ⅰ级的规定。

5.7 特殊要求

5.7.1 根据供需双方协商，钢板可进行落锤、低温拉伸、剩磁、厚度方向性能等检验。进行落锤试验和低温拉伸试验时，在每订货批最大厚度钢板上取两组，每组两个试样。

5.7.2 根据供需双方协商，钢板也可进行其他项目的检验。

6 试验方法

6.1 钢的化学成分试验方法应符合 GB/T 223.5、GB/T 223.12、GB/T 223.14、GB/T 223.19、GB/T 223.23、GB/T 223.25、GB/T 223.26、GB/T 223.62、GB/T 223.63、GB/T 223.64、GB/T 223.72、GB/T 223.78、GB/T 223.79、GB/T 223.81、GB/T 223.84、GB/T 223.85、GB/T 223.86、GB/T 4336、GB/T 20123、GB/T 20124、GB/T 20125 的规定。

6.2 每批钢板的检验项目、取样数量、取样方法和试验方法应符合表 3 的规定。

表 3

序号	检验项目	取样数量/个	取样方法	试验方法
1	化学成分(熔炼分析)	1/炉	GB/T 20066	见 6.1
2	拉伸试验	1/批	GB/T 2975	GB/T 228.1
3	弯曲试验	1/批	GB/T 2975	GB/T 232
4	冲击试验	3/批	GB/T 2975	GB/T 229
5	落锤试验	见 5.7.1	GB/T 6803	GB/T 6803
6	低温拉伸试验	见 5.7.1	GB/T 2975 在钢板头或尾部取	GB/T 13239
7	Z 向钢厚度方向断面收缩率	3/批	GB/T 5313	GB/T 5313
8	超声检测	逐张	—	JB/T 4730.3—2005 或协商
9	表面质量	逐张	—	目视及测量
10	尺寸、外形	逐张	—	合适的量具
注：当钢板长度不大于 15 m 时，在钢板一端取样；钢板长度大于 15 m 时，在钢板两端取样。				

7 检验规则

7.1 钢板的检验由供方质量检验部门进行。

7.2 钢板应成批验收。每热处理张钢板为一批。

7.3 钢板的检验项目和取样数量应符合表3的规定。

7.4 力学性能的复验与判定应符合下列a)、b)的规定。其他项目的复验与判定应符合GB/T 17505的规定。

a) 冲击试验初验结果不合格时，应从同一张钢板上再取一组3个试样进行试验，并应同时满足以下条件：前后两组6个试样的试验结果的算术平均值应不小于表2的规定值；6个试样的单值中，低于规定值的试样不超过2个，且最小值不低于规定值的70%；

b) 拉伸试验结果不合格时，则从同一批中再取双倍数量的试样进行不合格项目的试验。复验结果(包括该项目试验所要求的所有指标)合格，则该批合格。

7.5 力学性能和化学成分试验结果应采用修约值比较法进行修约，修约规则按GB/T 8170的规定执行。

8 包装、标志和质量证明书及运输

8.1 钢板的包装、标志和质量证明书应符合GB/T 247的规定。

8.2 钢板表面防腐及运输等要求按供需双方协议规定。

附　录　A
（资料性附录）
相关标准牌号对照表

本标准与国内外的牌号对照见表 A.1。

表 A.1

标准号	本标准	GB 24510—2009	EN 10028-4：2009	JIS G 3127—2005	CCS 规范 2013	SA-203/SA-203M	SA-553/SA-553M	SA-353/SA-353M
牌号	1.5Ni	—	15NiMn6	—	1.5Ni	—	—	—
	3.5Ni	—	12Ni14	SL3N255 SL3N275 SL3N440	3.5Ni	E 和 F 级	—	—
	5Ni	—	X12Ni5	—	5Ni	—	—	—
	9Ni	9Ni590A	X8Ni9 +QT680	SL9N590	—	—	A553 Ⅰ类	9Ni
		9Ni590B	X7Ni9					

ICS 77.140.50
H 46

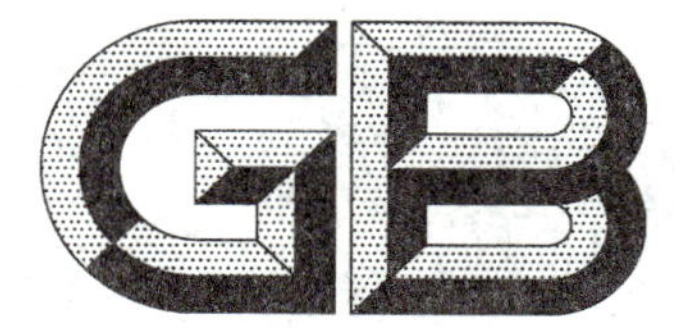

中华人民共和国国家标准

GB/T 24511—2017
代替 GB/T 24511—2009

承压设备用不锈钢和耐热钢钢板和钢带

Stainless steel and heat resisting steel plate, sheet and strip for pressure equipments

2017-12-29 发布　　2018-09-01 实施

中华人民共和国国家质量监督检验检疫总局
中国国家标准化管理委员会　发布

前　言

本标准按照 GB/T 1.1—2009 给出的规则起草。

本标准代替 GB/T 24511—2009《承压设备用不锈钢钢板及钢带》，与 GB/T 24511—2009 标准相比，主要技术变化如下：

——调整了补充了规范性引用文件；

——增加了 16 个牌号及相关技术要求。其中奥氏体不锈钢 11 个牌号，奥氏体-铁素体双相不锈钢 5 个牌号，并在成分、性能方面相比 GB/4237、GB/3280、GB/4238 进行了更高要求；

——加严了热轧钢板和钢带的厚度公差范围，并补充了个性化的厚度公差要求；

——提高了常用的六个奥氏体不锈钢屈服强度的下限值；

——在制造方法中，明确了厚度为 14.0 mm～25.0 mm 的热轧不锈钢和耐热钢卷切钢板按照单张轧制钢板交货的要求；

——明确了可以利用模铸钢锭生产钢板，同时对压缩比进行了定义；

——增加了点蚀当量指数(PREN)的计算方法；

——将双相不锈钢的相比例试验在“特殊要求”中予以列出；

——补充了晶界腐蚀检验的引用标准；

——以“资料性附录”的形式，新增了部分不锈钢的高温使用性能。

本标准由中国钢铁工业协会提出。

本标准由全国钢标准化技术委员会(SAC/TC 183)归口。

本标准起草单位：山西太钢不锈钢股份有限公司、冶金工业信息标准研究院、宝钢不锈钢有限公司、山东泰山钢铁集团有限公司、合肥通用机械研究院、中国特种设备检测研究院。

本标准主要起草人：李国平、张建生、张维旭、徐中杰、亓海燕、黄嘉琥、尹立军、任永秀、董莉、祝方义、吴玉红、裴明德、李雄飞。

本标准所代替标准的历次版本发布情况为：

——GB/T 24511—2009。

承压设备用不锈钢和耐热钢钢板和钢带

1 范围

本标准规定了承压设备用不锈钢和耐热钢钢板和钢带的分类和代号、订货内容、尺寸、外形、重量、技术要求、试验方法、检验规则、包装、标志及质量证明书。

本标准适用于宽度不小于600 mm的承压设备用热轧不锈钢和耐热钢钢板和钢带(含卷切钢板)、冷轧不锈钢和耐热钢钢板和钢带(含卷切钢板)。

2 规范性引用文件

下列文件对于本文件的应用是必不可少的。凡是注日期的引用文件,仅注日期的版本适用于本文件。凡是不注日期的引用文件,其最新版本(包括所有的修改单)适用于本文件。

GB/T 222 钢的成品化学成分允许偏差

GB/T 223.5 钢铁 酸溶硅和全硅含量的测定 还原型硅钼酸盐分光光度法

GB/T 223.9 钢铁及合金 铝含量的测定 铬天青S分光光度法

GB/T 223.11 钢铁及合金 铬含量的测定 可视滴定或电位滴定法

GB/T 223.16 钢铁及合金化学分析方法 变色酸光度法测定钛量

GB/T 223.18 钢铁及合金化学分析方法 硫代硫酸钠分离-碘量法测定铜量

GB/T 223.19 钢铁及合金化学分析方法 新亚铜灵-三氯甲烷萃取光度法测定铜量

GB/T 223.23 钢铁及合金 镍含量的测定 丁二酮肟分光光度法

GB/T 223.25 钢铁及合金化学分析方法 丁二酮肟重量法测定镍量

GB/T 223.26 钢铁及合金 钼含量的测定 硫氰酸盐分光光度法

GB/T 223.28 钢铁及合金化学分析方法 α-安息香肟重量法测定钼量

GB/T 223.36 钢铁及合金化学分析方法 蒸馏分离-中和滴定法测定氮量

GB/T 223.40 钢铁及合金 铌含量的测定 氯磺酚S分光光度法

GB/T 223.58 钢铁及合金化学分析方法 亚砷酸钠-亚硝酸钠滴定法测定锰量

GB/T 223.59 钢铁及合金 磷含量的测定 铋磷钼蓝分光光度法和锑磷钼蓝分光光度法

GB/T 223.60 钢铁及合金化学分析方法 高氯酸脱水重量法测定硅含量

GB/T 223.68 钢铁及合金化学分析方法 管式炉内燃烧后碘酸钾滴定法测定硫含量

GB/T 223.69 钢铁及合金 碳含量的测定 管式炉内燃烧后气体容量法

GB/T 228.1 金属材料 拉伸试验 第1部分:室温试验方法

GB/T 230.1 金属材料 洛氏硬度试验 第1部分:试验方法(A、B、C、D、E、F、G、H、K、N、T标尺)

GB/T 231.1 金属材料 布氏硬度试验 第1部分:试验方法

GB/T 232 金属材料 弯曲试验方法

GB/T 247 钢板和钢带包装、标志及质量证明书的一般规定

GB/T 708 冷轧钢板和钢带的尺寸、外形、重量及允许偏差

GB/T 709 热轧钢板和钢带的尺寸、外形、重量及允许偏差

GB/T 2975 钢及钢产品 力学性能试样取样位置及试样制备

GB/T 4334 金属和合金的腐蚀 不锈钢晶间腐蚀试验方法

GB/T 4340.1 金属材料 维氏硬度试验 第1部分:试验方法

GB/T 6394 金属平均晶粒度测定方法

GB/T 8170 数值修约规则与极限数值的表示和判定

GB/T 11170 不锈钢 多元素含量的测定 火花放电原子发射光谱法(常规法)

GB/T 13305 不锈钢中α-相面积含量金相测定法

GB/T 17505 钢及钢产品 交货一般技术要求

GB/T 20066 钢和铁 化学成分测定用试样的取样和制样方法

GB/T 20123 钢铁 总碳硫含量的测定 高频感应炉燃烧后红外吸收法(常规方法)

GB/T 20124 钢铁 氮含量的测定 惰性气体熔融热导法(常规方法)

GB/T 21433 不锈钢压力容器晶间腐蚀敏感性检验

3 分类及代号

3.1 按边缘状态可分为:

a) 切边 EC;

b) 不切边 EM。

3.2 按尺寸精度可分为:

a) 厚度普通精度 PT.A;

b) 厚度较高精度 PT.B。

4 订货内容

按照本标准订货的合同或订单应包括下列内容:

a) 产品名称(或品名);

b) 牌号或代号;

c) 标准编号;

d) 尺寸及精度;

e) 重量或数量;

f) 表面加工类型;

g) 交货状态;

h) 其他特殊要求。

5 尺寸、外形、重量

5.1 尺寸及允许偏差

5.1.1 尺寸

钢板和钢带的公称尺寸范围见表1,推荐的公称尺寸应符合GB/T 708、GB/T 709的规定。

表 1　公称尺寸范围

单位为毫米

产品类别	公称厚度	公称宽度
热轧厚钢板	6.00～100	600～4 800
热轧钢板及钢带	2.00～14.0	600～2 100
冷轧钢板及钢带	1.50～8.00	600～2 100

5.1.2　厚度允许偏差

5.1.2.1　热轧厚钢板厚度允许偏差应符合表 2 规定。厚度大于 80.0 mm 到 100 mm 的钢板厚度允许偏差由供需双方协商确定。

表 2　热轧厚钢板厚度允许偏差[a]

单位为毫米

公称厚度	公称宽度						
	≤1 000		>1 000～1 500		>1 500～2 500		>2 500
	PT.A	PT.B	PT.A	PT.B	PT.A	PT.B	
6.00～8.00	+0.38	+0.35	+0.40	+0.36	+0.50	+0.45	+0.80
>8.00～15.0	+0.45	+0.42	+0.48	+0.44	+0.60	+0.55	
>15.0～25.0	+0.50	+0.45	+0.53	+0.48	+0.65	+0.60	+0.98
>25.0～40.0	+0.62	+0.58	+0.67	+0.63	+0.83	+0.78	
>40.0～60.0	+0.87	+0.83	+0.92	+0.88	+1.08	+1.03	+1.48
>60.0～80.0	+0.87	+0.83	+0.92	+0.88	+1.38	+1.33	

[a] 厚度负偏差为－0.30 mm。

5.1.2.2　热轧钢板及钢带厚度允许偏差应符合表 3 的规定。

表 3　热轧钢板及钢带厚度允许偏差

单位为毫米

公称厚度	公称宽度							
	≤1 200		>1 200～1 500		>1 500～1 800		>1 800～2 100	
	PT.A	PT.B	PT.A	PT.B	PT.A	PT.B	PT.A	PT.B
2.00～2.50	+0.22 －0.22	+0.20 －0.20	+0.25 －0.25	+0.23 －0.23	+0.29 －0.29	+0.27 －0.27	—	—
>2.50～3.00	+0.25 －0.25	+0.23 －0.23	+0.28 －0.28	+0.26 －0.26	+0.31 －0.30	+0.28 －0.28	+0.33 －0.30	+0.31 －0.30
>3.00～4.00	+0.28 －0.28	+0.26 －0.26	+0.31 －0.30	+0.28 －0.28	+0.33 －0.30	+0.31 －0.30	+0.35 －0.30	+0.32 －0.30
>4.00～5.00	+0.31 －0.30	+0.28 －0.28	+0.33 －0.30	+0.30 －0.30	+0.36 －0.30	+0.33 －0.30	+0.38 －0.30	+0.35 －0.30

表 3（续）

单位为毫米

公称厚度	公称宽度							
	≤1 200		>1 200～1 500		>1 500～1 800		>1 800～2 100	
	PT.A	PT.B	PT.A	PT.B	PT.A	PT.B	PT.A	PT.B
>5.00～6.00	+0.33 −0.30	+0.31 −0.30	+0.36 −0.30	+0.33 −0.30	+0.38 −0.30	+0.35 −0.30	+0.40 −0.30	+0.37 −0.30
>6.00～8.00[a]	+0.38	+0.35	+0.39	+0.36	+0.40	+0.37	+0.46	+0.43
>8.00～10.0[a]	+0.42	+0.39	+0.43	+0.40	+0.45	+0.41	+0.53	+0.49
>10.0～14.0[a]	+0.45	+0.42	+0.47	+0.44	+0.49	+0.45	+0.57	+0.53
对于带头尾交货的热轧钢带，厚度偏差不适用于头尾不正常部分，其长度按下列公式计算：长度(m)＝90/公称厚度(mm)，但每卷总长度不得超过 20 m。								
[a] 厚度负偏差为−0.30 mm。								

5.1.2.3 根据需方要求，并在合同中注明，对厚度 6.0 mm 以上的热轧钢板及钢带，厚度负偏差可为 0，但公差范围不变。

5.1.2.4 冷轧钢板及钢带厚度允许偏差应符合表 4 的规定。

表 4 冷轧钢板和钢带厚度允许偏差

单位为毫米

公称厚度	公称宽度		
	≤1 000	>1 000～1 300	>1 300～2 100
1.50～2.00	±0.08	±0.09	±0.10
>2.00～2.50	±0.09	±0.10	±0.11
>2.50～3.00	±0.11	±0.12	±0.12
>3.00～4.00	±0.13	±0.14	±0.14
>4.00～5.00	±0.14	±0.15	±0.15
>5.00～6.50	±0.15	±0.16	±0.16
>6.50～8.00	±0.16	±0.17	±0.17

5.1.3 宽度允许偏差

5.1.3.1 热轧厚钢板应切边交货，其宽度允许偏差应符合表 5 的规定。

表 5 热轧厚钢板的宽度允许偏差

单位为毫米

公称厚度	公称宽度	宽度允许偏差
6.00～16.0	≤1 500	$^{+10.0}_{0}$
	>1 500	$^{+15.0}_{0}$

表 5（续）

单位为毫米

公称厚度	公称宽度	宽度允许偏差
＞16.0	≤2 000	+20.0 0
	＞2 000～3 000	+25.0 0
	＞3 000	+30.0 0

5.1.3.2 热轧卷切钢板应切边交货。切边的热轧钢板及钢带、卷切钢板的宽度允许偏差应符合表 6 规定，不切边热轧钢带的宽度允许偏差由供需双方协商。

表 6 切边的热轧钢板及钢带的宽度允许偏差

单位为毫米

公称宽度	宽度允许偏差
600～2 100	+6.0 0

5.1.3.3 冷轧钢板及钢带应切边交货，其宽度允许偏差应符合表 7 的规定。

表 7 冷轧钢板及钢带的宽度允许偏差

单位为毫米

公称厚度	宽度允许偏差
1.50～2.50	+2.0 0
＞2.50～3.50	+3.0 0
＞3.50～8.00	+4.0 0

5.1.4 长度允许偏差

热轧厚钢板、热轧卷切钢板、冷轧卷切钢板的长度允许偏差应符合表 8 的规定。

表 8 热轧厚钢板、热轧卷切钢板、冷轧卷切钢板的长度允许偏差

单位为毫米

产品类别	公称长度	长度允许偏差
热轧厚钢板、热轧卷切钢板	2 000～12 000	+0.5%×公称长度 0
冷轧卷切钢板	2 000～10 000	+0.5%×公称长度 0

5.2 外形

5.2.1 镰刀弯

热轧厚钢板、热轧钢带及卷切钢板、冷轧钢带及卷切钢板的镰刀弯应符合表9的规定。

表9 热轧厚钢板、热轧钢带及卷切钢板、冷轧钢带及卷切钢板的镰刀弯　　单位为毫米

产品类别	公称长度	边缘状态	测量长度	镰刀弯
热轧钢带	—	切边(纵剪)	任意5 000	≤15.0
		不切边	任意5 000	≤20.0
热轧厚钢板 热轧卷切钢板	<5 000	切边或不切边	实际长度(L)	≤L×0.3%
	≥5 000	切边(纵剪)	任意5 000	≤15.0
	≥5 000	不切边	任意5 000	≤20.0
冷轧钢带及卷切钢板	≥2 000	切边(纵剪)	任意2 000	≤2.00
	≥2 000	不切边	任意2 000	≤L×0.3%

5.2.2 切斜度

5.2.2.1 热轧厚钢板、热轧卷切钢板的切斜度应不大于其公称宽度的1%。

5.2.2.2 冷轧卷切钢板的切斜度应不大于其公称宽度的0.5%。

5.2.3 不平度

5.2.3.1 热轧厚钢板的不平度应符合表10的规定。

表10 热轧厚钢板的不平度　　单位为毫米

厚度	每米不平度
6.00～100	≤15.0

5.2.3.2 热轧卷切钢板的不平度应符合表11的规定。

表11 热轧卷切钢板的不平度　　单位为毫米

公称厚度	公称宽度	不平度
≤14.0	600～1 200	≤23.0
	>1 200～1 500	≤30.0
	>1 500	≤38.0

5.2.3.3 冷轧卷切钢板的不平度应符合表12的规定。

表 12　冷轧卷切钢板的不平度

单位为毫米

公称长度	不平度	
	普通级	较高级
≤3 000	≤10.0	≤7.00
>3 000	≤12.0	≤8.00

5.2.4　塔形

5.2.4.1　塔形：钢卷在卷取过程中出现的边部不在同一垂直平面的现象，见图 1。

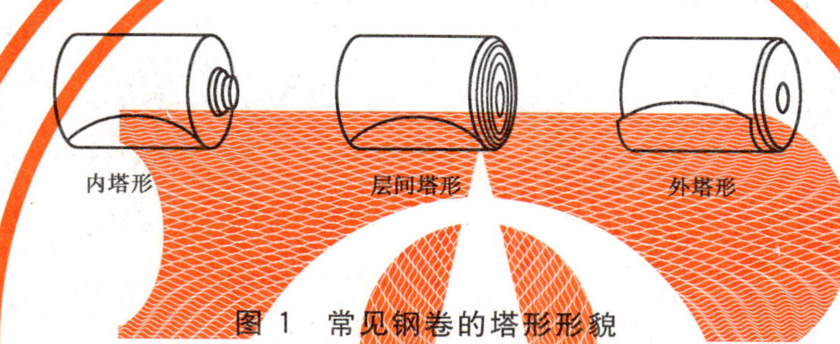

图 1　常见钢卷的塔形形貌

5.2.4.2　钢卷应牢固成卷并尽量保持圆柱形和不卷边。

5.2.4.3　热轧切边钢卷的塔形应不大于 30.0 mm，冷轧切边钢卷的塔形应不大于 20.0 mm。

5.2.4.4　不切边钢卷的塔形应不大于 70.0 mm。

5.3　重量

5.3.1　钢板重量

钢板按理论或实际重量交货。理论计重时，用钢板的公称尺寸进行计算，但计算厚度为钢板允许的最大厚度和最小厚度的算术平均值。不锈钢的密度见附录 A。

5.3.2　钢带重量

钢带按实际重量交货。

6　技术要求

6.1　制造方法

6.1.1　采用粗炼钢水加炉外精炼。

6.1.2　连铸坯或钢锭的压缩比应不小于 3。

注：对于采用模铸钢锭生产板材的工艺，“压缩比不小于 3”包括钢锭开坯与板材热轧两个环节的累积压缩，其中累积压缩的起始状态按照钢锭最小截面的平均厚度值来计算。

6.1.3　厚度为 14.0 mm～25.0 mm 的热轧不锈钢和耐热钢卷板，可在热轧态开平后，应经单张热处理，方可按照单张中板的标准进行交货。

6.2 化学成分

6.2.1 钢的牌号及化学成分(熔炼分析)应符合表13～表15的规定。不锈钢牌号对照参见附录B。

6.2.2 钢板和钢带的成品化学成分允许偏差应符合GB/T 222的规定。

6.2.3 不锈钢点蚀当量指数PREN=Cr%+3.3Mo%+16N%。

6.3 交货状态

钢板和钢带经冷轧或热轧后,参照附录C进行热处理,并经酸洗或类似处理后交货。

6.4 力学性能和工艺性能

6.4.1 经热处理的钢板及钢带的室温力学性能应符合6.4.2～6.4.4的规定。对于几种不同硬度的试验,可根据钢板和钢带的不同尺寸和状态按其中一种方法检验。

表 13 奥氏体型不锈钢的化学成分

数字代号	牌号	化学成分(质量分数)/%										
		C	Si	Mn	P	S	Cr	Ni	Mo	Cu	N	其他
S30408	06Cr19Ni10	0.08	0.75	2.00	0.035	0.015	18.00~20.00	8.00~10.50	—	—	0.10	—
S30403	022Cr19Ni10	0.030	0.75	2.00	0.035	0.015	18.00~20.00	8.00~12.00	—	—	0.10	—
S30409	07Cr19Ni10	0.04~0.10	0.75	2.00	0.035	0.015	18.00~20.00	8.00~10.50	—	—	0.10	—
S30458	06Cr19Ni10N	0.08	1.00	2.00	0.035	0.015	18.00~20.00	8.00~11.00	—	—	0.10~0.16	—
S30478	06Cr19Ni9NbN	0.08	1.00	2.50	0.035	0.015	18.00~20.00	7.50~10.50	—	—	0.15~0.30	Nb:0.15
S30453	022Cr19Ni10N	0.030	1.00	2.00	0.035	0.015	18.00~20.00	8.00~11.00	—	—	0.10~0.16	—
S30908	06Cr23Ni13	0.08	0.75	2.00	0.035	0.015	22.00~24.00	12.00~15.00	—	—	—	—
S31008	06Cr25Ni20	0.08	1.50	2.00	0.035	0.015	24.00~26.00	19.00~22.00	—	—	—	—
S31252	015Cr20Ni18Mo6CuN	0.020	0.80	1.00	0.030	0.010	19.50~20.50	17.50~18.50	6.00~6.50	0.50~1.00	0.18~0.22	—
S31608	06Cr17Ni12Mo2	0.08	0.75	2.00	0.035	0.015	16.00~18.00	10.00~14.00	2.00~3.00	—	0.10	—
S31603	022Cr17Ni12Mo2	0.030	0.75	2.00	0.035	0.015	16.00~18.00	10.00~14.00	2.00~3.00	—	0.10	—
S31609	07Cr17Ni12Mo2	0.04~0.10	1.00	2.00	0.035	0.015	16.00~18.00	10.00~14.00	2.00~3.00	—	0.10	—
S31668	06Cr17Ni12Mo2Ti	0.08	0.75	2.00	0.035	0.015	16.00~18.00	10.00~14.00	2.00~3.00	—	—	Ti≥5C~0.70
S31658	06Cr17Ni12Mo2N	0.08	1.00	2.00	0.035	0.015	16.00~18.00	10.00~13.00	2.00~3.00	—	0.10~0.16	—
S31653	022Cr17Ni12Mo2N	0.030	1.00	2.00	0.035	0.015	16.00~18.00	10.00~13.00	2.00~3.00	—	0.10~0.16	—
S39042	015Cr21Ni26Mo5Cu2	0.020	1.00	2.00	0.030	0.010	19.00~21.00	24.00~26.00	4.00~5.00	1.20~2.00	0.10	—
S31708	06Cr19Ni13Mo3	0.08	0.75	2.00	0.035	0.015	18.00~20.00	11.00~15.00	3.00~4.00	—	0.10	—
S31703	022Cr19Ni13Mo3	0.030	0.75	2.00	0.035	0.015	18.00~20.00	11.00~15.00	3.00~4.00	—	0.10	—
S32168	06Cr18Ni11Ti	0.08	0.75	2.00	0.035	0.015	17.00~19.00	9.00~12.00	—	—	—	Ti≥5C~0.70
S32169	07Cr19Ni11Ti	0.04~0.10	0.75	2.00	0.035	0.015	17.00~19.00	9.00~12.00	—	—	—	Ti:4(C+N)~0.70
S34778	06Cr18Ni11Nb	0.08	0.75	2.00	0.035	0.015	17.00~19.00	9.00~12.00	—	—	—	Nb:10C~1.00
S34779	07Cr18Ni11Nb	0.04~0.10	0.75	2.00	0.035	0.015	17.00~19.00	9.00~12.00	—	—	—	Nb:8C~1.00

注 1:表中成分与 GB/T 3280、GB/T 4237、GB/T 4238 同牌号的成分有所调整。

注 2:表中所列成分除标明范围或最小值外,其余均为最大值。

注 3:各国不锈钢牌号对照参见附录 C。

表 14 奥氏体-铁素体型不锈钢的化学成分

数字代号	牌号	化学成分(质量分数)/%										
		C	Si	Mn	P	S	Cr	Ni	Mo	Cu	N	其他
S21953	022Cr19Ni5Mo3Si2N	0.030	1.30～2.00	1.00～2.00	0.030	0.015	18.00～19.50	4.50～5.50	2.50～3.00	—	0.05～0.12	—
S22253	022Cr22Ni5Mo3N	0.030	1.00	2.00	0.030	0.015	21.00～23.00	4.50～6.50	2.50～3.50	—	0.08～0.20	—
S22053	022Cr23Ni5Mo3N	0.030	1.00	2.00	0.030	0.015	22.00～23.00	4.50～6.50	3.00～3.50	—	0.14～0.20	—
S23043	022Cr23Ni4MoCuN	0.030	1.00	2.00	0.030	0.015	21.50～24.50	3.00～3.50	0.05～0.60	0.05～0.60	0.05～0.20	—
S25554	03Cr25Ni6Mo3Cu2N	0.04	1.00	1.50	0.030	0.015	24.00～27.00	4.50～6.50	2.90～3.90	1.50～2.50	0.10～0.25	—
S25073	022Cr25Ni7Mo4N	0.030	1.00	2.00	0.030	0.015	24.00～26.00	6.00～8.00	3.00～3.50	0.50	0.24～0.32	—
S22294	03Cr22Mn5Ni2MoCuN	0.040	1.00	4.00～6.00	0.030	0.015	21.00～22.00	1.35～1.75	0.10～0.80	0.10～0.80	0.20～0.25	—
S22153	022Cr21Ni3Mo2N	0.030	1.00	2.00	0.030	0.015	19.50～22.50	3.00～4.00	1.50～2.00	—	0.14～0.20	—

注 1：表中成分与 GB/T 3280、GB/T 4237、GB/T 4238 同牌号的成分有所调整。

注 2：表中所列成分除标明范围或最小值外，其余均为最大值。

注 3：各国不锈钢牌号对照参见附录 C。

表 15 铁素体型不锈钢的化学成分

数字代号	牌号	化学成分(质量分数)/%									
		C	Si	Mn	P	S	Cr	Ni	Mo	N	其他
S11348	06Cr13Al	0.08	1.00	1.00	0.035	0.020	11.50～14.50	0.60	—	—	Al：0.10～0.30
S11972	019Cr19Mo2NbTi	0.025	1.00	1.00	0.035	0.020	17.50～19.50	1.00	1.75～2.50	0.035	(Ti+Nb)：[0.20+4(C+N)]～0.80
S11306	06Cr13	0.08	1.00	1.00	0.035	0.020	11.50～13.50	0.60	—	—	—

注 1：表中成分与 GB/T 3280、GB/T 4237、GB/T 4238 同牌号的成分有所调整。

注 2：表中所列成分除标明范围或最小值外，其余均为最大值。

6.4.2 经固溶处理的奥氏体型不锈钢的室温力学性能应符合表16的规定。

6.4.3 对于热轧厚钢板，当厚度超过表2规定的最大厚度时，经供需双方协商，可进行力学性能试验，试验数据仅供参考，不作为交货依据。

表16 经固溶处理的奥氏体型钢室温下的力学性能

数字代号	牌号	规定塑性延伸强度 $R_{P0.2}$/MPa	规定塑性延伸强度[a] $R_{P1.0}$/MPa	抗拉强度 R_m/MPa	断后伸长率[b] A/%	硬度值 HBW	HRB	HV
		不小于				不大于		
S30408	06Cr19Ni10	220	250	520	40	201	92	210
S30403	022Cr19Ni10	210	230	490	40	201	92	210
S30409	07Cr19Ni10	220	250	520	40	201	92	210
S30458	06Cr19Ni10N	240	310	550	30	201	92	220
S30478	06Cr19Ni9NbN	275	—	585	30	241	100	242
S30453	022Cr19Ni10N	205	310	515	40	201	92	220
S30908	06Cr23Ni13	205	—	515	40	217	95	220
S31008	06Cr25Ni20	205	240	520	40	217	95	220
S31252	015Cr20Ni18Mo6CuN	310	—	655	35	223	96	225
S31608	06Cr17Ni12Mo2	220	260	520	40	217	95	220
S31603	022Cr17Ni12Mo2	210	260	490	40	217	95	220
S31609	07Cr17Ni12Mo2	220	—	515	40	217	95	220
S31668	06Cr17Ni12Mo2Ti	205	260	520	40	217	95	220
S31658	06Cr17Ni12Mo2N	240	—	550	35	217	95	220
S31653	022Cr17Ni12Mo2N	205	320	515	40	217	95	220
S39042	015Cr21Ni26Mo5Cu2	220	260	490	35	—	90	200
S31708	06Cr19Ni13Mo3	205	260	520	35	217	95	220
S31703	022Cr19Ni13Mo3	205	260	520	40	217	95	220
S32168	06Cr18Ni11Ti	205	250	520	40	217	95	220
S32169	07Cr19Ni11Ti	205	—	515	40	217	95	220
S34778	06Cr18Ni11Nb	205	—	515	40	201	92	210
S34779	07Cr18Ni11Nb	205	—	515	40	201	92	210

[a] 规定塑性延伸强度 $R_{P1.0}$，仅当需方要求并在合同中注明时才进行检验。

[b] 厚度不大于3.00 mm，测 $A_{50\ mm}$。

6.4.4 经固溶处理的奥氏体-铁素体型钢的室温力学性能应符合表17的规定。

6.4.5 经退火处理的铁素体型钢的室温力学性能和工艺性能应符合表18的规定。

6.4.6 经退火处理的铁素体型钢的弯曲试验，仅当需方要求并在合同中注明时才进行检验。

6.4.7 部分牌号的高温力学性能参见附录D和附录E。

表 17　经热处理的奥氏体-铁素体型钢的室温力学性能

<table>
<tr><td rowspan="3">数字代号</td><td rowspan="3" colspan="2">牌号</td><td colspan="3">拉伸试验</td><td colspan="2">硬度试验</td></tr>
<tr><td>规定塑性延伸强度 $R_{P0.2}$/MPa</td><td>抗拉强度 R_m/MPa</td><td>断后伸长率[a] A/%</td><td>HBW</td><td>HRC</td></tr>
<tr><td colspan="3">不小于</td><td colspan="2">不大于</td></tr>
<tr><td>S21953</td><td colspan="2">022Cr19Ni5Mo3Si2N</td><td>440</td><td>630</td><td>25</td><td>290</td><td>31</td></tr>
<tr><td>S22253</td><td colspan="2">022Cr22Ni5Mo3N</td><td>450</td><td>620</td><td>25</td><td>293</td><td>31</td></tr>
<tr><td>S22053</td><td colspan="2">022Cr23Ni5Mo3N</td><td>450</td><td>620</td><td>25</td><td>293</td><td>31</td></tr>
<tr><td>S23043</td><td colspan="2">022Cr23Ni4MoCuN</td><td>400</td><td>600</td><td>25</td><td>290</td><td>32</td></tr>
<tr><td>S25554</td><td colspan="2">03Cr25Ni6Mo3Cu2N</td><td>550</td><td>760</td><td>20</td><td>302</td><td>32</td></tr>
<tr><td>S25073</td><td colspan="2">022Cr25Ni7Mo4N</td><td>550</td><td>800</td><td>20</td><td>310</td><td>32</td></tr>
<tr><td rowspan="2">S22294</td><td rowspan="2">03Cr22Mn5Ni2MoCuN</td><td>厚度≤5.0 mm</td><td>530</td><td>700</td><td>30</td><td>290</td><td>—</td></tr>
<tr><td>厚度>5.0 mm</td><td>450</td><td>650</td><td>30</td><td>290</td><td>—</td></tr>
<tr><td rowspan="2">S22153</td><td rowspan="2">022Cr21Ni3Mo2N</td><td>厚度≤5.0 mm</td><td>485</td><td>690</td><td>25</td><td>293</td><td>31</td></tr>
<tr><td>厚度>5.0 mm</td><td>450</td><td>655</td><td>25</td><td>293</td><td>31</td></tr>
<tr><td colspan="8">[a] 厚度不大于 3.00 mm，测 $A_{50\ mm}$。</td></tr>
</table>

表 18　经退火处理的铁素体型钢室温下的力学性能和工艺性能

<table>
<tr><td rowspan="3">数字代号</td><td rowspan="3">牌号</td><td colspan="3">拉伸试验</td><td colspan="3">硬度试验</td><td>弯曲试验[b]</td></tr>
<tr><td>规定塑性延伸强度 $R_{P0.2}$/MPa</td><td>抗拉强度 R_m/MPa</td><td>断后伸长率[a] A/%</td><td>HBW</td><td>HRB</td><td>HV</td><td rowspan="2">180°</td></tr>
<tr><td colspan="3">不小于</td><td colspan="3">不大于</td></tr>
<tr><td>S11348</td><td>06Cr13Al</td><td>170</td><td>415</td><td>20</td><td>179</td><td>88</td><td>200</td><td>$D=2a$</td></tr>
<tr><td>S11972</td><td>019Cr19Mo2NbTi</td><td>275</td><td>415</td><td>20</td><td>217</td><td>96</td><td>230</td><td>$D=2a$</td></tr>
<tr><td>S11306</td><td>06Cr13</td><td>205</td><td>415</td><td>20</td><td>183</td><td>89</td><td>200</td><td>$D=2a$</td></tr>
<tr><td colspan="9">[a] 厚度不大于 3.00 mm，测 $A_{50\ mm}$。
[b] 表中产品的最大厚度为 25.0 mm。D 为弯曲压头直径，a 为弯曲试样厚度。</td></tr>
</table>

6.5　晶间腐蚀

经需方要求，奥氏体不锈钢、奥氏体-铁素体型不锈钢可进行晶间腐蚀试验，评定标准应在合同中注明。

6.6　晶粒度

根据需方要求，经供需双方协商，并在合同中注明，可对牌号为 07Cr19Ni10、07Cr17Ni12Mo2、07Cr19Ni11Ti、07Cr18Ni11Nb 的不锈钢进行晶粒度检验，平均晶粒度级别应为 7 级或更粗。

6.7 表面加工及质量要求

6.7.1 钢板和钢带的表面加工类型

钢板和钢带的表面加工类型见表19,需方应根据使用需求指定加工类型,并在合同中注明。

6.7.2 表面质量

6.7.2.1 热轧厚钢板和热轧钢带及卷切钢板的表面质量

钢板和钢带不准许存在有影响使用的缺陷。经酸洗后的钢板和钢带表面不准许有氧化皮及过酸洗。允许对钢板表面局部缺陷进行修磨清理,但应保证钢板的最小厚度。由于钢带一般没有除掉缺陷的机会,允许带有少量不正常的部分。

表19 表面加工类型

类别	简称	加工类型	表面状态	备 注
热轧产品	1E	热轧、热处理、机械除氧化皮	无氧化皮	机械除氧化皮的方法(粗磨或喷丸)取决于产品种类,除另有规定外,由生产厂选择
	1D	热轧、热处理、酸洗	无氧化皮	适用于确保良好耐腐蚀性能的大多数钢的标准。是进一步加工产品常用的精加工。允许有研磨痕迹
冷轧产品	2D	冷轧、热处理、酸洗或除鳞	表面均匀、呈亚光状	冷轧后热处理、酸洗。亚光表面经酸洗或除鳞产生。可用毛面辊进行平整。毛面加工便于在深冲时将润滑剂保留在钢板表面。这种表面适用于加工深冲部件,但这些部件成型后还需进行抛光处理
	2B	冷轧、热处理、酸洗或除鳞、光亮加工	较2D表面光滑平直	在2D表面的基础上,对经热处理、除鳞后的钢板用抛光辊进行小压下量的平整。属最常用的表面加工

6.7.2.2 冷轧钢带及卷切钢板的表面质量

6.7.2.2.1 钢板不应有影响使用的缺陷。允许有个别深度小于厚度公差之半的轻微麻点、擦划伤、压痕、凹坑、辊印和色差等不影响使用的缺欠。允许局部修磨,但应保证钢板最小厚度。

6.7.2.2.2 钢带不应有影响使用的缺陷。但成卷交货的钢带由于一般没有除去缺陷的机会,允许有少量不正常的部分。对不经抛光的钢带,表面允许有个别深度小于厚度公差之半的轻微麻点、擦划伤、压痕、凹坑、辊印和色差。

6.7.2.2.3 钢带边缘应平整。切边钢带边缘不准许有深度大于宽度公差之半的切割不齐和大于钢带厚度公差的毛刺;不切边钢带不准许有大于宽度公差的裂边。

6.8 特殊要求

6.8.1 根据需方要求并经供需双方商定,可对钢板和钢带的化学成分、力学性能、非金属夹杂物规定特殊技术要求,或补充规定耐腐蚀试验、无损检验等特殊检验项目,具体试验方法和合格级别应由供需双方协商确定,并在合同中注明。

6.8.2 根据需方要求，并在合同中注明，按照 GB/T 13305 进行奥氏体-铁素体型不锈钢的相比例试验，要求铁素体含量为 40%～60%。

7 试验方法

7.1 每批钢板及钢带的检验项目和试验方法应符合表 20 规定。

7.2 钢的化学成分分析方法按 GB/T 223.5、GB/T 223.9、GB/T 223.11、GB/T 223.16、GB/T 223.18、GB/T 223.19、GB/T 223.23、GB/T 223.25、GB/T 223.26、GB/T 223.28、GB/T 223.36、GB/T 223.40、GB/T 223.58、GB/T 223.59、GB/T 223.60、GB/T 223.68、GB/T 223.69、GB/T 11170、GB/T 20123、GB/T 20124 或通用方法的规定进行，但仲裁时按 GB/T 223.5、GB/T 223.9、GB/T 223.11、GB/T 223.16、GB/T 223.18、GB/T 223.19、GB/T 223.23、GB/T 223.25、GB/T 223.26、GB/T 223.28、GB/T 223.36、GB/T 223.40、GB/T 223.58、GB/T 223.59、GB/T 223.60、GB/T 223.68、GB/T 223.69 的规定进行。

表 20 钢板及钢带检验项目，取样数量、取样部位及试验方法

序号	检验项目	取样数量	取样部位及方法	试验方法
1	化学成分	每炉 1 个	GB/T 20066	见 7.2
2	拉伸试验	每批 1 个	GB/T 2975	GB/T 228.1
3	弯曲试验	每批 1 个	GB/T 232	GB/T 232
4	硬度	每批 1 个	任一张或卷	GB/T 230.1、GB/T 231.1、GB/T 4340.1
5	晶间腐蚀	每批 2 个	双方协商	GB/T 4334、GB/T 21433
6	晶粒度	每批 1 个	宽度 1/4 处	GB/T 6394
7	相比例	每批 1 个	双方协商	GB/T 13305
8	尺寸、外形	逐张或逐卷	—	见 7.3
9	表面质量	逐张或逐卷	—	目视

7.3 尺寸及外形测量方法

7.3.1 尺寸测量

7.3.1.1 厚度测量

7.3.1.1.1 热轧钢板及钢带、冷轧钢板及钢带

不切边状态距轧制边不小于 40 mm 处任意点测量；切边状态距剪切边不小于 25 mm 处任意点测量。

7.3.1.1.2 热轧厚钢板

切边状态边部（纵边和横边）不小于 25.0 mm 处测量。不切边状态测量部位由供需双方协议。

7.3.1.2 宽度测量

宽度测量位置：垂直于轧制方向。不切边钢带头尾不正常部分除外。

7.3.2 外形测量

7.3.2.1 镰刀弯

测量方法见图 2,钢带头尾不正常部分除外。

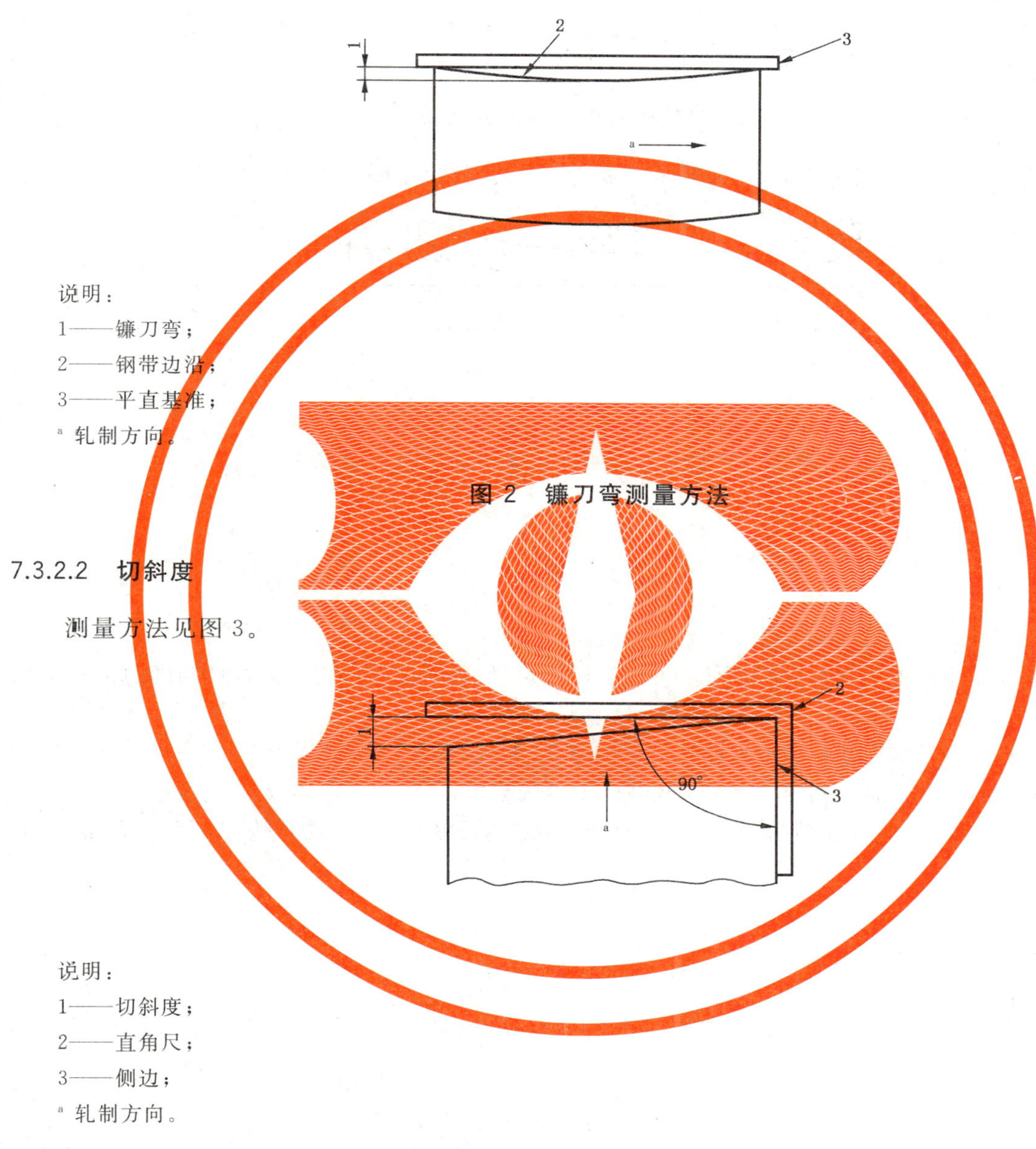

说明:

1——镰刀弯;

2——钢带边沿;

3——平直基准;

ª 轧制方向。

图 2 镰刀弯测量方法

7.3.2.2 切斜度

测量方法见图 3。

说明:

1——切斜度;

2——直角尺;

3——侧边;

ª 轧制方向。

图 3 切斜度测量方法

7.3.2.3 钢板不平度

7.3.2.3.1 不平度测量方法:将钢板在自重状态下平放于平台上,进行测量。

7.3.2.3.2 对于热轧厚钢板:用一根长度为 1 000 mm 或 2 000 mm 的直尺,在距热轧厚钢板纵边至少 25.0 mm 和距横边至少 200 mm 区域内的任何方向,测量钢板上表面与直尺之间的最大距离(见图 4)。

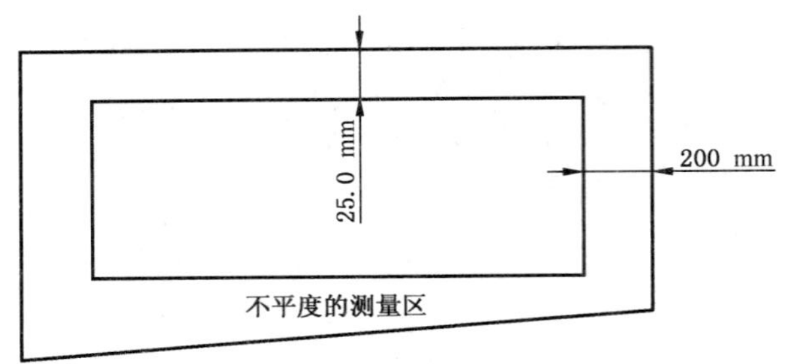

图 4　热轧厚钢板不平度的测量

7.3.2.3.3　对于热轧卷切钢板和冷轧卷切钢板：测量钢板下表面与平面之间的最大距离（见图 5）。

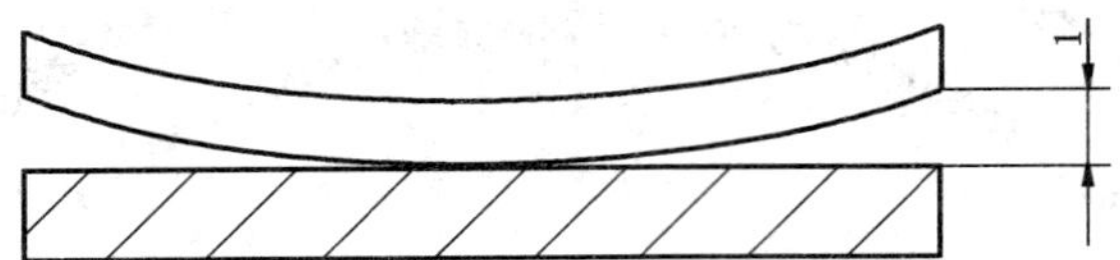

说明：

1——不平度。

图 5　热轧卷切钢板和冷轧卷切钢板不平度的测量

8　检验规则

8.1　钢板及钢带的质量检验由供方质量监督部门负责。

8.2　钢板及钢带应按批提交验收，每批由同一牌号、同一炉号、同一厚度和同一热处理制度的钢板及钢带组成。每批钢板或钢带的重量应不超过 40 t。

8.3　每批钢板及钢带的取样数量和取样部位应符合表 20 的规定。

8.4　其他检验项目的的复验和判定应符合 GB/T 17505 的规定。

8.5　力学性能和化学成分试验结果应采用修约值比较法进行修约，修约规则按 GB/T 8170 的规定执行。

9　包装、标志和质量证明书

钢板及钢带的包装、标志和质量证明书应符合 GB/T 247 的规定。

附　录　A
（规范性附录）
不锈钢的密度值

不锈钢的密度值见表 A.1。

表 A.1　不锈钢的密度值

数字代号	牌号	密度(20 ℃)/(kg/dm³)
S30408	06Cr19Ni10	7.93
S30403	022Cr19Ni10	7.90
S30409	07Cr19Ni10	7.90
S30458	06Cr19Ni10N	7.93
S30478	06Cr19Ni9NbN	7.93
S30453	022Cr19Ni10N	7.93
S30908	06Cr23Ni13	7.98
S31008	06Cr25Ni20	7.98
S31252	015Cr20Ni18Mo6CuN	8.00
S31608	06Cr17Ni12Mo2	8.00
S31603	022Cr17Ni12Mo2	8.00
S31609	07Cr17Ni12Mo2	8.00
S31668	06Cr17Ni12Mo2Ti	7.90
S31658	06Cr17Ni12Mo2N	8.00
S31653	022Cr17Ni12Mo2N	8.00
S39042	015Cr21Ni26Mo5Cu2	8.00
S31708	06Cr19Ni13Mo3	8.00
S31703	022Cr19Ni13Mo3	7.98
S32168	06Cr18Ni11Ti	8.00
S32169	07Cr19Ni11Ti	8.00
S34778	06Cr18Ni11Nb	8.00
S34779	07Cr18Ni11Nb	8.00
S21953	022Cr19Ni5Mo3Si2N	7.70
S22253	022Cr22Ni5Mo3N	7.80
S22053	022Cr23Ni5Mo3N	7.80
S23043	022Cr23Ni4MoCuN	7.80
S25554	03Cr25Ni6Mo3Cu2N	7.80
S25073	022Cr25Ni7Mo4N	7.80
S22294	03Cr22Ni2MoCuN	7.80
S22153	022Cr21Ni3Mo2N	7.80
S11348	06Cr13Al	7.75
S11972	019Cr19Mo2NbTi	7.75
S11306	06Cr13	7.75

附　录　B
（资料性附录）
不锈钢牌号对照表

不锈钢牌号对照见表 B.1。

表 B.1　不锈钢牌号对照表

数字代号	国标 GB/T 20878—2007	美国 ASTM A240/240M-15	日本 JIS JIS G4304:2012 JIS G4305:2012	欧标 EN 10028-7:2008 EN 10088-1:2014
S30408	06Cr19Ni10	S30400,304	SUS304	1.4301 X5CrNi18-10
S30403	022Cr19Ni10	S30403,304L	SUS304L	1.4306 X2CrNi19-11
S30409	07Cr19Ni10	S30409,304H	SUH304H	1.4948 X6CrNi18-10
S30458	06Cr19Ni10N	S30451,304N	SUS304N1	1.4315 X5CrNiN19-9
S30478	06Cr19Ni9NbN	S30452,XM-21	SUS304N2	—
S30453	022Cr19Ni10N	S30453,304LN	SUS304LN	1.4311 X2CrNiN18-10
S30908	06Cr23Ni13	S30908,309S	SUS309S	1.4950 X6CrNi23-13
S31008	06Cr25Ni20	S31008,310S	SUS310S	1.4951 X6CrNi25-20
S31252	015Cr20Ni18Mo6CuN	S31254	—	1.4547 X1CrNiMoCuN20-18-7
S31608	06Cr17Ni12Mo2	S31600,316	SUS316	1.4401 X5CrNiMo17-12-2
S31603	022Cr17Ni12Mo2	S31603,316L	SUS316L	1.4404 X2CrNiMo17-12-2
S31609	07Cr17Ni12Mo2	S31609,316H	SUS316H	—
S31668	06Cr17Ni12Mo2Ti	S31635,316Ti	SUS316Ti	1.4571 X6CrNiMoTi17-12-2
S31658	06Cr17Ni12Mo2N	S31651, 316N	SUS316N	—
S31653	022Cr17Ni12Mo2N	S31653, 316LN	SUS316LN	1.4429 X2CrNiMoN17-13-3

表 B.1（续）

数字代号	国标 GB/T 20878 — 2007	美国 ASTM A240/240M-15	日本 JIS JIS G4304:2012 JIS G4305:2012	欧标 EN 10028-7:2008 EN 10088-1:2014
S39042	015Cr21Ni26Mo5Cu2	N08904,904L	—	1.4539 X1NiCrMoCu25-20-5
S31708	06Cr19Ni13Mo3	S31700,317	SUS317	—
S31703	022Cr19Ni13Mo3	S31703,317L	SUS317L	1.4438 X2CrNiMo18-15-4
S32168	06Cr18Ni11Ti	S32100,321	SUS321	1.4541 X6CrNiTi18-10
S32169	07Cr19Ni11Ti	S32109,321H	SUH321H	1.4541 X6CrNiTi18-10
S34778	06Cr18Ni11Nb	S34700,347	SUS347	1.4550 X6CrNiNb18-10
S34779	07Cr18Ni11Nb	S34709,347H	(SUS347H)	1.4912 X7CrNiNb18-10
S21953	022Cr19Ni5Mo3Si2N	S31500	—	—
S22253	022Cr22Ni5Mo3N	S31803	SUS329J3L	1.4462 X2CrNiMoN22-5-3
S22353	022Cr23Ni5Mo3N	S32205,2205	—	1.4462 X2CrNiMoN22-5-3
S23043	022Cr23Ni4MoCuN	S32304,2304	—	1.4362 X2CrNiN23-4
S25554	03Cr25Ni6Mo3Cu2N	S32550,255	—	1.4507 X3CrNiMoCuN26-6-3-2
S25073	022Cr25Ni7Mo4N	S32750,2507	—	1.4410 X2CrNiMoN25-7-4
S22294	03Cr22Mn5Ni2MoCuN	S32101	—	1.4162 X2CrMnNiN21-5-1
S22153	022Cr21Ni3Mo2N	S32003	—	—
S11348	06Cr13Al	S40500,405	SUS405	1.4002 X6CrAl13
S11972	019Cr19Mo2NbTi	S44400,444	SUS444	1.4521 X2CrMoTi18-2
S11306	06Cr13	S41008,410S	SUS410S	1.4000 X6Cr13

附　录　C
（资料性附录）
不锈钢的热处理制度

不锈钢的热处理制度见表 C.1～C.3。

表 C.1　奥氏体型钢的热处理制度

数字代号	牌号	热处理温度及冷却方式
S30408	06Cr19Ni10	≥1 040 ℃水冷或其他方式快冷
S30403	022Cr19Ni10	≥1 040 ℃水冷或其他方式快冷
S30409	07Cr19Ni10	≥1 095 ℃水冷或其他方式快冷
S30458	06Cr19Ni10N	≥1 040 ℃水冷或其他方式快冷
S30478	06Cr19Ni9NbN	≥1 040 ℃水冷或其他方式快冷
S30453	022Cr19Ni10N	≥1 040 ℃水冷或其他方式快冷
S30908	06Cr23Ni13	≥1 040 ℃水冷或其他方式快冷
S31008	06Cr25Ni20	≥1 040 ℃水冷或其他方式快冷
S31252	015Cr20Ni18Mo6CuN	≥1 040 ℃水冷或其他方式快冷
S31608	06Cr17Ni12Mo2	≥1 040 ℃水冷或其他方式快冷
S31603	022Cr17Ni12Mo2	≥1 040 ℃水冷或其他方式快冷
S31609	07Cr17Ni12Mo2	≥1 095 ℃水冷或其他方式快冷
S31668	06Cr17Ni12Mo2Ti	≥1 040 ℃水冷或其他方式快冷
S31658	06Cr17Ni12Mo2N	≥1 040 ℃水冷或其他方式快冷
S31653	022Cr17Ni12Mo2N	≥1 040 ℃水冷或其他方式快冷
S39042	015Cr21Ni26Mo5Cu2	≥1 040 ℃水冷或其他方式快冷
S31708	06Cr19Ni13Mo3	≥1 040 ℃水冷或其他方式快冷
S31703	022Cr19Ni13Mo3	≥1 040 ℃水冷或其他方式快冷
S32168	06Cr18Ni11Ti	≥1 040 ℃水冷或其他方式快冷
S32169	07Cr19Ni11Ti	≥1 095 ℃水冷或其他方式快冷
S34778	06Cr18Ni11Nb	≥1 040 ℃水冷或其他方式快冷
S34779	07Cr18Ni11Nb	≥1 095 ℃水冷或其他方式快冷

表 C.2 奥氏体-铁素体型钢的热处理制度

数字代号	牌号	热处理温度及冷却方式
S21953	022Cr19Ni5Mo3Si2N	950 ℃～1 050 ℃,水冷或其他方式快冷
S22253	022Cr22Ni5Mo3N	1 040 ℃～1 100 ℃,水冷或其他方式快冷
S22053	022Cr23Ni5Mo3N	1 040 ℃～1 100 ℃,水冷或其他方式快冷
S23043	022Cr23Ni4MoCuN	950 ℃～1 050 ℃,水冷或其他方式快冷
S25554	03Cr25Ni6Mo3Cu2N	≥1 040 ℃,水冷或其他方式快冷
S25073	022Cr25Ni7Mo4N	1 025 ℃～1 125 ℃,水冷或其他方式快冷
S22294	03Cr22Ni2MoCuN	≥1 020 ℃,水冷或其他方式快冷
S22153	022Cr21Ni3Mo2N	≥1 010 ℃,水冷或其他方式快冷

表 C.3 铁素体型钢的热处理制度

数字代号	牌号	退火处理温度及冷却方式
S11348	06Cr13Al	780 ℃～830 ℃,快冷或缓冷
S11972	019Cr19Mo2NbTi	800 ℃～1 050 ℃,快冷
S11306	06Cr13	罩式炉退火:约 760 ℃,缓冷 连续退火:800 ℃～900 ℃,缓冷

附 录 D
（资料性附录）
高温力学性能

钢板和钢带高温力学性能见表 D.1。

表 D.1 高温力学性能

数字代码	牌号	规定塑性延伸强度 $R_{p0.2}$/MPa 不小于										
		试验温度/℃										
		100	150	200	250	300	350	400	450	500	550	600
S30408	06Cr19Ni10	171	155	144	135	127	123	119	114	111	106	—
S30403	022Cr19Ni10	147	131	122	114	109	104	101	98	—	—	—
S30409	07Cr19Ni10	171	155	144	135	127	123	119	114	111	106	101
S30453	06Cr19Ni10N	170	154	144	135	129	123	118	114	110	—	—
S30458	022Cr19Ni10N	194	172	157	146	139	134	130	125	120	—	—
S31008	06Cr25Ni20	181	167	157	149	144	139	135	132	128	124	
S31252	015Cr20Ni18Mo6CuN	185	176	168	163	159	157	156	—	—	—	—
S31608	06Cr17Ni12Mo2	175	161	149	139	131	126	123	121	119	117	
S31603	022Cr17Ni12Mo2	147	130	120	111	105	100	96	93	—	—	—
S31653	022Cr17Ni12Mo2N	174	158	146	136	128	122	116	111	108	—	—
S31658	06Cr17Ni12Mo2N	212	196	183	172	164	156	150	145	140	—	—
S31668	06Cr17Ni12Mo2Ti	175	161	149	139	131	126	123	121	119	117	—
S31703	022Cr19Ni13Mo3	175	161	149	139	131	126	123	121	—	—	—
S32168	06Cr18Ni11Ti	171	155	144	135	127	123	120	117	114	111	—
S32169	07Cr19Ni11Ti	184	171	160	150	142	136	132	128	126	123	122
S34778	06Cr18Ni11Nb	189	177	166	157	150	145	141	139	139	—	—
S34779	07Cr18Ni11Nb	189	171	166	158	150	145	141	139	139	133	130
S39042	015Cr21Ni26Mo5Cu2	205	190	175	160	145	135	—	—	—	—	—
S21953	022Cr19Ni5Mo3Si2N	315	300	290	280	270	260	—	—	—	—	—
S22253	022Cr22Ni5Mo3N	395	370	350	335	325	315	—	—	—	—	—
S22053	022Cr23Ni5Mo3N	395	370	350	335	325	315	—	—	—	—	—
S25073	022Cr25Ni7Mo4N	480	445	420	400	395	390	—	—	—	—	—
S25554	03Cr25Ni6Mo3Cu2N	475	440	415	405	400	400	—	—	—	—	—
S23043	022Cr23Ni4MoCuN	340	315	305	300	295	280	—	—	—	—	—
S22294	03Cr22Mn5Ni2MoCuN	400	355	340	335	325	315	—	—	—	—	—
S22153	022Cr21Ni3Mo2N	385	357	316	310	305		—	—	—	—	—

附　录　E
（资料性附录）
部分奥氏体耐热不锈钢的高温强度

部分奥氏体不锈钢高温强度见表E.1～表E.6。

表E.1　固溶态下最小规定塑性延伸强度 $R_{p0.2}$　　单位为兆帕

数字代号	钢种	温度/℃												
		50	100	150	200	250	300	350	400	450	500	550	600	700
S30409	07Cr19Ni10	—	157	142	127	117	108	103	98	93	88	83	78	—
S30908	06Cr23Ni13	—	140	128	116	108	100	94	91	86	85	84	82	—
S31008	06Cr25Ni20	—	140	128	116	108	100	94	91	86	85	84	82	—
S32169	07Cr19Ni11Ti	—	162	152	142	137	132	127	123	118	113	108	103	—

表E.2　固溶态下最小规定塑性延伸强度 $R_{p1.0}$　　单位为兆帕

数字代号	钢种	温度/℃												
		50	100	150	200	250	300	350	400	450	500	550	600	700
S30409	07Cr19Ni10	—	191	172	157	147	137	132	127	122	118	113	108	—
S30908	06Cr23Ni13	—	185	167	154	146	139	132	126	123	121	118	114	—
S31008	06Cr25Ni20	—	185	167	154	146	139	132	126	123	121	118	114	—
S32169	07Cr19Ni11Ti	—	201	191	181	176	172	167	162	157	152	147	142	—

表E.3　固溶态下最小规定抗拉强度 R_m　　单位为兆帕

数字代号	钢种	温度/℃												
		50	100	150	200	250	300	350	400	450	500	550	600	700
S30409	07Cr19Ni10	—	440	410	390	385	375	375	375	370	360	330	300	—
S30908	06Cr23Ni13	—	470	450	430	420	410	405	400	385	370	350	320	—
S31008	06Cr25Ni20	—	470	450	430	420	410	405	400	385	370	350	320	—
S32169	07Cr19Ni11Ti	—	410	390	370	360	350	345	340	335	330	320	300	—

表E.4　固溶态下最小1%(塑性)蠕变断裂强度 $R_{km10\,000}$　　单位为兆帕

数字代号	钢种	温度/℃												
		500	550	600	650	700	750	800	850	900	950	1 000	1 050	1 100
S30409	07Cr19Ni10	250	191	132	87	55	34	—	—	—	—	—	—	—
S30908	06Cr23Ni13	—	—	120	70	36	24	18	13	8.5	—	—	—	—
S31008	06Cr25Ni20	—	—	130	65	40	26	18	13	8.5	—	—	—	—
S32169	07Cr19Ni11Ti	—	—	142	82	48	27	15	—	—	—	—	—	—

表 E.5　固溶态下最小 1%(塑性)蠕变断裂强度 $R_{km100\ 000}$　单位为兆帕

数字代号	钢种	温度/℃												
		500	550	600	650	700	750	800	850	900	950	1 000	1 050	1 100
S30409	07Cr19Ni10	192	140	89	52	28	15	—	—	—	—	—	—	—
S30908	06Cr23Ni13	—	—	65	35	16	10	7.5	5	3	—	—	—	—
S31008	06Cr25Ni20	—	—	80	33	18	11	7	4.5	3	—	—	—	—
S32169	07Cr19Ni11Ti	—	—	65	36	22	14	10	—	—	—	—	—	—

表 E.6　固溶态下最小 1%(塑性)蠕变断裂强度 $R_{A1,10\ 000}$　单位为兆帕

数字代号	钢种	温度/℃												
		500	550	600	650	700	750	800	850	900	950	1 000	1 050	1 100
S30409	07Cr19Ni10	147	121	94	61	35	24	—	—	—	—	—	—	—
S30908	06Cr23Ni13	—	—	70	47	25	15.5	10	6.5	5	—	—	—	—
S31008	06Cr25Ni20	—	—	90	52	30	17.5	10	6	4	—	—	—	—
S32169	07Cr19Ni11Ti	—	—	85	50	30	17.5	10	—	—	—	—	—	—

参 考 文 献

[1] GB/T 3280 不锈钢冷轧钢板和钢带
[2] GB/T 4237 不锈钢热轧钢板和钢带
[3] GB/T 4238 耐热钢钢板和钢带

ICS 65.060.40
B 91

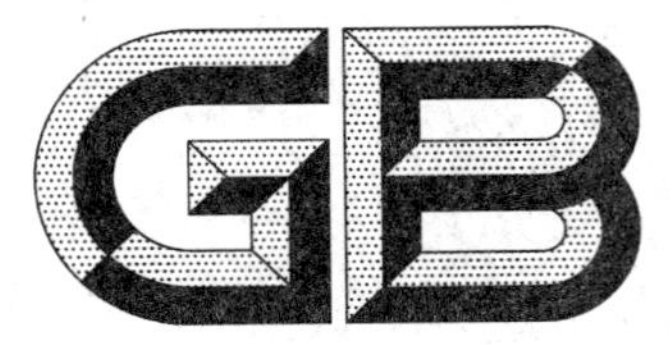

中华人民共和国国家标准

GB/T 24679.1—2017/ISO 19932-2:2013
代替 GB/T 24679.1—2009

植物保护机械 背负式喷雾器 第1部分:试验方法

Equipment for crop protection—Knapsack sprayers—Part 1: Test methods

(ISO 19932-2:2013, Equipment for crop protection—Knapsack sprayers—Part 2: Test methods, IDT)

2017-12-29 发布 2018-07-01 实施

中华人民共和国国家质量监督检验检疫总局
中国国家标准化管理委员会 发布

前　言

——GB/T 24679《植物保护机械　背负式喷雾器》拟分为以下2个部分：

——第1部分：试验方法；

——第2部分：安全和环境要求。

本部分为GB/T 24679的第1部分。

本部分按照GB/T 1.1—2009给出的规则起草。

本部分代替GB/T 24679.1—2009《植物保护机械　背负式喷雾器　第1部分：试验要求和方法》。与GB/T 24679.1—2009相比，除编辑性修改外主要技术变化如下：

——修改了药液箱额定容积，由5 L变为3 L(见第1章)；

——增加了坠落高度(600±20)mm(见4.5)；

——修改了压力表量程，由2 MPa±0.012 MPa变为2.5 MPa±0.015 MPa(见4.11，2009年版本4.13)；

——修改了相对湿度，由不低于50%变为不低于30%(见5.1，2009年版本5.1)；

——修改了垂直提升高度，由200 mm变为(200±20)mm(见5.3.3，2009年版本5.3.3)；

——修改了喷雾器置于坡面的角度，由10°变为8.5°±0.2°(见5.3.4，2009年版本5.3.6)；

——增加了背带吸水性(见5.3.8)；

——增加了喷雾器部件药液耐受性测试(见5.3.9)；

——增加了重心(见5.6)；

——增加了动力驱动背负式喷雾器特殊测试(见第7章)；

——增加了压缩式喷雾器特殊测试(见第8章)；

——增加了预处理装置示例(见附录A)；

——增加了截流阀测试装置示例(见附录B)。

本部分使用翻译法等同采用ISO 19932-2:2013《植物保护机械　背负式喷雾器　第2部分：试验方法》。

本部分做了下列编辑性修改：

——修改了标准名称；

——修改了国际标准中的编辑性错误，耐压试验对应的条款为本部分的5.4；

——用“MPa”换算代替“bar”。

与本部分中规范性引用的国际文件有一致性对应关系的我国文件如下：

GB/T 20085—2006　植物保护机械　词汇(ISO 5681:1992，MOD)。

本部分由中国机械工业联合会提出。

本部分由全国农业机械标准化技术委员会(SAC/TC 201)归口。

本部分起草单位：中国农业机械化科学研究院、国家植保机械质量监督检验中心、市下控股有限公司、台州信溢农业机械有限公司、国家农机具质量监督检验中心。

本部分主要起草人：林玉涵、严荷荣、谭本垠、刘燕、张卫江、陈健、刘春鸽。

本部分所代替标准的历次版本发布情况为：

——GB/T 24679.1—2009。

引 言

在喷洒农药时,使用背负式喷雾器需要考虑生物、经济、环境和操作者方面因素。

本部分的目的是规定试验方法和技术要求,以确保使用的安全性及保护环境。

本系列标准的实施将对操作者药害降低到最低水平,避免农药泄露到环境中。

植物保护机械　背负式喷雾器 第1部分:试验方法

1　范围

GB/T 24679 的本部分规定了 ISO 19932-1 给出的由操作者的背部或肩部背负,与植保产品(药液)一起使用的背负式喷雾器的试验方法。

本部分适用于农业和园艺等用途的摇杆操作的背负式喷雾器、压缩式喷雾器和由发动机或电动机驱动的喷雾器,且喷雾液滴为雾状,药液箱额定容积大于 3 L。

本部分不适用于 ISO 28139 规定的背负式喷雾器。

2　规范性引用文件

下列文件对于本文件的应用是必不可少的。凡是注日期的引用文件,仅注日期的版本适用于本文件。凡是不注日期的引用文件,其最新版本(包括所有的修改单)适用于本文件。

ISO 5681:1992　植物保护机械　词汇(Equipment for crop protection—Vocabulary)

ISO 19932-1:2013　植物保护机械　背负式喷雾器　第1部分:安全和环境要求(Equipment for crop protection—Knapsack sprayers—Part 1:Safety and environmental requirements)

3　术语和定义

ISO 5681 和 ISO 19932-1 中界定的术语和定义适用于本文件。

4　试验用介质及设备

4.1　水

清洁,不含固体悬浮物。

4.2　预处理装置

使喷雾器保持稳定且使摇杆操作的背负式喷雾器泵连续工作,其行程和频率可调。示例参见附录 A。也可以采用其他等效的试验装置。

4.3　截流阀试验装置

其组成为:一个用来固定截流阀手柄的支架,一个用于驱动截流阀控制装置的机构,如阀杆、在截流阀反复开关的过程中,保证液流在规定的流速和压力范围内。节流阀的行程应可调。示例参见附录 B。也可以采用其他等效的试验装置。

4.4　背带试验装置

当喷雾器从 200 mm 的高处沿导轨垂直坠落时,能被一个直径为 75 mm 的水平圆棒挂住背带。该装置对喷雾器背带的上、下两个固定点都能够进行测试。示例参见附录C。也可以采用其他等效的试验装置。

警告——本试验装置在试验过程中有危险。所有人员应远离试验区或加以防护,以免受到飞出物的伤害。

4.5 坠落试验装置

能够使直立的喷雾器垂直地自(600±20)mm的高度跌落到一块高密度聚乙烯(PEHD)板或硬木板上。其厚度为50 mm,边长为800 mm×800 mm,表面平整,置于平坦的水平地面上。该装置应能使喷雾器每次坠落时所产生的冲击力保持一致。示例参见附录D。也可采用其他等效的试验装置。

4.6 加液装置

该装置能控制和调节加水或试验液的体积和速度。

示例参见附录E。也可以采用其他等效的试验装置。

4.7 称量装置

称量装置应达到下列精度:

a) 称量装置量程为25 kg时,最大测量误差为±1 g;

b) 称量装置量程为2 kg时,最大测量误差为±0.1 g。

4.8 量杯(筒)

每1 L的最大测量误差为±10 mL。

4.9 计时器(秒表)

5 min的最大测量误差为±0.5 s。

4.10 加压装置

对喷雾器进行气压或水压试验的装置。压力应能调节到1 MPa,此时的最大测量误差为±5%。

4.11 压力表

量程为2.5 MPa,最大测量误差为±0.015 MPa(根据EN 837-1相当于一个0.6级的压力表)。

4.12 聚乙烯塑料袋

最小规格为300 mm×400 mm。

4.13 聚乙烯塑料垫

最小规格为2 000 mm×1 000 mm。

5 一般要求

5.1 试验条件

一台完整的新样机,应在温度为10 ℃~30 ℃,相对湿度不低于30%,并且在无风及阳光影响的条件下进行试验。

5.2 喷雾器

按照使用说明书的规定，将喷雾器安装成使用状态。检查加液口药箱盖、压紧螺母和其他接头的紧固状况。用4.7a)规定的装置测量喷雾器的净重，单位为千克(kg)。

5.3 性能试验

5.3.1 截流阀可靠性试验

将截流阀和喷杆一起从喷雾器上拆下，安装到4.3规定的结构上。将试验压力调整为0.30 MPa±0.02 MPa。满行程操作截流阀，开关频率为(15±5)次/min，累计25 000次。最后一次开关截流阀后，在1 min±5 s的时间内检查并记录截流阀的泄漏情况。

5.3.2 喷雾量测定

喷雾器随机提供的每一个喷头、每一个压力调节器组合的喷雾量 q_m 都应测定，测量误差应不超过1%。试验压力为正常喷雾压力或使用说明书规定的工作压力。记录喷雾器的喷雾量，按说明书中给定的额定喷雾量 q_s 和式(1)计算喷雾量偏差 σ：

$$\sigma=\frac{q_m}{q_s}\times 100\% \qquad \cdots\cdots(1)$$

5.3.3 背带及固定点

警告——本试验存在危险因素。所有人员都应远离试验现场或加以防护，以免受到飞出物的伤害。

给药液箱加水至总质量为7 kg±10 g。如果药液箱空载质量大于7 kg，则用空载药液箱进行本试验；如果药液箱在加入额定容量的水后仍低于7 kg，则记录该质量，在该质量下进行试验。按4.4规定的装置，将喷雾器悬挂在圆棒上，使每一根背带都能单独进行试验。将喷雾器从其悬挂的位置垂直提升(200±20)mm，然后释放让其坠落。对每一根背带重复试验10次。

检查背带的损坏情况。

5.3.4 稳定性

将一台没有装液体的背负式喷雾器放置在8.5°±0.2°平整坚硬坡面上。背带面向斜面下方。将摇杆、连杆和喷杆置于停放位置。若无停放位置，则将摇杆放置于最高位置，喷杆置于斜面下方。

再将喷雾器转动90°。检查稳定性。

向喷雾器内加入额定容量的水，重复本试验。

记录所有的不稳定现象。

5.3.5 药液箱水位线和总容积测定

将一台没有装液体的喷雾器垂直于水平面上，摇杆置于停放位置。给喷雾器药箱加水，直到标示额定容积的水位线，用4.8规定的量杯或4.7规定的装置称量加水的质量，测量和记录每条水位线对应的容积。

水位线误差的百分比用 E 表示，按式(2)计算：

$$E=\frac{V_s-V_m}{V_s}\times 100\% \qquad \cdots\cdots(2)$$

式中：

V_s——药液箱水位线标示的容积，单位为毫升(mL)；

V_m——对应水位线实测的容积，单位为毫升(mL)。

试验的第二部分是将水加满至药箱加液口的上沿。

对摇杆操作的喷雾器和动力驱动的喷雾器，放入滤网，拧紧药箱盖。

对压缩喷雾器，装上气泵并拧紧。排净漏斗中的水。如果加液口的位置低于药液箱的其他部分，会形成空腔，则卸掉出水软管，装好气泵，从药液箱出水口向药箱内加水。

用4.7a)规定的装置称量装满水的喷雾器的质量。

根据装满水的喷雾器质量和按5.2试验记录的质量，确定装水总容积 V_t。

药液箱额外容积占额定容积的百分比用 V_A 表示，按式(3)计算：

$$V_A = \frac{V_t - V_n}{V_n} \times 100\% \qquad \cdots\cdots(3)$$

式中：

V_n——额定容积，单位为毫升(mL)。

5.3.6 定速加液试验

本试验样机按照5.2规定，为一台不装液体的完整的喷雾器，在试验开始时将喷雾器排空。用0.5%的非离子表面活性剂水溶液彻底清洗喷雾器外表面，使其干燥。

将摇杆和喷杆置于停放的位置，卸去药液箱盖或气泵，保留加水滤网。

把喷雾器放在4.13规定的聚乙烯垫的中央。

将按4.6规定的加液装置定位，其出水口位于加液口上方100 mm处。喷雾器背带背对加液装置，背带固定点的连线应与加液装置的轴线相垂直(参见附录E)。测试液加注点应位于加液口的中心。

按照加液装置的最大容积，给其加入水，不得溢出。

从加液装置向喷雾器内加入药箱额定容积的水，模拟喷雾器加液。加液速率应控制在从加液装置向喷雾器加液的最大速率偏差10%的范围内，60 s的时间可以完成向喷雾器内加注药箱额定容积的液体。

用棉布擦干喷雾器外表面残留液体。用4.7b)规定的装置对4.13规定的聚乙烯垫及棉布称量，减去其原来的质量，即可计算出从聚乙烯垫及棉布上收集到的溢流量。

5.3.7 药液排空试验

本试验样机为一台完整的喷雾器，按照5.2的规定，在试验开始时将喷雾器排空。

向喷雾器中加入额定容积的水。按使用说明书中规定的方法，将喷雾器中的水倒出。按使用说明书中规定的方法向喷雾器中再次加入水，然后再次排空。用4.7a)规定的装置称量。

用排空后喷雾器的质量和注水前喷雾器的质量差确定药箱药液的残留量。

5.3.8 背带吸水性

本试验应在气温为20 ℃～25 ℃和相对湿度在50%～70%的环境中进行。

在将背带浸入水中前，卸下背带及背带上的衬垫和任何金属或塑料部件(为了最大可能的将背带的干质量降到最低)。用4.7b)规定的装置将干燥后的背带称重。将背带完全浸入水中并保持2 min。将背带从水中取出，将剩余的液体甩干并将其自由悬挂排水10 min，然后再次称量。

按式(4)计算背带质量增加的百分数 Δ_m：

$$\Delta_m = \frac{m_a - m_b}{m_b} \times 100\% \qquad \cdots\cdots(4)$$

式中：

m_b——为试验前背带质量；

m_a——为试验后背带质量。

注：在有充足的试验数据后，试验方法将被修订。

5.3.9 喷雾器部件药液耐受性测试

警告——进行本试验应注意，试验液体可能有毒且易燃。

本试验应在温度为20 ℃～25 ℃及50%～70%的环境中进行。

本试验旨在通过检查试验材料是否吸收试验液或是否有肉眼可辨别的影响(如：试验材料变形)，物理性能变化(如：弹性)或由于与试验液体接触而带来的质量变化，找出任何试验液体对试验材料造成的不良影响。

本试验适用于与药液直接接触的喷雾器零部件。被测样品应为完整部件(例：一个完整的O型圈，一个垫圈，一个垫片，一个软管)，或较大部件的材料样品，如药液箱。试验前应记录各材料样品的质量m_b。

样品应浸入以下液体中进行试验：

a) 含10%丙酮(EC-No：200-662-2)的蒸馏水中72 h；然后，

b) 50%的普通无铅汽油和50%柴油的混合物中72 h。

浸入试验结束后，擦净试验样品外表的剩余液体，空气中干燥24 h。随后测试各样品的质量m_a并记录。

按式(5)计算喷雾器部件在各试验液体下的质量变化百分数：

$$\Delta_m = \frac{m_a - m_b}{m_b} \times 100\% \quad \cdots\cdots(5)$$

式中：

m_b——试验前喷雾器部件质量；

m_a——试验后喷雾器部件质量。

浸入试验后，任何从喷雾器上卸下用于浸入试验的部件应重新装入喷雾器。检查喷雾器在重新组装后是否仍正常工作。

5.4 耐压试验

警告——本试验存在危险因素。所有人员都应远离试验现场或加以防护，以免受到飞出物的伤害。

摇杆喷雾器进行本试验之前应先按照6.2的规定进行坠落试验。

向药液箱加水至额定容积。将截流阀的出口与4.10规定的加压装置相连。

对摇杆操作的喷雾器和动力驱动的喷雾器测试时应去除药箱盖。若有气泵和药箱盖，压缩喷雾器测试时应通过气泵和药箱盖密封药液箱。

加压直到卸压阀开启，或加压到规定的最高工作压力的两倍并保持30 s。

记录试验结果。对有卸压阀的，记录卸压阀开启时的压力。

5.5 泄漏试验

本试验样机按照5.2规定，为一台不装液体的完整的喷雾器。喷雾器应首先通过5.4规定的压力测试。

如果药箱盖上有把手或喷雾器装有气泵，在泄漏试验前应进行把手测试。为了测试把手，向药箱内加入额定容量的水，关闭药箱盖或气泵，擦净喷雾器外表面的残留液体。向喷雾器增加等于其总重的配重。将带有把手的喷雾器用最小宽度50 mm的背带与支架连接，保持悬挂2 min。将喷雾器从支架上取下并卸掉配重。

给喷雾器加压到说明书规定最高工作压力，喷雾(10±1)s。应确保喷出的液体没有污染喷雾器的外表面。再用无孔的盲片换下有孔的喷头，并擦净外表面所有的残留液。

将喷雾器直立放置在4.13规定的聚乙烯垫上。使带软管的喷杆和关闭的截流阀自由挂起。

将喷雾器放置(300±5)s,然后将药液箱快速卸压,确保无任何泄漏。

重复上述试验2次:先将喷雾器倾斜45°(背带面朝下),时间为(60±1)s;然后将喷雾器置于水平状态(背带面朝下),时间为(60±1)s。

每次试验后检查喷雾器的泄漏情况。

用棉布擦净喷雾器外表面的残留液。

用4.7b)规定的装置对4.13规定的聚乙烯垫及棉布称量,减去其原来的质量,即可计算出从聚乙烯垫及吸水纸上收集到的泄漏量。

5.6 重心

向药液箱内加入额定容量的水。在使用角铁或相似设备的情况下,将喷雾器的后部放置在4.7a)规定的称量装置上,前部位于固定点上,最大程度上减少喷雾器与固定点和称量装置的接触,如图1所示。调节喷雾器的位置使通过背带固定点的平面处于铅垂位置。如果有喷杆和泵的摇杆,将其置于工作位置。

测量质量 m_1 和距离 l,按式(6)和式(7)计算重心的距离 l_c。

$$l_c = l_1 + l_f \qquad (6)$$

$$l_1 = \frac{m_1 + l}{m} \qquad (7)$$

式中:

m ——喷雾器的总质量;

l_f ——通过背带固定点所在垂直平面到前部固定点的距离。

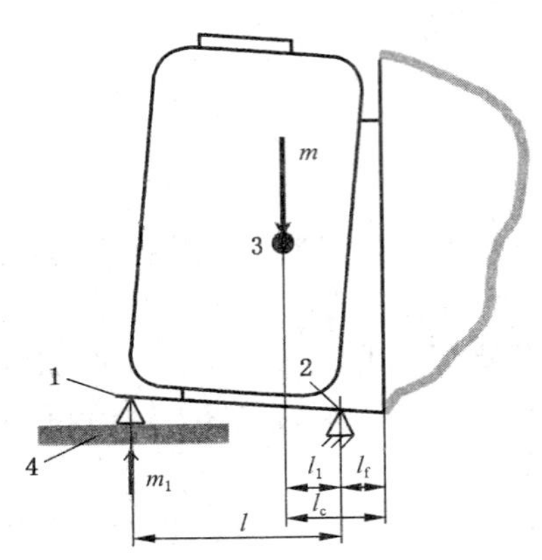

说明:

1 ——称量点;

2 ——固定点;

3 ——重心;

4 ——根据4.7a)要求的称量装置。

l_1——从称量点1到前部固定点2的距离;

l_f——通过背带固定点所在垂直平面到前部固定点的距离。

图1 重心测定

6 摇杆操作背负式喷雾器特殊测试

6.1 准备条件

6.1.1 一般要求

将喷雾器通过背带连接到4.2规定的预处理装置上。向药液箱内注入额定容量75%的水。

在压力调节器前安装一个4.11规定的压力表。以一定频率使摇杆往复运动,在压力调节器前,以高于说明书中指定压力值的10%～30%向喷雾器加压。当液面降到药箱容积的5%时,向药液箱内重新加水。持续本步骤25 h。

6.1.2 外表面附着量测试

本试验样机按照5.2规定,为一台不装液体的完整的喷雾器。

卸下喷雾器的所有背带和腰带。用0.5%的非离子表面活性剂水溶液清洗喷雾器外表面然后使其干燥。

用4.7a)规定的称量装置将喷雾器连同药箱盖一起称量。

将摇杆和喷杆置于停止位置。卸下药箱盖,将过滤网放入4.12规定的聚乙烯塑料袋中,将滤网装回加液口,使塑料袋贴合在滤网上。

将喷雾器置于可以容纳至少20%药箱额定容量的液体的容器中。

将4.6规定的加液装置出水口置于药液箱加液口上方100 mm处,以此模拟加液过满。喷雾器背带背对加液装置,背带固定点的连线应与加液装置的轴线相垂直(参见附录E)。试验液加注点应位于加液口的中心。

从加液箱向处于封闭状态的药液箱加液口倾倒药箱额定容量20%的水,模拟加液过满的状态。加液速度应该保证将额定容积的试验液在60 s内加完,时间误差不得超过10%。

注水完毕立即移开4.12规定的聚乙烯塑料袋,用4.7a)规定的称量装置将喷雾器和药箱盖一同称量。

通过试验前一台不装液体的完整的喷雾器和试验后喷雾器的质量差,计算喷雾器外表面的液体附着量。

6.1.3 药液残留量测试

本试验样机按照5.2规定,为一台不装液体的完整的喷雾器。

用4.7a)规定的称量装置将喷雾器连同药箱盖称量。

向药箱内加入额定容积的水并将其在操作状态下固定到架子上。可以使用4.2规定的预处理装置。

喷雾器喷杆连同软管固定在喷雾器最低部分所在水平面上。

以说明书中规定的最适工作压力,用最大的喷头喷施药液。

对于摇杆操作的喷雾器,在当扇形雾流出现断续或在喷雾器压力降低到0.1 MPa后,满行程摇动喷雾器摇杆5次,随后关闭截流阀。

用4.7a)规定的称量装置将喷雾器称量。

通过试验前一台不装液体的完整的喷雾器和试验后喷雾器的质量差,计算喷雾器的药液残留量。

6.2 坠落试验

警告——本试验存在危险因素。所有人员都应远离试验现场或加以防护,以免受到飞出物的伤害。

本试验样机按照5.2规定,为一台不装液体的完整的喷雾器,作为5.3和5.4规定的试验的准备。

向药箱内加入额定容量的水。

将喷雾器装入4.5规定的坠落试验装置。使喷雾器从600 mm的高度自由坠落。

7 动力驱动背负式喷雾器特殊测试

7.1 外表面附着量测试

本试验样机按照5.2规定,为一台不装液体的完整的喷雾器。

卸下喷雾器的所有背带和腰带。用0.5%的非离子表面活性剂水溶液清洗喷雾器外表面然后使其干燥。

用4.7a)规定的称量装置将喷雾器连同药箱盖一起称量。

卸下药箱盖,将过滤网放入4.12规定的聚乙烯塑料袋中,将滤网装回加液口,使塑料袋贴合在滤网上。

将喷雾器置于一个可以容纳至少20%药箱额定容量的液体的容器中。

将4.6规定的加液装置出口置于药箱加液口100 mm上,以此模拟加液过满。将按4.6规定的加液装置定位好,其出水口位于加液口上方100 mm处。喷雾器背带背对加液装置,背带固定点的连线应与加液装置的轴线相垂直(参见附录E)。测试液加注点应位于加液口的中心。

从加液箱中向处于封闭状态的药箱加液口倾倒药箱额定容量20%的水,模拟加液过满的状态。加液速度应该保证将额定容积的试验液在60 s内加完,时间误差不超过10%。

注水完毕立即移开4.12规定的聚乙烯塑料袋,用4.7a)规定的称量装置将喷雾器和药箱盖一同称量。

通过试验前一台不装液体的完整的喷雾器和试验后喷雾器的质量差,计算喷雾器外表面的液体附着量。

7.2 药液残留量测试

本试验样机按照5.2规定,为一台不装液体的完整的喷雾器。

用4.7a)规定的称量装置将喷雾器连同药箱盖称量。

向药箱内加入额定容积的水并将其在操作状态下固定到架子上。

喷雾器喷杆连同软管固定在喷雾器最低部分所在的水平面上。

以说明书中规定的最适工作压力,用最大的喷头喷施药液。

在扇形雾流出现断续或在喷雾器压力降低到25%的工作压力后,继续使喷雾器工作5 s,随后关闭截流阀。

用4.7a)规定的称量装置将喷雾器称量。

通过试验前一台不装液体的完整的喷雾器和试验后喷雾器的质量差,计算喷雾器药液残留量。

8 压缩式喷雾器特殊测试

8.1 容量测试

8.1.1 外表面附着量测试

本试验样机按照5.2规定,为一台不装液体的完整的喷雾器。

卸下喷雾器的所有背带和腰带。用0.5%的非离子表面活性剂水溶液清洗喷雾器外表面然后使其干燥。

月 4.7a)规定的称量装置将喷雾器连同药箱盖称量。

在加液口上安装橡胶塞,或,如果装有完整加液管,用可伸缩塑料薄膜将其后部整体密封。

将喷雾器置于一个容器中。该容器可以容纳至少 20%药箱额定容量的液体。

将 4.6 规定的加液装置出口置于药箱加液口 100 mm 上,以此模拟加液过满。将按 4.6 规定的加液装置定位好,其出水口位于加液口上方 100 mm 处。喷雾器背带背对加液装置,背带固定点的连线应与加液装置的轴线相垂直(参见附录 E)。测试液加注点应位于加液口的中心。

从加液箱中向处于封闭状态的药箱加液口倾倒药箱额定容量 20%的水,模拟加液过满的状态。加液速度应该保证将额定容积的试验液在 60 s 内加完,时间误差不超过 10%。

注水完毕立即移开塑料薄膜或橡胶塞,用 4.7a)规定的称量装置将喷雾器连同空气泵一同称量。

通过试验前一台不装液体的完整的喷雾器和试验后喷雾器的质量差,计算喷雾器外表面的液体附着量。

8.1.2 药液残留量测试

本试验样机按照 5.2 规定,为一台不装液体的完整的喷雾器。

月 4.7a)规定的称量装置将喷雾器连同药箱盖称量。

向药箱内加入额定容积的水并将其以操作状态下固定到架子上。

装有两条背带的喷雾器一般垂直固定,装有单条背带的喷雾器应根据其结构形式倾斜固定。

喷雾器喷杆连同软管固定在喷雾器最低部分所在的水平面上。

以说明书中规定的最适工作压力,用最大的喷头喷施药液。

在扇形雾流出现断续时关闭截流阀,虽然药箱内压力至少还比药箱中的压力调节器的设定值高 0.1 MPa±0.02 MPa。

月 4.7a)规定的称量装置将喷雾器称量。

通过试验前一台不装液体的完整的喷雾器和试验后喷雾器的质量差,计算喷雾器药液残留量。

8.2 坠落测试

警告——本试验存在危险因素。所有人员都应远离试验现场或加以防护,以免受到飞出物的伤害。

本试验样机按照 5.2 规定,为一台不装液体的完整的喷雾器,作为 5.3 和 5.4 规定的试验的准备。

向药箱内加入额定容量的水。根据说明书将压缩喷雾器压力值设定为最大正常工作压力将喷雾器装入 4.5 规定的坠落试验装置。使喷雾器从 600 mm 的高度自由坠落。

9 试验报告

试验结果应写在试验报告中。附录 F 给出了试验报告的最简形式。

附　录　A
（资料性附录）
预处理装置示例

预处理装置见图 A.1。

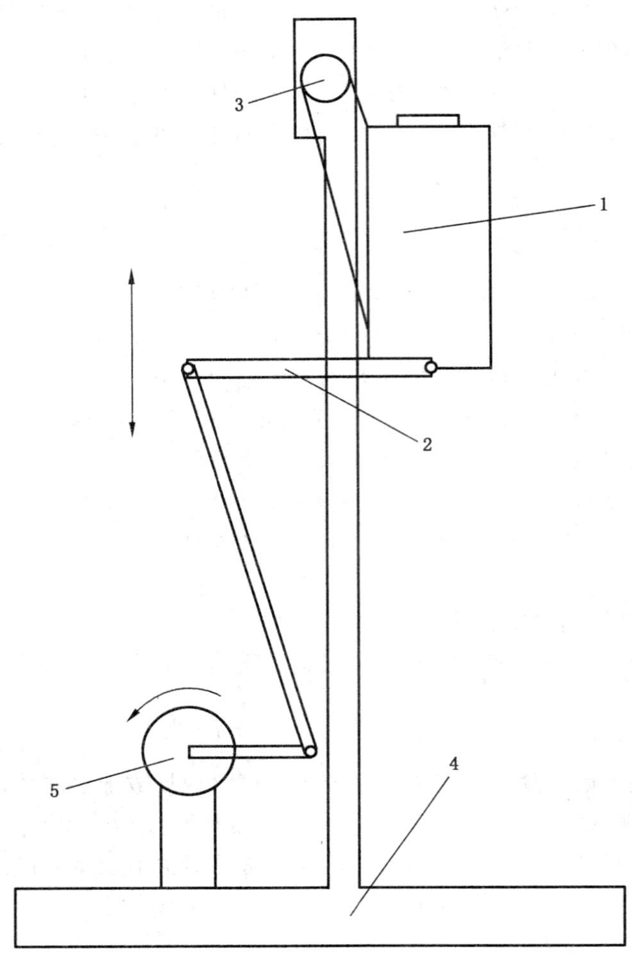

说明：
1——喷雾器；
2——喷雾器摇杆；
3——背带支撑；
4——测试台架；
5——电动机。

图 A.1　预处理装置

附　录　B
（资料性附录）
截流阀测试装置示例

截流阀测试装置示例见图 B.1。

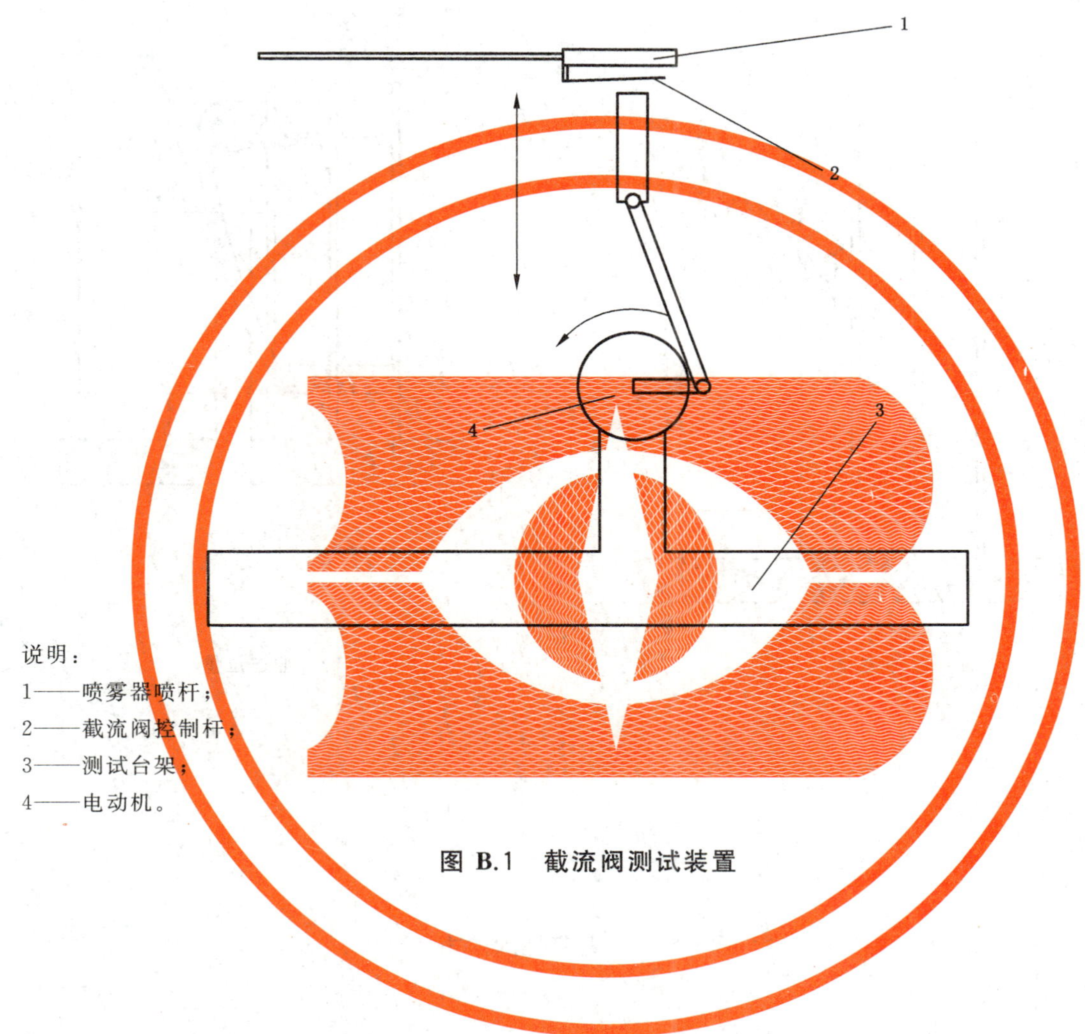

说明：

1——喷雾器喷杆；

2——截流阀控制杆；

3——测试台架；

4——电动机。

图 B.1　截流阀测试装置

附 录 C
（资料性附录）
背带试验装置示例

背带试验装置能够可控的重复的向背带施加力，如图 C.1 所示。

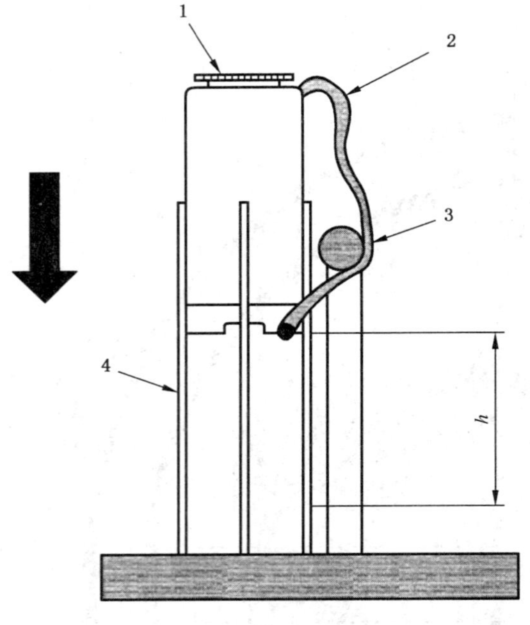

a） 释放位置

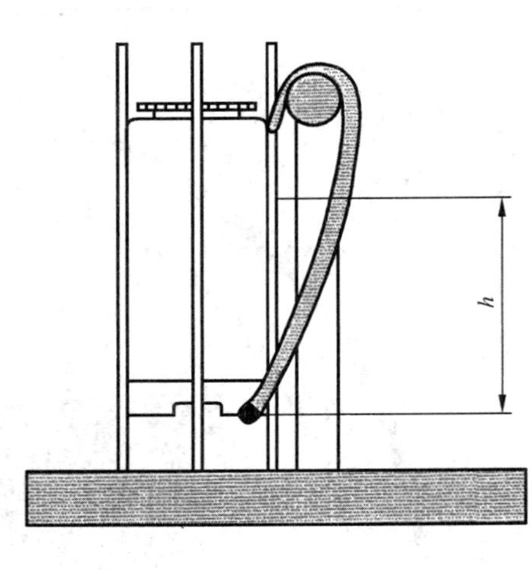

b） 冲击位置

说明：

1——喷雾器；

2——背带；

3——悬挂背带的圆棒；

4——导轨。

h——200 mm。

图 C.1 向背带施加的力

附 录 D
（资料性附录）
坠落试验装置示例

坠落试验装置能够可控的重复的使喷雾器底部受到撞击，如图 D.1 所示。导轨应能使喷雾器自由下落。

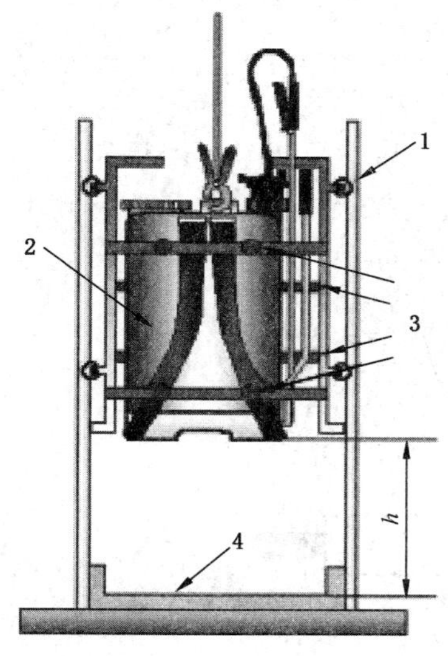

a） 释放位置

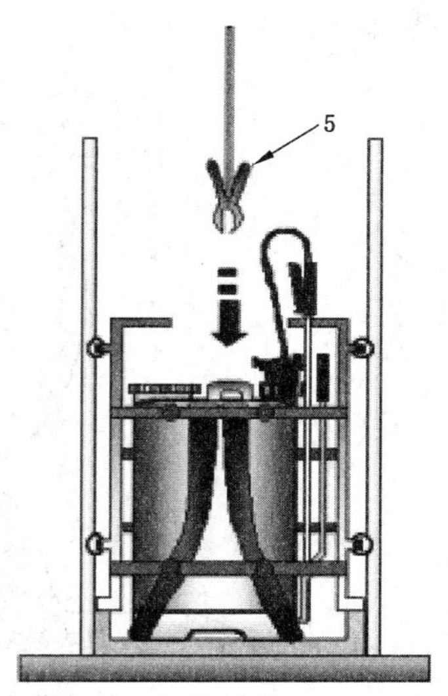

b） 冲击位置

说明：
1——滚轮；
2——喷雾器；
3——可调导轨；
4——撞击面；
5——钳子。
h——600 mm。

图 D.1 喷雾器底部撞击试验

附　录　E
（资料性附录）
加液装置示例

加液装置为静态装置，其模拟了用规则形状的水桶向喷雾器加注的过程。

本装置由液体加注系统组成，其可以在 1 min 内以可控的可调的流量（最大误差为 10%）向药箱内加注等同于药箱额定容量的液体。

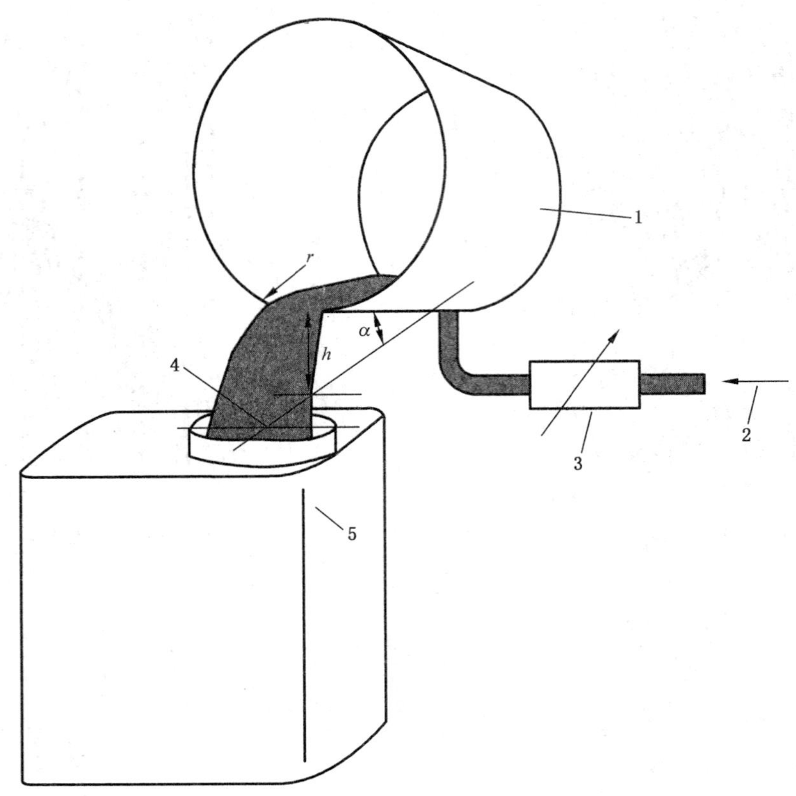

说明：

1——规则形状的水筒，固定在地面上；

2——接水龙头；

3——限流阀；

4——测试液加注点；

5——喷雾器。

推荐尺寸：

r ——150 mm；

h ——100 mm；

α ——10°。

图 E.1　加注装置结构

附　录　F
（规范性附录）
简版测试报告

喷雾器试验报告						
试验单位(名称和地址) ________________________________ ________________________________						
试验地点：	________		试验日期：	________		
喷雾器						
喷雾器类型：	________		制造商：	________		
设计：	________________					
药液箱额定容量/L：		________				
喷雾器净质量/g：		________				
加液后喷雾器全质量/g：		________				
易损件是否易更换		__	是		__	否
是否有提手		__	是		__	否
背带						
背带数量		________				
非吸水性材料		__	是		__	否
长度/mm	最小：	________				
	最大：	________				
是否装有快速连接装置		__	是		__	否
是否有意外松动		__	是		__	否
承重宽度/mm		________				
药箱						
是否有压力补偿装置		__	是		__	否
加液极限是否可见		__	是		__	否
加液口直径/mm		________				
是否有加液过滤装置	过滤网格宽度/mm：	________			__	无
软管接头是否有防护		__	是		__	否
容量刻度：			量程/L：	________		
			精度/L：	________		
调节装置						
快速启动截流阀装置		__	是		__	否

放开时是否关闭		__	是		__	否
软管						
是否弯折		__	是		__	否
过滤器						
压力过滤器		__	喷头		__	阀
		__	其他		__	无
	过滤网格宽度/mm：		________			
喷头						
是否可调		__	是		__	否
喷杆固定装置		__	是		__	否
压力表						
是否有压力控制装置		__	测量器		__	控制阀
		__	无			
压力表在操作时是否可读		__	是		__	无
压力指示		__	是		__	无
压力计量器量程精度/kPa：		________				
备注：						
试验						
试验条件						
	温度/℃	________				
	相对湿度/%	________				
试验前状态						
	喷雾压力/kPa	________				
	泵频/min^{-1}	________				
	持续时间/h	________				
损坏：		__	是		__	无
备注：						
5.3.1 **截流装置可靠性**						
	喷头类型	________				
	喷雾压力/kPa	________				
	泵频/min^{-1}	________				
	工作循环次数	________				
损坏：		__	是		__	无
泄漏：		__	是		__	无

备注：					
5.3.2 **喷雾量**					
喷头	调整	喷雾压力/kPa	标称喷雾量/(L min^{-1})	测量喷雾量/(L min^{-1})	误差/%

5.3.3 **背带和固定点**				
影响使用功能的破坏情况：	__	是	__	否
备注：				

5.3.4 **稳定性**					
药箱液位	喷雾器位置	稳定			
空	背带朝下坡面	__	是	__	否
	左面朝下坡面	__	是	__	否
	背带朝上坡面	__	是	__	否
	右面朝下坡面	__	是	__	否
额定容量	背带朝下坡面	__	是	__	否
	左面朝下坡面	__	是	__	否
	背带朝上坡面	__	是	__	否
	右面朝下坡面	__	是	__	否
备注：					

5.3.5 **药液箱水位线和总容积**			
液面(V_s)/L	净质量/g(V_m/mL)	绝对误差(V_s-V_m)/L	相对误差(E)/%
1	________		
2	________		
3	________		
4	________		
5	________		
6	________		
7	________		
8	________		
9	________		

10	____________		
11	____________		
12	____________		
13	____________		
14	____________		
15	____________		
16	____________		
17	____________		
18	____________		
19	____________		
20	____________		
21	____________		
22	____________		
备注：			

总容积		
加液后药液箱总重/g：	____________	
总容积/L：	____________	
额外容积百分比(V_A)/%：	____________	
备注：		

5.3.6 定速加液试验		
加液速率/(L min^{-1})：	________	
测试前聚乙烯垫质量和/或塞子质量(皮重)/g：	________	
测试后聚乙烯垫质量和/或塞子质量/g：	________	
外溅液量(V_s)/mL：	________	
备注：		

5.3.7 排液		
测试后喷雾器质量/g：	____________	
药液残留量/mL：	____________	
备注：		

5.3.8 背带吸水性		
浸入前背带质量/g：	____________	
浸入后背带质量/g：	____________	
质量增量/%：	____________	

5.3.9 喷雾器部件药液耐受性			
零件	测试前质量/g	测试后质量/g	变化/%
1	______	______	
2	______	______	
3	______	______	
4	______	______	
5	______	______	
重新组装后是否运转正常		_ 是	_ 否
备注：			

5.4 耐压试验		
最终压力/kPa	______	
泄压阀是否打开	_ 是	_ 否
损坏：	_ 是	_ 否
备注：		

5.5 泄漏测试			
喷雾压力/kPa：	______		
持续时间/s：	直立位置 300	45°位置 60	水平位置 60
测试前聚乙烯垫和/或塞子质量(皮重)/g：	______	______	______
测试后聚乙烯垫和/或塞子质量/g：	______	______	______
泄漏质量/g：	______	______	______
泄漏体积(V_L)[mL]：	______	______	______
备注：			

5.6 重心	
距离 l/mm：	______
距离 l_f/mm：	______
全重 m/g：	______
质量 m_1/g：	______
重心距离 l_c/mm：	______
备注：	

6.1.2;7.1;8.1.1 **外表面附着量**					
加液速率/L min^{-1}:	______				
测试后喷雾器质量/g:	______				
外表面附着量体积(V_D)/mL:	______				
备注:					
6.1.3;8.1.2 **残留量体积**					
位置	_	竖直		_	倾斜角 (°)
喷雾压力/kPa:	______				
测试后喷雾器质量/g:	______				
液体残留量/mL:	______				
备注:					
6.2;8.2 **坠落测试**					
是否损坏:	_	是		_	否
备注:					

ICS 65.060.40
B 91

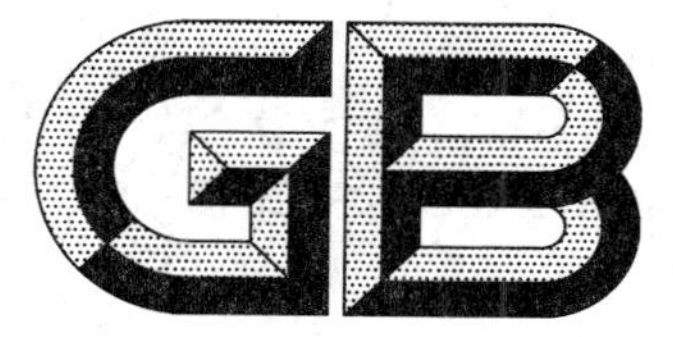

中华人民共和国国家标准

GB/T 24689.2—2017
代替 GB/T 24689.2—2009

植物保护机械　杀虫灯

Equipment for crop protection—Insect-killing light trap

2017-12-29 发布　　2018-07-01 实施

中华人民共和国国家质量监督检验检疫总局
中国国家标准化管理委员会　发布

前　　言

本标准按照 GB/T 1.1—2009 给出的规则起草。

本标准代替 GB/T 24689.2—2009《植物保护机械　频振式杀虫灯》，与 GB/T 24689.2—2009 相比，除编辑性修改外主要技术变化如下：

——修改了标准的适用范围（见第 1 章，见 2009 年版的第 1 章）；

——修改了部分术语和定义（见第 3 章，见 2009 年版的第 3 章）；

——删除了基本构成（见 2009 年版的第 4 章）；

——增加了防护等级、机械强度、电气强度、泄漏电流、电气间隙和爬电距离等安全要求及试验方法（见 4.1、4.2、4.6、4.7、4.8）；

——增加了风力式杀虫灯的安全、技术要求和试验方法（见第 4 章、第 5 章和第 6 章）；

——修改了外观要求、装配质量、标志（见 5.3，见 2009 年版的 6.1.3、5.4、8.2、9.1）；

——增加了杀虫灯的功能性指标和试验方法（见 5.7 和第 6 章）；

——删除了镇流器、启辉器等要求（见 2009 年版的 6.2.4）；

——删除了额定功率、诱集光源标定功率、昆虫捕捉率和单灯有效作用半径的技术要求（见 2009 年版的 6.2.6、6.2.7、6.2.9 和 6.2.10）；

——修改了诱集光源波长和高压电网的要求（见 5.8，见 2009 年版的 6.2.8、5.9、6.2.11）；

——修改了雨控功能和光控功能的要求和试验方法（见 5.7，见 2009 年版的 5.1、6.2.2）；

——修改了绝缘柱（体）碳化试验方法（见 6.3.16，见 2009 年版的 7.4.5）。

请注意本文件的某些内容可能涉及专利。本文件的发布机构不承担识别这些专利的责任。

本标准由中国机械工业联合会提出。

本标准由全国农业机械标准化技术委员会（SAC/TC 201）归口。

本标准起草单位：国家农机具质量监督检验中心。

本标准主要起草人：刘春鸽、靳锁芳、赵庆亮、杨亚婷。

本标准所代替标准的历次版本发布情况为：

——GB/T 24689.2—2009。

植物保护机械　杀虫灯

1　范围

本标准规定了植物保护用杀虫灯的安全要求、技术要求、试验方法、检验规则及使用说明书、标志、包装、运输与贮存。

本标准适用于电击式和风力式杀虫灯，其它方式的杀虫灯可参照使用。

2　规范性引用文件

下列文件对本文件的应用是必不可少的。凡是注日期的引用文件，仅注日期的版本适用于本文件。凡是不注日期的引用文件，其最新版本(包括所有的修改单)适用于本文件。

GB/T 191　包装储运图示标志

GB/T 4208—2017　外壳防护等级(IP 代码)

GB 4706.1—2005　家用和类似用途电器的安全　第 1 部分：通用要求

GB/T 9480　农林拖拉机和机械、草坪和园艺动力机械　使用说明书编写规则

GB 10396　农林拖拉机和机械、草坪和园艺动力机械　安全标志和危险图形　总则

GB/T 23821　机械安全　防止上下肢触及危险区的安全距离

3　术语和定义

GB 4706.1—2005 界定的以及下列术语和定义适用于本文件。

3.1

杀虫灯　insect-killing light trap

根据昆虫对特定光谱范围趋光性的特点，利用光源诱集并能有效杀灭昆虫的专用装置。

3.2

电击式杀虫灯　electric shock type insect-killing light trap

通过升压器把低压电转换成高压电，通过电击杀死触碰高压电网昆虫的杀虫灯。

3.3

风力式杀虫灯　pneumatic insect-killing light trap

通过气流方式，将诱集到的昆虫吹入或吸入储虫器中进行扑杀的杀虫灯。

3.4

诱集光源　light source of trapping

用于引诱昆虫的发光体。

3.5

高压电网电压　highvoltagepower grid

用于电击昆虫的高压电网两极的电位差。

3.6

升压器　voltage booster

将输入的低电压转换为高电压的器件。

4 安全要求

4.1 电击式杀虫灯的防护等级应不低于 GB/T 4208—2017 规定的外壳防护等级 IPX5；风力式杀虫灯的防护等级应不低于 GB/T 4208—2017 规定的外壳防护等级 IP55。

4.2 杀虫灯外壳应具有足够的机械强度，整机外壳机械强度试验后不应出现破、裂等破损现象。

4.3 高压电网应采取保护人身安全的可靠措施。高压电网两极之间的短路电流应不超过 10 mA。

4.4 电源输入端对外露导电部件的绝缘电阻应不小于 2.5 MΩ(安全特低电压供电的产品除外)。

4.5 经整灯电气强度试验后，应不出现击穿现象。

4.6 电击式杀虫灯高压电网与升压器经高压电网电气强度试验后，不应出现击穿现象。

4.7 以非安全特低电压作为电源的杀虫灯，泄漏电流应不大于 0.5 mA，电气间隙和爬电距离应符合 GB 4706.1—2005 的规定。

4.8 以非安全特低电压作为电源的杀虫灯，外壳可触及的导电部分(高压电网除外)接地电阻应不大于 0.1 Ω。

4.9 杀虫灯应具有防雷击功能，当结构设计或安装环境不能有效避雷时，杀虫灯的外壳导电部分，应设置避雷接地端子。根据用户需要现场安装避雷接地的电阻应不大于 4 Ω。

4.10 以非安全特低电压作为电源的杀虫灯，应设有保护接地措施。保护接地可以与避雷接地共用一套接地装置。

4.11 绝缘柱(体)应具有可靠的耐腐蚀、耐高电压性能，连续电弧放电至少 30 min，绝缘柱应无碳化现象。

4.12 风力式杀虫灯风机旋转件的安全防护应满足 GB/T 23821 的规定。

4.13 在灯体的明显部位应有符合 GB 10396 规定的安全标志。

5 技术要求

5.1 产品应符合本标准的规定，并应按经规定程序批准的图样和技术文件制造。

5.2 所有零、部件应经检验合格后方可进行装配。

5.3 外观质量应符合下列要求：

——外观应整齐美观，表面平整光洁，色泽均匀；

——无裂痕、破损等缺陷。

5.4 装配质量应符合下列要求：

——各连接件和紧固件应无松动现象，整体应牢固；

——30 min 工作试验，不得有短路、电弧及诱集光源闪烁现象；被试样机整机各部位温升不得超过 35 ℃。

5.5 应能在温度为－40 ℃～70 ℃环境下存放后，不影响正常工作。

5.6 应能在温度为 10 ℃～70 ℃、相对湿度不大于 98%的环境下正常工作。在相对湿度大于 98%的环境下，应能保证灯的安全。

5.7 产品可按用户需要增加雨控、光控、温控、时控、自动清虫等功能。也可根据需要增加定时变光谱、无线遥控、地理信息定位、故障自动报警等功能。并应符合下列要求：

a) 雨控功能：杀虫灯在雨天应能自动进入保护状态，雨停后可自动恢复工作。

b) 光控功能：在 2 lx～20 lx 情况下，诱集光源应自动亮起，杀虫灯进入正常工作状态；在 30 lx～200 lx 情况下，诱集光源应能自动熄灭，杀虫灯停止工作。

c) 温控功能：杀虫灯应能根据设定的温度开始工作或停止工作，误差应不超过±2 ℃。

d) 时控功能:杀虫灯应能在设定的时间开始工作或停止工作,误差应不超过 10 min。

e) 自动清虫功能:杀虫灯应能按企业明示的间隔时间进行清虫,时间间隔误差应不超过 10%。清虫率应不小于 80%。

f) 定时变光谱功能:结构设计应能配置不同波长的诱集光源,并且工作时间段可自动调整。

g) 无线遥控功能:应能通过无线遥控方式,控制杀虫灯开启或关闭等。有关功能效果应在使用说明书中说明。

h) 地理信息定位功能:可以采用适当的方式表明杀虫灯的地理位置。

i) 故障自动报警功能:杀虫灯出现故障时,可以通过适当的方式进行报警。

5.8 诱集光源波长应在制造商明示的波长±20 nm 的范围内。

5.9 电击式杀虫灯高压电网应满足下列要求:

——采用耐弧、耐腐蚀材料;

——高压网线不得有中间接头;

——网线间距误差不大于平均间距的 15%;

——高压网线不得与电源线同孔;

——没有昆虫碰撞或靠近时不得产生电弧;

——高压电网电压应在制造商明示的额定电网电压±5%范围内。

5.10 风力式杀虫灯进风口风速应符合制造商明示要求。

5.11 升压器应有保护措施,在工作环境中工作不得有击穿、烧毁现象。

5.12 在交流电源供电时,电源电压为 160 V～280 V 范围内,在直流电源供电时,在明示工作电压范围内,杀虫灯均应能正常工作,且启动时间不大于 10 s。

5.13 整灯功率和诱集光源功率应符合制造商的明示要求,误差不超过±15%。

5.14 风力式杀虫灯的风机应具有防卡死功能,防卡死试验后,应能正常工作。

6 试验方法

6.1 试验条件

6.1.1 没有特殊规定时,试验环境温度为 20 ℃±10 ℃,相对湿度不大于 80%。

6.1.2 试验电源型式与产品标牌规定的电源型式一致,试验电压为产品标牌中规定的电源电压,误差不超过±2%。标牌没有明确时,按照使用说明书中的规定执行。

6.2 试验用仪器设备要求

6.2.1 试验仪器、设备量程、准确度应与所测项目相适应。

6.2.2 试验仪器、设备技术状态应完好。

6.3 性能和制造质量

6.3.1 外观质量

目测检查。

6.3.2 装配质量

目测检查外观,进行 30 min 工作试验后目测检查并测量温升值。

6.3.3 安全标志

目测检查。

6.3.4 雨控功能试验

模拟雨天状态，将自来水滴在雨控装置上，观察杀虫灯是否自动熄灭，停止工作；擦掉雨控装置上的水后杀虫灯是否自动恢复工作。

6.3.5 光控功能试验

杀虫灯接通电源，调整试验环境的照度，使用照度计测量诱集光源自动亮起和自动熄灭时光控装置处的照度值。照度计的测量方向应与光控装置的采光方向一致。

6.3.6 温控功能试验

按照企业明示的启闭温度规定，使用温度计测量并记录相应电网和诱集光源的启闭温度。

6.3.7 时控试验

按照企业明示的启闭时间规定，使用计时器记录相应的电网和诱集光源的启闭时间。

6.3.8 自动清虫试验

使用计时器记录自动清除高压电网上的昆虫的时间间隔。

收集自动清除下来的虫体和人工从网上清除下来的剩余虫体，分别称重，按式(1)计算清虫率。试验3次，取平均值。

$$R = \frac{m_1}{m_1 + m_2} \times 100\% \qquad \cdots\cdots(1)$$

式中：

R ——清虫率，%；

m_1——自动清除下来的虫体重，单位为克(g)；

m_2——人工清除下来的虫体重，单位为克(g)。

6.3.9 高压电网电压

在额定的电源电压下，用电压测试装置测量杀虫灯正常工作时高压电网相邻网线间电压。

6.3.10 诱集光源波长

暗室内，使用光谱测试装置测量杀虫灯(或诱集光源)的光波波长。

6.3.11 泄漏电流、电气间隙和爬电距离

泄漏电流按GB 4706.1—2005中13.2规定的试验方法进行检查。

电气间隙和爬电距离按GB 4706.1—2005中第29章规定的试验方法进行检查。

6.3.12 外壳可触及的导电部分(高压电网除外)接地电阻

按照GB 4706.1—2005中27.5的规定进行检查。

6.3.13 绝缘电阻

用绝缘电阻表(500 V电压档)测量电源输入端对可触及的外露导电部件的绝缘电阻值。

6.3.14 风机风速

风力式杀虫灯正常工作时，在室内用风速仪测量昆虫入口截面中间位置处的风速值。

6.3.15 高压电网安全性

用毫安电流表两极分别接触高压电网两极，测量短路电流。

6.3.16 绝缘柱(体)碳化

杀虫灯正常工作，用长度大于高压电网网线间距的导电体在绝缘柱的两根网线间一定距离内使其产生电弧，放电时间不少于 30 min 后检查绝缘柱有无碳化现象。

6.3.17 整灯电气强度

在电源输入端与被试样品外壳易触及金属部件之间施加 50 Hz，表 1 中的试验电压，试验初始，施加的电压为规定电压值的一半，保持 5 s，然后升高到规定值保持 1 min。

表 1 电气强度试验电压

额定工作电压 U_1/V	安全特低电压	>安全特低电压～≤250	>250
试验电压/V	500	1 000	$1.2U_1+700$

6.3.18 高压电网电气强度

在高压电网与电源输入端之间施加 50 Hz，电压为($\sqrt{2}U_2+750$)V，试验初始，施加的电压为规定电压值的一半，保持 5 s，然后升高到规定值保持 1 min。

注：U_2 为高压电网额定电压。

6.3.19 高温试验

被试样品放入高温箱内，在(70±2)℃的温度下恒温 4 h 后取出被试样品，温度(室内常温)平衡 2 h 后，检查是否能够正常工作。

6.3.20 低温试验

被试样品放入低温箱内，在(−40±2)℃的温度下恒温 4 h 后取出被试样品，温度(室内常温)平衡 2 h 后，检查是否能够正常工作。低温试验应在高温试验结束不小于 4 h 后进行。

6.3.21 湿度试验

被试样品放在相对湿度为 98%的环境中放置 2 h，取出后接通电源检查是否能够正常工作。

6.3.22 风机防卡死功能试验

将被试样品通电后进入正常工作状态，用长度为 200 mm 直径为 ϕ8 mm 左右的木棒插入风机叶轮中，使风机停止转动，30 min 后，拔出木棒，检查风机是否能恢复正常工作。

6.3.23 整机外壳机械强度

刚性支撑被试样品，用弹簧冲击器在外壳每一个可能的薄弱点用 0.5 J 的冲击能量冲击 3 次后检查外壳是否出现破、裂等现象。

6.3.24 防护等级

按 GB/T 4208—2017 中 13.4、13.5 和 14.2.5 规定的试验方法进行。

6.3.25 避雷接地端子的接地电阻

在现场完成安装后，杀虫灯处于正常工作状态，用接地电阻测试仪测量避雷接地端子处相对于大地的接地电阻。

6.3.26 低压试验

交流供电时，低压试验电压为 160(1±2%)V；直流供电时，低压试验电压为明示值下限。在规定的试验电压下打开杀虫灯电源开关，记录杀虫灯点亮的时间，测量高压电网电压。试验 30 min，观察杀虫灯是否正常工作。

6.3.27 高压试验

交流供电时，高压试验电压为 280(1±2%)V；直流供电时，高压试验电压为企业明示值上限。在规定的试验电压下打开杀虫灯电源开关，记录杀虫灯点亮的时间，测量高压电网电压。试验 30 min，观察杀虫灯是否正常工作。

6.3.28 升压器保护功能试验

将高压电网输出端在 70 ℃时短路 4 h，常温状态下短路 24 h，检查杀虫灯是否出现击穿、损坏现象，电路恢复正常后，检查杀虫灯是否正常工作。

6.3.29 定时变光谱功能检查

目测检查结构是否能配置不同波长的诱集光源。单独点亮不同波长的诱集光源，分别用光谱测试装置测量杀虫灯(或诱集光源)的光波波长。点亮整灯 24 h，观察不同工作时间段不同诱集光源的点亮情况。

6.3.30 无线遥控试验

根据上位机等软件，进行无线遥控操作，根据软件指令进行开启或关闭杀虫灯，查看操作效果反馈的信息，判断软件指令与实际情况的一致性。

6.3.31 地理信息定位试验

比较杀虫灯实际位置与软件显示位置，判断定位是否准确。

6.3.32 故障自动报警试验

杀虫灯上给出模拟故障，在上位机等软件上对故障的报警与模拟的故障一致性进行检查。

7 检验规则

7.1 出厂检验

7.1.1 每台杀虫灯出厂前应进行出厂检验，经制造厂检验合格，并附有产品质量合格文件。

7.1.2 出厂检验项目应包括：4.4、4.12、4.13、5.3、5.4、5.9、5.10、5.13、8.2。

7.2 型式检验

7.2.1 有下列情形之一时应进行型式检验：

——新产品鉴定和老产品转厂生产；

——生产过程中，如产品结构、材料、工艺等有较大变化，可能影响产品性能时；

——正常生产过程中，每两年至少应进行一次；

——产品停产一年后恢复生产时；

——国家质量监督部门或机构提出进行型式试验要求时。

7.2.2 型式检验的样机应从出厂检验合格的产品中随机抽取，数量为2台。

7.2.3 型式检验按本标准规定的全部技术要求进行。

7.2.4 检验项目及分类见表2。

表2 检验项目及分类表

项目类别	项序	项目名称	标准条款	电击式杀虫灯	风吸式杀虫灯
A	1	绝缘电阻	4.4	√	√
	2	泄漏电流、电器间隙和爬电距离	4.7	√	√
	3	接地电阻	4.8	√	√
	4	防护等级	4.1	√	√
	5	整灯电气强度	4.5	√	√
	6	高压电网电气强度	4.6	√	—
	7	高压电网安全性	4.3	√	—
	8	保护接地措施	4.10	√	√
B	1	产品标牌	8.2	√	√
	2	外观质量	5.3	√	√
	3	装配质量	5.4	√	√
	4	防雷击功能(需要时)	4.9	√	√
	5	安全标志	4.13	√	√
	6	电源供电范围适应性	5.12	√	√
	7	整灯功率和诱集光源功率	5.13	√	√
	8	风机进风口风速	5.10	—	√
	9	风机防卡死功能	5.14	—	√
	10	诱集光源波长	5.8	√	√
	11	高压电网要求	5.9	√	—
	12	雨控功能	5.7a)	√	√
	13	光控功能	5.7b)	√	√
	14	温控功能	5.7c)	√	√
	15	时控功能	5.7d)	√	√
	16	自动清虫功能	5.7e)	√	√

表 2（续）

项目类别	项序	项目名称	标准条款	电击式杀虫灯	风吸式杀虫灯
B	17	定时变光谱功能	5.7f)	√	√
	18	无线遥控功能	5.7g)	√	√
	19	地理信息定位功能	5.7h)	√	√
	20	故障自动报警功能	5.7i)	√	√
	21	风机旋转件安全防护	4.12	—	√
	22	机械强度	4.2	√	√
	23	绝缘柱(体)性能	4.11	√	—
	24	高低温试验	5.5	√	√
	25	高湿度试验	5.6	√	√
	26	升压器保护措施	5.11	√	—

7.2.5 判定方案

每一项目中有多个条款要求的，全部符合时为该项目合格，有其中任何一条要求不满足时，为该项目不合格。

检验结果符合表 3 要求时判定被检样机合格，否则判定被检样机不合格。

表 3 被检样机合格判定条件

A 类项目	B 类项目
A 类不合格项次	B 类不合格项次
0	≤2

7.3 订货检验

订货单位要求抽检产品质量时，由供需双方协商确定。检验项目及合格判定条件也可由供需双方协商确定。

8 使用说明书、标志、包装、运输与贮存

8.1 使用说明书

使用说明书的编写应符合 GB/T 9480 的规定，应明确产品使用过程中具有危险性安全注意事项的叙述。

使用说明书应给出适用范围、单灯有效作用半径。

具有定时变光谱功能的杀虫灯，应说明不同光波波长的变换时间。

具有其他功能的杀虫灯，有关功能效果应进行说明。

8.2 标志

每台产品应在明显位置固定永久性产品标牌，内容至少应包括：

——生产厂商及生产地址；
——产品名称及规格型号；
——电源型式及电源电压；
——高压电网电压；
——诱集光源功率；
——诱集光源波长；
——整灯功率；
——单灯有效作用半径；
——出厂日期和出厂编号；
——产品执行标准号。

8.3 包装

8.3.1 产品出厂包装由制造厂与用户协商，并应符合运输的要求。

8.3.2 包装箱外部的标志应清晰整齐，并应包括以下内容：

a) 产品名称；
b) 规格型号；
c) 生产企业名称、地址；
d) 出厂日期；
e) 毛重；
f) “小心轻放”“向上”等标志应符合 GB/T 191 的规定。

8.3.3 包装箱内应附有下列文件：

a) 产品装箱单；
b) 产品合格证；
c) 产品使用说明书；
d) “三包”凭证。

8.4 运输

运输方式和要求由订货方和生产企业协商确定。运输中应小心轻放，蓄电池的运输应符合规定要求，严禁摔、压，防止损坏，有防雨、防潮措施。

8.5 贮存

产品应贮存在通风、干燥、无有害气体的库房中。

ICS 53.020.30
J 80

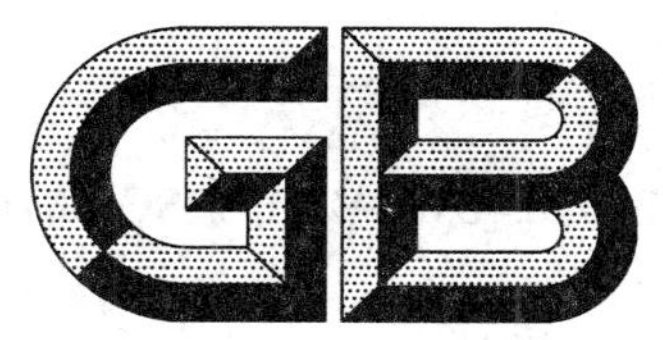

中华人民共和国国家标准

GB/T 24816—2017/ISO 3076:2012
代替 GB/T 24816—2009

一般起重用钢制短环链 吊链用8级中等精度链条

Round steel short link chains for general lifting purposes—Grade 8, medium to lerance sling chains for chain slings

(ISO 3076:2012, Round steel short link chains for general lifting purposes—Medium to lerance sling chains for chain slings—Grade 8, IDT)

2017-09-07 发布　　　　2018-04-01 实施

中华人民共和国国家质量监督检验检疫总局
中国国家标准化管理委员会　发布

前　言

本标准按照 GB/T 1.1—2009 给出的规则起草。

本标准代替 GB/T 24816—2009《起重用短环链　吊链等用 8 级普通精度链》，与 GB/T 24816—2009 相比主要技术变化如下：

——修改了标准名称(见封面，2009 年版的封面)；

——修改了范围(见第 1 章，2009 年版的第 1 章)；

——修改了尺寸要求(见第 5 章，2009 年版的第 5 章)；

——修改了材料、热处理和制造(见第 6 章，2009 年版的第 6 章)；

——将“安全要求检验”代替“试验要求”和“检验”(见第 7 章，2009 年版的第 7～8 章)；

——修改了标记(见第 8 章，2009 年版的第 9 章)；

——删除了原附录 A“8 级普通精度链暂用附加尺寸”(2009 年版的附录 A)；

——增加资料性附录“计算基准”“链条重量”和“标记方式”(见附录 A、附录 B、附录 C)；

——增加了参考文献(见参考文献)。

本标准使用翻译法等同采用 ISO 3076:2012《一般起重用钢制短环链　吊链用 8 级中等精度链条》。

与本标准中规范性引用的国际文件有一致性对应关系的我国文件如下：

——GB/T 229—2007　金属材料　夏比摆锤冲击试验方法(ISO 148-1:2006，MOD)

——GB/T 702—2008　热轧钢棒尺寸、外形、重量及允许偏差(ISO 1035-1:1980，MOD)

——GB/T 14981—2009　热轧圆盘条尺寸、外形、重量及允许偏差(ISO 16124:2004，MOD)

——GB/T 16825.1—2008　静力单轴试验机的检验(第 1 部分)：拉力和(或)压力试验机测力系统的检验与校准(ISO 7500-1:2004，IDT)

——GB/T 19748—2005　钢材　夏比 V 型缺口摆锤冲击试验　仪器化试验方法(ISO 14556:2000，MOD)

——GB/T 20946—2007　起重用短环链　验收总则(ISO 1834:1999，IDT)

本标准做了下列编辑性修改：

——表 1，第 1、2 列的表示法与其他各列一致；

——增加了 6.2 中“注”。

本标准由中国机械工业联合会提出。

本标准由全国起重机械标准化技术委员会(SAC/TC 227)归口。

本标准负责起草单位：安吉长虹制链有限公司、北京起重运输机械设计研究院。

本标准参加起草单位：浙江双鸟机械有限公司、浙江冠林机械有限公司、巨力索具股份有限公司、重庆维大力起重设备有限公司、山东神力索具有限公司、杭州环链机械有限公司。

本标准主要起草人：王福华、蔡亚森、钱阳天、杨卫波、张虹、过奇荣、张体学、朱颂华。

本标准所代替标准的历次版本发布情况为：

——GB/T 24816—2009。

一般起重用钢制短环链
吊链用 8 级中等精度链条

1 范围

本标准规定了一般起重吊链用 8 级中等精度链条的要求。

该链条($3d_n$)是经过焊接、热处理和试验的钢制短环链，并符合 ISO 1834 规定的验收总则。

注 1：对接焊和闪光对接焊在 ISO 4063 中列出。

本标准适用于名义尺寸为 4 mm～45 mm 链条。其使用的温度为－40 ℃～＋400 ℃。

注 2：8 级中等精度链条的使用和维护见 ISO 3056。

2 规范性引用文件

下列文件对于本文件的应用是必不可少的。凡是注日期的引用文件，仅注日期的版本适用于本文件。凡是不注日期的引用文件，其最新版本(包括所有的修改单)适用于本文件。

ISO 148-1 金属材料 夏比摆锤冲击试验 第 1 部分：试验方法(Metallic materials—Charpy pendulum impact test—Part 1:Test method)

ISO 643 钢 表面粒度的缩微照相测定(Steels—Micrographic determination of the apparent grain size)

ISO 1035-1 热轧钢棒材 第 1 部分：圆钢尺寸(Hot-rolled steel bars—Part 1:Dimensions of round bars)

ISO 1834 起重用短环链 验收总则(Short link chain for lifting purposes—General conditions of acceptance)

ISO 7500-1 静力单轴试验机的检验 第 1 部分：拉力和(或)压力试验机 测力系统的检验与矫正(Metallic materials-Verification of static uniaxial testing machines—Part 1:Tension/compression testing machines-Verification and calibration of the force-measuring system)

ISO 14556 钢 夏比 V 型切痕摆式冲击试验 仪器试验法(Steel—Charpy V-notch pendulum impact test—Instrumented test method)

ISO 16124 钢线材 尺寸和公差(Steel wire rod—Dimensions and tolerances)

3 术语和定义

ISO 1834 界定的术语和定义适用于本文件。

4 验收总则

链条应符合 ISO 1834 及本标准的要求。

5 尺寸

5.1 名义尺寸 d_n

链条的名义尺寸 d_n 应符合表 1 第 1 列。它与制造链条用的按 ISO 16124 要求的线材或按 ISO 1035-1 要求的棒材的名义尺寸相对应。

采用其他名义尺寸时，其尺寸和公差的计算参见附录 A。

注：中间链环的名义尺寸会增加与配对零件不匹配的风险。链条制造商和部件的组装需确保链条和零件是相适应的。

表 1 尺寸

单位为毫米

1	2	3	4	5	6	7	8	9
名义尺寸		节距		宽度			焊缝直径	
d_n	公差	p_n	公差	2 型内宽 W_1 min	1、2 型外宽 W_3 max	1 型内宽 W_4 min	1、2 型 d_w max	2 型 G max
4	+0.08/−0.24	12	±0.4	5.0	14.8	5.2	4.4	5.0
6	+0.12/−0.36	18	±0.5	7.5	22.2	7.8	6.6	7.5
7	+0.14/−0.42	21	±0.6	8.8	25.9	9.1	7.7	8.8
8	+0.16/−0.48	24	±0.7	10.0	29.6	10.4	8.8	10.0
10	+0.20/−0.60	30	±0.9	12.5	37.0	13.0	11.0	12.5
13	+0.26/−0.78	39	±1.2	16.3	48.1	16.9	14.3	16.3
16	+0.32/−0.96	48	±1.4	20.0	59.2	20.8	17.6	20.0
18	±0.9	54	±1.6	22.5	66.6	23.4	19.8	22.5
19	±0.95	57	±1.7	23.8	70.3	24.7	20.9	23.8
20	±1.0	60	±1.8	25.0	74.0	26.0	22.0	25.0
22	±1.1	66	±2.0	27.5	81.4	28.6	24.2	27.5
26	±1.3	78	±2.3	32.5	96.2	33.8	28.6	32.5
28	±1.4	84	±2.5	35.0	104.0	36.4	30.8	35.0
32	±1.6	96	±2.9	40.0	118.0	41.6	35.2	40.0
36	±1.8	108	±3.2	45.0	133.0	46.8	39.6	45.0
40	±2.0	120	±3.6	50.0	148.0	52.0	44.0	50.0
45	±2.25	135	±4.1	56.3	167.0	58.5	49.5	56.3

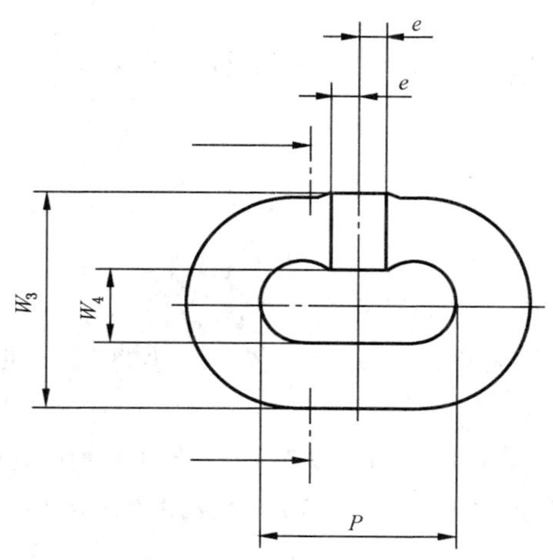

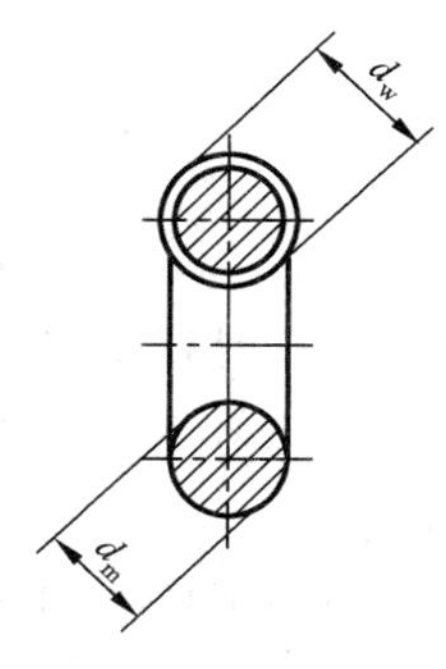

a） 1型

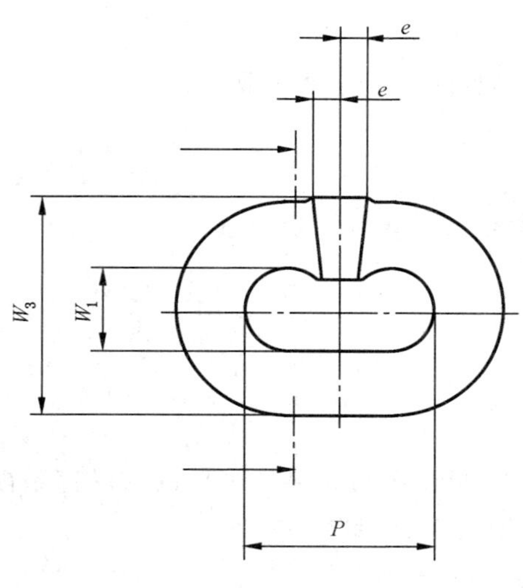

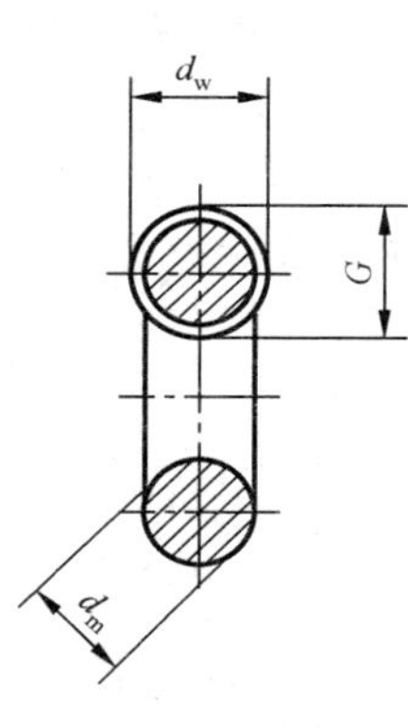

b） 2型

说明：

P ——节距(链环内长)；

d_m ——非焊缝处测得的材料直径；

d_w ——焊缝处测得的直径(1型)
或垂直链环平面的焊缝尺寸(2型)；

G ——其他平面上的尺寸(2型)；

e ——焊接影响长度，在链环中心至任何一侧；

W_1 ——焊缝外的内宽(2型)；

W_3 ——焊缝处的外宽(1型和2型)；

W_4 ——焊缝处的内宽(1型)。

图1 链环

5.2 材料直径和公差

材料直径的定义和测定方法应按 ISO 1834 要求。名义尺寸的直径公差应按表 1 第 2 列，计算方法参见附录 A。

5.3 焊缝直径

焊缝处的最大直径不应超过以下规定(见图 1 及表 1 第 8、9 列)：

——1 型，焊缝处任何截面的最大直径不应超过名义尺寸的 10%。

——2 型，焊缝处与链环平面垂直的截面的最大直径不应超过名义尺寸的 10%，其他任何截面不应超过 25%。

注：1 型焊接链，通过把焊缝直径限制在不超过名义尺寸的 10%内，以避免扭结或卡住的问题；2 型焊接链，只在链环某些区域允许焊缝直径超过 1 型中规定的 10%(见图 1)，以此提供所需间隙来确保无扭结和卡住的问题。

5.4 焊接影响长度

焊接影响长度 e，在链环中心的任何一侧均不应超过 $0.6d_n$(见图 1)。

5.5 节距

节距 P 的尺寸和公差应符合表 1 第 3、4 列及见图 1，计算参见附录 A。

5.6 宽度

宽度 W 的尺寸应符合表 1 第 5、6、7 列及见图 1，计算参见附录 A。

6 材料和制造

6.1 材料的质量

制造商应按 6.1.1～6.1.4 的规定选择钢材，以便经适当的热处理后的成品链条能满足本标准规定的机械性能。并且具有足够的低温延展性和抗冲击载荷的韧性。

实现低温延展性和韧性，应符合 6.1.5 规定选取合金元素或按照 6.4.5 韧性试验规定的要求。

6.1.1 钢材

钢材应由电炉或吹氧转炉冶炼而成。

6.1.2 脱氧

钢材应为镇静钢，并采用适当的脱氧工艺，以便按 ISO 643 进行测定时，能达到奥氏体 6 级晶粒度或更细的品级。

为使链条在使用期间稳定，防止应变时效脆裂，钢材含铝量为 0.025%～0.050%。

6.1.3 可焊性

钢材应具有良好的可焊性。

6.1.4 硫和磷的含量

钢材中硫和磷的含量不应超过表 2 的规定值。

表 2 硫和磷的含量

元素	最大含量	
	熔炼分析 %	检验分析 %
硫	0.020	0.025
磷	0.020	0.025
硫和磷的总量	0.035	0.045

6.1.5 合金元素

钢材应含有足够数量的合金元素，以便按照 6.2 进行热处理后的成品链条能满足本标准规定的机械性能。并且具有足够的低温延展性和抗冲击载荷的韧性。

钢材中应含有镍和至少一种其他元素，其最小含量的百分比见表 3 中所示。

表 3 合金元素含量

元素	最小含量(熔炼分析) %
镍	0.40
铬	0.40
钼	0.15

6.1.6 成品状态

在棒材、线材或成品链环上进行检验分析时，提供给制造商的钢材应符合 6.1.1～6.1.4 和 6.1.5 的要求。

6.2 热处理

链条在经受制造验证力(MPF)，F_{MP}前，应在高于 Ac_3 点的温度进行淬火和回火处理，回火温度不低于+400 ℃。

链条制造商应确保链条的回火状态是有效温度不低于+400 ℃，且保温 1 h。推荐的验证方式为：对链条试样重新热处理，回火温度不低于+400 ℃，保温 1 h，冷却到室温后进行试验，其试样应符合表 5 要求。

对于原色链条以外的需表面处理的链条，在表面处理前，应取出需要验证的试样链条，重新热处理后，进行验证试验。

注：原色链条是经过热处理后而自然氧化的灰黑色链条。

6.3 极限工作载荷(WLL)

名义尺寸的极限工作载荷值(WLL)见表 4，计算参见附录 A。

表 4 极限工作载荷和试验要求

1	2	3	4	5
名义尺寸 d_n mm	极限工作载荷 (WLL) t	制造验证力(MPF),F_{MP} min kN	破断力(BF) F_B min kN	弯曲度 f min mm
4	0.5	13	20	3.2
6	1.12	28	45	4.8
7	1.5	38	62	5.6
8	2	50	80	6.4
10	3.15	79	130	8
13	5.3	130	210	10
16	8	200	320	13
18	10	250	410	14
19	11.5	280	450	15
20	12.5	310	500	16
22	15	380	610	18
26	21.2	530	850	21
28	25	620	990	22
32	31.5	800	1 300	26
36	40	1 000	1 600	29
40	50	1 300	2 000	32
45	63	1 600	2 500	36

6.4 机械性能

6.4.1 制造验证力(MPF)

所有链条应承受制造验证力 F_{MP},与名义尺寸对应的制造验证力见表 4 第 3 列。计算参见附录 A。对于其他的名义尺寸,其机械性能计算应参见附录 A。

6.4.2 破断力(BF)

链条试样应有破断力 F_B,与名义尺寸对应的破断力应至少达到表 4 第 4 列的要求,计算参见附录 A。

6.4.3 总极限伸长率,A

完成拉力试验后,按 ISO 1834 定义的总极限伸长率 A,对原色链条应为 20%,对其他表面处理的链条应为 17%。

6.4.4 弯曲度，f

单环试样应能承受最小弯曲度 f，与名义尺寸对应的弯曲度见表 4 第 5 列，计算参见附录 A。且应没有明显的缺陷。

6.4.5 韧性

成品链条的韧性应用冲击载荷试验方法对标准尺寸、小尺寸和超小尺寸的试样进行验证。

标准尺寸的试样应按照 ISO 148-1 要求进行测试。小尺寸试样应按 ISO 14556 要求进行测试。若链环太小不能截取标准试样，则可按图 3 用激光焊接的方法加长试样的长度制成小尺寸试样。超小尺寸试样的尺寸除按图 4 要求外，则根据 ISO 14556 要求进行测试。应用脉冲微激光焊接方法加长试样的长度制成超小尺寸试样。用以上焊接的方法不能影响缺口区域的硬度和材料的组织结构。试样焊接后进行加工到规定的尺寸。

不管采用摆锤式还是落锤式测试，都应考虑韧性值的测量精度。

若链环足够大，可以截取标准试样，则应用标准尺寸的链环试样进行试验。采用 3 个试样进行试验，在 −40 ℃的试验温度下，每个试样 KV 韧性值至少达到 30 J。

若链环太小不能截取标准试样，但可以截取小尺寸的试样或可以用焊接的方法获取小尺寸的试样，试验变小尺寸试样进行。在 −40 ℃的试验温度下，每个试样 KV 韧性值至少达到 3.5 J。为确保试验温度到材料脆-韧转变温度的范围足够大，KV 韧性值 3.5 J 应为 $1/2E_{US}$ +1 J[曲线上平台能量(USE)的一半+1 J]或取更大。试验采用 10 个试样，以它们的平均值作为 KV 韧性值。10 个试样 KV 韧性值的变化范围在 1.5 J 之内。

若链环太小不能截取小尺寸试样，则应从链条上截取超小尺寸的试样和与该链条相同材料制成的标准尺寸试样进行试验，这个标准尺寸试样的热处理应与成品链相同，以获得与成品链相同的材料和硬度的极限抗拉强度。采用 3 个标准尺寸的试样进行试验，在 −40 ℃的温度下，每个试样的 KV 韧性值至少达到 30 J。采用 3 个超小尺寸的试样进行试验，在 −90 ℃的试验温度下，应达到 80%以上的非晶状区域。

注：假设脆-韧转变温度为 −90 ℃或更低。

若钢的制造商或钢材或链条制造工艺的改变，都应实施上述试验。

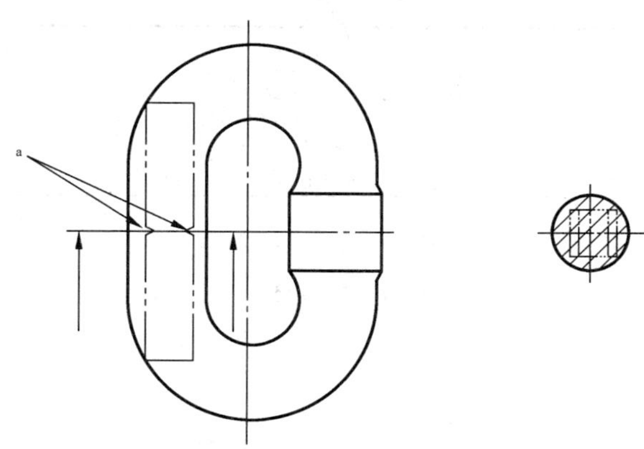

说明：

[a] 缺口方位的选择。

图 2 试样和缺口方位

单位为毫米

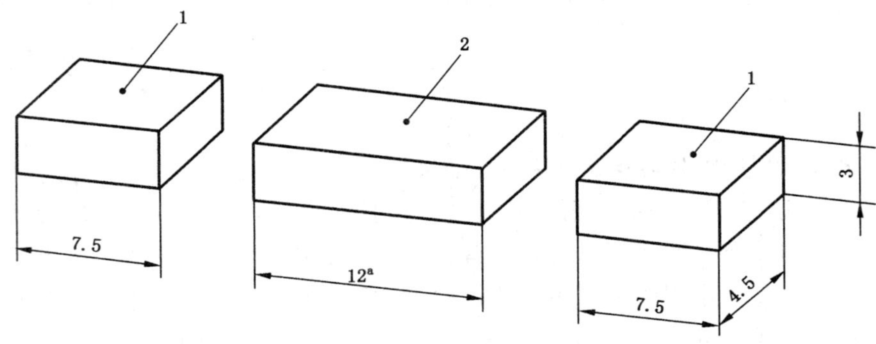

a) 焊接前试样形状

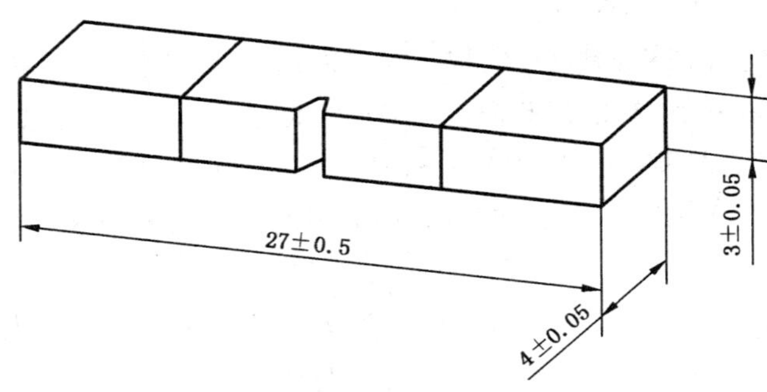

b) 已焊接加工后的试样

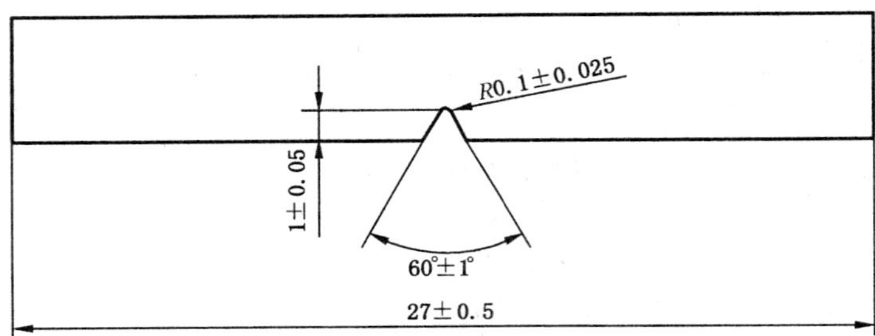

c) 缺口尺寸

说明：

1——焊接加长块；

2——测试链条块。

摆锤的几何形状根据 ISO 14556:2000/修改件 1:2006 中图 D.1 确定。

[a] 被测试材料的最短长度。

图 3 小尺寸试样

单位为毫米

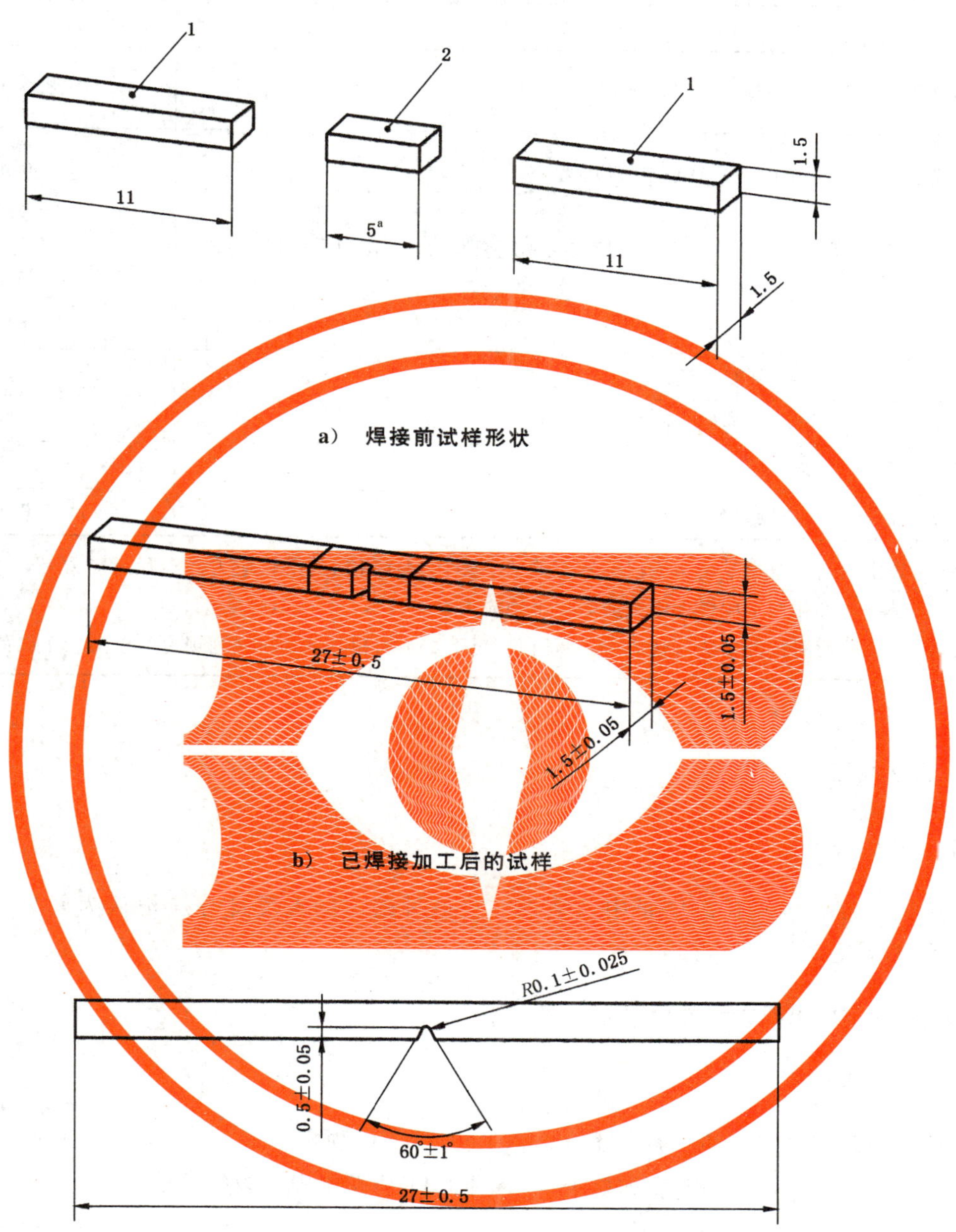

a） 焊接前试样形状

b） 已焊接加工后的试样

c） 缺口尺寸

说明：

1——焊接加长块；

2——测试链条块。

摆锤的几何形状根据 ISO 14556:2000/修改件 1:2006 中图 D.1 确定。

[a] 被测试材料的最短长度。

图 4 超小尺寸试样

表 5 机械性能

机械性能	要求
规定破断力 F_B 作用下的最小名义应力：$\frac{2(F_B)}{\pi d_n^2}$	800 N/mm²
规定制造验证力 F_{MP} 作用下的最小名义应力：$\frac{2(F_{MP})}{\pi d_n^2}$	500 N/mm²
规定制造验证力 F_{MP} 作用下的最小名义应力与规定破断力 F_B 作用下的最小名义应力之比：$\frac{F_{MP}}{F_B}$	62.5%
规定的最小总极限伸长率(原色链条)	20%
规定的最小总极限伸长率(其他表面处理的链条)	17%
规定的最小弯曲度，f	0.8d_n mm
规定极限工作载荷下的最大名义应力	200 N/mm²
注 1：表中的名义应力是由力除以链环两侧的总截面积而得到的平均应力。实际上应力是非均匀分布的，特别是链环外弧面上的最大组织应力比平均应力要大得多。 注 2：工作载荷可按国家法规选取，但在任何情况下都不应超过表 4 第 2 列规定的极限工作载荷。	

7 安全要求检验

7.1 批次和取样

应从批次为 200 m 长的链条中选取试样。该批超出的长度部分应被认为属另一批。取样应按 ISO 1834 的规定。

7.2 制造验证力、破断力和总极限伸长率

7.2.1 静拉伸试验

静拉伸试验的试验机和试验程序应符合 ISO 1834 的规定。

7.2.3 和 7.3.1 中试验用机械和设备，应符合 ISO 7500-1 中 1 级的要求。

7.2.2 制造验证力—验收标准

所有链条应承受 6.4.1 中规定的制造验证力。

7.2.3 破断力和总极限伸长率—验收标准

在静拉伸试验后，破断力和总极限伸长率应符合 6.4.2 和 6.4.3 的要求。

7.3 弯曲度

7.3.1 弯曲试验

弯曲试验的试验设备和试验程序应符合 ISO 1834 的规定。

每个单环试样应达到表 4 第 5 列给出的弯曲度 f，并见图 5。卸载后，试样环应由胜任者按 ISO 1834 的规定检验。

注：必要时，弯曲试验后可以清除表面涂层进行检验。

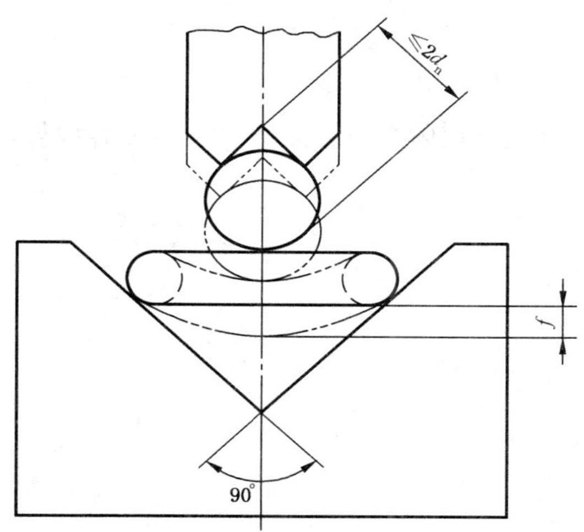

图 5 弯曲度测试

7.3.2 弯曲度—验收标准

弯曲试验后，弯曲度应符合 6.4.4 的要求。

7.4 链条的韧性

7.4.1 韧性试验

根据试样尺寸大小，按 ISO 148-1 或 ISO 14556 的规定进行试验。

7.4.2 韧性试验—验收标准

韧性应符合 6.4.5 的要求，该要求应通过试样在曲线上平台有 100%非晶状区域的温度下进行试验验证。韧性值按式(1)计算：

$$E_D \geqslant \frac{1}{2}E_{US} + 1\ \text{J} \qquad \cdots\cdots(1)$$

式中：

E_D ——设计能量，单位为焦耳(J)；

E_{US} ——曲线上平台能量，单位为焦耳(J)。

8 标记

8.1 等级标记

链条的等级标记为 8，标记应符合 ISO 1834 的规定，并应根据 ISO 1834 规定使用。

8.2 识别标记

识别标记应符合 ISO 1834 的规定。

8.3 检验标记

检验标记应符合 ISO 1834 的规定。

9 制造合格证

如有要求,制造商供应的每批链条应附有一份符合 ISO 1834 详细规定的试验和检验合格证书。

附 录 A
（资料性附录）
计 算 基 准

A.1 尺寸和公差

A.1.1 直径公差

成品链环的材料直径公差，对于名义尺寸小于18 mm的，应在名义尺寸的−6%～+2%范围内。焊接处除外。

成品链环的材料直径公差，对于名义尺寸大于或等于18 mm的，应在名义尺寸的±5%范围内。焊接处除外。

A.1.2 节距和公差

名义节距 p_n 以 $3d_n$ 作为基础，计算值圆整到1 mm，圆整值见表1第3列。

节距公差按名义直径值的±3%，计算值圆整到0.1 mm，圆整值见表1第4列。

A.1.3 宽度

2型内宽值 W_1 以 $1.25d_n$ 作为基础，计算值圆整到0.1 mm，圆整值见表1第5列。

1、2型外宽值 W_3 以 $3.7d_n$ 作为基础，计算值小于100 mm的圆整到0.1 mm，计算值大于等于100 mm的圆整到1 mm，圆整值见表1第6列。

1型内宽值 W_4 以 $1.3d_n$ 作为基础，计算值圆整到0.1 mm，圆整值见表1第7列。

A.1.4 焊缝直径

1型焊缝直径 d_w 或2型垂直链环平面焊缝尺寸 d_w 均以 $1.1d_n$ 为基础，计算值圆整到0.1 mm，圆整值见表1第8列。

2型其他平面尺寸的值以 $1.25d_n$ 为基础，计算值圆整到0.1 mm，圆整值见表1第9列。

A.2 极限工作载荷和试验要求

A.2.1 总则

极限工作载荷名义应力的计算和试验要求应符合A.2.2～A.2.4中式(A.1)～式(A.3)，名义应力如下：

a) 名义工作应力＝200 N/mm²；

b) 名义制造验证应力＝500 N/mm²；

c) 名义破断应力＝800 N/mm²。

A.2.2 极限工作载荷(WLL)

极限工作载荷根(WLL)按式(A.1)计算：

$$M_{\mathrm{WLL}}=\frac{2\times\frac{1}{4}\times\pi\times200\times d_n^2}{g\times1\ 000} \qquad \cdots\cdots\cdots(A.1)$$

$$M_{\mathrm{WLL}} = 0.032\ 035 \times d_{\mathrm{n}}^{2}$$

式中：

M_{WLL}——极限工作载荷(WLL)，单位为吨(t)；

g ——重力加速度，取 9.806 65 m/s²。

根据 ISO 2374，计算值圆整到最接近 ISO 497 中 R40 优选数系的下限值，圆整值见表 4 第 2 列。

A.2.3 制造验证力(MPF)

制造验证力(MPF)按式(A.2)计算：

$$F_{\mathrm{MP}} = \frac{2 \times \frac{1}{4} \times \boldsymbol{\pi} \times 500 \times d_{\mathrm{n}}^{2}}{1\ 000} \qquad \cdots\cdots(\mathrm{A.2})$$

$$F_{\mathrm{MP}} = 0.785\ 398 \times d_{\mathrm{n}}^{2}$$

式中：

M_{MP}——制造验证力(MPF)，单位为千牛(kN)。

计算值小于 100 kN，圆整到 1 kN；计算值大于等于 100 kN 并小于 1 000 kN，圆整到 10 kN；计算值大于等于 1 000 kN，圆整到 100 kN。圆整值见表 4 第 3 列。

A.2.4 破断力(BF)

破断力(BF)按式(A.3)计算：

$$F_{\mathrm{B}} = \frac{2 \times \frac{1}{4} \times \boldsymbol{\pi} \times 800 \times d_{\mathrm{n}}^{2}}{1\ 000}$$

$$F_{\mathrm{B}} = 1.256\ 637 \times d_{\mathrm{n}}^{2} \qquad \cdots\cdots(\mathrm{A.3})$$

式中：

F_{B}——破断力(BF)，单位为千牛(kN)。

计算值小于 100 kN，圆整到 1 kN；计算值大于等于 100 kN 并小于 1 000 kN，圆整到 10 kN；计算值大于等于 1 000 kN，圆整到 100 kN。圆整值见表 4 第 4 列。

A.2.5 弯曲度，f

弯曲度，f 按式(A.4)计算：

$$f = 0.8 \times d_{\mathrm{n}} \qquad \cdots\cdots(\mathrm{A.4})$$

式中：

f——弯曲度，单位为毫米(mm)。

计算值小于 10 mm，圆整到 0.1 mm；计算值大于等于 10 mm，圆整到 1 mm，圆整值见表 4 第 5 列。

附　录　B
（资料性附录）
链 条 质 量

每米大约的质量按式(B.1)计算：

$$W = 2.842 \times \rho \times 10^{-3} \times d_n^2 \qquad \cdots\cdots\cdots\cdots (B.1)$$

式中：

W ——每米约重，单位为千克每米(kg/m)；

ρ ——材料密度，取 7.85 kg/m。

计算值小于 1 kg/m，圆整到 0.01 kg/m；计算值大于等于 1 kg/m 并小于 10 kg/m，圆整到 0.1 kg/m；计算值大于等于 10 kg/m，圆整到 1 kg/m。圆整值见表 B.1 第 2 列。

表 B.1　链条质量

1	2
名义尺寸，d_n mm	每米质量，W kg/m
4	0.36
6	0.80
7	1.10
8	1.40
10	2.20
13	3.80
16	5.70
18	7.20
19	8.10
20	8.90
22	11.00
26	15.00
28	17.00
32	23.00
36	29.00
40	36.00
45	45.00

附 录 C
（资料性附录）
标 记 方 式

标记的一般格式如下。

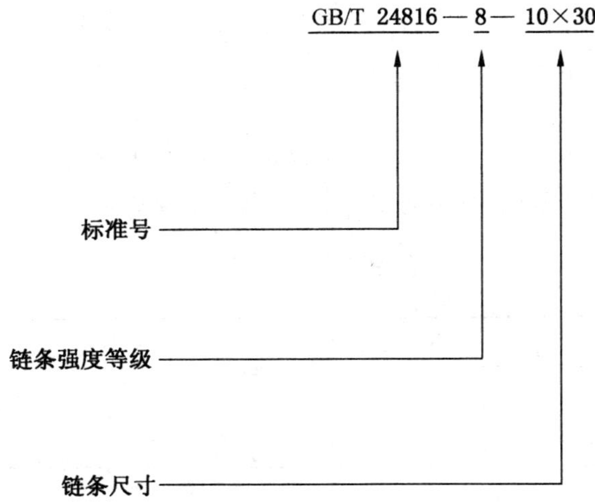

参考文献

[1] GB/T 783 起重机械 基本型的最大起重范围(ISO 2374:1983)

[2] GB/T 5185 焊接及相关工艺方法代号(ISO 4063:1998)

[3] GB/T 22166 非校准起重圆环链和吊链 使用和维护(ISO 3056:1986)

[4] EN 818-2:1996+A 起重用短环链 安全性 第2部分:8级吊链用中等公差链

ICS 53.020.20
J 80

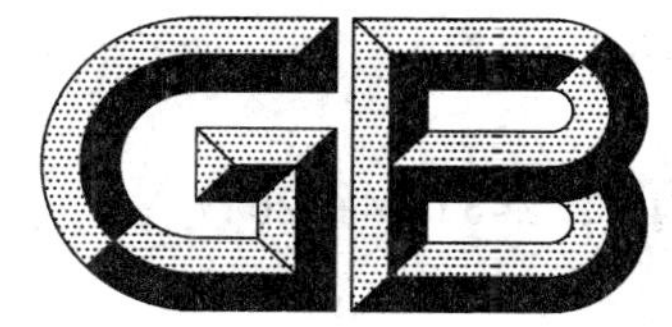

中华人民共和国国家标准

GB/T 24818.4—2017

起重机　通道及安全防护设施
第4部分：臂架起重机

Cranes—Access, guards and restraints—
Part 4: Jib cranes

(ISO 11660-4:2012, MOD)

2017-10-14 发布　　2018-05-01 实施

中华人民共和国国家质量监督检验检疫总局
中国国家标准化管理委员会　发布

前　言

GB/T 24818《起重机　通道及安全防护设施》分为5个部分：

——第1部分：总则；

——第2部分：流动式起重机；

——第3部分：塔式起重机；

——第4部分：臂架起重机；

——第5部分：桥式和门式起重机。

本部分为GB/T 24818的第4部分。

本部分按照GB/T 1.1—2009给出的规则起草。

本部分使用重新起草法修改采用ISO 11660-4:2012《起重机　通道及安全防护设施　第4部分：臂架起重机》。

本部分与ISO 11660-4:2012相比，在结构上无变化。

本部分与ISO 11660-4:2012的技术差异及原因如下：

——关于规范性引用文件，本部分做了具有技术性差异的调整，为与我国有关'机械安全'方面的标准协调一致，具体如下：

本部分用GB 23821代替ISO 13852(GB 23821—2009，ISO 13857:2008，IDT。ISO 13857:2008代替ISO 13852)。

本部分做了下列编辑性修改：

——为了与条文中叙述一致，在图1中数字1.8之前增加了"＜"的符号。

本部分由中国机械工业联合会提出。

本部分由全国起重机械标准化技术委员会(SAC/TC 227)归口。

本部分起草单位：交通运输部水运科学研究院、武汉理工大学、北京起重运输机械设计研究院、上海国际港务(集团)股份有限公司、秦皇岛港股份有限公司、上海振华重工(集团)股份有限公司。

本部分主要起草人：赵溦、张德文、周强、郑丽、李益琴、张培、沈沨、王玥、邹云飞、宁伟婷。

起重机　通道及安全防护设施　第4部分：臂架起重机

1　范围

GB/T 24818 的本部分规定了臂架起重机(以下简称起重机)通道及安全防护设施的特殊要求。

GB/T 24818.1 确定了 GB/T 6974.1 中所定义的起重机在正常操作、检查、维护、安装、拆卸过程中，进入控制台和其他部位通道的通用要求。以及对在起重机上或起重机附近的人员不被运动部件、下落物体、转动部件所伤害的安全防护设施的通用要求。

本部分适用于 GB/T 6974.1 定义的臂架起重机。

2　规范性引用文件

下列文件对于本文件的应用是必不可少的。凡是注日期的引用文件，仅注日期的版本适用于本文件。凡是不注日期的引用文件，其最新版本(包括所有的修改单)适用于本文件。

GB 23821　机械安全　防止上下肢触及危险区的安全距离(GB 23821—2009，ISO 13857：2008，IDT)

GB/T 24818.1—2009　起重机　通道及安全防护设施　第1部分：总则(ISO 11660-1：2008，IDT)

3　术语和定义

GB/T 24818.1 界定的术语和定义适用于本文件。

4　通道

4.1　总则

起重机所有的控制台和其他部位，在正常操作、检查、维护、安装和拆卸过程中，应通过走道、楼梯、直梯、平台或移动式地面登机设备进入。

4.2　要求

4.2.1　通道的一般设计要求

4.2.1.1　与 GB/T 24818.1 的一致性

通道的设计应符合 GB/T 24818.1—2009 要求，与 GB/T 24818 的本部分对应的条款见表1。

表 1 通道设计要求

危险或通道形式	GB/T 24818.1—2009	GB/T 24818.4—2017
运动部件间的挤压危险	5.8	4.2.1.2
楼梯	6	4.2.1.3
直梯	7	4.2.1.4
人孔和天窗	9	4.2.1.5
臂架通道	9	4.2.2

4.2.1.2 运动部件间的挤压危险

频繁使用的通道(1 类),在存在挤压危险处,应安装带联锁功能的装置,以阻止相关的动作。

对非频繁使用的通道(2 类),人员与运动部件之间应至少保持 0.5 m 的安全距离。如果无法达到该安全距离,则应提供警示牌明示危险,并安装阻止相关动作的装置。

4.2.1.3 楼梯

除 GB/T 24818.1 中规定的尺寸外,踏板的推荐尺寸如下:

——踏步间距:200 mm;

——踏板宽度:500 mm。

4.2.1.4 直梯

直梯的第一段不应大于 10 m。

直梯在垂直高度上每 10 m 至少设置一个休息平台。

4.2.1.5 人孔和天窗

当起重机结构不准许有更大尺寸时:

——对于 GB/T 24818.1—2009 中规定的 1 类通道,孔洞实际的最小尺寸应为 0.5 m×0.5 m;

——对于 GB/T 24818.1—2009 中规定的 2 类通道,孔洞实际的最小尺寸应为 0.5 m×0.4 m。

4.2.2 臂架通道

4.2.2.1 总则

当臂架无法下降到地面进行机构和/或其部件的检查和维护时,则沿臂架应设置走道,并提供:

——侧保护;或

——随身保护装置以防跌落。

4.2.2.2 走道

走道的宽度应符合 GB/T 24818.1—2009 中表 6 的 2 类通道要求。

当臂架的高度足以保证在其内部通行时(即走道至上方构件的高度大于或等于 1.8 m),走道两侧都应设置最小高度为 0.03 m 的踢脚板。当走道至上方构件的高度小于 1.8 m 时,可仅在一侧设置踢脚板(见图 1)。

单位为米

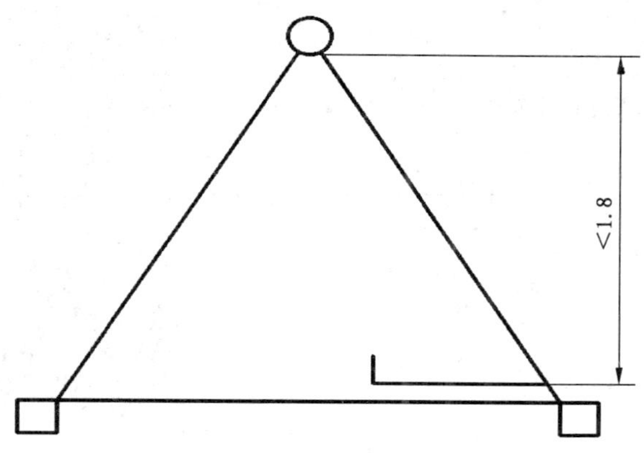

图 1　一侧设有踢脚板的走道

5　安全防护设施

5.1　运动部件的防护

在进入起重机所有的控制台和其他部位时，运动部件应有符合 GB 23821 要求的安全距离或安装可拆卸的或固定的防护装置进行防护。对于未安装防护装置的运动部件，则应提供警示信息。

在常用的通道区域，开式齿轮、链传动及类似的传动装置应安装防护装置。例外，对于大回转齿轮，如果与小齿轮的啮合点按 GB 23821 的要求，距频繁使用的通道（1 类）足够远，则可不需要安装防护装置。

如果起重机的构造不准许设置防护，例如上部回转式起重机或回转支承座、回转支承和回转平台之间连接范围内的有限空间区域，则应提供警示信息。

用于走道或工作平台的防护应根据 GB/T 24818.1 要求进行设计。

吊钩滑轮组的设计，应使手被卷入钢丝绳和滑轮之间的风险降之最小。

注：为了功能性的检查和维护，卷筒、制动器和联轴器一般不遮盖或防护，因为起重机在正常运行期间，通常不会有人靠近这些机械装置。

5.2　预防起重机部件及附件的坠落

起重机部件中诸如齿轮、滑轮、罩壳和箱体的设计、装配和固定，应在正常运行期间能防止其坠落。

罩壳、防护装置和通道门应装有铰链或其他装置，以防止其坠落。

回转机构的小齿轮应设置罩壳或其他装置，以防止其由于断裂或挤碎而坠落。

参 考 文 献

[1] GB/T 6974.1 起重机 术语 第1部分:通用术语

ICS 29.140.99
K 71

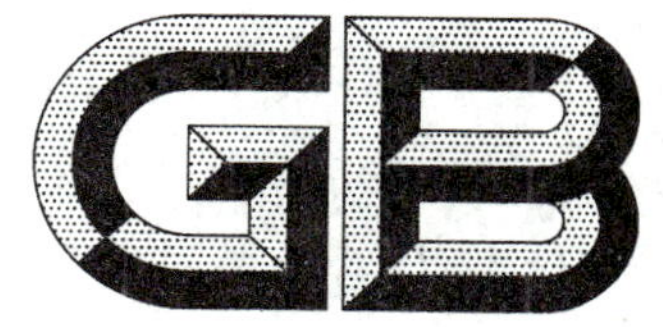

中华人民共和国国家标准

GB/T 24823—2017/IEC 62717:2014
代替 GB/T 24823—2009

普通照明用LED模块　性能要求

LED modules for general lighting—Performance requirements

(IEC 62717:2014,IDT)

2017-11-01 发布　　2018-05-01 实施

中华人民共和国国家质量监督检验检疫总局
中国国家标准化管理委员会　发布

前　言

本标准按照 GB/T 1.1—2009 给出的规则起草。

本标准代替 GB/T 24823—2009《普通照明用 LED 模块　性能要求》，与 GB/T 24823—2009 相比主要技术变化如下：

——修改了术语定义(见第 3 章，2009 版的第 3 章)；
——增加了关于个体适用性的说明(见 1.2)；
——增加了规范性引用文件，并删除了未使用的文件(见第 2 章，2009 版的第 2 章)；
——将失效机理拆分为突变失效和光通量衰减，增加了术语定义、光通维持率要求，并修改了附录 C 的结构和内容(见第 3 章、第 4 章、第 10 章、附录 C)；
——修改 t_{pmax} 为 $t_{p额定}$(见第 3 章，2009 版的第 3 章)；
——修改了标志位置(产品、包装、数据页)(见第 4 章，2009 版的第 8 章)；
——增加了变位系数术语定义、测量方法和解释(见第 3 章、第 4 章、7.2、附录 E、附录 F，2009 版的 5.4)；
——修改了对光效的要求(见 8.3，2009 版的 5.6.1)；
——增加了对族的描述(见 6.2)；
——删除了基于置信区间的统计学信息，并修改了 LED 模块功率和光通量的限值(见 7.1、8.1，2009 版的 5.4、5.6)；
——修改了光通维持率的要求(见 10.2，2009 版的 5.8)；
——提出了加速寿命试验后的最大光衰减量(见 10.3.4)；
——修改了样品测试数量要求(见表 7，2009 版的表 6)；
——修改了环境温度、稳定时间等测量方法信息(见附录 A，2009 版的第 6 章)；
——修改老炼时间上限值为 500 h(见 A.2.2，2009 版的 3.4)；
——增加了光度数据文件格式要求(见 A.3.3)；
——增加了光度代码(见附录 D)；
——增加了“温度测量用试验设备”(见附录 H)。

本标准使用翻译法等同采用 IEC 62717:2014＋AMD1:2015《普通照明用 LED 模块　性能要求》。

与本标准中规范性引用的国际文件有一致性对应关系的我国文件如下：

——GB/T 2423.22—2012　环境试验　第 2 部分：试验方法　试验 N：温度变化(IEC 60068-2-14:2009，IDT)；
——GB/T 2900.65—2004　电工术语　照明(IEC 60050-845:1987，MOD)
——GB/T 10682—2010　双端荧光灯　性能要求(IEC 60081:2005，NEQ)；
——GB/T 17626.7—2017　电磁兼容　试验和测量技术　供电系统及所连设备谐波、间谐波的测量和测量仪器导则(IEC 61000-4-7:2009，IDT)；
——GB 19510.14—2009　灯的控制装置　第 14 部分：LED 模块用直流或交流电子控制装置的特殊要求(IEC 61347-2-13:2006，IDT)；
——GB/T 19658—2013　反射灯中心光强和光束角的测量方法(IEC TR 61341:2010，IDT)；
——GB/T 24826—2016　普通照明用 LED 产品和相关设备　术语和定义(IEC 62504:2014，IDT)。

本标准由中国轻工业联合会提出。

本标准由全国照明电器标准化技术委员会电光源及其附件分技术委员会(SAC/TC 224/SC1)归口。

本标准起草单位:国家电光源质量监督检验中心(北京)、横店集团得邦照明股份有限公司、厦门通士达照明有限公司、佛山电器照明股份有限公司、湖南贝特莱尔光电科技有限公司、深圳市斯派克光电科技有限公司、浙江晨丰科技股份有限公司、浙江宇光照明科技有限公司、德清县新城照明器材有限公司、杭州奥普卫厨科技有限公司、佛山市华全电气照明有限公司、杭州华普永明光电股份有限公司、浙江晶日照明科技有限公司、北京电光源研究所。

本标准主要起草人:张伟、刘倩、聂李迅、高涛、魏彬、彭光明、黄国梁、何文健、于太利、易青、傅康、柯柏权、陈凯、程世友、赵秀荣。

本标准所代替标准的历次版本发布情况为:

——GB/T 24823—2009。

普通照明用 LED 模块　性能要求

1　范围

1.1　概述

本标准规定了 LED 模块的性能要求，以及检验其符合性的试验方法和检验条件。LED 模块区分为以下类型，见图 1：

类型 1：采用 250 V 及以下直流或 1 000 V 及以下 50 Hz 或 60 Hz 交流电源供电的集成式 LED 模块。

类型 2：通过独立控制装置的电源连接到电源电压，且内部包含有使其工作于恒定电压、恒定电流或恒定功率下的控制装置的(半集成式)LED 模块。

类型 3：用于控制模块工作于恒定电压、恒定电流或恒定功率状态下的全部控制装置均独立于模块(非集成式)的 LED 模块。

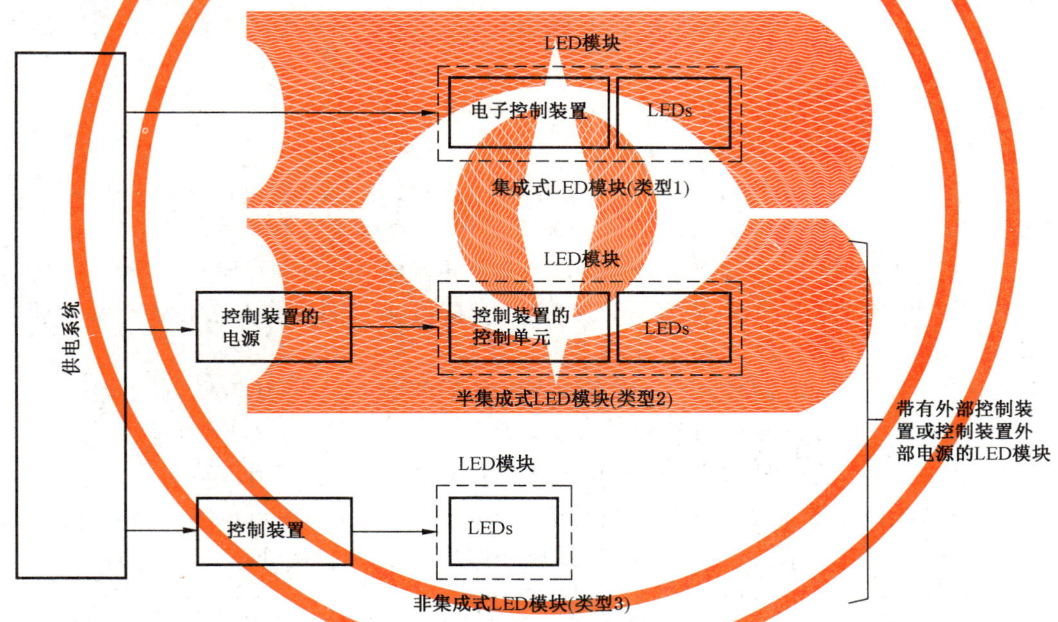

半集成式 LED 模块(类型 2)控制装置的电源是能够将电流、电压或功率控制在设计范围内的的电子设备。

半集成式 LED 模块(类型 2)控制装置的控制单元是控制输入到 LEDs 的电能的电子设备。

带有外部控制装置的 LED 模块为非集成式 LED 模块或半集成式 LED 模块。

图 1　LED 模块类型

本标准的要求仅适用于型式试验。

用于全部产品检验或批次检验的方法正在研究中。

本标准所涵盖 LED 模块，基于发白光的无机 LED 技术。

通常，LED 模块的寿命长于实践中可行的试验时间。因为将测试数据在时间上做进一步推算的方法并没有标准化，所以不能以充分可信的方法对生产者宣称寿命做验证。因此，用 6.1 规定的试验时间来验证生产者的宣称寿命，不属于本标准范围。

本标准选择指定测试时间的光通维持率代码来代替寿命验证。但是，光通维持率代码并不暗示对实际寿命时间的预测值。由代码表示的类别，是与生产者在测试开始前所提供信息一致的光通衰减特性的类别。

为了验证宣称寿命，需要对测试数据进行外推。基于有限测试时间的测试数据的通用预测方法正在研究中。

本标准所规定的寿命试验的通过/失效准则不同于生产者所宣称的寿命度量方法。对于所推荐寿命度量方法的解释，参见附录C。

注：当模块在灯具中工作时，受灯具零部件等对LED模块性能的影响，宣称的性能数据可以与由本标准所要求的数值有偏差。

类型2和类型3的LED模块的外部电子控制装置不属于本标准要求的测试范围。

对水和尘侵入的防护，见B.3。

1.2 说明

符合本标准要求的集成式LED模块应能在额定电压92%～106%范围内正常启动和工作。带有外部控制装置的LED模块，其控制装置符合IEC 61347-2-13和IEC 62384要求时，应能正常启动和工作。所有的LED模块在生产者所指定条件下，且安装在符合IEC 60598-1要求的灯具时，应能正常启动和工作。

对个体的要求适用于整体中的95%个体。

2 规范性引用文件

下列文件对于本文件的应用是必不可少的。凡是注日期的引用文件，仅注日期的版本适用于本文件。凡是不注日期的引用文件，其最新版本(包括所有的修改单)适用于本文件。

GB/T 2424.5—2006 电工电子产品环境试验 温度试验箱性能确认(IEC 60068-3-5:2001,IDT)

GB 17625.1—2012 电磁兼容 限值 谐波电流发射限值(设备每相输入电流≤16 A) (IEC 61000-3-2:2009,IDT)

GB/T 22907—2008 灯具的光度测试和分布光度学(CIE 121:1996,IDT)

GB 24819—2009 普通照明用LED模块 安全要求(IEC 62031:2008,IDT)

GB/T 26180—2010 光源显色性的表示和测量方法(CIE 13.3:1995,IDT)

IEC 60050-845:1987 国际电工术语 照明(International electrotechnical vocabulary:Lighting)

IEC 60068-2-14 环境测试 第2-14部分:试验—试验N温度变化(Environmental testing—Part 2-14:Test—Test N:Change of temperature)

IEC 60081 双端荧光灯 性能要求(Double-capped fluorescent lamps—Performance specifications)

IEC 61000-4-7 电磁兼容 第4-7部分:试验和测量技术 供电系统及所连设备谐波、谐间波的测量和测量仪器导则(Electromagnetic compatibility(EMC)—Part 4-7:Testing and measurement techniques—General guide on harmonics and interharmonics measurements and instrumentation,for power supply systems and equipment connected thereto)

IEC TR 61341 反射灯中心光强和光束角的测量方法(Method of measurement of centre beam intensity and beam angle(s)of reflector lamps)

IEC 61347-2-13 灯的控制装置 第2-13部分:LED模块用直流或交流电子控制装置的特殊要求(Lamp controlgear—Part 2-13:Particular requirements for d.c.or a.c.supplied electronic controlgear for LED modules)

IEC 62504 普通照明 LED产品和相关设备 术语和定义(General lighting—Light emitting diode(LED)products and related equipment—Terms and definitions)

CIE 177:2007 白光 LED 光源的显色性(Colour rendering of white LED light sources)

IES LM-80 IES 认可方法:LED 封装、阵列和模块的光通量和颜色维持率的测量(IES approved method:measuring luminous flux and color maintenance of LED packages,arrays and modules)

3 术语和定义

IEC 62504 和 IEC 60050-845 中界定的以及下列术语和定义适用于本文件。

3.1

测试电压、电流或功率 test voltage,current or power

测试所使用的输入电压、电流或功率。

注:A.2 给出了测试电压、电流或功率的要求。

3.2

光通维持率 luminous flux maintenance factor,lumen maintenance factor

光源在寿命期间内燃点一定时间后所发出的光通量与初始光通量的比值,以百分数 x 表示。

注:LED 光源的光通量维持率包括光学部件的退化,LED 封装的光输出降低的影响,或当 LED 光源含有多个 LED 封装时单个或多个 LED 封装失效的影响。

3.3

初始值 initial value

老炼期和稳定时间结束后的光度和电特性。

注:改写 IEC 62612:2013,定义 3.4。

3.4

维持值 maintained values

包括稳定时间在内的一定运行时间后标准测试条件下的光度和电特性。

注:本标准规定了测试条件。

3.5

光通量参数失效 parametric failure luminous flux

工作中的 LED 模块所发出光通量低于光通维持率 x 所对应的光通量的失效。

注 1:本标准中,LED 照明产品指 LED 模块。

注 2:导致参数失效的渐变失效模式示例,见图 C.1。

3.6

突变失效 abrupt failure

LED 产品不能工作或不能发出光通量时的失效。

注 1:本标准中,LED 照明产品指 LED 模块。

注 2:术语“完全失效”也通常被用于相同的目的。

注 3:突变失效模式的示例,见图 C.1。

3.7

中值有效寿命(LED 模块) median useful life(of LED modules)

寿命(LED 模块) life(of LED modules)

$\boldsymbol{L_x}$

50%(B_{50})的相同类型的工作中 LED 模块出现参数失效而不能提供初始光通量的 x 百分比时的时间。

注 1:中值有效寿命仅包括工作中的 LED 模块。

注 2:改写 GB/T 2900.65-2004,845-07-61。

3.8

突变失效概率　abrupt failure probability

***F*(*t*)**

选取同类型的批量 LED 模块中的一个 LED 模块，燃点给定时间 t 后发生失效的概率。

注：改写 CIE 097，$LSF(t)=1-F(t)$，LSF 为灯的存活因子。

3.9

突变失效率　abrupt failure value

AFV

达到中值有效寿命 L_x 时，出现不能工作失效情况的 LED 模块的百分比。

注 1：$AFV=F(L_x)\times 100\%$；$LSF(L_x)=1-F(L_x)$。

注 2：示例：假定 $L_x=20\ 000$ h 且 $AFV=F(20\ 000\ \text{h})\times 100\%=7\%$，则 $LSF(20\ 000\ \text{h})=1-0.07=0.93$。

3.10

突变失效时间　time to abrupt failure

$\boldsymbol{C_y}$

相同类型的初始时能工作的批量 LED 模块中，$y\%$出现完全不能出光的失效情况的时间。

注 1：突变失效时间仅包括不能工作的 LED 模块。

注 2：$C_{AFV}=L_x$。

3.11

复合失效率　combined failure value

CFV

达到中值有效寿命 L_x 时，出现参数失效模式或突变失效模式的 LED 模块的百分比。

注 1：$CFV=50\%+0.5\times AFV$

注 2：示例：假定 $AFV=15\%$，则 $CFV=50\%+0.5\times 15\%=57.5\%$。

3.12

复合寿命（LED 灯的）　combined life(of LED lamps)

$\boldsymbol{M_xF_y}$

相同类型的初始时能工作的批量 LED 模块中，$y\%(F_y)$出现参数失效模式或突变失效模式时的时间。

注：复合寿命（LED 灯）包括能工作和不能工作的 LED 灯。

3.13

中值复合寿命（LED 灯的）　median combined life(of LED lamps)

$\boldsymbol{M_x}$

相同类型的初始时能工作的批量 LED 灯中，$50\%(F_{50})$出现参数失效模式或突变失效模式时的时间。

注：中值复合寿命（LED 灯的）包括能工作和不能工作的 LED 灯。

3.14

光度代码[1)]　photometric code[1)]

白光 LED 模块的颜色编码用相关色温和一般显色指数定义。

注：光度代码的定义在 IEC 62504 中为光色编码。

3.15

t_p-点　t_p-point

LED 模块表面上测量性能温度 t_p 和 $t_{p额定}$ 的指定位置点。

1）　正在研究中。

3.16

t_p 温度　t_p temperature

与 LED 模块性能相关的 t_p 点的温度。

注 1：$t_p \leqslant t_c$，仅适用于 t_p 和 t_c 测量点的位置相同的情况。关于 t_c，见 GB 24819—2009 的 3.10。

注 2：对于给定寿命，t_p 温度为固定值，不是变量。

注 3：根据宣称寿命，可以有多个 t_p。

3.17

LED 模块的推荐最高工作温度　recommended maximum LED module operating temperature value

$t_{p额定}$

对应于生产者或销售商宣称的额定性能参数的最高工作温度。

注：$t_{p额定} \leqslant t_c$，仅适用于 $t_{p额定}$ 和 t_c 测量点的位置相同的情况，关于 t_c，见 GB 24819—2009 的 3.10。

3.18

LED 芯片　LED die

制造有给定功能电路的一块半导体材料。

注：LED 芯片结构示意图，见图 G.1。

3.19

变位系数　displacement factor

用 $\cos\phi_1$ 表示，ϕ_1 为电源电压基波和电源电流基波之间的相位角。

3.20

可扩展 LED 模块　scaleable LED module

根据特定规则设计的 LED 模块，且其特性与特定几何尺寸成比例。

注：例如：设计为单位长度消耗固定功率的线性 LED 模块。每 50 cm 模块长度，消耗功率为 10 W、总光通量为 500 lm，每 100 cm 模块长度，消耗功率为 20 W、总光通量为 1 000 lm，如果将 LED 模块布置在一个卷轴或类似的大单元上，则认为 LED 模块是可以扩展的。

3.21

族　family

具有相同特性和控制方法（集成、半集成、非集成）的 LED 模块的归类，这些分类依据材料、部件、和/或加工方法的共同特征来区分。

4　标志

4.1　必备标志

表 1 中的参数信息应由生产者或销售商给出，并标注在指定位置上。

除 t_p-点（列项 j）、尺寸（列项 n）和是否具有散热器（列项 o）外，其他信息均对应于性能相关的最高工作温度 $t_{p额定}$。

这些信息是对 IEC 62031 所规定强制性标志的补充。

对于可扩展 LED 模块，请参阅 6.1，并在说明书上标注参考尺寸。

表 1　必备标志和标志位置

参　　数	LED 模块	包装	LED 模块数据表、说明书或网站
a)　额定光通量/lm	—	×[d]	×
b)　光度代码（见附录 D）[c]	—	×[d]	×

表 1（续）

参　　数	LED 模块	包装	LED 模块数据表、说明书或网站
c)　额定中值有效寿命(h)和相关联的额定光通维持率(x)	—	—	×
d)　额定突变失效率/%	—	—	×
e)　光通维持率代码(见表 6)	—	—	×
f)　额定色坐标类别，包括初始值和维持值(见表 5)	—	—	×
g)　相关色温/K	—	—	×
h)　额定显色指数	—	—	×
i)　LED 模块的 $t_{p额定}$/℃[b]	×[a]	—	×
j)　t_p-点	×[b]	—	×[2]
k)　老炼时间/h(如果不为 0)	—	—	×
l)　环境温度范围	—	—	×
m)　额定光效/(lm/W)	—	—	×
n)　尺寸，包括尺寸容差	—	—	×
o)　是否具有散热器	—	—	×
s)　变位系数	—	—	×
t)　升温速度 1 K/min 或者 10 K/min	 — —	 — —	 × ×
“×”代表要求，“—”代表不要求			
[a] 如果 LED 模块上的空间不够大，可以标注在包装上。 [b] 如果 t_p-点和 t_c-点位置相同，那么 t_p-点在模块上就不需要单独标出，但是要在产品数据表中给出。产品的 t_p-点可以选择标记在产品上还是产品数据表/说明书/网站上。 [c] 正在研究中。 [d] 如果产品不是用面向终端消费者的交付包装，则不需要在包装上标记 a)和 b)。			

4.2　附加标志

对于带或者不带热管理装置的内装式和集成式 LED 模块，建议生产者或销售商给出在 t_p-点处依据表 1 的至少 3 个温度(包括推荐 $t_{p额定}$)与相应预计寿命之间的关系，示例见表 2。

对于独立式 LED 模块，建议生产者或销售商给出(包括 25℃在内)的至少 3 个环境温度与相应预计寿命之间的关系，示例见表 2。

表 2　LED 模块寿命信息

t_p-点处所测得 t_p 温度 ℃	××[a]	××[a]	××[a]
额定寿命 h	×× ×××[a]	×× ×××[a]	×× ×××[a]
[a] 值由 LED 模块生产者宣称。			

允许 LED 模块生产者给出除列表 t_p 温度和寿命外的附加信息。对于所选定的寿命，t_p 为一个固定值。

注：本标准目前不涵盖相关验证。

除 4.1 外，表 3 所给出的标志可能适用。

表 3 可选标志和标志位置

参数	LED 模块	包装	LED 模块 数据表、说明书或网站
a) 光强分布	—	—	×
b) 光束角	—	—	×
c) 峰值强度	—	—	×
(“×”代表要求，“—”代表不要求)			

5 尺寸

LED 模块样品的所有测量尺寸均应在生产者或销售商所宣称的尺寸容差范围内。

通过合适的测量工具进行符合性检查。

6 测试条件

6.1 一般试验条件

标称符合本标准的 LED 模块，应符合 IEC 62031 的要求。

对于除谐波以外的 EMC 要求的符合性，执行国家标准要求，相关标准见参考文献。

应注意的是，EMC 要求仅适用于某些类型的 LED 模块，包括

——谐波电流直接连接到电源上，同时，电路板上存在有源元件的情况；

——辐射或传导骚扰直接连接到电源(类型 1)或电池上的情况；

——抗扰度直接接到电源(类型 1)或者电池上。

试验时间为额定寿命的 25%，上限不超过 6 000 h。

或者，使用 IES LM-80 测试数据得到 25%额定寿命(最长 6 000h)时的维持值，并应使用附录 I 所规定的相应的符合性准则。

注：同族(见 3.21)内其他 LED 模块的测试时间可以减少。表 4 给出了同族识别的详细信息，表 7 给出了族测试样本数量的详细信息。

测试电特性、光度特性、光通维持率和寿命的测试条件见附录 A。

所有测试在同类型的 n 个 LED 模块上进行，表 7 中给出的 n 是产品数量最小值。用于耐久性测试的 LED 模块不应用于其他测试。

对于类型 2 和类型 3 的 LED 模块，测试时分别需要连接外部的参考电源和参考控制装置。参考电源和参考控制装置的规格应由生产者或销售商给出。

对于可调光控制 LED 模块，应调整到最大光输出状态进行所有测试。

对于可调色的 LED 模块，应调到生产者或销售商所给出的一个固定值上。

对于可扩展 LED 模块，例如长度非常长的线性几何形状的模块，需要在 50 cm 长度下测量，如果不是在该尺寸下扩展，则在最接近于 50 cm 的尺寸下测试。模块生产者应指定适合该长度的控制装置。

6.2 创建模块族，以减少测试工作量

6.2.1 通则

引进族的目的是引导 LED 模块生产者采用平台设计方式，从而可以使用已根据 6.1 规定测试时间测试的基准产品的数据。基准产品被认为是符合本标准要求的第一个模块，同时也是族的一部分。

6.2.2 族内的变化

需要做细致的针对性研究以确定能够构成一个 LED 模块族。属于同族范围的 LED 模块应由同一生产者、在相同的质量保证系统下生产。在所使用的材料、元器件和结构方面，同族范围的不同型号的变量(如 CCT)应大致相同。型式试验用样品的挑选应由生产者和检测机构合作完成。

型式试验用 LED 模块族的识别要求在 3.21 中给出，并用于表 4。

在部件特性差异符合表 4 要求的情况下，同族内样品的测试时间可以缩短到 1 000 h[2)]。同族内 LED 模块所使用关键元器件应保持不变，或者是使用相同技术及更新换代材料。

表 4 族内所允许的差异

意图改变的部件特性	可接受条件
外壳/底座，散热/热管理装置	如果产品的额定寿命，如生产者或销售商所指定/规定，与基准产品相比相同或者更高，而 LED 封装和其他器件在指定测量点上的温度值(该值和位置由生产者或销售商给出)与基准产品相比保持相同或者更低(另见注 1)
光学器件(见注 2)	显示光学材料变化所带来影响的测试结果应在生产者的技术文件中给出
LED 封装	如果产品的额定寿命，如生产者或销售商所指定/规定，与基准产品相比相同或者更高，而 t_p 与基准产品相比应相同或者更低(另见注 1)
控制装置(适用于类型 1 和类型 2 的 LED 模块)	如果产品的额定寿命，如生产者或销售商所指定/规定，与基准产品相比保持相同或者更高，而 t_p 与基准产品相比保持相同或者更低。 统计失效率应保持相同或者更低
注 1：只要确定了 LED 的温度测量值和 t_p 之间的关系，就可以使用 t_p(确定 LED 的温度测量值与 t_p 之间关系的方法正在研究中)。 注 2：光学器件包括诸如二次光学器件(透镜)、反射镜、修整器和垫圈，以其之间的关联性等。(测量)结果涉及如下：光通量、峰值强度、发光强度分布、光束角的变化相关，色坐标、CCT(相关色温)、CRI(显色)的偏移。	

部件容差的任何变化均应在生产者的技术文件中给出。

6.2.3 族内产品的符合性测试

同族内各产品的下列性能参数在初始和缩短测试时间后的测量值应与生产者或销售商所给出的值保持一致。

——色坐标；

——显色指数；

——光通维持率代码；

——加速寿命测试的结果。

数据文件应以生产者的技术文件的形式提交给测试机构。

2) 正在研究中。

合格性：

对于样本中所有受检 LED 模块，LED 模块的测量值（初始值和维持值）不应劣于生产者或销售商所给定的值。测量值应与给定值应处于同一类别或代码级别，或者更好。样本中的所有 LED 模块均应通过测试。

7 LED 模块的电输入

7.1 模块功率

测试条件见附录 A。

合格性：

检测样本中每个 LED 模块消耗的初始功率应不高于额定功率 10%。

应关注 1.1 中的倒数第二段。

7.2 变位系数

集成式 LED 模块（类型 1）的变位系数应按照附录 E 进行测量。具有调光控制的 LED 模块应调整到最大光输出状态。

变位系数不适用于半集成式和非集成式 LED 模块（类型 2 和类型 3）。

注 1：变位系数、失真系数和功率因数之间关系的解释，参见附录 F。

注 2：失真系数已经涵盖在 GB 17625.1—2012 中，针对的是注入到公共供电系统中的谐波电流限值。

合格性：

检测样本中每个模块的变位系数测量值不应低于标称值 0.05 以上。

8 光输出

8.1 光通量

应按照附录 A 测量光通量。

合格性：

检测样本中的每个 LED 模块的初始光通量不应低于额定值 10%以上。

8.2 光强分布、峰值强度和光束角

8.2.1 通则

8.2.4 和 8.2.5 中的要求应适用于具有定向光强分布的 LED 模块。

注：LED 模块的光强分布可以针对具体应用作出规定。

8.2.2 测量

使用分布光度计测量不同方向上 LED 模块所发出的光强度。应根据 A.1 宣称 LED 模块在 $t_{p\,额定}$ 温度下工作的所有光度数据。

允许的光度变化应考虑到生产制造容差。

8.2.3 光强分布

光强分布应与生产者的宣称一致。按照 A.3.3 进行测量。

合格性正在研究中。

8.2.4 峰值强度[3)]

当生产者或销售商给出峰值强度时，检测样本中每个LED模块的初始峰值强度均不应低于额定峰值强度的75%。

应根据附录A进行合格性检验。

8.2.5 光束角[4)]

当生产者或销售商给出光束角时，检测样本中每个LED模块的光束角相对于额定值的偏离不应超过额定值的25%。

应根据附录A进行合格性检验。

8.3 光效

LED模块的光效应由单个LED模块的初始光通量测量值除以同一模块的初始输入功率测量值计算得到。光通量的测试方法见A.3.2。

合格性：

对于样本中的所有待测LED模块，LED模块的光效不应低于生产者或销售商宣称的额定值的80%。

9 色坐标、相关色温(CCT)和显色性

9.1 色坐标

测量初始色坐标。在6.1规定的试验时间内测试色坐标维持值。色坐标测量值(包括初始值和维持值)应符合四个类别之一(见表5)，这些类别均对应于围绕额定色坐标值的特定麦克亚当椭圆，椭圆的尺寸(用“*n*-步”表示)表示单个LED模块色坐标的容差或偏差的度量。

合格性：

按照6.2.3检验同族产品的合格性。

对于样本中的所有测试样品，每个LED模块的色坐标测量值(包括初始值和维持值)应符合色坐标类别的要求，且不应超出生产者或销售商所标示类别的色坐标偏差(见表1)。测量值应与额定值属于相同类别或者更好。用于色坐标测试的LED模块样本应选自4个不同批次[5)]。

表5 基于额定色坐标值的偏差(类别)

麦克亚当椭圆的尺寸，中心位于额定颜色目标点	颜色偏差的类型	
	初始值	维持值
3-步	3	3
5-步	5	5
7-步	7	7
＞7-步	7+	7+

3) 平均值和置信水平正在研究中。

4) 平均值和置信水平正在研究中。

5) 样本内取自不同生产轮次的LED模块间的颜色差异类似于较长生产周期中的差异。

LED 模块的色坐标特性应同时由初始值和维持值表征。示例见附录 D。

符合本标准要求的 LED 模块，在大多数情况下都可以选择到一个符合特定应用要求的 CCT 值。标准的色坐标目标值正在研究中。

注 1：容差区域基于麦克亚当所定义的椭圆，1943 年发布于美国光学学会杂志，已广泛应用于荧光灯和其他放电灯。

注 2：LED 模块色坐标的测试方法见附录 A。

9.2 相关色温(CCT)

确保互换性的规定值正在研究中。当使用附录 D 的光度代码时，将四位数的 CCT 值除以 100，结果规整到最接近的整数上。

合格性：

按照 6.2.3 检验同族产品的合格性。

针对样本中的所有测试样品，相关色温的测量值不应超出生产者或销售商的宣称值。

9.3 显色指数(CRI)

测量 LED 模块的初始显色指数(CRI)，并在 6.1 规定试验时间再次测量。

合格性：

对于样本中的所有待测 LED 模块，CRI 测量值均应：

——初始 CRI 值不应低于额定 CRI 值(见表 1)减 3；

——维持 CRI 值不应低于额定 CRI 值(见表 1)减 5。

10 LED 模块的寿命

10.1 总则

如附录 C 所阐释，单个 LED 模块的寿命由光输出渐变衰减和光输出突变衰减的综合效应限定，光输出渐变衰减通常由材料退化导致(见 10.2)，光输出突变衰减通常由电子元器件失效所导致(见 10.3，耐久测试被用作可靠性和寿命的表征)。光输出渐变衰减和突变衰减两方面因素都要进行测试。

参照 3.2 和 3.7 中的定义，后者描述的是样本中不能通过 10.2 和 10.3 测试要求的待测 LED 模块的中值有效寿命和表示分数(B_{50})。

10.2 光通维持率

额定光通维持率根据 LED 模块的具体不同应用而不同，生产者应给出针对所选用百分数的信息。

注 1：由于 LED 模块的典型寿命较长，在本标准范围中纳入测量寿命期间(比如 L_{70})的实际光通量衰减不实际并且耗费时间。因此本标准使用测试结果来确定 LED 模块的预期光通维持率代码。

注 2：不同生产者所生产的或不同类型的 LED 模块的实际光通维持率可能存在显著差别，因此不可能用简单的数学关系来表示所有 LED 模块的光通维持率。LED 模块在燃点初期光通量迅速衰减并不意味着达不到其额定寿命。

注 3：对 LED 模块寿命期间光通量衰减具备更强预测能力的其他方法正在研究中。

本标准选择“光通维持率代码”(见图 2)来表示燃点至 6.1 所规定试验时间的早期光输出衰减。用 3 个代码来定义以初始光通量百分比所表示的光通维持率(见表 6)。

表 6　根据 6.1 规定的试验时间的光通维持率代码

光通量维持率/%	代　　码
≥90	9
≥80	8
≥70	7

测量初始光通量，并在 6.1 规定的试验时间再次测量光通量。将初始光通量归一化为 100%，并作为决定模块寿命的第一个数据点。在 6.1 规定的试验时间所测试的光通量表示为维持率（用初始值的百分数表示）。

建议以 1 000 h 为时间间隔测量光输出值（表示为初始值的百分数），测试时间总长等于 6.1 规定的试验时间。

注 4：这将提供测量数据可信度的附加信息，但是指定一个代码并不能代表对可达寿命的一种预测。具有高代码的 LED 模块与具有低代码的 LED 模块相比，可能更好也能更差。

关于光通维持率（x）和光通维持率代码的标识，见表 1。

25%额定寿命且最长时间不超过 6 000 h 测试时间时的合格性：

同族产品的符合性，参见 6.2.3。

单个 LED 模块如果符合以下准则，则视为通过测试。

1）　在 25%额定寿命时间（最大测试时间不超过 6 000 h）时的光通量测试值不应低于初始光通量与额定光通维持率（x）的乘积。

2）　根据维持光通量测试值和初始光通量测试值的比值所计算的光通维持率，应符合由生产者或销售商所宣称的“光通维持率代码”。

对一组依据表 7 的由 n 个 LED 模块构成的样本进行最长测试时间不超过 6 000 h 的 25%额定寿命时间测试，测试结束后，如果至少 90%的 LED 模块通过测试，则认为该样本通过测试。

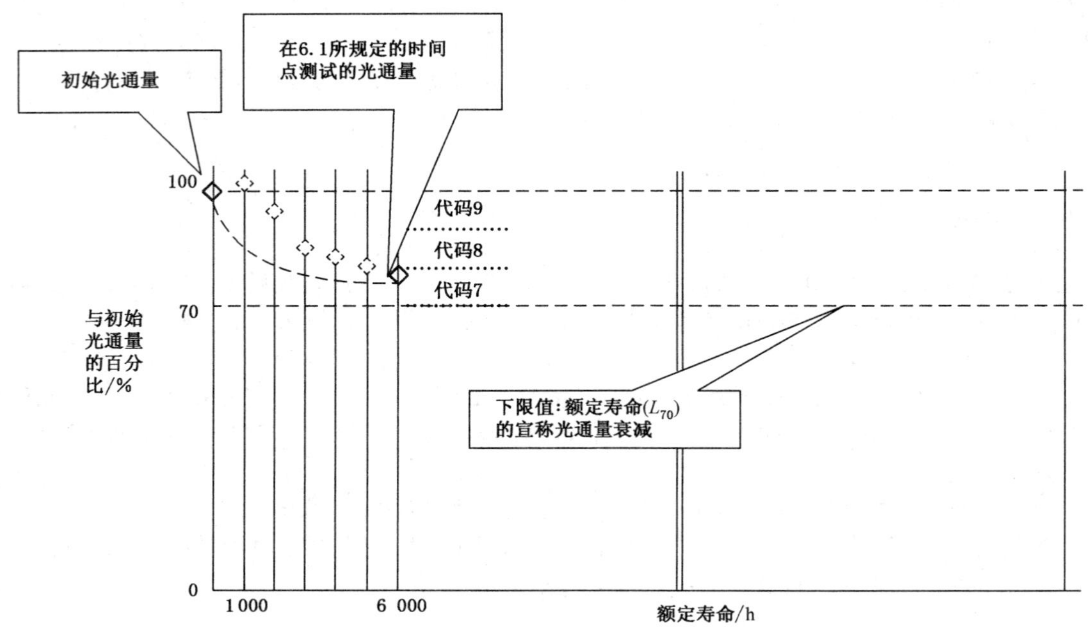

图 2　光通量随测试时间衰减示意图

10.3 耐久试验

10.3.1 通则

对 LED 模块进行 10.3.2～10.3.4 所规定的测试。

注：可使用不同 LED 模块同时对所有测试项目进行试验。

10.3.2 温度循环试验

10.3.2.1 通则

温度循环试验应根据 IEC 60068-2-14 中的试验 Nb：以指定的速率改变温度及下述条件进行。10.3.2.2和 10.3.2.3 中的试验可任选其一。

10.3.2.2 以 10 K/min 的可选试验 1

10.3.2.2.1 试验安排

LED 模块应配置合适的热沉，并运行于符合 GB/T 2424.5—2006 要求、按照本标准所要求 t_p 设置的试验箱中，施加对应于测试电压的标称电流。热沉应保证模块在 40 ℃±10 ℃的试验箱中达到热稳定以后，模块工作于最大额定 t_p 温度(±10 K)(见表 2)状态。达到 t_p 温度的试验箱温度为温度循环测试的最高环境温度，最低环境温度为该温度减 50 ℃。这两个温度用于温度循环试验。

如果生产者标称了包含最低和最高温度的温度范围，则使用标称值进行测试。

整个试验循环 250 次。

10.3.2.2.2 测试步骤

a) 当 LED 模块工作于最高环境温度(根据 10.3.2.2.1 评估)中达到稳定时，关闭 LED 模块，并将试验箱内环境温度以 10 K/min 的速率降到最低测试温度；
b) 将关闭状态的 LED 模块在最低环境温度下保持 50 min。然后在最低环境温度下对 LED 模块进行 10 个循环的 10 s 开/50 s 关的开关试验；
c) 给模块通电；
d) 以 10 K/min 的速率将试验箱内温度升高到试验箱最高环境温度；
e) 将通电状态的 LED 模块在最高环境温度下保持 50 min，然后在最高环境温度下对 LED 模块进行 10 个循环的 10 s 开/50 s 关的开关试验；
f) 重复步骤 a)到步骤 f)249 次。

合格性：

试验结束后，在不少于 15 min 的时间段内，所有 LED 模块可以正常工作、且光通量维持在所宣称光通维持率代码范围内，同时没有温度循环所造成的比如开裂或标志剥离等物理影响。

A.1 中的温度要求不适用于此。

10.3.2.3 以 1 K/min 的可选试验 2

将 LED 模块放置于试验箱中，试验箱内环境温度在 4 h 内从－10 ℃～＋50 ℃[6]间变化，总测试时间为 250[7]个循环(1 000 h)。

将 LED 模块安装在合适的热沉上，保证模块在＋50 ℃试验箱温度下达到其最高额定 t_p 温度。

6) 正在研究中。如果生产者在其文件中宣称了包含最低和最高温度的温度范围，则使用宣称值进行测试。

7) 正在研究中。

每个 4 h 周期包括在每个极限温度下的 1 h 保持时间和极限温度间的 1 h 转换时间(1 K/min)。LED 模块执行 17 min 开/17 min 关的开关试验。

根据以下做合格性检验：

试验结束后，在不少于 15 min 的时间段内，所有 LED 模块可以工作、且光通量维持在所宣称光通维持率代码范围内，同时没有温度循环所造成的比如开裂或标志剥离等物理影响。

注 1：选择 34min 开关周期以保证温度周期和开关周期间存在相位差。

注 2：A.1 中的温度要求不适用。

注 3：有或者没有集成式热沉的 LED 模块，在 +50 ℃试验箱温度下可能不能达到最高额定 t_p 温度。

10.3.3 开关试验

在测试电压、电流、或功率条件下，将模块进行 30 s 开/30 s 关的开关试验，循环的次数为额定寿命小时数的一半(举例：额定寿命为 20 000 h，循环次数为 10 000 次)。

A.1 中的温度要求适用。

合格性：

试验结束后，在不少于 15 min 的时间段内，所有 LED 模块可以工作、且光通量维持在所宣称光通维持率代码范围内。

10.3.4 加速寿命试验

测试电压下，将 LED 模块无关断地连续运行于比最高推荐工作温度 $t_{p\,额定}$(见最后一段)高 10 K 的温度下，运行 1 000 h。应关闭掉任何在阈值温度大于 $t_{p\,额定}$ 时会关掉 LED 模块或降低光输出的热保护装置。

合格性：

同族产品的合格性，参见 6.2.3。

测试结束后，产品冷却至室温并达稳定后，所有 LED 模块应能持续工作至少 15 min，且光输出衰减应不超过初始光通量的 20%。

A.1 中的温度要求不适用。

加速测试不应引起不同于正常寿命效应的故障模式或失效机理。例如：超过 $t_{p\,额定}$ 的过高的温度可能引起化学或物理影响，而无法得出对实际寿命的结论。

LED 模块生产者或销售商可能宣称高于 $t_{p\,额定}$ 的较高的温度，但应重视上段的要求。

注：这项测试的目的是检查突变失效。

11 检验规则

表 7 给出了用于型式试验用最小样本量。样品应能代表生产者的生产过程。

表 7 样本数量

1	2	3	4
条款	测试	在 6.1 规定的试验时间，每个样本的 LED 模块的最小数量	根据 6.2 改变产品特征后，以缩短测试时间点，族内用于测试的 LED 模块的最小样本量
4.1 i)	$t_{p\,额定}$	1 个 LED 模块用于所有测试	1 个 LED 模块用于所有测试
4.1 j)	t_p-点		
5	尺寸和尺寸容差		

表 7（续）

1	2	3	4
8.2.3	光强分布	同样 5 个 LED 模块 用于所有测试	1 个 LED 模块 用于所有测试
8.2.4	峰值强度		
8.2.5	光束角		
7	功率	同样 10 个 LED 模块 用于所有测试	同样 3 个 LED 模块 用于所有测试
8.1	光通量		
8.3	光效		
9.1	色坐标		
9.2	相关色温		
9.3	显色指数		
10.2	光通维持率		
10.3.2	温度循环试验	5	3
10.3.3	开关试验	5	3
10.3.4	加速寿命试验	5	3

12 灯具设计信息

灯具设计信息参见附录 B。

附 录 A
（规范性附录）
测量 LED 模块特性的方法

A.1 一般要求

除非另外规定，所有测量应在 25 ℃±1 ℃、最大相对湿度不超过 65%的无对流风环境进行。

空气流动要求，见 GB/T 22907—2008 的 4.3.2。

关于温度测量，可以使用资料性附录 H 中所指定的设备。

维持率(10.2)和开关试验(10.3.3)应在以(+0 K，−5 K)为容差的生产者所宣称额定最高环境温度下测试，LED 模块的 t_p 温度维持在($t_{p额定}$-5，$t_{p额定}$)温度范围内。如果没有额定最高环境温度，则使用(20 ℃～25 ℃)环境温度范围。开关试验，温度的要求仅限于模块通电状态。不应超过 $t_{p额定}$。为达到正确的 $t_{p额定}$，可能需要合适的散热器或附加热管理装置。出于测试目的，t_p 点应标识在容易触及的位置。即使 t_p 和 t_c 的位置点不同，也不应超过 t_c 值。

所有测试结果应以 LED 模块是在最高推荐工作温度($t_{p额定}$)下开展试验的形式呈现出来。测试可以在不同的温度下进行，因此，应根据模块生产者所提供数据事先建立起两个温度($t_{p额定}$和一个不同的 t_p，t_p 应在生产者所给定的范围内)之间的清晰对应关系。如有疑问，基准测试方法为在 $t_{p额定}$下进行测试。根据模块生产者使用的控制电路类型，t_p的测试应在最苛刻的工作条件下进行。第 4 章规定应标明 $t_{p额定}$值。

如有需要，生产者应提供用于复现对应于 t_p-点的宣称特性的方法信息。

稳定期间，测试电压、电流或功率应稳定在±0.5%的范围内；测量期间的容差范围为±0.2%；老炼和光通维持率测试期间的容差为 2%。输入的总谐波含量应不超过 3%，谐波含量定义为将基波规定为 100%时的各次谐波分量的 r.m.s.之和。所有测试在额定频率下进行。如果频率为一范围，应在对 LED 模块温度产生最恶劣影响的频率下进行测试。

稳定过程按以下步骤进行：

a） 确定 LED 模块具有热控制装置，不管是集成式的还是外部配备的；

b） 运行 LED 模块并记录光输出随时间的变化，同时记录运行的典型电模式(通过电压、电流或功率)；

c） 稳定期内，至少每隔 1 min 测试一次光输出。如果在最后 15 min 内光输出的最大值和最小值之间的偏差小于 0.5%，则认为 LED 模块稳定，可以进行测试。

如果在 45 min 后仍不能达到稳定状态，可以开始测试，并记录所观察到的波动情况；

d） 为了加快后续同类型的其他 LED 模块的测试，可在步骤 3 所观测到的稳定时间基础上做预先稳定(在安装入测试系统前燃点光源)，这样后续的 LED 模块或可以在进入测试系统后15 min 开始测试；

注 1： 通常情况下所观察到的稳定过程为光输出缓慢降低直至达到热稳定的过程。但是，受电子器件的影响，在接近热稳定时仍可能存在波动而不符合稳定判据的情况。

注 2： 可能会根据相关 CIE 标准修改此处的稳定条件。

e） 除非生产者或销售商根据特定用途另有说明，应使 LED 模块工作于自由空气环境下开展包括光通维持率在内的所有测试；

f） 寿命测试期间及测量期间，为避免对测试的任何干扰，应避免测试过程中可能发生的测试样品污染(比如灰尘)。

A.2 电特性

A.2.1 测试电压、电流或功率

测试电压、电流或功率应为额定电压、电流或功率(容差范围见 A.1)。如果额定值为一个范围,应在对 LED 模块温度产生最恶劣影响的输出值下进行测试。

A.2.2 老炼

测试前 LED 模块不需要老炼,但生产者可以规定不超过 500 h 的老炼时间。

A.3 光度特性

A.3.1 测试电压、电流或功率

见 A.2.1。

A.3.2 光通量

在 LED 模块稳定后测试初始光通量和维持光通量。

注 1:LED 模块光通量的测试方法正在研究中。

注 2:可参考 CIE 84。

如果 LED 模块需要附加加热或热沉,应研究测量装置所提供的条件以维持所要求的 t_p 温度。如有需要,生产者应提供用于复现 t_p-点上宣称特性的方法信息。

A.3.3 光强分布

依据 CIE 121 和 IEC TR 61341 测量光强分布。

应提供针对 LED 模块所有变换情况和指定可用的各种光学附件或配件的光强分布数据。LED 模块的光强分布数据提供的格式应与国际或区域的格式保持一致。GB/T 31897—2015 的第 6 章和附录 A 给出了光度数据和文件格式信息,供参考(非规范目的)。

A.3.4 峰值强度

峰值强度按照 IEC TR 61341 进行测试。

A.3.5 光束角

光束角按照 IEC TR 61341 进行测试。

应注意,光束角由中心光强的一半决定,不由半峰决定。

A.3.6 显色性

显色指数按照 GB/T 26180 和 CIE 177 测试。

A.3.7 色坐标

参照 IEC 6008 附录 D:色坐标。

LED 模块的色坐标可能与辐射角度相关。除非生产者另有规定,应使用空间平均色坐标。可以通过积分球光度法或其他公开方法获得。

附 录 B
（资料性附录）
灯具设计信息

B.1 温度稳定性

确保不超过 LED 模块的性能温度 t_p。

B.2 白光 LED 的分选步骤

见 IEC 62707-1。

B.3 侵入防护

如果“内装式”LED 模块构成灯具外壳的一部分，且应用于具有特定 IP 等级要求的情况，LED 模块技术参数中须体现出此。防护等级的最终评价在灯具上完成。

具有 IP 等级的 LED 模块的设计，应在 LED 模块生产者和 LED 灯具生产者之间明确。

“独立式”LED 模块根据 IEC 60598-1 测试所指定的 IP 等级。

“整体式”LED 模块不应单独测试。

附 录 C
（资料性附录）
对推荐 LED 产品寿命度量方法的解释

C.1 总则

单个 LED 模块的寿命是指在标准测试条件下单个 LED 模块可提供至少初始光通量的 x 百分数的光通量的时间。单个 LED 模块的寿命终止可由参数失效或者突变失效(能工作 LED 模块和不能工作的 LED 模块)导致。

注：为提升易读性，所使用术语 LED 产品应理解为基于 LED 的照明产品。

LED 模块的突变失效是指整体模块的失效，并不是单个 LED 封装的失效。含有多个封装的 LED 模块中单个 LED 封装的失效通常导致 LED 模块的光通量渐变衰减。当 LED 模块的光输出低于所声称 x 百分数时，视为 LED 模块的参数失效。图 C.1 给出了包含一个 LED 模块的灯具分别导致参数失效和突变失效的渐变失效模式和突变失效模式的示例。

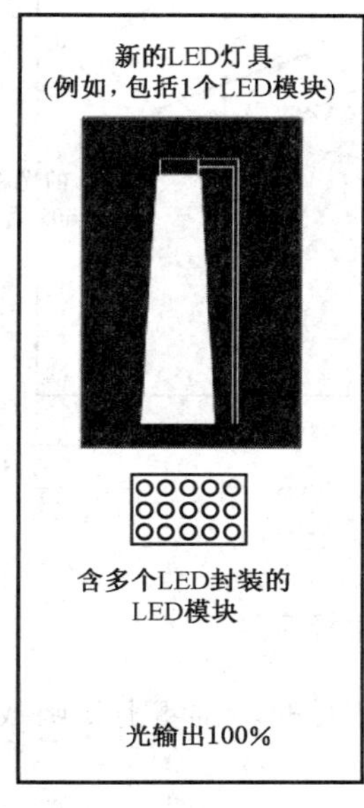

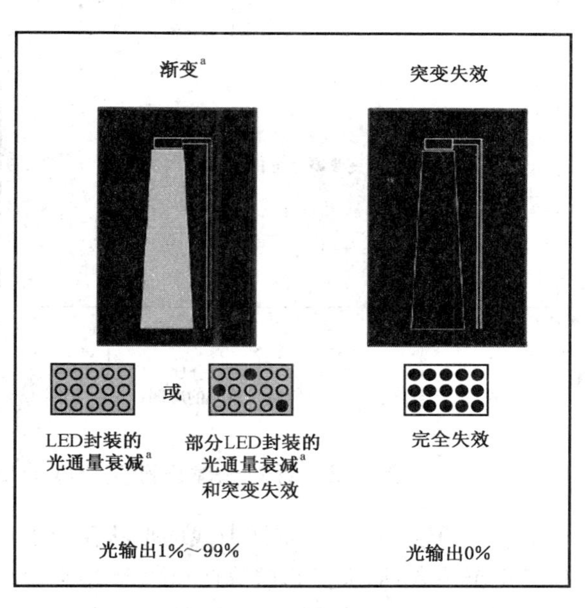

[a] 整体光通量衰减包括 LED 灯具光学部件退化；低于 x 百分数的渐变光通量衰减导致参数失效。

图 C.1 由单个 LED 模块构成的基于 LED 的灯具寿命过程中的光输出

LED 模块的实际寿命可以远长于实践中可行的试验时间。另外，不同生产者所生产产品间光输出衰减的差异性也带来了建立通用推断方法的困难。本标准采用了光通维持率代码以覆盖 6.1 规定试验时间的光通量衰减情况。因为测试时间有限，无法确认或者否定 LED 模块的宣称寿命。如下给出了对 LED 产品寿命推荐度量方法的解释，并同时给出了 10.2 中寿命符合/失效判定准则的背景。

对 LED 产品，推荐用标准化的方式指定除突变失效外的光通维持率，以更深入了解光输出特性。

C.2 针对光输出渐变衰减的寿命规定

当 y 百分数的能工作的 LED 模块的渐变光输出衰减达到 x 百分数时的时间称为有效寿命(或"B_y 寿命"),通常表示为 L_xB_y。

光通维持率低于指定百分数 x 的情况叫做参数失效,因为产品虽然发光量降低但仍能工作。"B_{10}"寿命指 10%的产品发生参数失效的时间。50%的 LED 模块发生参数失效时的时间,"B_{50} 寿命",被称为中值有效寿命。基数仅包括能工作的 LED 模块,不包括不能工作的 LED 模块。

示例:$L_xB_y=L_{70}B_{10}$ 表示相同类型的能工作的 LED 模块中 10%(B_{10})的产品发生(参数)失效而不能保持其初始光通量的 70%时的时间。

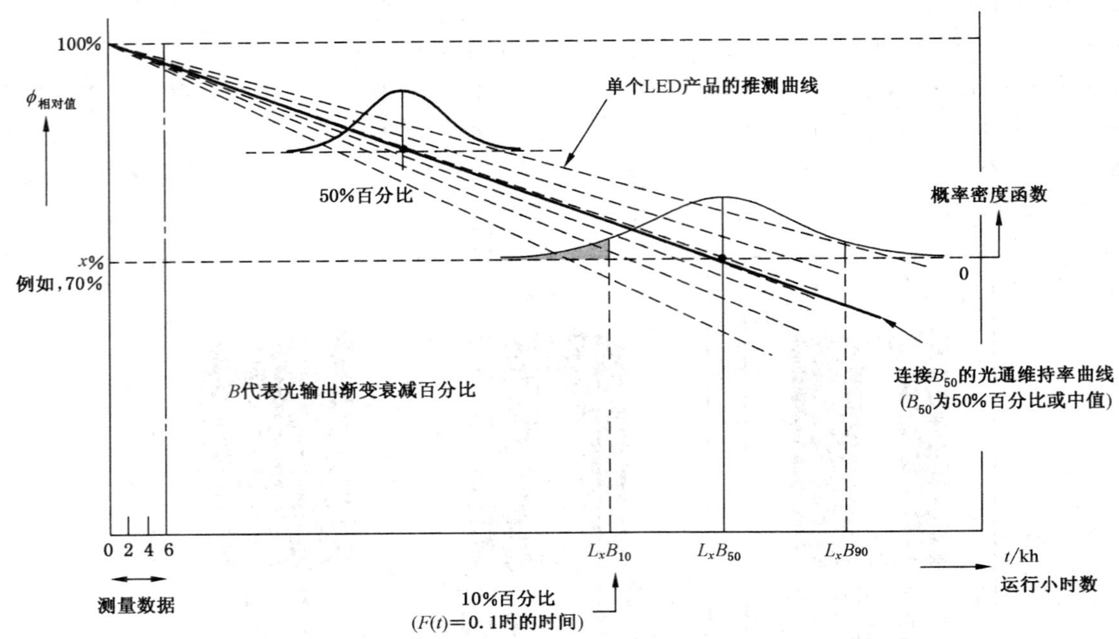

图 C.2 针对光输出渐变衰减的寿命规定

图 C.2 中的概率密度函数(pdf)和推测曲线的形状仅用于示意目的。概率密度函数可以是韦伯函数、对数函数、指数或正态函数,取决于测试数据和所选用的推测方法。

失效函数 $F(t)$ 或累积分布函数 $CDF(t)$ 是失效率,作为时间的函数。数学表达式如下:

$$F(t)=CDF(t)=\int_0^t pdf(t)\,\mathrm{d}t$$

根据定义,$F(t=\infty)=1(100\%)$。即 pdf 曲线下从时间 0 到无穷大时间的整体面积为 1,意味着所有产品失效。

关于 B 的解释:

示例:假设光通维持率 x 为 70%,10%的产品失效的时间 $L_{70}B_{10}$,在图 C.2 中用灰色区域显示,数学表达式如下:

$$F(L_{70}B_{10})=CDF(L_{70}B_{10})=\int_0^{L_{70}B_{10}} pdf_{70}(t)\,\mathrm{d}t=0.1\rightarrow 10\%$$

可靠性函数为 $R(t)=1-F(t)$,代表可靠性。

C.3 针对光输出突变衰减的寿命规定

当 y 百分数的 LED 模块发生光输出突变退化时的时间称为突变失效时间，表示为 C_y。突变失效时间(或“C 寿命”)代表给定 y 百分比的 LED 模块发生突变失效的寿命，见图 C.3。

示例：C_{10} 表示相同类型的初始能工作的 LED 模块中 10% 的产品失效而不能产生任何光通量时的时间。

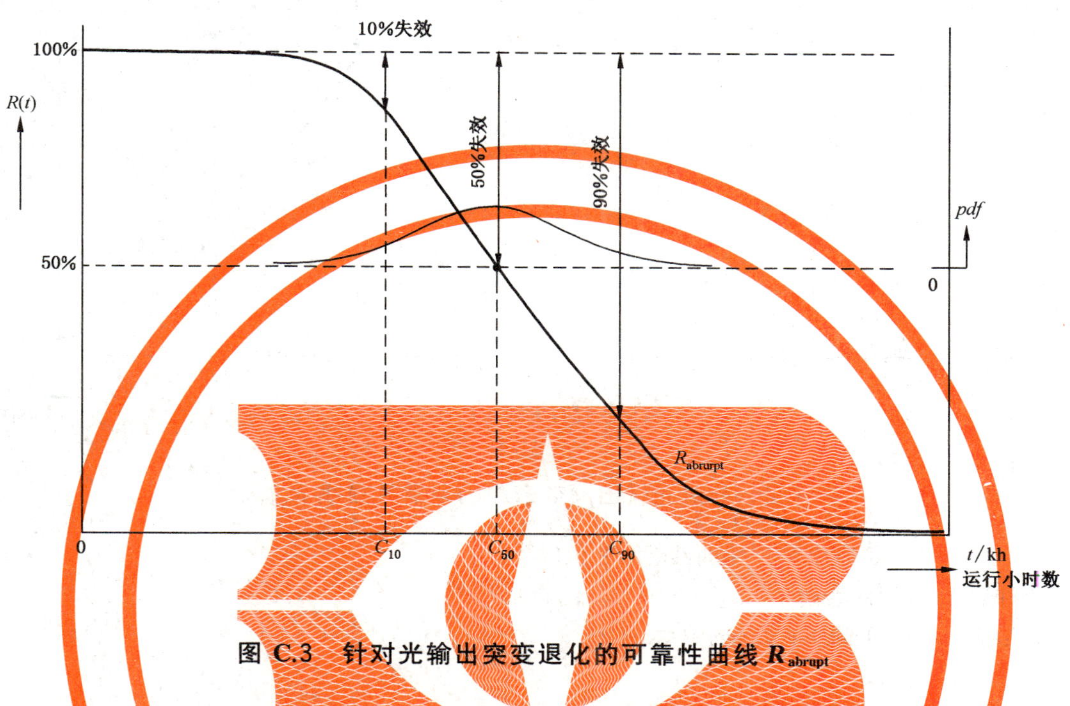

图 C.3 针对光输出突变退化的可靠性曲线 R_{abrupt}

C.4 光输出渐变和突变综合退化

当 y 百分数的 LED 灯达到光输出渐变和突变综合退化，也就是 LED 灯或者发生参数失效，不能再发出至少其初始光通量 $x\%$ 的光通量，或者发生突变失效，这个时间称为 LED 灯寿命(或者“F_y 寿命”)，表示为 M_xF_y。

示例：$M_xF_y = L_{70}F_{10}$ 表示相同类型的 LED 灯中 10% 的产品发生参数或突变失效时的时间(发出少于其初始光通量的 70% 的光通量或者没有光通量输出)。

“F_{50} 寿命”定义为 LED 灯的中值寿命，并被称为 M_x。

可以在以上两种规定基础上通过可靠性曲线在 3 步内构建得到光输出渐变和突变综合退化曲线。

第一步：导致光输出渐变衰减的参数失效可靠性曲线(见图 C.4)。

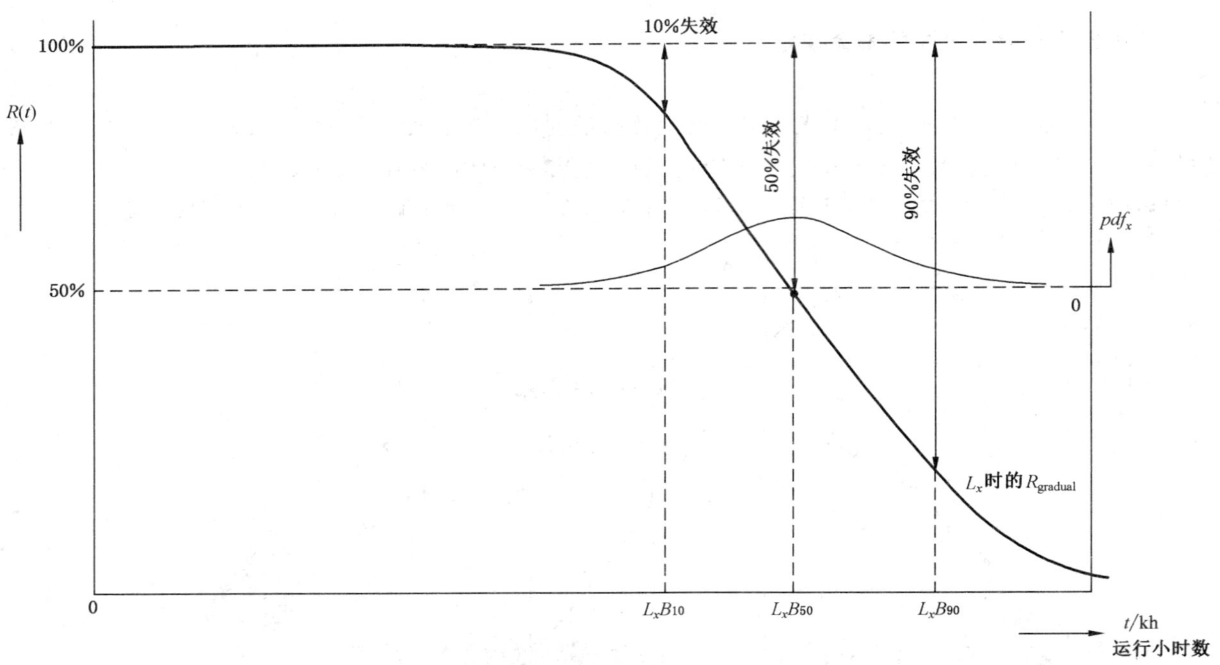

图 C.4　针对光输出渐变衰减的可靠性曲线 $R_{gradual}$

第二步：光输出突变退化可靠性曲线(见图 C.3)。

图 C.3 中的可靠性曲线也表示了 LED 产品的存活情况。

第三步：综合退化可靠性曲线(见图 C.5)。

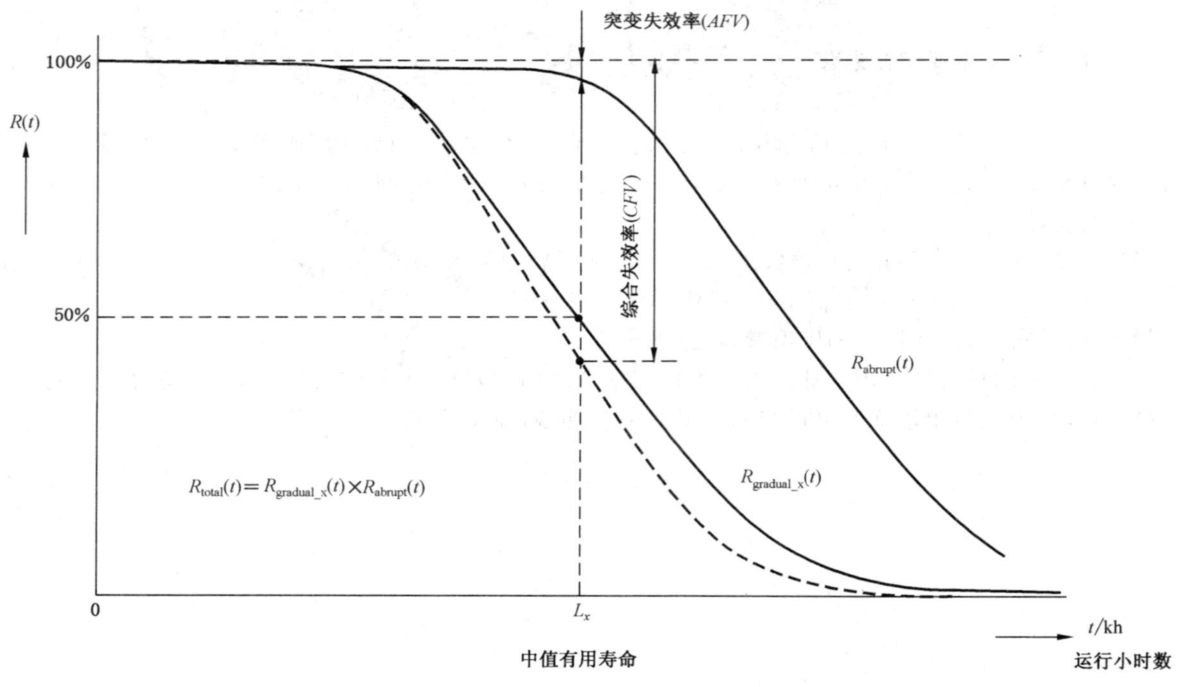

图 C.5　$R_{gradual}$ 和 R_{abrupt} 综合退化

C.5 LED 寿命度量方法及相关的照明产品群概述

照明行业用不同的照明产品寿命度量方法与各种终端用户沟通。对使用 LED 灯的普通人而言，基于包括突变和参数失效在内的综合失效准则的中值寿命已经足够。照明市场上经培训的专业顾客可能需要其照明产品以时间为自变量的失效率函数，且突变失效和（光通维持率）参数失效函数是分开提供的。用从这些失效函数中得到的值，他们可以计算包括预测维护周期在内的照明安装参数。

图 C.6 给出了本附录及相关产品的不同寿命度量方法概要。上面的 A 框为专业顾客更感兴趣的从失效函数得出的量，下面的 B 框为用于一般性市场沟通的简单量。

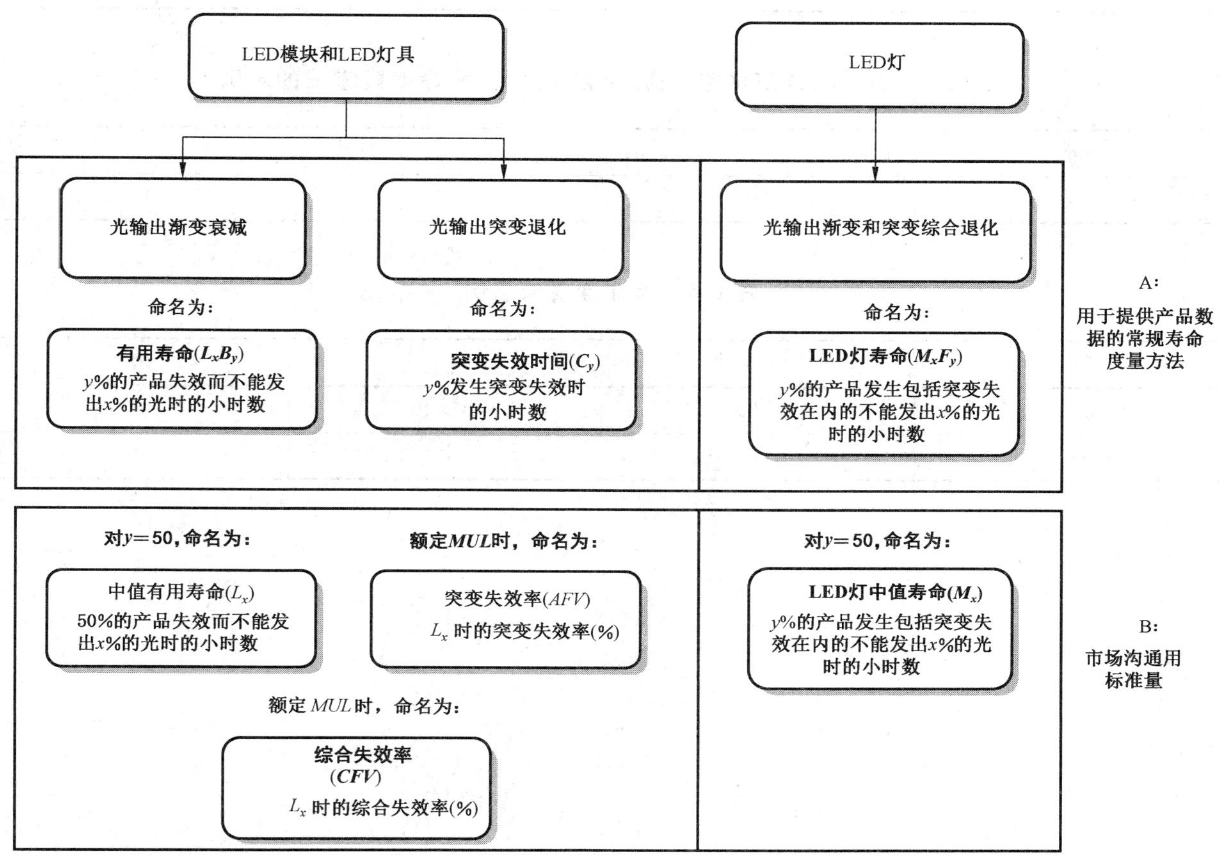

图 C.6 LED 寿命度量方法概述

C.6 寿命度量值示例

同时引入中值有效寿命 L_x（见 3.7）、突变失效率（见 3.9）、LED 灯中值寿命（见 3.13），提供了用于沟通 LED 产品寿命相关特性的全面定义集。

当需要指定不同值时，可参考表 C.1、C.2 和 C.3 的示例值。此处并未解决 LED 产品内部的单个 LED 封装或 LED 芯片的问题。

对于很多 LED 产品，寿命度量值是相关的。光通维持率等级提高时，额定寿命和 AFV 值一般都趋向于降低（见表 C.4）。

注：具有恒定光输出的 LED 模块正在研究中。

表 C.1 针对光通维持率等级的寿命度量值示例

L_x			
x	70	80	90

表 C.2 针对突变失效的寿命度量值示例

AFV		
3	5	10

表 C.3 用于 LED 灯中值寿命(综合失效)的寿命度量值 x 的示例

M_x			
x	70	80	90

表 C.4 寿命度量值示例

x/%	70	80	90
额定寿命,L_x/h	30 000	20 000	10 000
AFV/%	3	2	1.5

附　录　D
（规范性附录）
对光度代码的解释

以光度代码 830/359 为例说明：

8	3	0	/	3	5	9

（按照从左向右的顺序）

——“8”，初始 CRI，如 87；

——“30”，初始 CCT，3 000 K；

——“3”，初始色坐标分布在 3 步麦克亚当椭圆内；

——“5”，25％额定寿命（最大时长不超过 6 000 h）时的色坐标分布在 5 步麦克亚当椭圆内；

——“9”，25％额定寿命（最大时长不超过 6 000 h）时的光通量维持率代码，本例中：大于等于 0 h 光通量值的 90％

显色性数值表示为通过以下区间判断得到的一位数字：

CRI＝70～79→代码 7

CRI＝80～89→代码 8

CRI＝90～≥90→代码 9

最高值为 9。

附　录　E
（规范性附录）
变位系数的测量

E.1　总则

应根据 E.2 中的定义和 E.3 中的测量要求测量 7.2 中变位系数[cos(ϕ_1)]的相位角(ϕ_1)。

E.2　相位角的定义

基波电流(I_1)和主电压(U_{mains})之间的相位角 ϕ_1，如图 E.1 和 E.2 所示。

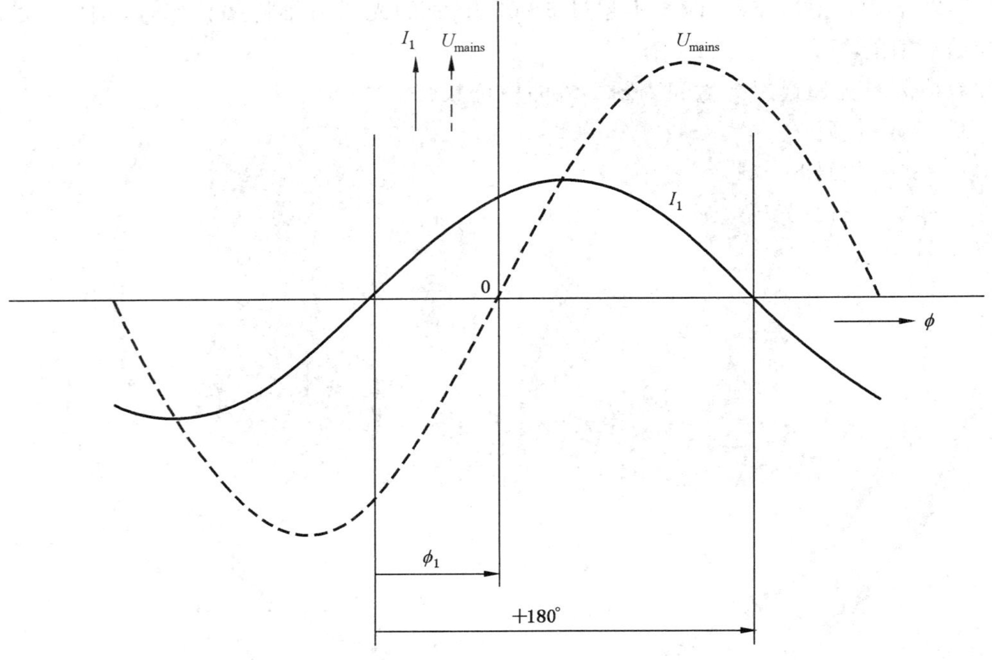

图 E.1　基波电流相位角 ϕ_1 的定义（I_1 领先于 U_{mains}，$\phi_1>0$）

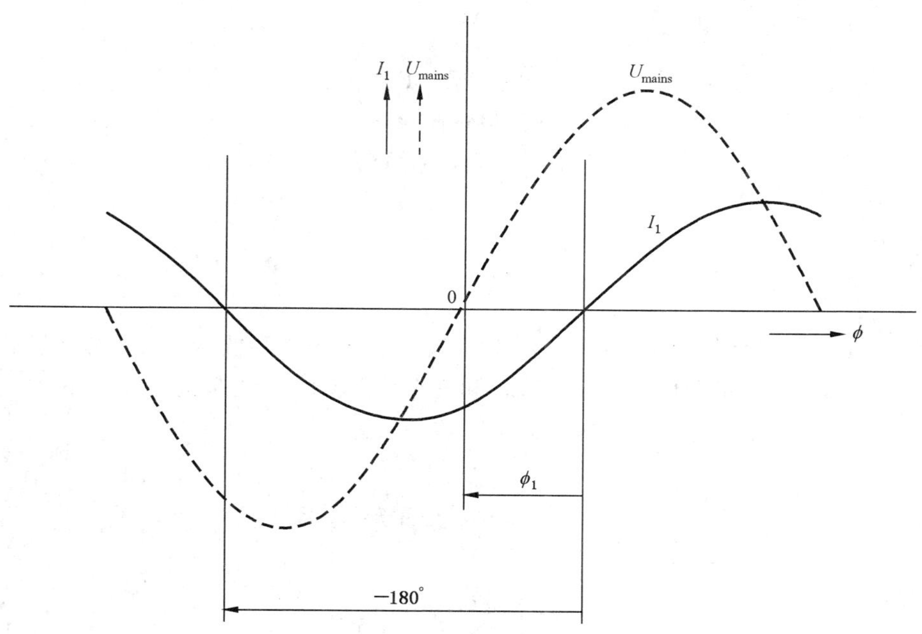

图 E.2 基波电流相位角 ϕ_1 的定义（I_1 滞后于 U_{mains}，$\phi_1<0$）

E.3 测量要求

E.3.1 测量电路和供电电源

测量线路和供电电源的规定，见 GB 17625.1—2012 的附录 A。

E.3.2 对测量设备的要求

对测量设备要求的规定，见 IEC 61000-4-7。

E.3.3 测试条件

与设备类型相关的变位/相角测量的测试条件，见 GB 17625.1—2012 的 C.5。

注：GB 17625.1—2012 C.5 中 LED 光源的测试条件正在考虑中。

附　录　F
（资料性附录）
对变位系数的解释

F.1　总则

功率因数(λ)是一个复合型度量，由变位系数($\kappa_{displacement}$)和失真系数($\kappa_{distortion}$)两个基本度量构成。

复合度量 λ 与其基本度量变位系数 $\kappa_{displacement}$ 和失真系数 $\kappa_{distortion}$ 之间的关系如下：

$$\lambda = \kappa_{displacement} \cdot \kappa_{distortion}$$

其中

$$\kappa_{displacement} = \cos\phi_1$$

且

$$\kappa_{distortion} = \frac{1}{\sqrt{1 + THD^2}}$$

于是

$$\lambda = \frac{\cos\phi_1}{\sqrt{1 + THD^2}}$$

角度 ϕ_1 是电源电压基波和主电流基波之间的相位角。总谐波失真(THD)根据 IEC 61000-3-2 由电流谐波量化得出。主电流的各次谐波和 THD 之间的关系为：

$$THD = \sqrt{\sum_{n=2}^{40} \left(\frac{I_n}{I_1}\right)^2}$$

其中

I_n 是主电流 n 次谐波的振幅。

F.2　变位系数的推荐值

符合表 F.1 的推荐值时，集成式 LED 模块(类型 1)一般不会对电网产生负面影响。

表 F.1　变位系数推荐值

度量	$P \leqslant 2$ W	2 W $< P \leqslant$ 5 W	5 W $< P \leqslant$ 25 W	$P >$ 25 W
$\kappa_{displacement}(\cos\phi_1)$	没有限制	≥0.4	≥0.7	≥0.9
以上数值取自实例，用做指导目的。				

附 录 G
（资料性附录）
LED 芯片和 LED 封装的示例

G.1 LED 芯片

图 G.1 为 LED 芯片的示意图。

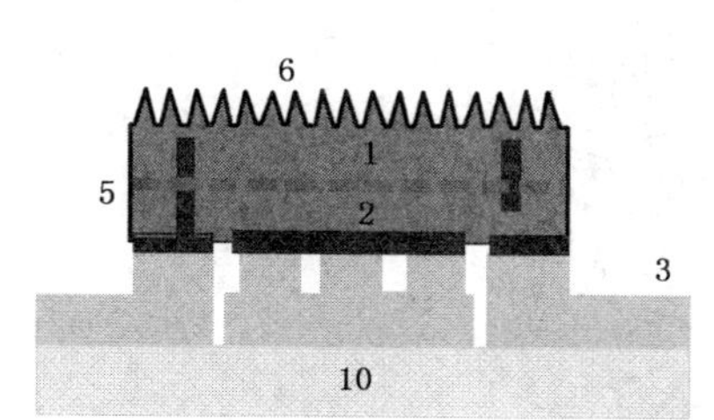

a）薄膜倒装 LED 芯片

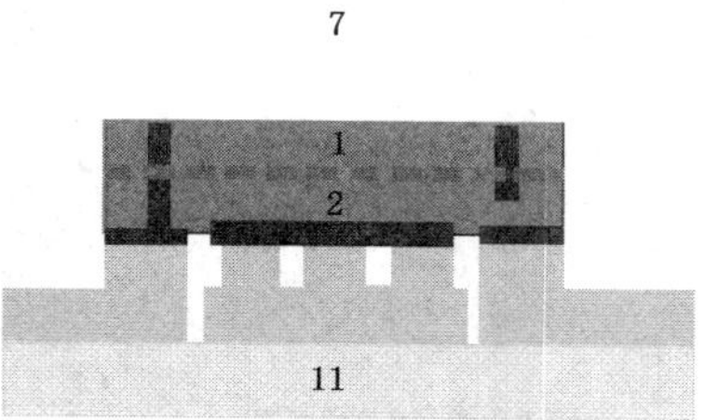

b）倒装 LED 芯片

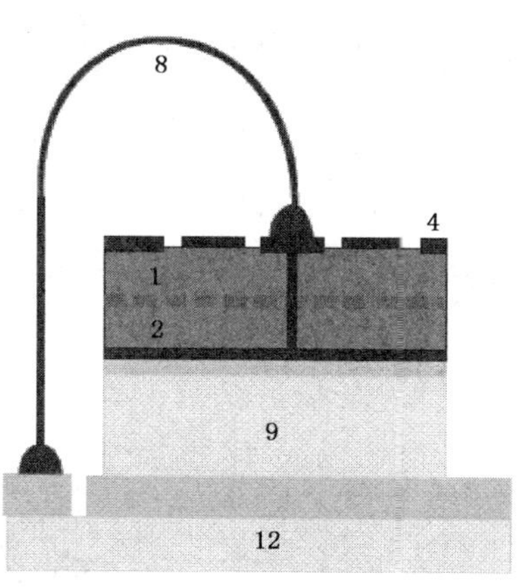

c）垂直薄膜 LED 芯片

说明：

1——n 型 GaN；
2——p 型 GaN；
3——金属阳极/阴极接触体；
4——图形化 n 型接触；
5——多量子阱（MQW）有源区；
6——粗糙化的 n 型 GaN；
7——蓝宝石；
8——焊线；
9 ——中间导电衬底/基座；
10——基座/封装；
11——基座/封装；
12——封装。

图 G.1 LED 芯片示意图

G.2 LED 封装

图 G.2 为 LED 封装的结构示意图。

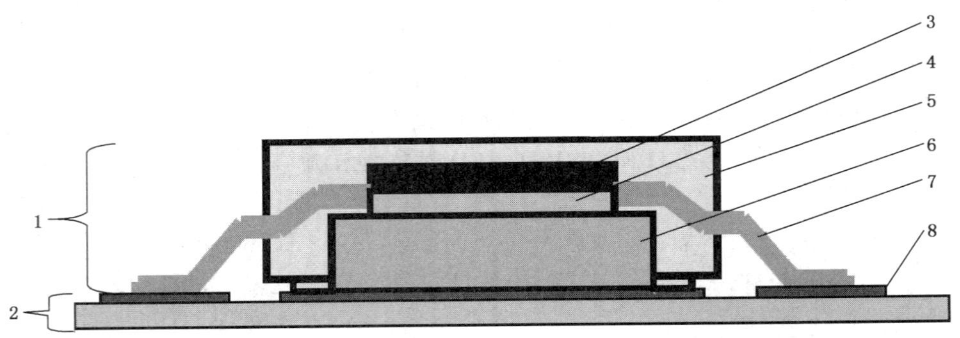

说明：

1——LED 封装；

2——印刷电路板(PCB)；

3——LED 芯片；

4——芯片粘接；

5——模制化合物；

6——热沉；

7——引线；

8——铜走线。

a） 有引线的表面贴装型 LED 封装

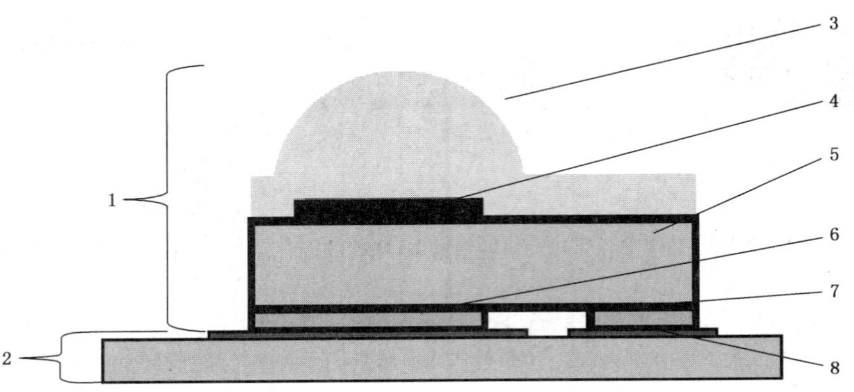

说明：

1——LED 封装；

2——印刷电路板(PCB)；

3——硅胶透镜；

4——LED 芯片；

5——陶瓷衬底；

6——隔热盘；

7——电接触；

8——铜走线。

b） 无引线式表面贴装型 LED 封装

图 G.2 LED 封装的示意图

附 录 H
（资料性附录）
温度测量用测试设备

H.1 总则

以下推荐方法用于在防风罩内测量 LED 模块温度。这些推荐源自 IEC 60598-1 的附录 K，并结合 LED 模块做了适用性修正。在保证至少可提供同等的精度和准确性前提下，其他方法也可能适用。

H.2 设备装置和程序

推荐使用测量不确定度控制在±2.5 ℃的测试装置。

通常使用热电偶测量固体材料的温度。用如电位器的高阻抗装置读取输出电压。对于直接读数设备，尤其需要检查其输入阻抗是否与热电偶的阻抗相匹配。目前化学类型的温度指示计仅适用于对测量做粗略检查。

热电偶的导线应具有低热导率。合适的热电偶应由 80/20 镍-铬和 40/60 镍-铜（或 40/60 镍-铝）配对组成。两条线（通常为带状或截面为圆形）均需要细到可通过 0.3 mm 的孔。所有容易暴露于辐射的线的末端应为具有较高反射率的金属面层。每根导线的绝缘层应能承受一定温度和电压等级，绝缘层要求薄且强韧。

将热电偶附到测量点上，并保证最小的热扰动和低热阻接触。

将热电偶结点附着在测量点的如下方法都有用。应根据 LED 模块特性选择适当的粘接方式（尤其需要研究测量点的功率密度）。

a） 焊接到金属表面（用最少的焊料）（应避免对载流部件使用焊料）；

b） 使用粘结剂（所需的最少量）。粘结剂不应将热电偶和测试点隔离开。与半透明材料一起使用的粘结剂应尽可能呈半透明状。适用于玻璃的粘合剂，用一份硅酸钠与两份硫酸钙加适量的水合成。

对于非金属部件，需要将热电偶末端 20 mm 的热电偶附着在表面上，以补偿测量点上的热流量。

取防风罩穿孔壁附近、与 LED 模块中心等高的某一位置的空气温度作为防风罩内的平均环境温度。该温度通常用热电偶测量，热电偶与约 30 g 的金属焊接，为了防止辐射，该金属由上下开口的双层抛光金属圆筒遮蔽。

附 录 I
（规范性附录）
将 IES LM-80 用于光通维持率、显色指数、色坐标维持数据

I.1 一般性说明

根据 9.1（色坐标）、9.3（CRI）和 10.2（光通维持率、光通量），需测量 LED 模块的初始值和维持值。为减少获取维持值（25％额定寿命时的，最长 6 000 h）的测试时间，在符合 I.2 中条件和符合 I.3 中准则的前提下，应使用依据 IES LM-80 的数据。

如果 LED 模块和 LED 封装均未曾依据 IES LM-80 测试，则应进行本标准所规定的全时间的测试。

I.2 使用 IES LM-80 的准则

I.2.1 用于 LED 模块的 LED 封装的数据

如果已有适用的 LED 封装的 IES LM-80 报告数据，6.1 规定测试条件适用于对 LED 模块的 1 000 h测试。

1 000 h 测试后的合格性，见 I.3。

I.2.2 有 IES LM-80 数据的 LED 模块

如果已经依据 IES LM-80 对 LED 模块做了包括 CRI 在内的测试，可不执行 6.1 规定的试验时间。

应使用 IES LM-80 测试报告中 25％额定寿命时（最长 6 000 h）的色度、CRI 和光通维持率数据，并分别依据 9.1、9.3 和 10.2 中的维持率要求做合格性判断。

I.2.3 边界条件

I.2.3.1 一般性说明

IES LM-80 报告中应用最大输入电流并且最大焊点温度的情况，代表 LED 模块的最恶劣情况。

I.2.3.2 温度

本标准中的所有性能数据均对应于 LED 模块上的参考温度 $t_{p额定}$.在 LED 模块上生产者所指定的参考位置 t_p 点测量 $t_{p额定}$。

LED 模块工作于其 $t_{p,额定}$ 时，测量 IES LM-80 所规定的 LED 封装的表面温度 T_s。LED 模块内所测得最高 T_s 值应不超过 IES LM-80 报告中的 T_s 极限温度。

如果是依据表 4 的 LED 模块族，应对可产生最高 T_s 温度的 LED 模块形态测量 T_s 温度。

I.2.3.3 LED 封装的输入电流

LED 模块内 LED 封装的最大输入电流有效值应不超过作为 IES LM-80 测试组成部分的测试输入电流有效值。

对于使用 IES LM-80 来获取光通维持率和色坐标维持数据的情况，禁用对随时间的光输出衰减做自动补偿的任何控制装置控制电路。

I.3 合格性准则

I.3.1 色坐标

具有 I.2.1 所规定的维持率测试时间的 LED 模块，依据 9.1，模块的初始颜色偏差类别应满足生产者或销售商依据表 5 的宣称。

I.3.2 显色指数(CRI)

具有 I.2.1 所规定的维持率测试时间的 LED 模块，依据 9.3，模块的 CRI 值应不低于生产者或销售商依据表 1 的宣称值减 3。

I.3.3 光通维持率

具有 I.2.1 所规定的维持率测试时间的 LED 模块，依据 10.2，模块的光通维持率代码应满足生产者或销售商依据表 6 的宣称。

参 考 文 献

[1] GB/T 17743—2007 电气照明和类似设备的无线电骚扰特性的限值和测量方法(CISPR 15:2005+A1:2006,IDT)

[2] GB/T 26178—2010 光通量的测量方法(CIE 84:1989,IDT)

[3] IEC 60598-1 Luminaires—Part 1:General requirements and tests

[4] IEC 62384 DC or AC supplied electronic controlgear for LED modules—Performance requirements

[5] IEC 62612:2013 Self-ballasted LED lamps for general lighting services with supply voltage>50 V—Performance requirements

[6] IEC 62707-1 LED-binning—Part 1:General requirements and white colour grid

[7] IEC 62722-1 Luminaire performance—Part 1:General requirements

[8] IEC PAS 62722-2-1 Luminaire performance—Part 2-1:Particular requirements for LED luminaires

[9] 美国光学学会学报,1943.

ICS 27.010
F 01

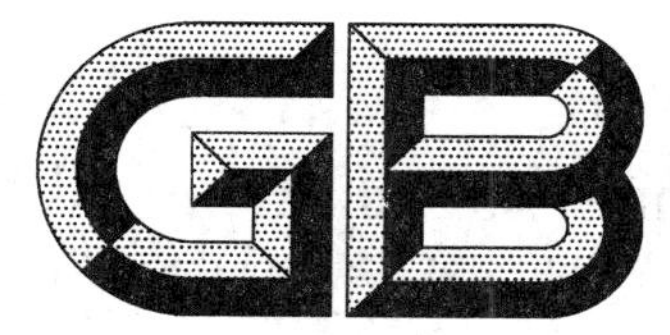

中华人民共和国国家标准

GB 24849—2017
代替 GB 24849—2010

家用和类似用途微波炉能效限定值及能效等级

Minimum allowable values of energy efficiency and energy efficiency grades for household and similar microwave ovens

2017-05-31 发布　　2018-06-01 实施

中华人民共和国国家质量监督检验检疫总局
中国国家标准化管理委员会　发布

前　言

本标准按照 GB/T 1.1—2009 给出的规则起草。

本标准代替 GB 24849—2010《家用和类似用途微波炉能效限定值及能效等级》。与 GB 24849—2010 相比，除编辑性修改外主要技术变化如下：

——增加了微波炉效率的定义（见 3.1）；

——重新定义了关机模式（见 3.4，2010 年版的 3.5）和待机模式（见 3.5，2010 年版的 3.4）；

——删除了基本要求（见 2010 年版的 4.1）；

——删除了“节能评价值”定义及要求（见 2010 年版的 3.2 和 4.7）；

——将微波炉效率计算公式移到正文（见第 4 章，2010 年版的 A.2.2）；

——调整了能效等级，由原标准中的 5 个能效等级改为 3 个能效等级（见 4.1，2010 年版的 4.2）；

——明确了微波炉效率计算公式中加热时间 t 的表述（见 4.2）以及加热时间的确定方法（见 A.2.1）；

——增加了微波炉腔体几何中心的确定方法（见 B.3）；

——修订了关机功率和待机功率的试验方法（见附录 C，2010 年版的附录 C）。

本标准由国家发展和改革委员会资源节约和环境保护司、工业和信息化部节能与综合利用司提出。

本标准由全国能源基础与管理标准化技术委员会（SAC/TC 20）归口。

本标准起草单位：中国标准化研究院、广东美的厨房电器制造有限公司、中国家用电器研究院、中标能效科技（北京）有限公司、宁波方太厨具有限公司、杭州老板电器股份有限公司、广东格兰仕集团有限公司、上海松下微波炉有限公司、惠而浦（中国）股份有限公司、威凯检测技术有限公司、中国质量认证中心华南实验室、上海市质量监督检验技术研究院。

本标准主要起草人：刘伟、栾春、叶基林、李旭飞、蔡志军、王赓、毕崇强、王攀、邵光达、成建宏、吴能旺、彭妍妍、贺婷婷、付远华、阮华平、欧阳若林、沈娅君、张磊、杜鑫、黄智成、金丹梅。

本标准所代替标准的历次版本发布情况为：

——GB 24849—2010。

家用和类似用途微波炉能效限定值及能效等级

1 范围

本标准规定了家用和类似用途微波炉(以下简称微波炉)的能效等级、能效限定值、试验方法与检验规则。

本标准适用于最大额定输入功率在 2 500 W 及以下,利用频率为 2 450 MHz 的 ISM 频段电磁能量以及由电阻性电热元件加热炉腔内物品和食物的微波炉,包括组合型微波炉。

本标准不适用于商用微波炉、工业微波炉以及带抽油烟机的微波炉。

注:ISM 频段是由国际电信联盟(ITU)确定并在国际无线电干扰特别委员会(CISPR)制定的编号为 CISPR 11 的标准中采用的电磁频率范围。

2 规范性引用文件

下列文件对于本文件的应用是必不可少的。凡是注日期的引用文件,仅注日期的版本适用于本文件。凡是不注日期的引用文件,其最新版本(包括所有的修改单)适用于本文件。

GB 4706.21 家用和类似用途电器安全 微波炉,包括组合型微波炉的特殊要求

GB/T 18800 家用微波炉 性能试验方法

IEC 62301 家用电器 待机功率的测量(Household electrical appliances—Measurement of standby power)

3 术语和定义

GB 4706.21、GB/T 18800 和 IEC 62301 界定的以及下列术语和定义适用于本文件。

3.1

微波炉效率 efficiency for microwave ovens

微波炉的有效输出能量与输入能量之比,用百分数(%)表示。

3.2

微波炉能效限定值 minimum allowable values of energy efficiency for microwave ovens

在满足待机功率、关机功率和烧烤能耗限定值的前提下,微波炉在标准规定测试条件下的最低允许效率值,用百分数(%)表示。

3.3

烧烤能耗限定值 maximum allowable values of energy consumption for grill-function

本标准规定测试条件下微波炉烧烤功能的最大允许能耗值,单位为瓦时(W·h)。

3.4

关机模式 off mode

微波炉连接到电源上,但不提供任何待机或主要功能的模式。仅用于指明微波炉处于关机状态的指示灯也属于关机模式。

3.5

待机模式　standby mode

微波炉连接到电源上，提供下面一种或多种用户经常使用或保护性功能的产品模式：

——通过遥控器、内部传感器和计时器激活其他模式(包括模式的激活和不激活)；

——连续性功能：包括时钟在内的信息或状态显示；

——连续性功能：基于传感器的功能。

3.6

关机功率　off mode power

微波炉在关机模式下的有功功率，单位为瓦(W)。

3.7

待机功率　standby mode power

微波炉在待机模式下的有功功率，单位为瓦(W)。

4 能效等级

4.1 微波炉能效等级

微波炉能效等级分为3级(见表1)，其中1级能效最高。各等级产品的效率值、关机功率、待机功率和烧烤能耗限定值均应符合表1的规定。

表1　微波炉能效等级

能效等级	效率值 %	关机功率 W	待机功率 W	烧烤能耗限定值 W·h
1	≥60	≤0.5	≤0.5(无信息或状态显示功能) ≤1.0(有信息或状态显示功能)	≤1.2
2	≥56			
3	≥52			
待机功率和关机功率不适用于带有WIFI、蓝牙等通信协议功能的微波炉。				

4.2 微波炉效率计算方法

微波炉的效率按式(1)计算：

$$\eta = \frac{t \cdot P}{W_{in}} \times 100\% \qquad (1)$$

式中：

η ——效率，%；

t ——加热时间，除去磁控管灯丝预加热时间，单位为秒(s)；

P ——微波炉输出功率，单位为瓦(W)；

W_{in} ——输入能量，单位为瓦秒(W·s)。

注：输入能量包括磁控管灯丝预加热时的损耗。

效率用百分数表示，四舍五入取整。

5 技术要求

微波炉的能效限定值为表1中能效等级的3级。

6 试验方法

测定微波炉效率值的试验条件和方法按附录A的规定进行。

测定微波炉烧烤能耗值的试验条件和方法按附录B的规定进行。

测定微波炉关机功率和待机功率值的试验条件和方法按附录C的规定进行。

7 检验规则

能效型式检验的抽样,每批抽3台,其中2台试验,1台备用。试验结果2台均符合本标准要求,则该批为合格;如果2台均不符合本标准要求,则该批为不合格。如果有1台不符合本标准要求,应对备用样品进行测试,如测试结果符合本标准要求则该批为合格;如测试结果仍不符合本标准要求,则该批为不合格。

附　录　A
（规范性附录）
微波炉效率试验方法

A.1　试验条件

A.1.1　试验环境

试验在无强制对流空气且环境温度为 20 ℃±5 ℃，相对湿度为 45%～75%的场所进行。

A.1.2　试验电源

待测微波炉以 220×(1±1%)V 电压，50×(1±1%)Hz 频率供电，总谐波失真不能超过 5%。

注：当启动待测微波炉在微波加热模式时，以上正弦波试验电压需得到保持。

A.1.3　测量仪器

测量水温时使用的温度测试系统，在 0 ℃～50 ℃温度范围内准确度为±0.5 ℃。

电压表、功率表的准确度为±1%。

电子秤的准确度为±1%。

计时器的准确度为±1%。

A.1.4　待测微波炉的放置

待测微波炉应放置于厚度约为 20 mm 的，涂有无光黑漆的胶合板水平台面上进行试验。

A.1.5　待测微波炉的初始条件

试验开始前，微波炉不工作，放置于温度为 20 ℃±5 ℃的环境里至少 6 h。

注 1：如果磁控管和变压器的温度与环境温度偏差在 2 K 以内，那么至少 6 h 的放置时间可以减少。

注 2：可采用强制冷却的方法来辅助降低微波炉的温度，在此情况下可减少微波炉放置时间。

A.1.6　待测微波炉控制装置的设置

待测微波炉设定于最大输出功率。

A.1.7　待测微波炉的负载

试验使用饮用水。

A.2　试验方法

A.2.1　微波输出功率

测量时在玻璃容器中盛放水负载，初始水温低于环境温度，然后用微波炉加热到近似环境温度，该步骤应保证对容器的热损耗、热容量影响最小，由此要考虑修正系数。总之，该程序要求准确测量水温。

试验使用圆柱形硼硅玻璃容器，最大壁厚 3 mm，外径约为 190 mm，高约为 90 mm，容器的质量即定。

测量开始时，待测微波炉和空容器为室温，水初始温度为 10 ℃±1 ℃，在水被倒入容器之前迅速测量水温。

把 1 000 g±5 g 的水加到容器中，测得实际质量，把容器马上放到搁架中心上，搁架处于正常使用的最低位置。

启动微波炉，测量从微波炉输入功率达到其额定输入功率的 1/2 至水温加热到 20 ℃±2 ℃所需的时间，同时切断电源，在 60 s 之内测量最终水温。

注 1：在测量水温之前搅动水。

注 2：搅动和测试装置均为低热容量材质。

注 3：当试验结果有争议时，以铂电阻温度计测试数据为准。

注 4：加热时间的确定：启动微波炉，观察功率计显示的微波炉输入功率，当微波炉输入功率达到微波炉额定输入功率的 1/2 时，开始计时，当水温加热到 20 ℃±2 ℃时，切断电源，同时记录计时器显示的时间，此时间即为式(1)和式(A.1)中的加热时间。

微波输出功率用式(A.1)计算：

$$P=\frac{4.187m_{w}(T_{2}-T_{1})+0.55m_{c}(T_{2}-T_{0})}{t} \qquad \text{(A.1)}$$

式中：

P ——微波输出功率，单位为瓦(W)；

m_{w}——水的质量，单位为克(g)；

T_{2} ——最终水温，单位为摄氏度(℃)；

T_{1} ——初始水温，单位为摄氏度(℃)；

m_{c} ——容器质量，单位为克(g)；

T_{0} ——环境温度，单位为摄氏度(℃)；

t ——加热时间，除去磁控管灯丝预加热时间，单位为秒(s)。

微波功率单位为瓦(W)，四舍五入取整。

A.2.2 效率

在 A.2.1 试验中测出能量损耗。

微波炉的效率用 4.2 中的式(1)计算。

附 录 B
（规范性附录）
微波炉烧烤能耗试验方法

B.1 试验条件

B.1.1 试验环境

试验在无强制对流空气且环境温度为 20 ℃±5 ℃，相对湿度为 45%～75%的场所进行。

B.1.2 试验电源

待测微波炉以 220×(1±1%)V 电压，50×(1±1%)Hz 频率供电，总谐波失真不能超过 5%。

注：当启动待测微波炉在烧烤加热模式时，以上正弦波试验电压需得到保持。

B.1.3 测量仪器

温度测量时使用的温度测试系统，该系统在 0 ℃～300 ℃温度范围内准确度应为±1 ℃。

电压表、功率表、电能表的准确度应为±1%。

计时器的准确度应为±1%。

B.1.4 待测微波炉的放置

嵌装式及吊挂式微波炉按安装说明书进行安装。其他微波炉的放置要使其背部尽量靠近测试角的一边壁而远离另一侧壁。

打算放置在地板上使用的微波炉应放在测试角的底板上，并尽可能靠近测试角的两边壁。

B.1.5 待测微波炉的初始条件

试验开始前，待测微波炉不工作，放置于温度为 20 ℃±5 ℃的环境里至少 6 h。

注 1：如果磁控管和变压器的温度与环境温度偏差在 2 K 以内，那么至少 6 h 的放置时间可以减少。

注 2：可采用强制冷却的方法来辅助降低微波炉的温度，在此情况下可减少其放置时间。

B.1.6 待测微波炉控制装置的设置

待测微波炉设定于烧烤功能的最大标称功率档位。

B.1.7 待测微波炉的负载

待测微波炉应处于空载状态，若腔体中有附件(除玻璃转盘、转盘支架外)，则将其取出。

B.2 试验方法

具有烧烤功能微波炉烧烤功能的能耗试验方法如下：

将一裸热电偶放置于待测微波炉腔体的几何中心，以用于测量烧烤模式下腔体内的温度。然后关闭炉门，温度控制设定于最大的位置处。

微波炉加热工作时间为 5 min。

测定微波炉在规定的工作时间内所消耗的电能以及腔体几何中心的温升值。

微波炉烧烤能耗按式(B.1)计算：

$$W_c = \frac{E}{T_2 - T_1} \qquad \cdots\cdots(B.1)$$

式中：

W_c ——微波炉的烧烤能耗，单位为瓦时每开（W·h/K）；

E ——微波炉在规定的工作时间内消耗的电能，单位为瓦时(W·h)；

T_2 ——在规定的工作时间后腔体几何中心内的温度，单位为摄氏度(℃)；

T_1 ——腔体几何中心内的初始温度，单位为摄氏度(℃)。

注 1：元件(例如随炉子自动启动的炉灯和风扇电机)所消耗的电能包含在以上所测定的电能消耗中。

注 2：热电偶可通过炉子的门缝进入腔体中，但不要影响炉门的正常关闭。

注 3：消耗电能的单位为瓦时(W·h)，精确到 0.1 W·h；温度的单位为摄氏度(℃)，精确到 0.1 ℃。烧烤能耗的单位为瓦时每开(W·h /K)，结果四舍五入，保留一位小数。

B.3 几何中心的确定

B.3.1 带转盘的微波炉情况

带转盘微波炉的腔体几何中心位于玻璃盘中心到腔体顶部(如果发热管外露，则以发热管底部为顶部)高度的一半处。

B.3.2 平板微波炉情况

平板微波炉的腔体几何中心位于底板中心(如果发热管外露，则以发热管底部为顶部)到顶板高度的一半处。

附　录　C
（规范性附录）
微波炉关机和待机功率试验方法

C.1　试验条件

C.1.1　试验环境

无强制对流空气且环境温度为 20 ℃±5 ℃，相对湿度为 45%～75%的场所。

C.1.2　试验电源

待测微波炉以 220×(1±1%)V 电压，50×(1±1%)Hz 频率供电；试验电压的总谐波失真（包括 2 次～13 次谐波）不应超过 2%；电压的峰值和有效值之比（即波峰因数）应在 1.34～1.49 之间。

C.1.3　测量仪器

电压表的准确度应为±1%。
功率表、电能表的准确度应不大于 0.01 W。
计时器的准确度应为±1%。

C.1.4　待测微波炉的放置

根据制造商的说明安装好微波炉，然后放置于厚度约为 20 mm 的，涂有无光黑漆的胶合板水平台面上进行试验。

C.1.5　待测微波炉的初始条件

试验开始前，待测微波炉不工作，放置于温度为 20 ℃±5 ℃的环境里至少 6 h。

注 1：如果磁控管和变压器的温度与环境温度偏差在 2 K 以内，那么至少 6 h 的放置时间可以减少。

注 2：可采用强制冷却的方法来辅助降低微波炉的温度，在此情况下可减少其放置时间。

C.1.6　待测微波炉控制装置的设置

待测微波炉应设定于待机模式或关机模式中功耗最大的状态。

C.1.7　待测微波炉的负载

待测微波炉应处于空载状态。

C.2　试验方法

微波炉的关机和待机功率的试验方法如下：

将待测微波炉连接到测量仪器，并选择被测量的模式。微波炉通电 15 min 后开始测量，记录 30 min 的耗电量，用累积的耗电量除以测量时间以得到平均功率。

ICS 97.030
Y 61

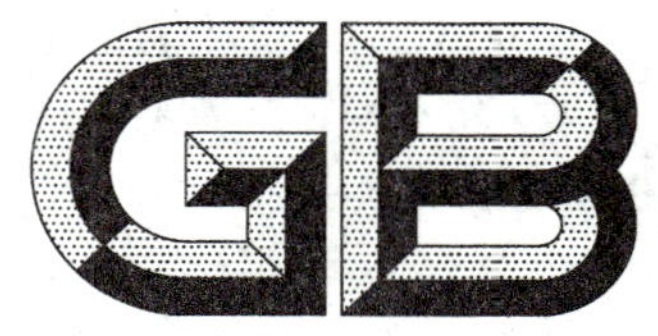

中华人民共和国国家标准

GB/T 24986.4—2017

家用和类似用途电器可靠性评价方法 第4部分：房间空气调节器的特殊要求

Evaluation methods for reliability on household and similar electrical appliances—Part 4: Particular requirements for room air conditioners

2017-11-01 发布　　2018-05-01 实施

中华人民共和国国家质量监督检验检疫总局
中国国家标准化管理委员会
发布

前　言

GB/T 24986《家用和类似用途电器可靠性评价方法》包括以下部分：

——第1部分：通用要求；

——第2部分：电冰箱(电冰柜)的特殊要求；

——第3部分：洗衣机的特殊要求；

——第4部分：房间空气调节器的特殊要求。

……

本部分为GB/T 24986的第4部分。

本部分与GB/T 24986.1—2010《家用和类似用途电器可靠性评价方法　第1部分：通用要求》配合使用。

本部分按照GB/T 1.1—2009给出的规则起草。

本部分由中国轻工业联合会提出。

本部分由全国家用电器标准化技术委员会(SAC/TC 46)归口。

本部分起草单位：海尔集团公司、中国家用电器研究院、青岛中海博睿检测技术服务有限公司、工业和信息化部电子第五研究所、威凯检测技术有限公司、青岛市产品质量监督检验所、青岛海尔空调器有限总公司、广东美的制冷设备有限公司、江苏春兰制冷设备有限公司、广东万和新电气股份有限公司、中标合信(北京)认证有限公司、深圳市华测检测技术股份有限公司。

本部分主要起草人：李文东、李锴、刘功桂、黄逊青、王滨后、李红伟、高平、陈占开、郑崇开、李可伟、郭霞龄、杨克军。

家用和类似用途电器可靠性评价方法 第4部分:房间空气调节器的特殊要求

1 范围

GB/T 24986的本部分规定了房间空气调节器(以下简称空调器)可靠性定量评价的参数、指标及其评价方法。

本部分适用于符合GB/T 7725的空调器可靠性评价。

2 规范性引用文件

下列文件对于本文件的应用是必不可少的。凡是注日期的引用文件,仅注日期的版本适用于本文件。凡是不注日期的引用文件,其最新版本(包括所有的修改单)适用于本文件。

GB/T 2900.13 电工术语 可信性与服务质量

GB/T 5080.7—1986 设备可靠性试验 恒定失效率假设下的失效率与平均无故障时间的验证试验方案

GB/T 7725 房间空气调节器

GB/T 24985—2010 家用和类似用途房间空气调节器可靠性试验方法

GB/T 24986.1 家用和类似用途电器可靠性评价方法 第1部分:通用要求

3 术语和定义

GB/T 2900.13、GB/T 24986.1界定的以及下列术语和定义适用于本文件。

3.1

MTTFF的验证区间[$(\mathrm{MTTFF})_L$,$(\mathrm{MTTFF})_U$] demonstrated MTTFF interval

在试验条件下,真实MTTFF的可能范围。即在规定的置信度下对MTTFF的区间估计。$(\mathrm{MTTFF})_U$称为置信上限;$(\mathrm{MTTFF})_L$称为置信下限。

4 可靠性评价的意义和目的

GB/T 24986.1中的该章适用。

5 可靠性评价的参数和指标

5.1 可靠性参数的选定

5.1.1 空调器选用的可靠性参数包括:平均首次故障前时间(MTTFF)、平均无故障时间(MTBF)、使用寿命。

5.1.2 监测和验证空调器较早出现的故障,选用平均首次故障前时间(MTTFF)作为评价参数。

5.1.3 监测和验证空调器使用寿命期内的故障情况,选用平均无故障时间(MTBF)作为评价参数。

5.1.4 监测和验证空调器的耐久性,选用使用寿命作为评价参数。

5.2 指标值的确定

5.2.1 平均首次故障前时间(MTTFF)

空调器的 MTTFF 值可参考附录 A 进行确定。

5.2.2 平均无故障时间(MTBF)

空调器的 MTBF 值可参考附录 A 进行确定。

5.2.3 使用寿命

本部分中,空调器的使用寿命不作规定,可参考空调器使用寿命的设计值或约定值。

6 分布假设

6.1 评价空调器的平均首次故障前时间和平均无故障时间时,假设故障时间的分布是服从指数分布的。

6.2 评价空调器的使用寿命时,假设故障时间的分布是服从威布尔分布的。

注:本部分中,推荐采用工程经验法进行使用寿命的定量评价,在附录 B 数据处理过程中不需要使用分布假设,但附录 C 提供的理论修正系数是在假设故障时间的分布是服从威布尔分布的基础上通过数字仿真得到的。

7 可靠性评价的方法

空调器采用定量统计分析法进行可靠性评价。

8 试验

8.1 平均首次故障前时间和平均无故障时间评价的试验要求

8.1.1 样品要求

可靠性试验的样品应符合 GB/T 7725 要求。

8.1.2 抽样方法及样品数量

从合格的空调器中随机抽取,具有相同技术状态同系列产品,同一型号产品的样本不少于 2 台,总样本数量应符合 GB/T 24985—2010 规定。

8.1.3 试验方案

试验方案按 GB/T 24985—2010 中第 5 章进行。

本部分采用定时截尾试验方案。具体试验方案参考 GB/T 5080.7—1986 表 12 中方案 5:7 进行。

8.2 使用寿命评价的试验要求

使用寿命评价的试验要求可参考附录 B 进行。

9 故障的判据和统计

9.1 故障的统计

9.1.1 对试验中出现的故障，如果不能证明是试验过程中施加的应力不当或试验设备等非产品本身问题时，不应对产品进行更换或修理，否则，每更换或修理一次就计为一次关联故障。

9.1.2 同时发生两个或两个以上的独立故障，应记录两个或两个以上关联故障。

9.1.3 修理、更换元器件后，若在后续的试验中仍不能消除原来的故障现象，又不能证实换上的元器件有问题，则视为维修无效，不再重复计入关联故障。

9.1.4 由于独立故障引起的从属故障按非关联故障处理。

9.1.5 反复故障的每次故障都应计入故障总数中。

9.1.6 间歇故障只将第一次故障计入故障总数。

9.1.7 如果出现的致命故障，试验终止，本批次判定为不合格。

9.2 各评价参数对应关联故障的判据说明

9.2.1 平均首次故障前时间(MTTFF)的评价时对应的关联故障：凡符合9.1且发生在使用寿命期内，空调器出现的第一个故障。

9.2.2 平均无故障时间(MTBF)的评价时对应的关联故障：凡符合9.1且发生在使用寿命期内的故障。

9.2.3 使用寿命的评价时对应的关联故障：空调器测试过程中出现的第一个耗损性故障。

10 数据处理

10.1 平均首次故障前时间 MTTFF

MTTFF区间估计置信下限值按式(1)计算：

$$(\mathrm{MTTFF})_{\mathrm{L}}=\frac{2(\sum t_{\mathrm{s}}+\sum t_0)}{\chi^2_{1-\alpha}(2r_{\mathrm{s}}+2)} \qquad \cdots\cdots(1)$$

式中：

$(\mathrm{MTTFF})_{\mathrm{L}}$ ——平均首次故障前时间(单侧置信区间下限)，单位为时(h)；

$\sum t_{\mathrm{s}}$ ——各受试空调器首次出现故障的工作时间之和，单位为时(h)；

$\sum t_0$ ——未出现故障的各受试空调器工作时间之和，单位为时(h)；

α ——生产方风险；

$1-\alpha$ ——置信度，除非另有规定，推荐的置信度取80%；

r_{s} ——试验期间，发生首次故障的受试空调器台数。

10.2 平均无故障时间 MTBF

区间估计置信下限值按式(2)计算：

$$\theta_{\mathrm{L}}=\frac{2T}{\chi^2_{1-\alpha}(2r+2)} \qquad \cdots\cdots(2)$$

式中：

θ_{L} ——平均无故障时间(单侧置信区间下限值)，单位为时(h)；

T ——各受试空调器工作时间之和，单位为时(h)；

α ——生产方风险；

$1-\alpha$ ——置信度，除非另有规定，推荐的置信度取 80%；

r ——各受试空调器的故障总数。

10.3 使用寿命

使用寿命数据处理可参考附录 C。

附　录　A
（资料性附录）
空调器推荐的 MTBF 值

空调器推荐的 MTBF 值见表 A.1。

表 A.1 中数值为空调器 1 年的可靠度等于 90.0%时对应 MTBF 值的近似值，其中假设空调器制冷模式每年平均使用 1 136 h，空调器的制热模式每年平均使用 433 h（冷热模式共 1 569 h）。

注：运行时间根据 GB 21455—2013 规定的空调器运行时数。

表 A.1　空调器推荐的 MTBF 值

产品类别	MTBF 值/h
分体式单冷空调器	>10 800
分体式热泵空调器	>14 900
整体式单冷空调器	>10 800
整体式热泵空调器	>14 900
由于空调器产品的产品可靠性已经达到相当的水平，空调器的平均首次故障时间 MTTFF 与平均无故障工作时间 MTBF 以空调无故障工作时间 1 年来进行评价。所以本部分中推荐 MTTFF 值与 MTBF 值相同。	

附 录 B
(资料性附录)
使用寿命评价的试验要求

B.1 使用寿命指标的验证方法

使用寿命指标的验证方法一般分工程经验法和分析法,空调器使用寿命指标的验证采取工程经验法。

B.2 试验条件

空调器耐久性试验的试验条件依据 8.1.3 和 8.2 进行。

B.3 试验时间

空调器耐久性试验的单台试验时间选取额定使用寿命或待验证值的 1.2 倍~1.5 倍。

最少的试验总时间 $T_L \geqslant n \times K \times T_0$,其中 n 为受试产品数量、T_0 为受试产品规定的寿命、K 为工程经验系数,具体数值可由承制方和订购方视产品的重要度及相似产品的经验等因素共同商定。

B.4 受试样品的数量

空调器耐久性试验样本数量规定为 3 台~5 台。

B.5 受试样品的选择

B.5.1 待验证产品同时需要进行可靠性指标评价时,在空调器 MTBF 评价试验开始前,随机指定其中的 n 台作为耐久性试验样品。

B.5.2 其他情况,从定型状态产品或批生产合格的产品中随机抽取。

附　录　C
（资料性附录）
使用寿命评价的数据处理

C.1　故障判据

被指定的试验样品整个试验过程中，凡符合 9.2.3 的故障，均作为关联故障。

C.2　空调器使用寿命的评估公式

C.2.1　无关联故障时

如果受试空调器寿命试验到 T 截止时，全部产品均未发生关联故障时，应按式(C.1)评估空调器的使用寿命 T_0。

$$T_0=\frac{T}{nK} \qquad \cdots\cdots(\text{C.1})$$

式中：

T ——各受试空调器工作时间之和，周期；

n ——受试空调器数量；

K ——经验修正系数，具体数值可由承制方和订购方共同商定；或用理论修正系数，例如 $n=3$ 时可参考表 C.1～表 C.3。

C.2.2　部分样品出现关联故障时

如果受试空调器寿命试验到 t_0 截止时，有 r 个关联故障发生，则应按式(C.2)评估空调器的使用寿命 T_{0r}。

$$T_{0r}=\frac{\sum_{i=1}^{r}t_i+(n-r)t_0}{nK_0} \qquad \cdots\cdots(\text{C.2})$$

式中：

t_i ——第 i 个受试空调器发生关联故障的时间，周期；

t_0 ——未发生关联故障的空调器单台试验持续时间，周期；

n ——受试空调器数量；

r ——发生的关联故障总数；

K_0 ——经验修正系数，具体数值可由承制方和订购方共同商定；或用理论修正系数，例如 $n=3$ 时可参考表 C.1～表 C.3。

C.2.3　所有样品均出现关联故障时

如果受试空调器试验到 t_n 截止时，全部受试样品先后发生关联故障，则应按式(C.3)评估空调器的使用寿命 T_{0n}。

$$T_{0n}=\frac{\sum_{i=1}^{n}t_i}{nK_1} \qquad \cdots\cdots(\text{C.3})$$

式中：

t_i ——第 i 个受试空调器发生关联故障的时间，周期；

K_1 ——经验修正系数，具体数值可由承制方和订购方共同商定；或用理论修正系数，例如 $n=3$ 时可参考表 C.1～表 C.3。

表 C.1　理论修正系数 K,K_0,K_1($n=3$,$m=2.5$)

R(t)	理论修正系数	取值			
		$a=0.1$	$a=0.2$	$a=0.3$	$a=0.4$
0.9	K	2.21	1.92	1.71	1.53
	K_0	2.46	2.20	2.02	1.86
	K_1	2.91	2.68	2.45	2.31
0.8	K	1.64	1.42	1.27	1.13
	K_0	1.82	1.63	1.49	1.39
	K_1	2.14	1.96	1.81	1.72
0.7	K	1.36	1.18	1.05	0.94
	K_0	1.51	1.34	1.23	1.14
	K_1	1.78	1.61	1.50	1.41
0.6	K	1.18	1.02	0.91	0.81
	K_0	1.30	1.17	1.07	0.99
	K_1	1.53	1.40	1.32	1.24

表 C.2　理论修正系数 K,K_0,K_1($n=3$,$m=3$)

R(t)	理论修正系数	取值			
		$a=0.1$	$a=0.2$	$a=0.3$	$a=0.4$
0.9	K	1.94	1.72	1.56	1.43
	K_0	2.10	1.91	1.77	1.67
	K_1	2.41	2.24	2.10	1.99
0.8	K	1.51	1.34	1.22	1.11
	K_0	1.65	1.49	1.38	1.29
	K_1	1.89	1.75	1.63	1.55
0.7	K	1.29	1.15	1.04	0.95
	K_0	1.40	1.27	1.18	1.11
	K_1	1.61	1.49	1.39	1.34
0.6	K	1.15	1.02	0.92	0.84
	K_0	1.25	1.14	1.05	0.98
	K_1	1.43	1.32	1.25	1.18

注：当已知受试产品的威布尔分布形状参数 m 时，则应按规定的受试产品数量 n，显著性水平 a 和可靠度 $R(t)$ 从表 C.1～表 C.3 中选取 K, K_0, K_1 的数值。

考虑试验时间、费用等方面的限制，建议按下列情况选取 a 和 $R(t)$ 值：

- 关键类产品(A 类)：$R(t)=80\%$，$a=0.2$；
- 重要类产品(B 类)：$R(t)=70\%$，$a=0.2$；
- 一般类产品(C 类)：$R(t)=70\%$，$a=0.3$。

表 C.3 理论修正系数 K, K_0, K_1($n=3, m=4$)

$R(t)$	理论修正系数	取值			
		$a=0.1$	$a=0.2$	$a=0.3$	$a=0.4$
0.9	K	1.64	1.50	1.40	1.30
	K_0	1.76	1.62	1.53	1.44
	K_1	1.93	1.81	1.73	1.66
0.8	K	1.36	1.25	1.16	1.08
	K_0	1.46	1.35	1.27	1.20
	K_1	1.60	1.52	1.44	1.37
0.7	K	1.21	1.11	1.03	0.96
	K_0	1.29	1.20	1.13	1.06
	K_1	1.42	1.35	1.28	1.23
0.6	K	1.11	1.01	0.94	0.88
	K_0	1.20	1.09	1.03	1.00
	K_1	1.32	1.23	1.18	1.12

ICS 97.100.10
Y 63

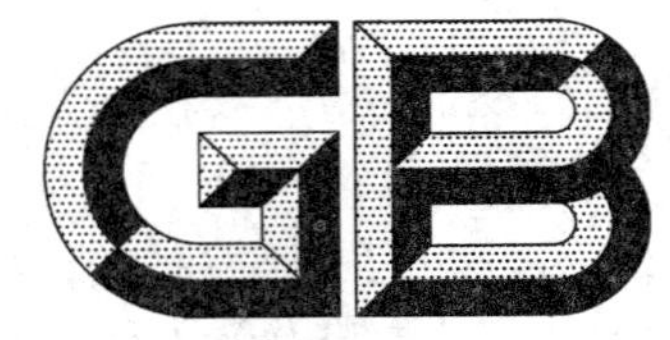

中华人民共和国国家标准

GB/T 24986.5—2017

家用和类似用途电器可靠性评价方法 第5部分:室内加热器的特殊要求

Evaluation methods for reliability on household and similar electrical appliances—Part 5: Particular requirements for room heaters

2017-12-29 发布　　2018-07-01 实施

中华人民共和国国家质量监督检验检疫总局
中国国家标准化管理委员会　发布

前　言

GB/T 24986《家用和类似用途电器可靠性评价方法》分为以下部分：

——第1部分：通用要求；

——第2部分：电冰箱(电冰柜)的特殊要求；

——第3部分：洗衣机的特殊要求；

——第4部分：房间空气调节器的特殊要求；

——第5部分：室内加热器的特殊要求；

……

本部分为GB/T 24986的第5部分。

本部分按照GB/T 1.1—2009给出的规则起草。

本部分由中国轻工业联合会提出。

本部分由全国家用电器标准化技术委员会(SAC/TC 46)归口。

本部分起草单位：宁波先锋电器制造有限公司、中国电器科学研究院有限公司、艾美特电器(深圳)有限公司、深圳市联创科技集团有限公司、广东美的环境电器制造有限公司、宁波市标准化研究院、中国家用电器研究院、浙江省质量检测科学研究院、威凯检测技术有限公司、宁波出入境检验检疫局、安徽中认倍佳科技有限公司、国家红外及工业电热产品质量监督检验中心、佛山市麦尔电器有限公司。

本部分主要起草人：方庆朕、朱永国、陈灿坤、王旨军、赖伴来、邓美华、鲍俊、陆伟、赵奇、李政勇、陈大果、刘杰、吴迪、龚金水。

引　言

目前，可靠性技术已广泛地应用到了各个领域，比如汽车行业，医疗行业，军事领域，航空领域。长时间的实践已证明，可靠性技术在各领域的应用，有效地促进了产品质量的快速提升，从而更好地满足了消费者的需求。

中国家电业目前已是一个成熟产业，成为全球家电的生产、消费和出口大国。如今，中国已经是全球最大的室内加热器生产国和出口国。可靠性评价作为提高产品质量的重要手段，已经在产品的设计、生产和使用等阶段得到了广泛运用。随着室内加热器的可靠性试验方法国家标准的出台，运用可靠性评价方法来对室内加热器的关键技术进行评价，进而有效保证产品质量的提高，保障产品使用者的利益显得非常必要。

本部分结合室内加热器行业的特点，并借鉴相关行业的可靠性标准范本，运用数理统计知识并综合室内加热器行业各企业意见，确定了科学、有效的评价方案。本部分是GB/T 24986.1《家用和类似用途电器可靠性评价方法　第1部分：通用要求》在室内加热器可靠性评价方面的应用，其中明确了标准适用的产品类型，规定了室内加热器可靠性评价方法为定量评价的统计分析法，确定了室内加热器可靠性评价所选用的参数、可靠性试验方法及方案等。

家用和类似用途电器可靠性评价方法 第5部分:室内加热器的特殊要求

1 范围

GB/T 24986的本部分规定了家用和类似用途室内加热器(以下简称“加热器”)可靠性定量评价的常用参数及其评价方法。

本部分适用于便携式和驻立式的各类加热器,单相器具额定电压不超过250 V,其他器具额定电压不超过480 V的加热器。

本部分不适用于以下加热器:

——装在建筑物结构内的加热器;

——中央取暖系统;

——连接导风道的加热器;

——装有柔软电热元件的墙纸、毯子、帘子或管子;

——家用贮热式室内加热器;

——浴室电加热器(浴霸)。

2 规范性引用文件

下列文件对于本文件的应用是必不可少的。凡是注日期的引用文件,仅注日期的版本适用于本文件。凡是不注日期的引用文件,其最新版本(包括所有的修改单)适用于本文件。

GB/T 5080.7—1986 设备可靠性试验 恒定失效率假设下的失效率与平均无故障时间的验证试验方案

GB/T 24986.1—2010 家用和类似用途电器可靠性评价方法 第1部分:通用要求

3 术语和定义

GB/T 24986.1—2010界定的以及下列术语和定义适用于本文件。

3.1

耐久性 durability

在规定的使用与维修条件下,直到极限状态前完成规定功能的能力。

注:产品的极限状态可以由使用寿命的终止、经济和技术上已不适宜等来表征。

3.2

MTTFF的验证区间 demonstrated MTTFF interval

在试验条件下,真实MTTFF的可能范围。即在规定的置信度下对MTTFF的区间估计。

注:$(MTTFF)_U$ 称为置信上限,$(MTTFF)_L$ 称为置信下限。

3.3

置信度 confidence level

随机的置信区间包括参数真值的概率。

3.4

独立故障 independent fault

不是由于另一产品故障引起的故障。

4 可靠性评价的意义和目的

按照 GB/T 24986.1—2010 的第 4 章的要求进行。

5 可靠性评价的参数和指标

5.1 定性分析

按照 GB/T 24986.1—2010 中 5.1 的要求进行。

5.2 定量评价

按照 GB/T 24986.1—2010 中 5.2 的要求进行。

5.3 可靠性评价参数的选定

5.3.1 加热器选用的可靠性参数包括:平均首次故障前工作时间(MTTFF)、平均无故障工作时间(MTBF)、使用寿命。

5.3.2 选用 MTTFF 作为监测和验证加热器较早出现的故障的评价参数。

5.3.3 选用 MTBF 作为监测和验证加热器使用寿命期内的故障情况的评价参数。

5.3.4 选用使用寿命作为监测和验证加热器的耐久性的评价参数。

5.4 可靠性评价指标的选定

5.4.1 MTTFF 值

加热器的 MTTFF 值参见附录 A 进行。

5.4.2 MTBF 值

加热器的 MTBF 值参见附录 B 进行。

5.4.3 使用寿命

本部分中,加热器各类产品的使用寿命不作规定,但可参考加热器使用寿命的设计值或合同约定值。

6 分布假设

6.1 对于尚无充分数据验证和确定故障分布特性的加热器,应符合 GB/T 24986.1—2010 中 6.1 的假设规定。

6.2 评价加热器的 MTTFF 和 MTBF,假设故障时间的分布是服从指数分布的。

6.3 评价加热器的使用寿命时,假设故障时间的分布是服从威布尔分布的。

注:本部分中,推荐采用工程经验法进行使用寿命的定量评价,在附录 C 的数据处理过程中不需要使用分布假设,但附录 C 提供的理论修正系数是在假设故障时间的分布是服从威布尔分布的基础上通过数字仿真得到的。

7 可靠性评价的方法

加热器采用定量统计分析法进行可靠性评价，按照 GB/T 24986.1—2010 中第 7 章的要求进行。

8 试验

8.1 MTTFF 和 MTBF 评价的试验

8.1.1 试验要求

8.1.1.1 试验样品

8.1.1.1.1 抽样方法

从合格的加热器中随机抽取试验样品。

8.1.1.1.2 样品数量

试验样品数量优选为：12 台、16 台、20 台。

8.1.1.2 试验条件

加热器试验条件如下：

a) 环境温度：10 ℃～25 ℃；
b) 相对湿度：小于 95％；
c) 电压：额定电压±3％；
d) 频率：额定频率±1 Hz。

8.1.1.3 测量仪器

电气测量仪器准确度应不低于 0.5 级。

8.1.1.4 测量方案

本部分采用定时截尾试验方案。具体试验方案按照 GB/T 5080.7—1986 表 12 中方案 5：4 进行。

8.1.1.5 试验时间

8.1.1.5.1 累积相关试验时间

累积相关试验时间 T 由式(1)求得：

$$T = DD_m\theta_1 \qquad \cdots\cdots(1)$$

式中：

T ——累积相关试验时间，单位为小时(h)；
D ——θ_0 的倍数，取值 1.1；
D_m ——鉴别比，取值 5；
θ_1 ——MTBF 试验下限值，单位为小时(h)。

8.1.1.5.2 单台试验持续时间

在确定试样的样品数 n 之后，单台试验持续时间 t 可从式(2)求得：

$$t = T/n \qquad \cdots\cdots(2)$$

式中：

t ——单台试验持续时间，单位为小时(h)；

T ——累积相关试验时间，单位为小时(h)；

n ——确定试样的样品数量。

实际单台试验持续时间在保证试验总时间的前提下，可以作一定的调整，但应保证单台最短累积相关试验时间不得少于 $t/2$，且单台最长累计相关试验时间不应大于该产品的使用寿命，否则影响试验结果。

8.1.1.6 试验终止

当试验进行到截尾试验时间时，试验终止。

8.1.1.7 试验中断

本部分规定的试验为不可间断试验，但若因设备故障、样品重大故障或其他不可抗因素导致的试验中断，若消除故障后试验得以继续进行，则试验时间可以进行累计。

8.1.2 试验

8.1.2.1 试验前检查

在进行试验之前，为避免将从生产现场到试验室运输过程中造成损坏的试验样品投入试验，先对所有试验品外观进行检查，并按照产品说明书要求进行试运行，以确认投入试验的样品处于合格状态。

8.1.2.2 试验前准备

8.1.2.2.1 试验样品的安置

试验样品应按照制造厂的产品说明书要求进行放置。同时样品的放置不应使得样品之间产生相互影响。

8.1.2.2.2 试验样品的附件及配件

试验开始时，试验样品的各种附件及配件应处于产品说明书中规定的位置。

8.1.2.2.3 控制装置设置

所有的控制装置应调整至最大的位置。例如：

——可设置温度的装置，应调整至最高温度位置；

——可设置时间的装置，应调整至连续工作位置；

——可设置加热档位的装置，应调整至最大加热档位；

——可调节风速的装置，应调整至最大风速档位。

8.1.2.3 试验实施

准备完毕的试验样品放置在试验室内至少 2 h。试验条件按 8.1.1.2 规定进行，以额定电压和额定频率通电，产品说明书中规定的可以同时使用的功能均应运行。

8.1.2.4 试验过程中检查

试验过程中按照表 1 要求，每 4 h 进行一次巡检。

表 1　试验过程中检查项目

序号	检查项目	典型故障
1	产品是否有热量输出	参见附录 C
2	产品摇头是否出现停滞	
3	产品在运行时是否出现异常移位或振动	
4	产品各种显示是否正常	
5	产品在运行时是否出现异常噪音	
6	充液式散热器是否有漏液现象	
7	产品在运行时外壳是否有发黑、严重变形及开裂、破损、炭化、熔化，产品是否有持续冒烟、烤焦异味等现象	
8	产品控制面板部分的各种开关、按键、旋钮等是否可以正常操作	

8.1.2.5　试验过程中维护

试验开始后可以按产品说明书提示进行维护，正常维护不视作维修，不计入故障。

8.1.2.6　试验结束后检查

试验结束后，参见附录 C 对产品规定的功能和主要性能进行检查。

8.2　使用寿命评价的试验

8.2.1　加热器耐久性评价

加热器的耐久性采用使用寿命参数来评价。

8.2.2　使用寿命指标的验证方法

加热器使用寿命指标的验证采取工程经验法。

8.2.3　试验条件

加热器耐久性试验条件按照 8.1.1.2 和 8.1.2.2 的要求进行。

8.2.4　试验时间

加热器耐久性试验的单台试验时间应为额定使用寿命或待验证值的 1.2 倍～1.5 倍。

最少的试验总时间 T_L 可从式(3)求得：

$$T_L \geqslant n \times K \times T_0 \qquad (3)$$

式中：

T_L ——最少试验总时间，单位为小时(h)；

n ——受试样品的数量；

T_0 ——受试产品的寿命，单位为小时(h)；

K ——工程经验系数，具体数值可由承制方和订购方视产品的重要度及相似产品的经验等因素共同商定。

8.2.5 受试样品的数量

加热器耐久性试验样本数量规定为3台。

8.2.6 受试样品的选择

根据实际情况,样品的选择方式可以是下述方式中的任意一种:

——待验证产品同时需要进行可靠性指标评价时,在加热器MTBF评价试验开始前,随机指定其中的3台作为耐久性试验样品;

——其他情况,从合格的产品中随机抽取。

9 故障的判据和统计

9.1 故障的判断

9.1.1 关联故障

关联故障的确定应符合GB/T 24986.1—2010中9.1.1的规定。

9.1.2 非关联故障

以下故障应计为非关联故障:

a) 试验过程中,由于安装不当造成的故障;

b) 超过设计要求的过应力造成的故障;

c) 由于使用、维修不当或其他外界因素引起的故障。

9.2 故障的统计

按照下列原则对关联故障进行统计:

a) 同一部件或电器的间歇故障只计为一次故障;

b) 当可证实多个故障模式是由同一故障引起的时候,整个事件计为一次故障;

c) 在有多个零件或单元同时发生故障的情况下,当不能证明是一个故障引起了另一些故障时,每个元器件的故障均计为一次独立故障;

d) 已经报告过的故障由于未能真正修复而又再次出现的,应和原来报告过的故障合计为一次故障;

e) 由于独立故障引起的从属故障不计入故障次数;

f) 已确认为非关联故障不计入故障次数;

g) 对试验中出现的故障,如果不能证明是试验过程中施加的应力不当或试验设备等非产品本身问题时,不应对产品进行更换或修理,否则,每更换或修理一次就计为一次关联故障;

h) 同时发生两个或两个以上的独立故障,应记录两个或两个以上关联故障;

i) 反复故障,故障模式相同、多次发生的故障,若属于关联故障,每次故障都应计入故障数中。

注:对试验中出现的故障,如果不能确定是非关联故障,则认为是关联故障。

9.3 各评价参数对应关联故障的判据说明

9.3.1 平均首次故障前工作时间MTTFF的评价时对应的关联故障:凡符合9.2且发生在使用寿命期内,加热器出现的第一个故障。

9.3.2 平均无故障工作时间MTBF的评价时对应的关联故障:凡符合9.2且发生在使用寿命期内的

故障。

9.3.3 使用寿命的评价时对应的关联故障:加热器测试过程中出现的第一个耗损性故障。

10 数据处理

10.1 数据处理方法

加热器采用区间估计数据处理方法,应符合 GB/T 24986.1—2010 中第 10 章的规定。

10.2 平均首次故障前工作时间(MTTFF)

MTTFF 的验证区间估计置信下限值按式(4)计算:

$$(\mathrm{MTTFF})_{\mathrm{L}}=\frac{2(\sum t_{\mathrm{s}}+\sum t_{0})}{\chi^{2}_{1-\alpha}(2r_{\mathrm{s}}+2)} \quad \cdots\cdots(4)$$

式中:

$(\mathrm{MTTFF})_{\mathrm{L}}$ ——平均首次故障前工作时间(单侧置信区间下限),单位为小时(h);

$\sum t_{\mathrm{s}}$ ——各受试加热器首次出现故障的工作时间之和,单位为小时(h);

$\sum t_{0}$ ——未出现故障的加热器工作时间之和,单位为小时(h);

α ——生产方风险;

$1-\alpha$ ——置信度,除非另有规定,推荐的置信度为 90%;

r_{s} ——试验期间,发生首次故障的受试加热器台数。

10.3 平均无故障工作时间(MTBF)

MTBF 区间估计置信下限值按式(5)计算:

$$\theta_{\mathrm{L}}=\frac{2T_{1}}{\chi^{2}_{1-\alpha}(2r+2)} \quad \cdots\cdots(5)$$

式中:

θ_{L} ——平均无故障工作时间(单侧置信区间下限),单位为小时(h);

T_{1} ——各受试加热器工作时间之和,单位为小时(h);

α ——生产方风险;

$1-\alpha$ ——置信度,除非另有规定,推荐的置信度为 90%;

r ——各受试加热器的故障总数。

10.4 使用寿命

使用寿命数据处理参见附录 D。

附　录　A
（资料性附录）
加热器推荐的 MTTFF 值

加热器推荐的 MTTFF 值见表 A.1。

表 A.1 中数值为加热器 7 d 的可靠度等于 0.99 时对应的 MTTFF 值的近似值，其中假设可见灼热辐射式加热器、复合式加热器平均每年使用 630 h，其他产品平均每年使用 840 h。

注：平均每年使用时间的计算依据是：各类加热器平均每年使用 105 d，可见灼热辐射式加热器和复合式加热器平均每天使用 6 h，其他产品平均每天使用 8 h。本部分以 7 d 为计算依据，考虑到加热器在较冷的时段会有可能连续使用 7 d 以上，同时考虑到了产品的“退货、更换、维修”等售后问题。

表 A.1　加热器推荐的 MTTFF 值　　单位为时

产品类别	MTTFF 值
风扇式加热器	>5 600
板式加热器	>5 600
对流式加热器	>5 600
辐射式加热器	>5 600
可见灼热辐射式加热器	>4 200
复合式加热器	>4 200

附　录　B
（资料性附录）
加热器推荐的MTBF值

加热器推荐的MTBF值见表B.1。

表B.1中数值为加热器1年的可靠度等于0.90时对应MTBF值的近似值，其中假设可见灼热辐射式加热器、复合式加热器平均每年使用630 h，其他产品平均每年使用840 h。

注：平均每年使用时间的计算依据是：各类加热器平均每年使用105 d，可见灼热辐射式加热器和复合式加热器平均每天使用6 h，其他产品平均每天使用8 h。

表B.1　加热器推荐的MTBF值

单位为时

产品类别	MTBF值
风扇式加热器	＞8 000
板式加热器	＞8 000
对流式加热器	＞8 000
辐射式加热器	＞8 000
可见灼热辐射式加热器	＞6 000
复合式加热器	＞6 000

附 录 C
（资料性附录）
加热器典型故障

加热器典型故障见表 C.1。

表 C.1 加热器典型故障

故障性质	序号	故障
性能故障	1	产品在运行时出现异常噪音
	2	产品摇头时出现停滞
	3	产品在运行时出现异常移位或振动
	4	产品没有热量输出
安全故障	5	电气强度、泄漏电流、接地电阻不符合 GB 4706.23 的规定
	6	元器件损坏导致漏电、着火及机械危险
	7	内部线发生断裂、磨损或接线端子松动脱落等，导致漏电、着火的危险
	8	电器或元器件控制失效，导致产品存在安全隐患
	9	因带电部件本身温升过高，引起本身或周边、外壳部件烧焦、发黑、持续冒烟、炭化、熔化等现象，存在着火等安全隐患
电器故障	10	自动控制器类元件失灵，包括程控器、定时器、温控器、限温器、传感器等
	11	开关元件类失灵，包括电源开关，转换开关、安全开关、防跌倒开关等
	12	各类电热元件不发热
	13	各类电动机停转或转动失常
元器件故障	14	产品各种显示不正常，包括显示灯，显示屏等
	15	隔离变压器开路或短路
	16	电容开路或短路
	17	电子电路失灵或误动作
机械故障	18	外壳出现破损、开裂、严重变形
	19	产品控制面板部分的各种开关、按键、旋钮等卡滞，无法正常操作
	20	风叶断裂或松脱
	21	充液式散热器有液体渗漏或流出
	22	各种固定装置松动，影响安全或功能实现
其他故障	23	产品说明书中规定的功能不能实现

附 录 D
（资料性附录）
使用寿命评价的数据处理

D.1 故障判据

被指定的试验样品整个试验过程中，凡符合 9.3.3 的故障，均作为关联故障。

D.2 加热器使用寿命的评估公式

D.2.1 无关联故障时

如果受试加热器寿命试验到 T 截止时，全部产品均未发生关联故障时，按式(D.1)评估加热器的使用寿命 T_0。

$$T_0 = \frac{T}{nK} \qquad \cdots\cdots(\text{D.1})$$

式中：

T_0——无关联故障时使用寿命，单位为小时(h)；

T ——各受试加热器工作时间之和，单位为小时(h)；

n ——受试加热器数量；

K ——经验修正系数，具体数值可由承制方和订购方共同商定；或用理论修正系数，例如：$n=3$ 时可参考表 D.1～表 D.3。

D.2.2 部分样品出现关联故障时

如果受试加热器寿命试验到 t_0 截止时，有 r 个关联故障发生，则按式(D.2)评估加热器的使用寿命 T_{0r}。

$$T_{0r} = \frac{\sum_{i=1}^{r} t_i + (n-r)t_0}{nK_0} \qquad \cdots\cdots(\text{D.2})$$

式中：

T_{0r}——部分样品出现关联故障时使用寿命，单位为小时(h)；

t_0 ——未发生关联故障的加热器单台试验持续时间，单位为小时(h)；

t_i ——第 i 个受试加热器发生关联故障的时间，单位为小时(h)；

n ——受试加热器数量；

r ——发生的关联故障总数；

K_0 ——经验修正系数，具体数值可由承制方和订购方共同商定；或用理论修正系数，例如：$n=3$ 时可参考表 D.1～表 D.3。

D.2.3 所有样品均出现关联故障时

如果受试加热器寿命试验到 t_n 截止时，全部受试样品先后发生关联故障，则按式(D.3)评估加热器的使用寿命 T_{0n}。

$$T_{0n} = \frac{\sum_{i=1}^{n} t_i}{nK_1} \qquad \cdots\cdots(\text{D.3})$$

式中：

T_{0n}——所有样品均出现关联故障时使用寿命，单位为小时(h)；

t_i ——第 i 个受试加热器发生关联故障的时间，单位为小时(h)；

K_1——经验修正系数，具体数值可由承制方和订购方共同商定；或用理论修正系数，例如：$n=3$ 时可参考表 D.1～表 D.3。

表 D.1 理论修正系数 K,K_0,K_1($n=3$,$m=2.5$)

$R(t)$	理论修正系数	a			
		0.1	0.2	0.3	0.4
0.9	K	2.21	1.92	1.71	1.53
	K_0	2.46	2.20	2.02	1.86
	K_1	2.91	2.68	2.45	2.31
0.8	K	1.64	1.42	1.27	1.13
	K_0	1.82	1.63	1.49	1.39
	K_1	2.14	1.96	1.81	1.72
0.7	K	1.36	1.18	1.05	0.94
	K_0	1.51	1.34	1.23	1.14
	K_1	1.78	1.61	1.50	1.41
0.6	K	1.18	1.02	0.91	0.81
	K_0	1.30	1.17	1.07	0.99
	K_1	1.53	1.40	1.32	1.24

表 D.2 理论修正系数 K,K_0,K_1($n=3$,$m=3$)

$R(t)$	理论修正系数	a			
		0.1	0.2	0.3	0.4
0.9	K	1.94	1.72	1.56	1.43
	K_0	2.10	1.91	1.77	1.67
	K_1	2.41	2.24	2.10	1.99
0.8	K	1.51	1.34	1.22	1.11
	K_0	1.65	1.49	1.38	1.29
	K_1	1.89	1.75	1.63	1.55
0.7	K	1.29	1.15	1.04	0.95
	K_0	1.40	1.27	1.18	1.11
	K_1	1.51	1.49	1.39	1.34
0.6	K	1.15	1.02	0.92	0.84
	K_0	1.25	1.14	1.05	0.98
	K_1	1.43	1.32	1.25	1.18

表 D.3 理论修正系数 K,K_0,K_1($n=3$,$m=4$)

$R(t)$	理论修正系数	a			
		0.1	0.2	0.3	0.4
0.9	K	1.64	1.50	1.40	1.30
	K_0	1.76	1.62	1.53	1.44
	K_1	1.93	1.81	1.73	1.66
0.8	K	1.35	1.25	1.16	1.08
	K_0	1.46	1.35	1.27	1.20
	K_1	1.60	1.52	1.44	1.37
0.7	K	1.21	1.11	1.03	0.96
	K_0	1.29	1.20	1.13	1.06
	K_1	1.42	1.35	1.28	1.23
0.6	K	1.11	1.01	0.94	0.88
	K_0	1.20	1.09	1.03	1.00
	K_1	1.32	1.23	1.18	1.12

注:使用表 D.1~表 D.3 时,已知受试产品的威布尔分布形状参数 m,则按规定的受试产品数量 n,显著水平 a 和可靠度 $R(t)$ 从表 D.1~表 D.3 中选取 K,K_0,K_1 的数值。

考虑试验时间、费用等方面的限制,建议按下列情况选取 a 和 $R(t)$ 值:

——关键类产品(A 类):$R(t)=80\%$　　$a=0.2$

——重要类产品(B 类):$R(t)=70\%$　　$a=0.2$

——一般类产品(C 类):$R(t)=70\%$　　$a=0.3$

参 考 文 献

[1] GB/T 4086.2—1983 统计分布数值表 χ^2 分布

[2] GB 4706.23—2007 家用和类似用途电器的安全 第2部分:室内加热器的特殊要求

[3] GB/T 24986.3—2010 家用和类似用途电器可靠性评价方法 第3部分:洗衣机的特殊要求

[4] GJB 451-90 可靠性维修性术语

[5] JB/T 7518—1994 机电产品可靠性评定导则

[6] QB/T 4096—2010 家用和类似用途室内加热器的性能 第1部分:通用要求

[7] 杨为民等,对工程经验法的理论分析,航空学报第9卷第8期,1988

[8] 杨瑞刚,机械可靠性设计与应用,北京:冶金工业出版社,2008